에어로졸
Aerosol

사단법인 한국입자에어로졸학회

도서출판 동화기술

머리말

공기 중에 떠 있는 입자, 에어로졸은 다양한 형태로 환경에 존재하고 있습니다. 특히, 대기환경에서는 먼지와 스모그 형태로 존재하면서 대기의 가시거리를 악화시키고 인간의 건강과 기후변화에 영향을 미치고 있습니다. 뿐만 아니라, 실내 환경에서 에어로졸은 요리과정 또는 생물학적 발생으로 실내 환경을 오염시킵니다. 이러한 에어로졸에 대한 영향을 평가하고 피해를 최소화하기 위해서는 에어로졸의 성질과 거동특성을 이해하여야 합니다.

본 교재는 한국입자에어로졸학회(Korean Association for Particle and Aerosol Research, KAPAR)에서 1994년 창립 이후 매년 진행해오고 있는 에어로졸 단기강좌의 강의내용들을 바탕으로 제작되었습니다. 한국입자에어로졸학회에서는 이 분야의 연구를 처음 시작하고자 하는 연구자들이 어렵지 않게 에어로졸에 대한 기본개념과 응용범위에 대하여 접근할 수 있도록 매년 에어로졸 단기강좌를 진행하고 있습니다. 특히, 이 분야의 공부를 막 시작하는 대학원생들이 에어로졸의 특성을 충분히 이해할 수 있고, 에어로졸의 측정과 분석, 에어로졸 제어기술을 파악할 수 있도록 하기 위하여 이 교재가 마련되었습니다. 마침내, 이 교재는 한국입자에어로졸학회 단기강좌 집필진들이 오랜 준비와 노력을 통해 출판하게 되었습니다.

본 교재는 총 16장으로 구성되어 있습니다. 1장에서는 에어로졸 통계를 다루고 있고, 2장부터 10장까지는 에어로졸의 기본성질과 거동특성을 상세하게 다루고 있습니다. 11장부터 16장까지는 에어로졸의 응용 및 환경학적 영향에 중점을 두고 있습니다. 본 교재는 기본적으로 한국입자에어로졸학회의 에어로졸 단기강좌 교재로 활용되지만, 에어로졸의 기본개념과 응용범위를 전문가수준으로 이해하고 싶을 때 적극적으로 활용될 수 있을 것으로 기대합니다.

마지막으로 한국입자에어로졸학회는 이 교재의 출판을 통해 보다 많은 연구자들이 우리의 환경에서 늘 존재하는 에어로졸에 대한 보다 심도 깊은 과학적 이해를 이루길 바랍니다. 마지막으로 이 교재의 완성에 오랜 시간이 걸렸는데, 포기하지 않고 완성하는데 끝까지 기다려주신 도서출판 동화기술의 편집자분들께 감사의 인사를 드리고 싶습니다.

(사) 한국입자에어로졸학회

Contents

목 차

Contents

CHAPTER

1

에어로졸 입자크기분포

■ 저자 : **황정호**(연세대학교 기계공학부)

공기에 먼지 등의 입자상 물질이 떠 있을 때 고농도 또는 저농도라고 표현한다. 이때 농도(concentration)이며 수농도(number concentration, number of particles per 공기 체적 1 cm^3) 또는 질량농도(mass concentration, $\mu g/cm^3$) 등으로 표시된다. 입자상 물질의 크기는 분포(distribution)를 가지게 되는데 아래 예로 설명하기로 한다.

표 1.1은 에어로졸 계측기(또는 먼지 센서)를 이용해서 공기 중에 먼지가 몇 개 부유하고 있는 지를 먼지 크기 구간 5개로 나누어 측정한 데이터이다.

표 1.1 먼지 크기에 따른 개수 측정 사례 1

Interval (μm)	Midpoint d	Interval size (μm)	No. of particles n_i	n_i/μm
1~2	1.5	1	30	30
2~3	2.5	1	90	90
3~5	4.0	2	50	25
5~10	7.5	5	20	4
10~20	15.0	10	10	1

표 1.1에서 d는 입자 크기를, n_i는 입자 개수(number of particles, frequency, count, concentration)를 의미한다. 입자 크기에 대해 여러 정의가 존재하지만 편의상 입자를 구형이라고 간주한다. 위의 표의 결과를 아래와 같이 x-y 그래프로 그릴 수 있는데 이를 histogram이라고 한다. 아래 왼편 그래프에서는 x축을 interval의 평균으로, y축은 입자 개수(n_i)로 취했다. 반면 아래 오른편 그래프에서는 y축을 입자 개수÷interval($n_i/\Delta d$)로 취한 점이 다르다.

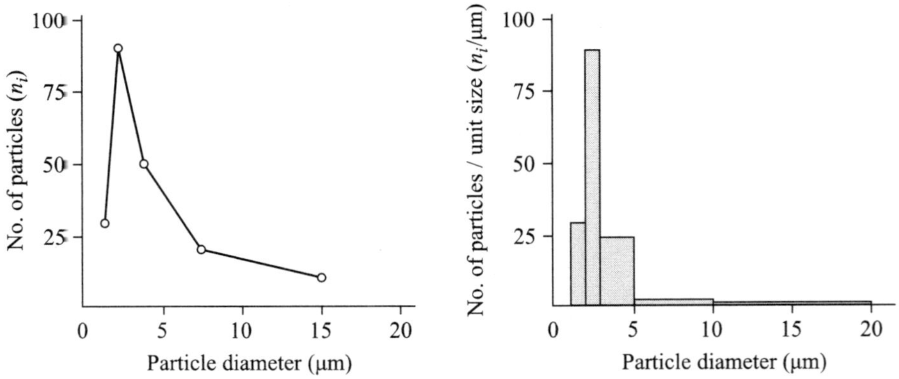

》 그림 1.1 표 1.1에 대한 입자크기분포 histogram

이와 같이 y축 표현 방법은 다르지만 입자 총 개수는 $30+90+50+20+10=200$개(왼편), $30\times1+90\times1+25\times2+4\times5+1\times10=200$개(오른편)로 같다. 앞으로는 오른편 그래프와 같은 형태를 택하기로 한다.

개수중앙입경(Count Median Diameter, CMD)은 이 값보다 큰 입자의 수와 작은 입자의 수가 같게 되는 입자 크기를 의미한다. 반면 **개수산술평균입경**(count arithmetic mean diameter)은 입경의 총 합계를 입자수로 나눈 것으로써 다음과 같이 표현한다.

$$\overline{d_p} = \frac{\sum d_p}{N} = \frac{\sum n_i d_{pi}}{\sum n_i} \tag{1-1}$$

예제 1-1

표 1.1의 데이터에서 CMD와 개수산술평균입경은?

이번에는 다른 예를 들어 보자. 표 1.1에서는 입자 크기 구간이 5개(channel)인데 반해 아래 표 1.2에서는 다른 계측기를 이용해서 11개의 구간으로 측정이 되었다.

어느 계측기가 고가일까?

표 1.2 먼지 크기에 따른 개수 측정 사례 2

Lower limit (μm)	Upper limit (μm)	Count or frequency n_i(#)	Normalized count $h_i'(\#/\Delta d_p)$	Fraction f_i(#/total)	Fraction/size (1/μm)	Percent (%)	Cumulative percent (%)
0	4	104	26	0.104	0.026	10.4	10.4
4	6	160	80	0.16	0.08	16	26.4
6	8	161	80.5	0.161	0.0805	16.1	42.5
8	9	75	75	0.075	0.075	7.5	50
9	10	67	67	0.067	0.067	6.7	56.7
10	14	186	46.5	0.186	0.0465	18.6	75.3
14	16	61	30.5	0.061	0.0305	6.1	81.4
16	20	79	19.75	0.079	0.01975	7.9	89.3
20	35	103	6.867	0.103	0.0069	10.3	99.6
35	50	4	0.267	0.004	0.0003	0.4	100
50	100	0	0	0	0	0	100
	$\sum n_i=$ $N=$	1000	$\sum f_i=$	1		100	

앞의 예와 같이 histogram을 그리면 그림 1.2의 왼편 그래프로 표시된다. y축에 표시된 $n_i(d) = n_i / \Delta d = h_i'$는 size distribution function이다.

총 면적은 26×4 + 80×2 + 80.5×2 + 75×1 + 67×1 + 46.5×4 + 30.5×2 + 19.75×4 + 6.867 ×15 + 0.267×15 = 1000 = N이 됨을 알 수 있다.

입자 총 개수(N)은 식 (1-2)로 표현된다. 식 (1-2)에서 h_i'을 normalized count 또는 size distribution function이라고 한다.

$$\text{Total number of particles} \Rightarrow N = \sum_i (h_i' \Delta d_{pi})$$

$$h_i' = \frac{Count_i}{\Delta d_p} = \frac{n_i}{\Delta d_p} \tag{1-2}$$

이와 달리 아래 오른편 그래프에서는 y축을 $f_i / \Delta d$로 표현하였으며 $f_i(d) = f_i / \Delta d$를 입자 크기 d에 대한 Probability Density Function(PDF)라고 한다. 이와 같이 y축을 PDF로 표시하면 그래프의 총 면적이 1이 된다. 즉 0.026×4 + 0.080×2 + 0.0805×2 + 0.075×1 + 0.067×1 + 0.0465×4 + 0.0305×2 + 0.01975×4 + 0.006867×15 + 0.000267×15 = 1.

$$f_i = \frac{n_i}{N}$$

$$h_i' \frac{1}{N} = \frac{n_i}{\Delta d_p} \frac{1}{N} = \frac{f_i}{\Delta d_p} \tag{1-3}$$

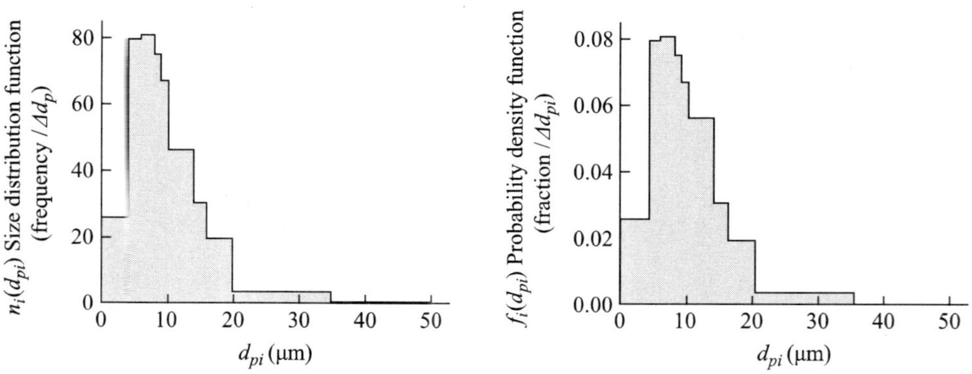

≫ **그림 1.2 표 1.2에 대한 입자크기분포 histogram**

예제 1-2

표 1.2의 데이터에서 CMD와 개수산술평균입경은?

지금까지 설명한 histogram의 경우는 입자크기분포가 discrete한 형태였다. 그러나 크기 구간이 매우 촘촘하다면 아래와 같이 continuous한 형태가 된다. 이때 y축은 아래와 같이 표현된다. 그래프를 적분하면 1이 됨을 알 수 있다.

$$q(d_p) = \left.\frac{\Delta f_i}{\Delta d_{pi}}\right|_{\Delta \to 0} = \frac{df}{dd_p} \tag{1-4}$$

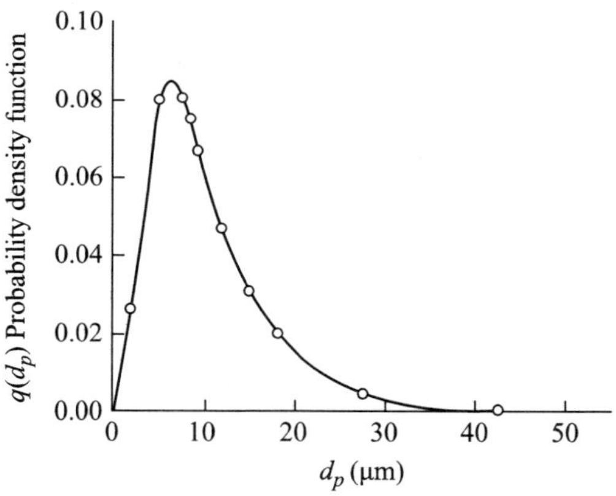

≫ 그림 1.3 표 1.2에 대한 입자크기분포(연속함수)

예제 1-3

그림 1.3에서 CMD와 개수산술평균입경은?

지금까지 2개의 예를 통해 입자크기분포를 설명하였다. 측정 결과가(예를 들면 미세먼지 측정 데이터) count(입자 개수, 수농도)로 표현되었기에 이 결과를 상용 에어로졸 측정기 또는 먼지 센서에서 측정된 실시간 측정 결과라고 생각해도 좋다.

만약 수농도가 아니라 질량농도 데이터를 얻고 싶으면 어떻게 해야 하나?

대부분의 경우, 입자의 수농도를 측정한 뒤에 입자의 밀도를 가정하여 입자의 질량농도를 계산하게 된다. 그러나 그 가정이 맞는 지를 입증하기는 정말 어려운 일이다!

본 교재에서는 입자 밀도를 1.2 g/cm^{3}으로 가정하여 표 1.2에서 보여준 수농도 측정 결과를 질량농도로 바꾸는 방법을 소개한다. 이때 입자를 전부 구형이라고 가정한 뒤에 구간의 대표입경을 중앙값으로 채택하여 질량을 계산하면 아래의 표 1.3과 같은 결과가 나온다.

표 1.3 먼지 크기에 따른 개수 측정을 한 뒤에 질량농도로 환산

Lower limit (μm)	Upper limit (μm)	Count or frequency n_i(#)	Volume of particle (μm^3)	Mass (μg)	Normalized count h_i' (μg/Δd_p)	Fraction f_i (μg/total)	Percent (%)	Fraction /size (1/μm)
0	4	104	4.19	522.761	130.69	0.0002	0.02	0.000057
4	6	160	65.45	12566.37	6283.19	0.0055	0.55	0.00276
6	8	161	179.59	34697.63	17348.8	0.0153	1.53	0.00763
8	9	75	321.56	28939.96	28939.9	0.0127	1.27	0.01273
9	10	67	448.92	36093.21	36093.2	0.0159	1.59	0.01589
10	14	186	904.78	201946.6	50486.65	0.0889	8.89	0.02221
14	16	61	1767.2	129355.1	64677.54	0.0569	5.69	0.02846
16	20	79	3053.6	289483.9	72370.99	0.1274	12.74	0.03185
20	35	103	10889.2	1345907	89727.16	0.5923	59.23	0.03948
35	50	4	40194.4	192933.1	12862.2	0.0849	8.49	0.00566
50	100	0	50	0	0	0	0	0
ρ = 1.2 g/cm^3	$\sum n_i$ = N=	1000	$\sum m_i$ = M=	2272446	$\sum$ =	1	100	

표 1.3의 결과를 histogram으로 그리면 아래 그림 1.4와 같이 표현된다.

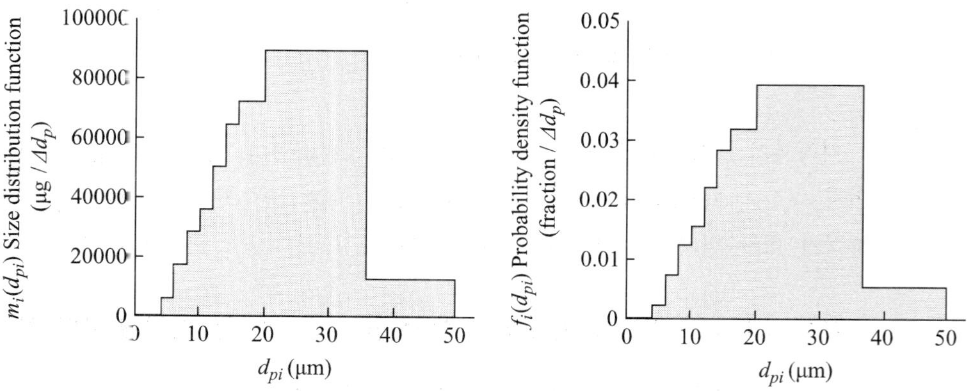

그림 1.4 표 1.3에 대한 입자크기분포 histogram

그림 1.4의 오른편 그래프 총 면적이 0.000057×4+0.00276×2+0.00763×2+0.01273×1+0.01589×1+0.02221×4+0.02846×2+0.03185×4+0.03948×15+0.00566×15=1이 된다.

식 (1-1)과 유사한 방법으로 **질량산술평균입경**(mass arithmetic mean diameter)을 아래와 같이 구할 수 있다. 중앙 입경도 CMD가 아니라 MMD(Mass Median Diameter)가 된다.

$$\overline{d_{pm}} = \frac{\sum m_i d_{pi}}{\sum m_i} \qquad (1\text{-}5)$$

예제 1-4

그림 1.4에서 MMD와 질량산술평균입경은?

그리고 입경의 차이값을 0으로 수렴하게 하여 결과를 연속적인 분포로 하여 y축을 mass fraction PDF로 표시하면 아래의 그래프가 된다.

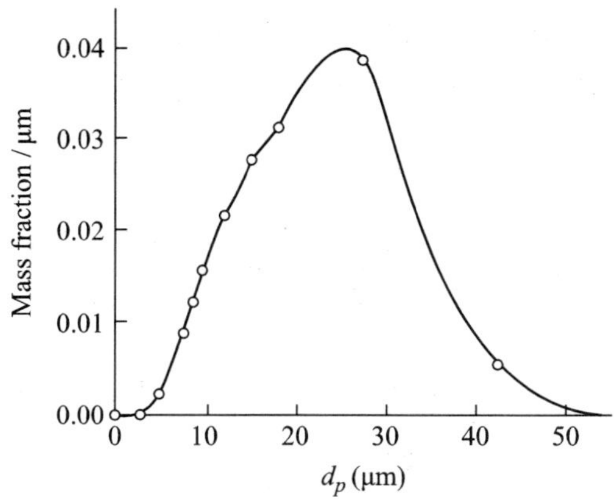

» 그림 1.5 표 1.3에 대한 입자크기분포(연속함수)

예제 1-5

그림 1.5에서 MMD와 질량산술평균입경은?

크기분포 연속함수를 수학적으로 표시할 수 있을까?

이에 대한 답을 얻기 위해 먼저 정규분포(normal distribution)를 공부하자. 정규분포 형태의 입자크기분포함수(개수 기준)는 다음의 식과 같다.

$$df = \frac{1}{\sigma\sqrt{2\pi}} \exp\left[-\frac{(d_p - \overline{d_p})^2}{2\sigma^2}\right] dd_p \tag{1-6}$$

여기서, $\overline{d_p}$는 식 (1-1)의 개수산술평균입경(count arithmetic mean diameter)이고, σ는 표준편차이다. 그리고 N은 입자 총 수농도 또는 총 개수이다.

$$\sigma = \left[\frac{\sum n_i (d_p - \overline{d_p})^2}{N-1}\right]^{1/2} \tag{1-7}$$

이러한 정규분포를 다양한 범위의 입자 크기에 맞추려면 문제가 발생하는데, 그것은 음의 입경을 갖는 입자가 존재해야 되는 것이다. 물론 이는 불가능하다. 따라서 문제를 해결하기 위하여 정규분포가 아니라 로그정규분포(log-normal distribution)를 사용하기로 한다. 로그정규분포는 입경의 최소치 대비 최대치가 10배 이상인 경우에 유효하며 에어로졸의 입경분포에 대하여 광범위하게 사용된다.

로그정구분포는 식 (1-6)에서 d_p, $\overline{d_p}$, σ를 각각 $\ln d_p$, $\ln \overline{d_p}$, $\ln \sigma$로 바꿈으로 얻어진다.

$$df = \frac{1}{\ln \sigma_g \sqrt{2\pi}} \exp\left[-\frac{(\ln d_p - \ln \overline{d_p})^2}{2(\ln \sigma_g)^2}\right] d\ln d_p \tag{1-8}$$

식 (1-1)의 양변을 로그를 취한 입경으로 다시 쓰면 아래의 식이 된다.

$$\ln \overline{d_p} = \frac{\sum n_i \ln d_{pi}}{N} \tag{1-9}$$

로그값을 취할 때는 자연로그와 상용로그 어떤 것을 사용하여도 괜찮지만, 일반적으로 자연로그를 사용한다. 로그정규분포에서 σ를 기하표준편차(geometric standard deviation) σ_g라고 하며 아래와 같다.

$$\ln \sigma_g = \left[\frac{\sum n_i (\ln d_i - \ln \overline{d_p})^2}{N-1}\right]^{1/2} \tag{1-10}$$

예제 1-6

이때 $\overline{d_p} = d_{pg}$(기하평균 입경)임을 증명하시오.

참고로 기하평균은 N개의 곱에 N제곱근을 취함으로써 정의된다.

$$d_{pg} = \left(d_{p1}^{n_1} d_{p2}^{n_2} d_{p3}^{n_3} \cdots\right)^{1/N} = \left(\Pi\, d_{p\,i}^{n(d_{pi})}\right)^{1/N} \tag{1-11}$$

예제 1-7

로그정규분포에서 d_{pg} =CMD임을 증명하시오.

따라서 로그정규분포는 아래 식으로 표현된다.

$$df = \frac{1}{\ln \sigma_g \sqrt{2\pi}} \exp\left[-\frac{(\ln d_p - \ln \mathrm{CMD})^2}{2(\ln \sigma_g)^2}\right] d\ln d_p \tag{1-12}$$

위에서 언급하였듯이 $\overline{d_p}$의 로그값이 기하평균입경이고 이 분포는 대칭적인 분포이기 때문에 평균값과 중앙값이 같게 되므로 기하평균입경 d_{pg}는 개수중앙입경(Count Median Diameter, CMD)로 바꿀 수 있다.

또한 $d\ln d_p = dd_p/d_p$의 관계를 이용하여 식을 정리하면 d_p에 대한 변화식으로 다음과 같이 나타낼 수 있다.

$$df = \frac{1}{d_p \ln \sigma_g \sqrt{2\pi}} \exp\left[-\frac{(\ln d_p - \ln \mathrm{CMD})^2}{2(\ln \sigma_g)^2}\right] d d_p \tag{1-13}$$

예제 1-8

식 (1–13)의 우변을 0에서 무한대까지 적분하면 1이 됨을 증명하시오.

이 df식은 개수를 기준으로 한 분율에 대한 식이기 때문에 여기에 총 개수농도인 N을 곱해주면 dn의 식이 아래와 같이 얻어진다(식 (1-3) 참조, $df = dn/N$).

$$dn = \frac{N}{d_p \ln \sigma_g \sqrt{2\pi}} \exp\left[-\frac{(\ln d_p - \ln \mathrm{CMD})^2}{2(\ln \sigma_g)^2}\right] d d_p \qquad (1\text{-}14)$$

지금까지 우리는 개수를 기준으로 하여 식을 살펴봤다. 그렇다면, 질량을 기준으로 한 식도 있지 않을까?

식 (1-5)에서 $\overline{d_{pm}}$ 대신 $\ln \overline{d_{pm}}$, d_{pi} 대신 $\ln d_{pi}$를 사용하면 아래 식이 얻어진다.

$$\ln \overline{d_{pm}} = \frac{\sum m_i \ln d_{pi}}{M} = \frac{\left(\frac{\pi \rho_p}{6}\right)\sum n_i d_{pi}^3 \ln d_{pi}}{\left(\frac{\pi \rho_p}{6}\right)\sum n_i d_{pi}^3} = \frac{\sum n_i d_{pi}^3 \ln d_{pi}}{\sum n_i d_{pi}^3} \qquad (1\text{-}15)$$

예제 1-9

이때 $\overline{d_{pm}}$은 질량중앙입경(Mass Median Diameter, MMD)과 같음을 증명하시오. 또한 기하평균입경인 d_{pg}와도 같음을 증명하시오.

따라서 질량 기준 로그정규분포는 아래와 같다. 이때 $df = dm/M$이다.

$$df = \frac{1}{d_p \ln \sigma_g \sqrt{2\pi}} \exp\left[-\frac{(\ln d_p - \ln \mathrm{MMD})^2}{2(\ln \sigma_g)^2}\right] d d_p \qquad (1\text{-}16)$$

이때 기하표준편차(geometric standard deviation) σ_g는 아래와 같다.

$$\ln \sigma_g = \left[\frac{\sum n_i (\ln d_i - \ln \overline{d_{pm}})^2}{N-1}\right]^{1/2} \qquad (1\text{-}17)$$

주의해야 할 점은 식 (1-14)와 식 (1-16)에 사용된 σ_g는 다르다는 점이다.

식 (1-16)은 또한 아래 식으로도 표현된다.

$$dM = \frac{M}{d_p \ln \sigma_g \sqrt{2\pi}} \exp\left[-\frac{(\ln d_p - \ln \mathrm{MMD})^2}{2(\ln \sigma_g)^2}\right] d d_p \qquad (1\text{-}18)$$

1.1 평균의 다른 정의들

분포의 특징을 나타낼 때 자주 사용하는 지표는 산술평균, 기하평균, 중앙값, 최빈값 등이 있다. **중앙값**은 해당 값이 총 입자수의 가운데 값으로써 해당 값보다 큰 값이 총 입자수의 50%이며 동시에 해당 값보다 작은 값이 총 입자수의 50%를 만족해야 한다. **최빈값**은 빈도분포함수에서 d_p에 대하여 풀이할 때, 도함수가 0이 되는 d_p의 값이다. 즉, 빈도분포함수곡선의 최대치의 대응하는 직경이다.

기하평균은 N개의 곱에 N제곱근을 취함으로써 정의된다.

$$d_{pg} = \left(d_{p1}^{n_1} d_{p2}^{n_2} d_{p3}^{n_3} \cdots\right)^{1/N} = \left(\Pi\, d_{p\,i}^{n(d_{pi})}\right)^{1/N} \tag{1-19}$$

이 식의 양변에 로그를 취하면 아래와 같이 된다.

$$\ln d_{pg} = \frac{\sum n_i \cdot \ln d_{p\,i}}{N}$$

$$d_{pg} = \exp\left[\frac{\sum n_i \cdot \ln d_{p\,i}}{N}\right] = \exp\left[\frac{\int n(d_p) \cdot \ln d_p \cdot dd_p}{\int n(d_p) \cdot dd_p}\right] \tag{1-20}$$

이 중에 **산술평균**은 입경의 총 합계를 입자수로 나눈 것으로써 다음과 같이 표현한다.

$$\overline{d_{pm}} = \frac{\sum n_i d_{p\,i}}{\sum n_i} = \int_0^\infty d_p n(d_p) dd_p \tag{1-21}$$

$$\overline{d_{pm}} = \frac{\sum m_i d_{p\,i}}{\sum m_i} = \int_0^\infty d_p m(d_p) dd_p \tag{1-22}$$

보통 단분산 입자의 경우 산술평균과 기하평균이 같지만, 그렇지 않을 경우 산술평균이 기하평균보다 크게 된다.

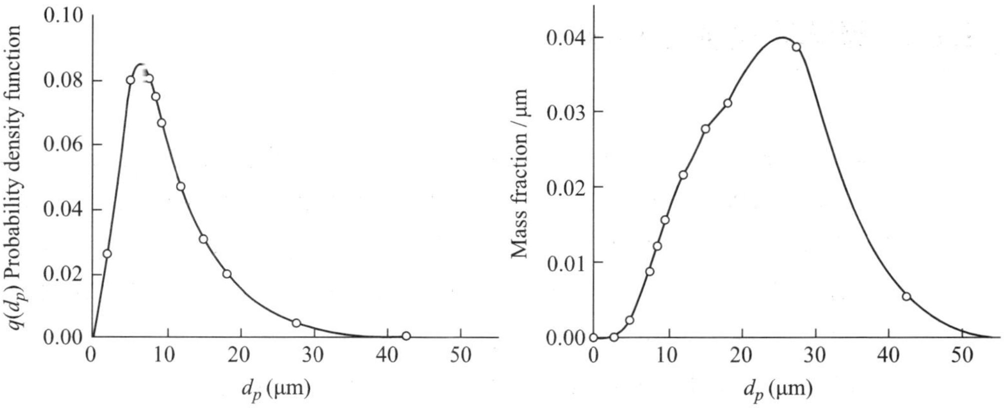

위의 그래프는 앞서 우리가 살펴본 예제이다. 같은 입자도 어떤 것을 중심으로 보느냐에 따라 달라지는데, 왼편은 개수를 중심으로 보았고, 오른편은 질량을 중심으로 본 그래프이다. 이 그래프에서 우리가 개수평균경과 질량평균경을 구하면 식은 완전히 똑같은 모양이지만 결과는 개수평균경은 10.98 μm이고 질량평균경은 24.5 μm로 크게 차이나게 된다.

정리하자면, 에어로졸을 공부할 때에 여러 가지 입자들의 분포를 접하게 되는데, 그러한 분프의 특성 때문에 모든 분포를 우리가 다루기 쉬운 형태인 수학적인 식으로 표현하기가 어렵다. 그래서 단분산과 같은 분포에 대해서만 제한적으로 개수에 대한 식을 사용할 수 있었는데, 여기서도 음수의 입경이 필요하다는 문제가 발생하여 로그화를 통하여 로그정규분포를 만드는 과정을 함께 했다.

dN을 x축으로 하고 d_p를 y축으로 하여 그래프를 그리면 개수를 기준으로 한 로그정규분포를 볼 수 있다. 하지만 y축으로 dN 대신에 $dN/d\log d_p$를 사용하기도 한다.

dM도 마찬가지로 dM을 x축으로 하고 d_p를 y축으로 하여 그래프를 그리면 질량을 기준으로 한 로그정규분포를 볼 수 있다. y축으로 dM 대신에 $dM/d\log d_p$를 사용하는 경우도 있다.

1.2 $dN/d\log d_p$를 쓰는 이유

입자를 측정할 수 있는 장비는 다양하며 장비들의 가격과 성능 또한 천차만별이다. 에어로졸을 공부하는 사람들은 이러한 장비를 이용할 때 측정 후 데이터를 다루는 법을 필수적으로 숙지하고 있어야 한다.

그들은 우리가 앞서 살펴본 수농도 기준의 데이터와 질량농도 기준의 데이터를 그래프로 표시할 때 수농도의 경우 y축을 $dN/d\log d_p$, 질량농도의 경우 $dM/d\log d_p$로 표시를 하는데, 왜 이러한 y축 표시 방법을 사용하게 되었는지 예시를 통해 천천히 살펴보기로 하자.

어떤 사람이 32개의 채널을 가진 장비A와 64개의 채널을 가진 장비B로 같은 장소를 측정하였다. 이 경우를 dN-d_p그래프로 나타내면 아래와 같은 결과를 보인다.

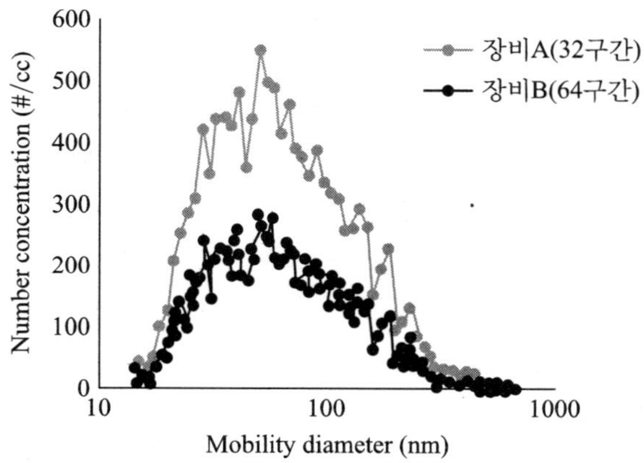

분명 같은 장소에서 측정을 했는데, 64구간을 찍을 수 있는 장비의 수농도가 더 낮은 것처럼 보인다.

간단히 생각해보면, 32구간을 가진 장비에서 50～60 nm 구간을 대표하는 채널에 100개의 입자가 찍혔다고 했을 때 64구간을 가진 장비에서는 50～60 nm 구간을 대표하는 채널이 2개가 있을 것이고 그 2개의 채널에 100개의 입자가 나눠서 들어가기 때문에 전체적으로 보면 해당 구간에서는 100개의 입자보다 낮게 보인다. 이 현상들이 전 구간에 촘촘하게 나타나기 때문에 dN-d_p그래프에서는 채널이 많을수록 전체 수농도가 낮아 보이는 현상을 발견할 수 있다.

하지만, 이러한 문제점은 구간에 대한 '표준화'를 통하여 해결할 수 있다. 그 '표준화'의 방법은 앞서 말한 것처럼 y축을 $dN/d\log d_p$로 표현하는 것이다. 방법은 각 구간의 입자 직경의 대수값의 차를 해당 구간의 수농도에서 나눠주면 $dN/d\log d_p$값을 구할 수 있다. 이 '표준화'의 예시를 다음의 표를 통하여 보자.

Diameter midpoint (nm)	Number concentration (#)
14.6	34.5142
15.1	11.0917
15.7	21.3823
16.3	10.3035
16.8	9.92912
17.5	38.3238
18.1	46.2215
18.8	53.583

위의 표에서는 입자의 입경범위의 기하평균값과 해당하는 입경의 수농도가 표시되어 있다. 상단의 14.6 nm는 이 측정장비가 측정하는 어떠한 입경범위의 기하평균값으로써 14.6 nm을 보여주는 것이다. 우리는 14.6 nm의 기하평균을 갖는 입경범위로써 14.3 nm에서 14.9 nm를 생각해보자. 실제로는 기하평균값이 14.5969로써 차이가 발생하지만 결국 $dN/d\log d_p$값은 비슷할 것이다. 또한 15.1 nm의 기하평균을 갖는 입경범위로써 14.9 nm에서 15.4 nm를 생각해보자. 이 둘의 기하평균값의 대수값의 차는 0.016092이고 이를 수농도인 34.5142에서 나누면 2134.804라는 값이 나온다. 이 측정장비에서 $dN/d\log d_p$를 기준으로 산출을 하면 14.6 nm의 $dN/d\log d_p$값은 2198.671로써 우리의 계산이랑 근접함을 알 수 있다. 실제로 이 측정장비의 데이터를 $dN/d\log d_p$을 기준으로 추출하면 다음 값들이 나온다.

Diameter midpoint (nm)	$dN/d\log d_p$
14.6	2198.671
15.1	706.575
15.7	1362.115
16.3	656.364
16.8	632.511
17.5	2441.32
18.1	2944.416
18.8	3413.344

그럼, 우리가 앞서 이야기했던 한 장소를 측정했던 어떤 사람의 그래프를 떠올려 보자. 분명 64개의 구간을 가진 장비와 32개의 구간을 가진 장비는 다르게 보이는 결과

를 보여주었다. 하지만 '표준화'과정을 거친 데이터는 아래 그래프와 같이 나타나게 된다.

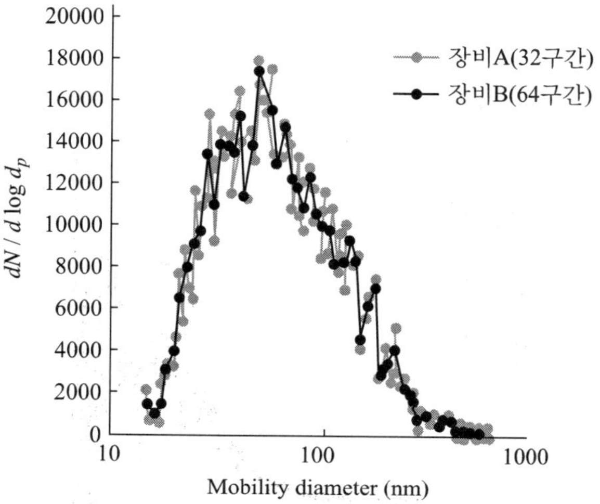

장비의 구간의 촘촘함(분해능)과 상관없이 비슷한 양상의 데이터를 볼 수 있다. 물론 이는 질량에 대해서도 똑같이 적용된다. 앞에서 우리가 질량농도는 수농도 기반으로 밀도를 1.2 g/cm^3로 가정하여 계산을 한다고 하였다. 이를 염두에 두고 질량농도에 대하여 분해능이 다른 장비들이 '표준화' 전후로 어떠한 차이를 보여주는지 살펴보자.

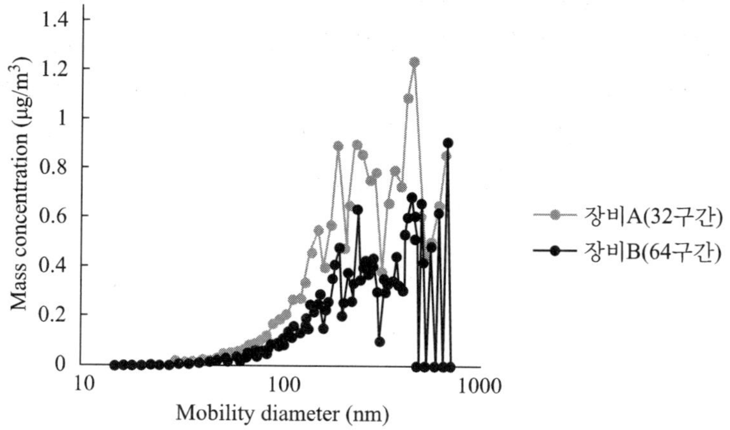

이 그래프는 위의 수농도 그래프를 질량농도로 계산하여 나타낸 그래프이다. 위에서도 알아보았지만, 수를 기준으로 했을 때의 그래프보다 질량을 기준으로 했을 때의 그래프가 더 큰 평균입경을 가지게 된다. 다시 돌아와서, 그래프를 보면 질량농도로 나타

내었을 때도 32구간을 측정할 수 있는 장비보다 64구간을 측정할 수 있는 장비의 농도가 전 구간에 걸쳐서 낮게 측정이 되는 양상을 보인다. 이를 앞서 했던 '표준화'과정을 거치면 우리는 아래와 같은 그래프를 얻을 수 있고 질량에 대해서는 $dM/d\log d_p$값으로 표기한다.

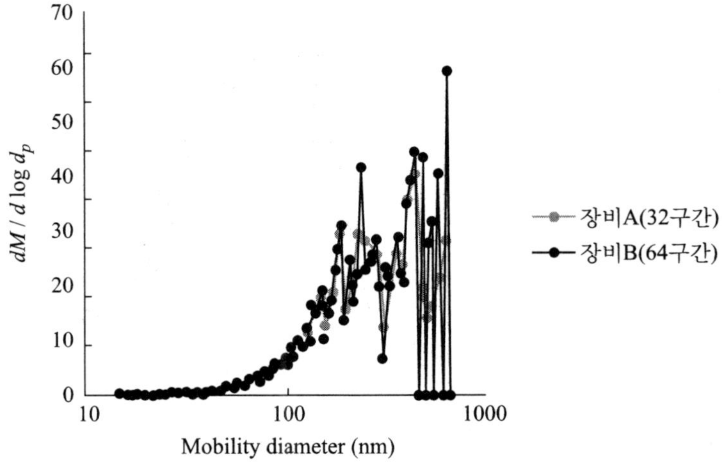

'표준화'작업을 진행하면 우리는 측정장비가 32구간 또는 64구간을 가짐에 관계없이 수농도나 질량농도 기준으로 하여도 상관없이 비슷한 데이터를 얻을 수 있다.

결론적으로, 우리가 $dN/d\log d_p$, $dM/d\log d_p$의 값들을 사용하는 '표준화'작업을 거치면 분해능이 다른 장비와의 데이터와도 비슷한 양상을 얻음으로 인해 비교가 가능하다는 장점이 있다. 이러한 장점 때문에 에어로졸을 공부하는 사람들은 y축으로 이 값들을 사용하게 된다. 반면에, 해당 작업으로 인하여 y축에 표현되는 값들이 정확한 수농도 또는 질량농도 값이 아니게 되므로 수농도 또는 질량농도를 그래프를 통하여 바로 예측할 수 없다는 단점이 생긴다.

CHAPTER

2

입자의 등속운동, 가속운동, 곡선운동

■ 저자 : **육세진**(한양대학교 기계공학부)

에어로졸 입자는 기체 중에 떠 있기 때문에 기체의 흐름을 따라 이동하게 되는데, 이 과정에서 입자가 등속으로 이동하거나 또는 가속 및 감속될 수도 있으며 곡선운동을 할 수도 있다. 에어로졸 입자가 기체 중에 떠서 이동할 때에는 주변에 존재하는 기체 분자와의 상호작용 및 입자에 작용하는 여러 힘에 의해 영향을 많이 받는다. 본 장에서는 기체 중에 떠 있는 입자의 등속운동, 가속운동, 그리고 곡선운동에 대해 알아본다.

2.1 입자의 등속운동 (Uniform Particle Motion)

1. Stokes 법칙(Stokes' Law)

입자가 기체 중에서 이동할 때에는 입자 주위에 있는 기체 분자들과의 충돌에 의해 저항을 받는데 이를 항력(drag)이라고 한다. 유체 중에서 이동하는 구형 물체에 작용하는 항력을 설명하는 방법으로 뉴턴의 저항법칙이 있으나, 이는 구형 물체의 지름을 기반으로 계산되는 Reynolds 수(Re)가 상대적으로 큰 경우, 즉 기체에 의한 점성 효과가 관성 효과에 비해 무시 가능한 경우에 유효하다. 그러나 에어로졸 입자의 크기는 대체로 100 ㎛보다 작아서 뉴턴의 저항법칙이 적용될 수 없을 정도로 Reynolds 수가 낮다. 이처럼 Reynolds 수가 낮은 경우(일반적으로 $Re < 1$), 다시 말하면 기체에 의한 점성 효과 대비 관성 효과가 무시 가능한 경우에는 Stokes 법칙에 의해 입자에 작용하는 항력을 설명할 수 있다. Stokes 법칙은 비선형 편미분 방정식인 Navier-Stokes 방정식을 풀이하여 얻어지는 결과인데, 이를 도출하기 위해서는 여러 사항들을 가정해야 한다. 즉, 관성 효과는 점성 효과에 비해 무시 가능하고, 유체는 비압축성이며, 입자는 강체(rigid body)이며 정속으로 이동하고, 입자 주위에 다른 입자나 벽이 존재하지 않으며, 입자 표면에서 유체의 속도는 0이라는 점 등이 가정된다. Stokes 법칙에 의해 구형 입자에 작용하는 항력을 예측하는 식은 다음과 같다.

$$F_D = 3\pi\mu v d_p \tag{2-1}$$

여기서, F_D는 항력, μ는 기체의 점성계수, v는 입자와 기체의 상대속도, 그리고 d_p는 구형 입자의 지름이다. 식 (2-1)을 보면 점성계수가 포함되어 있어서 기체에 의한 점성 효과가 반영되어 있는 반면 입자의 밀도는 포함되어 있지 않아서 관성 효과가 무시된 결과임을 알 수 있다. 비압축성 유체라는 가정은 입자의 움직임에 의해 입자 주위의 기체가 압축되지 않는다는 것을 의미하는데, 이는 입자와 기체의 상대속도가 음속보다 많이 낮은 상황을 의미하는 것이기도 해서 대부분의 에어로졸 문제에 적합하다. 입자가 강체가 아닌 액체인 경우에는 입자 내부에서 액체의 재순환으로 인해 입자에 작용하는 항력이 감소하지만, 이는 대부분의 경우에 있어서 무시 가능한 수준인 것으로 알려져 있다. 입자로부터 입자 지름의 10배 거리 이내에 다른 입자나 벽이 존재하면 입자에 작용하는 항력이 달라질 수 있으나, 입자 크기가 매우 작기 때문에 실제 에어로졸 문제에 있어서 많은 경우에는 이러한 항력의 변화는 무시 가능한 수준이다. 한편, 입자 표면에서 기체의 속도가 0이라는 가정이 성립하지 않는 경우에는 식 (2-1)이 큰 오차를 보이는데, 이를 보정하는 방법에 관해서는 다음 절에서 설명하기로 한다.

2. 미끄럼보정계수(Slip Correction Factor)

주위 압력에 따라 다르지만 일반적인 환경에서는, 에어로졸이 존재하는 공간에는 많은 수의 기체 분자들이 존재한다. 기체 분자들은 가만히 정지되어 있지 않고 주위 온도에 따라 매우 빠른 속도로 이동하며 각 기체 분자가 임의의 방향으로 이동하기 때문에 기체 분자들 사이에 충돌이 일어난다. 이 때 각 기체 분자가 연속적으로 발생하는 충돌과 충돌 간에 이동하는 평균적인 직선거리를 평균자유행정(mean free path)이라고 하며, 다음의 식으로 계산된다.

$$\lambda = \frac{\bar{c}}{n_{collision}} \tag{2-2}$$

여기서, λ는 기체의 평균자유행정, $\bar{c}$는 기체 분자의 평균속도(mean molecular velocity), 그리고 $n_{collision}$은 하나의 기체 분자에 대해 초당 발생하는 평균충돌횟수이다. 참고로 공기의 경우에는 아래의 식을 사용하여 평균자유행정을 계산할 수 있다.

$$\lambda_{air} = \lambda_{0,air}\left(\frac{T}{T_0}\right)\left(\frac{P_0}{P}\right)\left(\frac{1+110.4/T_0}{1+110.4/T}\right) \tag{2-3}$$

여기서, T는 절대온도, P는 압력, $T_0 = 296.15$ K, $P_0 = 1$ atm, 그리고 $\lambda_{0,air} = 0.0673$ μm이다.

그림 2.1에 보이는 바와 같이 입자 주위에는 여러 개의 기체 분자들이 존재하여 입자의 움직임에 영향을 주는데, 입자 주위에 있는 기체 분자들이 입자에 충돌할 가능성은 기체의 평균자유행정과 입자 지름간의 상대적인 크기에 따라 달라진다. 이러한 입자와 기체 분자들 간의 상호작용을 설명하기 위해 다음과 같은 무차원수인 Knudsen 수

(Kn)가 사용된다.

$$Kn = \frac{2\lambda}{d_p} \tag{2-4}$$

가장 왼쪽의 그림은 기체의 평균자유행정 대비 입자의 크기가 매우 큰 상황을 나타내는데, 이 경우에는 입자 표면의 바로 주위에 있는 모든 기체 분자들이 거의 동시다발적으로 입자에 충돌할 가능성이 매우 높으므로 입자 주위의 유체는 연속체라고 가정할 수 있으며 이 때 Knudsen 수는 매우 작은 값이 된다. 가운데 그림의 경우에서와 같이 입자 크기가 기체의 평균자유행정과 비슷한 수준의 크기가 되면 입자 표면의 바로 주위에 있는 기체 분자들 중 일부는 입자에 충돌하지 않고 그냥 지나가는 현상, 즉 미끄럼(slip)이 발생할 수 있다. 또한, 가장 오른쪽의 그림에서와 같이 입자 크기가 기체의 평균자유행정보다 매우 작아지면, 즉 Knudsen 수가 매우 큰 값이 되면, 입자 표면의 바로 주위에 있는 기체 분자들 중 상당수가 입자와 충돌하지 않고 지나가서 미끄럼이 상당히 크게 발생할 수 있다. 이처럼 미끄럼 현상이 발생하면, Stokes 법칙을 유도하는 과정에서 가정한 내용 중 하나인 입자 표면에서의 기체의 속도가 0이라는 상황이 성립하지 않게 된다. 다시 말해서 입자 표면의 바로 주위에 있는 기체 분자들 중 일부 또는 대부분이 입자에 충돌하지 않게 되므로, 실제로 입자에 작용하는 항력의 크기는 식 (2-1)에 의해 예측된 항력의 크기보다 작아져서 식 (2-1)의 예측 오차가 커진다. 이와 같은 미끄럼 현상을 고려하여 입자에 작용하는 항력의 크기를 다음과 같이 보정하여 계산한다.

$$F_D = \frac{3\pi\mu v d_p}{C_c} \tag{2-5}$$

여기서, C_c는 미끄럼보정계수(slip correction factor 또는 Cunningham correction factor)라고 하며, 여러 연구자들이 이를 계산하기 위한 식을 제안하였다. 그 중 본 교재에서는 다음의 식을 제시하는데, 이는 Kim et al.(2005)이 구형의 나노입자를 사용하여 $0.5 < Kn < 83$의 범위에 대해 실험적으로 도출한 식이다.

$$C_c = 1 + Kn[1.165 + 0.483\exp(-0.997/Kn)] \tag{2-6}$$

식 (2-3)으로부터 유추할 수 있듯이 기체의 평균자유행정이 온도와 압력에 영향을 받으므로, 그림 2.2에 나타낸 것처럼 미끄럼보정계수는 온도와 압력에 따라 그 크기가 달라진다.

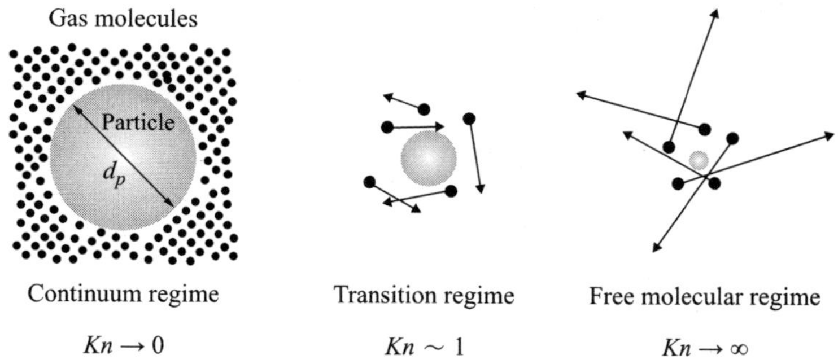

≫ 그림 2.1 기체 분자와 입자 간의 상호작용

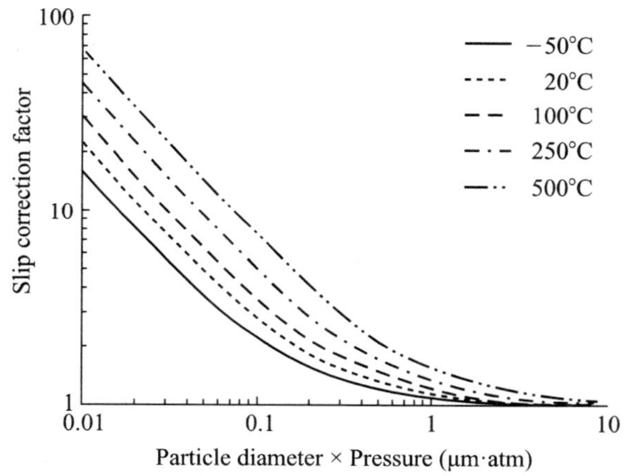

≫ 그림 2.2 온도와 압력에 따른 미끄럼보정계수

3. 동적 이동도(Dynamic Mobility)

Stokes 법칙에 따라 구형 입자에 작용하는 항력의 크기는 식 (2-5)에서와 같이 입자와 기체의 상대속도에 비례한다. 이 같은 관계를 바탕으로 식 (2-5)를 변형하면 다음과 같이 속도와 항력간의 비를 계산할 수 있다.

$$B = \frac{v}{F_D} = \frac{C_c}{3\pi\mu d_p} \tag{2-7}$$

여기서, B를 동적 이동도(dynamic mobility) 또는 기계적 이동도(mechanical mobility)라고 한다. 식 (2-7)에 따르면, 입자의 크기가 커질수록 동적 이동도는 낮아지고, 반대로 입자 크기가 작아질수록 동적 이동도는 커진다. 다시 말해서, 입자에 작용하는 힘의 크기가 같다고 가정하면, 큰 입자일수록 더 느린 속도에 이르고 작은 입자일수록 더 빠른 속도에 도달하게 된다. 따라서 동적 이동도는 에어로졸 입자가 정상상태(steady)의 거동에 이르기에 상대적으로 어려운지 또는 쉬운지를 나타내는 척도로 활용된다.

4. 침강속도(Settling Velocity)

기체 중에 떠 있는 입자에는 중력이 작용하여 입자가 지표면을 향해 아래로 떨어지는데, 입자가 중력에 의해 자유낙하 하는 속도를 침강속도라고 한다. 만일 입자가 초기 속도가 0인 상태에서 자유낙하를 시작하면 매우 짧은 시간 안에 종말속도에 이르게 되는데 이 속도를 종말침강속도(terminal settling velocity)라고 하며, 통상적으로 이를 줄여서 침강속도라고 한다.

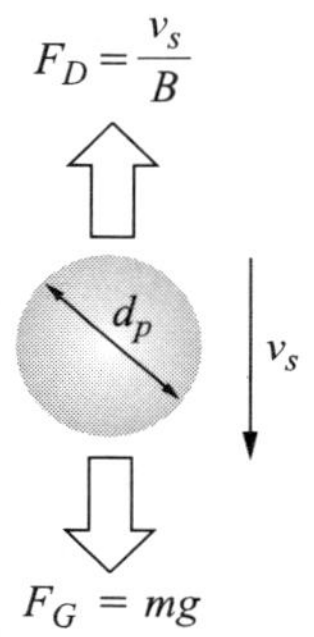

≫ 그림 2.3 중력에 의해 침강하는 입자에 작용하는 힘

그림 2.3은 구형 입자가 중력에 의해 자유낙하 할 때 입자에 작용하는 힘을 나타낸 것이다. 중력(F_G)에 의해 입자가 아래로 떨어지면 입자의 이동 방향과 반대 방향으로 항력(F_D)이 작용하고, 이 두 힘들 간에 평형상태가 이루어지면 입자는 종말침강속도(v_s)로 자유낙하 한다. 따라서 중력과 항력의 힘 평형을 고려하면 다음의 관계식을 얻는다.

$$F_D\left(= \frac{3\pi\mu v_s d_p}{C_c}\right) = F_G\left(= m_p g = \frac{\pi}{6} d_p^3 \rho_p g\right) \quad (2\text{-}8)$$

여기서, m_p는 구형 입자의 질량이고, ρ_p는 입자의 밀도이다. 식 (2-8)을 변형하면 다음과 같이 입자의 종말침강속도를 계산할 수 있다.

$$v_s = \frac{\rho_p d_p^2 C_c g}{18\mu} \tag{2-9}$$

5. 동적 형상계수(Dynamic Shape Factor)

전술한 내용에서는 입자의 형상이 구형인 것으로 가정하였다. 그림 2.4는 다양한 종류의 에어로졸 입자를 포집하여 주사전자현미경(scanning electron microscope)을 사용하여 촬영한 사진을 보여주는 것이다. 왼쪽 상단의 경우와 같이 구형 고체 입자도 존재하고 1 mm 미만 지름의 액체 입자도 기체 중에서 구형으로 존재하지만, 실제에 있어서는 다른 사진들처럼 여러 형태의 비구형 입자가 많이 존재한다. 이와 같은 비구형 입자가 기체 중에서 이동할 때에는 형상에 따라 입자가 회전하면서 이동하거나 기체의 유동 방향에 특정 각도를 이루고 이동하는 등 구형 입자와 다른 거동을 보이기 때문에, 입자에 작용하는 실제 항력은 식 (2-1)에 의해 예측되는 값과 다르다. 이와 같은 비구형 입자의 구형 입자와는 다른 거동 효과를 보정하기 위해 동적 형상계수(κ)가 사용된다. 동적 형상계수는, 비구형 입자와 같은 체적과 속도를 가지는 가상의 구형 입자에 작용하는 항력 대비 비구형 입자에 작용하는 실제 항력의 비로 정의되며 다음의 식과 같이 계산된다.

≫ 그림 2.4 다양한 에어로졸 입자의 형상

$$\kappa = \frac{F_D}{3\pi\mu v d_e} \tag{2-10}$$

여기서, d_e는 등가체적직경(equivalent volume diameter)이다. 만일 동적 형상계수 값을 안다면, 식 (2-11)과 식 (2-12)를 사용해서 비구형 입자에 작용하는 실제 항력과 침강속도를 계산할 수 있다.

$$F_D = 3\pi\mu v\, d_e\, \kappa \tag{2-11}$$

$$v_s = \frac{\rho_p d_e^2 g}{18\mu\kappa} \tag{2-12}$$

6. Stokes 직경 및 공기역학적 직경 (Stokes Diameter and Aerodynamic Diameter)

많은 경우에 있어서 구형 입자를 가정하면 해석하는 것이 수월해진다. 따라서 비구형 입자의 크기를 대신할 수 있는 등가구(equivalent sphere)의 지름을 알 수 있다면, 앞에서 보인 여러 식들을 비구형 입자에 적용하는 것이 가능해진다. 그림 2.5는 비구형 입자와 같은 거동을 보이는 등가구의 직경을 정의하는 방법을 나타낸 것이다. 왼쪽 그림과 같이 비구형 입자의 밀도가 5 g/cm^{3}이고 침강속도는 0.3 cm/s라고 하자. 그러면 중앙의 그림과 같이 밀도가 5 g/cm^{3}로 같으며 침강속도 또한 0.3 cm/s로서 똑같은 거동을 보이는 가상의 구형 입자를 생각해 볼 수 있는데, 이때의 구를 Stokes 등가구(Stokes

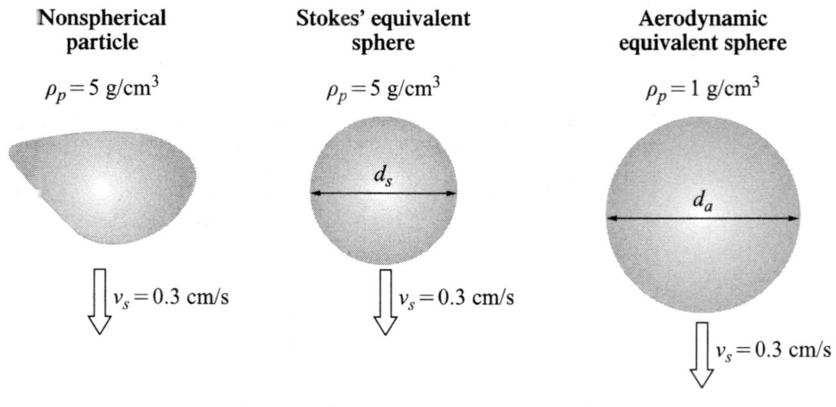

≫ 그림 2.5 Stokes 직경 및 공기역학적 직경

equivalent sphere)라고 하고 그 지름을 Stokes 직경(Stokes diameter)이라고 한다. 그러나 대기와 같은 실제 에어로졸에는 다양한 종류와 성분의 입자들이 포함되어 있기 때문에 대부분에 있어서는 입자의 종류와 성분을 알지 못하는 경우가 많다. 즉, 입자의 밀도가 얼마인지 알지 못하는 경우가 많기 때문에 Stokes 직경을 사용하는 데에는 한계가 있다. 이러한 한계를 극복하기 위해서 오른쪽 그림에서와 같이 침강속도가 0.3 cm/s로 비구형 입자와 똑같은 거동을 보이되 입자의 밀도가 단위밀도(unit density, 1 g/cm^3)인 것으로 가정하여 공기역학적 등가구(aerodynamic equivalent sphere)를 생각해 볼 수 있는데, 이때의 구의 지름을 공기역학적 직경(aerodynamic diameter)이라고 한다. 이렇게 정의되는 공기역학적 직경은 에어로졸과 관련된 학문 분야에서 널리 사용되고 있다. 이와 같은 등가구의 지름을 사용하면 비구형 입자의 침강속도를 다음과 같이 계산할 수 있다.

$$v_s = \frac{\rho_p d_e^2 g}{18\mu\kappa} = \frac{\rho_p d_s^2 g}{18\mu} = \frac{\rho_0 d_a^2 g}{18\mu} \tag{2-13}$$

여기서, d_s는 Stokes 직경이고, d_a는 공기역학적 직경이며, ρ_0는 단위밀도인 1 g/cm^{3}이다. 참고로, 상온 상압 조건에서 물의 밀도가 단위밀도와 매우 근사한 값을 가지며, 에어로졸 학문 분야 실험에서 널리 사용되는 PolyStyrene Latex(PSL) 입자의 밀도는 1.05 g/cm^{3}이다. 식 (2-13)을 정리하면 비구형 입자의 공기역학적 직경을 다음과 같이 계산할 수 있다.

$$d_a = d_e\left(\frac{\rho_p}{\rho_0 \kappa}\right)^{1/2} = d_s\left(\frac{\rho_p}{\rho_0}\right)^{1/2} \tag{2-14}$$

만일 입자가 구형이면 $\kappa = 1$이고 $d_e = d_s = d_p$이므로, 구형 입자에 대한 공기역학적 직경을 다음과 같이 계산할 수 있다.

$$d_a = d_p\left(\frac{\rho_p}{\rho_0}\right)^{1/2} \tag{2-15}$$

식 (2-15)는 비교적 큰 입자에 적용 가능하며, 미끄럼보정이 필요한 작은 크기의 입자에 대해서는 다음의 식을 사용하여 공기역학적 직경을 계산할 수 있다.

$$d_a = d_p\left(\frac{\rho_p}{\rho_0}\right)^{1/2}\left(\frac{C_{c,p}}{C_{c,a}}\right)^{1/2} \tag{2-16}$$

여기서, $C_{c,p}$는 크기가 d_p인 구형 입자의 미끄럼보정계수이고, $C_{c,a}$는 공기역학적 직경

크기를 갖는 구형 입자의 미끄럼보정계수이다. 식 (2-16)에서 d_a의 값에 따라 우변에 있는 $C_{c\,a}$의 값이 정해지므로, 시행착오법(trial and error) 즉 반복 계산을 통해서 공기역학적 직경을 구할 수 있다.

7. 높은 Reynolds 수를 가진 입자의 침강 (Particle Settling at High Reynolds Numbers)

Stokes 법칙은 Reynolds 수가 1보다 작은 경우에 적용 가능하므로, 상온 상압 조건에서 구형 입자의 종말침강속도를 고려할 때 대략적으로 100 μm보다 작은 크기의 입자에 해당한다. 다시 말하면, 입자 크기가 100 μm보다 큰 경우에는 Reynolds 수가 1보다 커지므로 Stokes 법칙이 적용될 수 없다. 그림 2.6에 보이는 바와 같이, Reynolds 수가 1보다 큰 입자가 종말침강속도(v_s)로 자유낙하 할 때 입자의 낙하 방향과 반대 방향으로 작용하는 항력은 Stokes 법칙 대신에 Newton의 저항법칙(Newton's resistance law)에 의해 다음과 같이 계산할 수 있다.

$$F_D = C_D\left(\frac{1}{2}\rho v_s^2\right)\left(\frac{\pi}{4}d_p^2\right) \tag{2-17}$$

여기서, C_D는 구형 물체에 대한 항력계수(drag coefficient)이고, ρ는 기체의 점성계수이다. Clift et al.(1978)에 따르면 식 (2-18)을 사용하여 구에 대한 항력계수를 계산할 수 있는데, 식 (2-18)은 $Re<800$일 때에는 예측 오차가 4% 이내이고 $Re<1000$이면 예측 오차가 7% 이내인 것으로 알려져 있다.

$$C_D = \frac{24}{Re}\left(1+0.15Re^{0.687}\right) \tag{2-18}$$

한편, 그림 2.6에 보이는 것처럼, 위로 작용하는 항력과 아래로 작용하는 중력이 서로 평형을 이루면 다음의 식을 얻는다.

$$C_D\left(\frac{1}{2}\rho v_s^2\right)\left(\frac{\pi}{4}d_p^2\right) = \frac{\pi}{6}d_p^3\rho_p g \tag{2-19}$$

식 (2-19)를 침강속도 v_s에 대해 정리하면 식 (2-20)과 같다. 참고로, 식 (2-20)의 우변에 있는 C_D는 Re의 함수로 계산되며 동시에 Re는 속도 v_s로부터 계산되므로, 시행착오법에 의해 식 (2-20)을 풀이하여야만 침강속도 v_s를 구할 수 있다.

$$v_s = \left(\frac{4\rho_p d_p g}{3\rho C_D} \right)^{1/2} \tag{2-20}$$

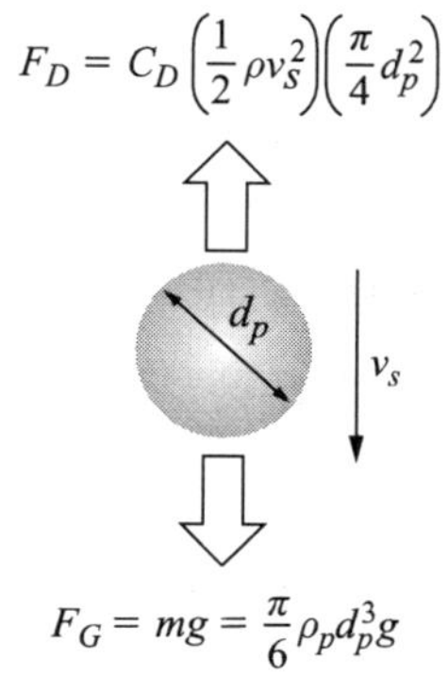

≫ **그림 2.6 높은 Reynolds 수를 가지는 입자가 침강할 때 작용하는 힘**

2.2 입자의 가속운동 및 곡선운동
(Straight-line Acceleration and Curvilinear Particle Motion)

1. 이완시간(Relaxation Time)

그림 2.7에 보이는 바와 같이, 정지된 상태의 기체 중에서 구형 입자가 초기속도 v_0의 조건으로 오른쪽 방향으로 던져졌다고 하자. 이 때 중력과 같은 외력은 작용하지 않는 것으로 가정하고 입자의 브라운 운동은 고려하지 않는다. 입자가 이동함에 따라 이동 방향과 반대 방향으로 항력이 작용하여 입자의 속도는 점차 느려질 것이고 충분히 긴 시간이 흐른 뒤에는 최종적으로 입자가 정지하여 속도가 0이 될 것이다. 주어진 상황에 대한 운동방정식을 세우면 다음과 같다.

$$F = m_p a = m_p \frac{dv}{dt} = -F_D = -\frac{v}{B} \tag{2-21}$$

여기서, F는 입자의 운동에 의한 힘이고, a는 입자의 가속도이며, t는 시간이다. 변수분리법을 적용하여 식 (2-21)을 정리하면 다음과 같다.

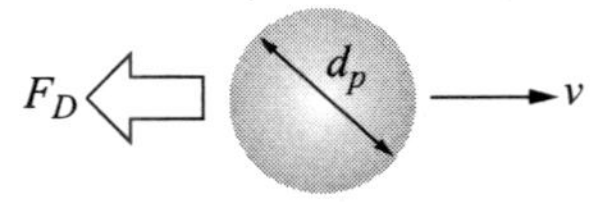

≫ 그림 2.7 속도 v로 이동 중인 입자에 작용하는 항력

$$\frac{dv}{v} = -\frac{1}{m_p B}dt \tag{2-22}$$

시간이 $t=0$일 때 입자의 초기속도가 v_0이므로, 임의의 시간이 t인 순간에 입자의 속도 v는 다음과 같이 계산된다.

$$\int_{v_0}^{v}\frac{dv}{v} = -\int_0^t \frac{1}{m_p B}dt \tag{2-23}$$

식 (2-23)의 해를 구하면 다음과 같다.

$$v = v_0 \exp\left(-\frac{t}{m_p B}\right) = v_0 \exp\left(-\frac{t}{\tau}\right) \tag{2-24}$$

여기서, τ를 이완시간(relaxation time)이라고 하며, 아래의 식을 사용하여 계산된다.

$$\tau = m_p B = \left(\frac{\pi}{6}d_p^3\rho_p\right)\left(\frac{C_c}{3\pi\mu d_p}\right) = \frac{\rho_p d_p^2 C_c}{18\mu} \tag{2-25}$$

식 (2-24)에 따르면, 입자의 속도는 시간에 따라 지수적으로 감소하며, 특히 $t=\tau$일 때 입자의 속도가 초기속도 대비 약 36.8% 수준으로 감소되는 것을 알 수 있다. 바꾸어 말하면, 입자의 속도가 초기속도의 36.8% 수준으로 줄어들 때까지 걸리는 시간이 이완시간인 것이다. 따라서, 이완시간이 짧다는 것은 입자의 속도가 그만큼 빠른 시간 안에 감속한다는 것이고, 반대로 이완시간이 길다는 것은 입자의 속도가 감속하는 데 오래 걸린다는 것을 뜻한다. 즉, 이완시간은 입자가 기체의 유동에 상대적으로 얼마나 빠르게 적응하는 지를 나타낸다. 식 (2-25)로부터 입자의 크기가 클수록 이완시간이 길어지고 입자의 크기가 작을수록 이완시간이 짧아지는 것을 알 수 있다.

한편, 그림 2.8은 곡선 경로를 보이며 흐르는 기체상에서 크기가 서로 다른 두 개의 입자가 거동하는 양상을 비교한 것이다. 기체는 위로부터 유입된 후 점차 방향을 바꿔서 오른쪽으로 흘러 나가고 있다. 이 때 위로부터 기체와 함께 유입된 입자들이 유입 초기에는 아래로 향하는 초기속도를 가지고 있으나, 시간이 지날수록 기체가 흐름의 방향을 바꾸기 때문에 입자의 수직하향 성분의 속도는 점점 작아지면서 오른쪽 방향의 속도 성분은 0으로부터 점차 커진다. 이 때 큰 입자는 이완시간이 상대적으로 길어서 수직하향 성분의 속도가 감속됨과 동시에 오른쪽 방향 성분의 속도가 가속되는 데 오랜 시간이 걸리므로, 점선으로 표시된 것처럼 점차 유선(streamline)에서 벗어나는 거동을 보이게 되어 유동을 잘 좇아가지 못하게 된다. 반면에 작은 입자는 이완시간이 상대적으로 짧아서 수직하향 성분의 속도가 금방 감속됨과 동시에 오른쪽 방향 성분의 속도는 금방 가속되므로 유동의 흐름을 잘 따라가게 된다.

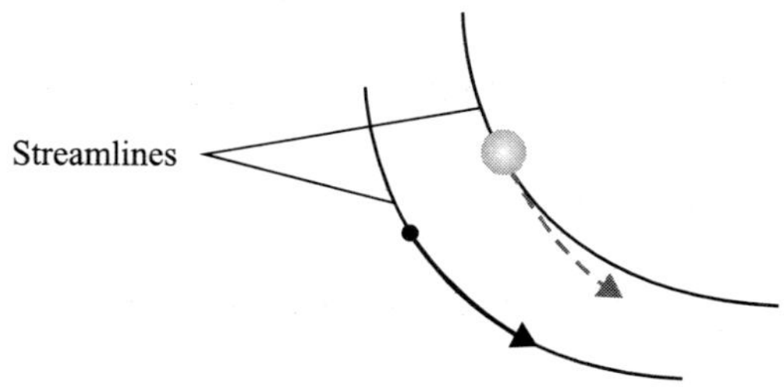

≫ 그림 2.8 곡선 경로를 보이는 기체의 흐름에서 입자의 크기에 따른 거동 비교

2. 입자의 가속(Particle Acceleration)

정지된 상태의 유체 중에 떠 있는 입자가 초기속도가 0인 상태이다가 시간 $t=0$인 순간부터 중력에 의해 자유낙하 하기 시작하면서 점차 가속되는 상황을 고려해 보자. 그림 2.9는 이와 같은 상황에서 임의의 시간 t인 순간에 입자의 속도가 $v(t)$인 상황을 나타낸 것이다. 중력은 아래 방향으로 작용하고 있고, 입자의 이동 방향과 반대 방향으로 항력이 작용하고 있다. 이 순간에 중력 방향으로의 운동방정식을 세우면 다음과 같다.

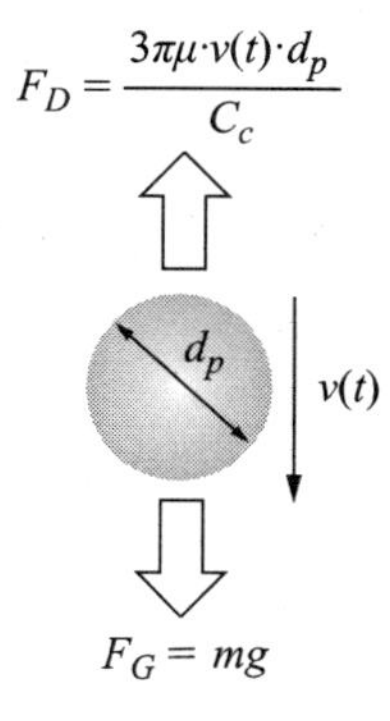

≫ 그림 2.9 중력에 의한 입자의 가속

$$\sum F = m_p \frac{dv(t)}{dt} = F_G - F_D = m_p g - \frac{3\pi\mu v(t) d_p}{C_c} \tag{2-26}$$

식 (2-26)의 양 변에 동적 이동도 B를 곱한 뒤 식 (2-7)의 $B = C_c / (3\pi\mu d_p)$ 및 식 (2-25)의 $\tau = m_p B$의 관계식들을 대입하여 정리하면 다음의 식을 얻는다.

$$\tau \frac{dv(t)}{dt} = \tau g - v(t) \tag{2-27}$$

한편, 식 (2-9)와 식 (2-25)를 비교해 보면 다음의 관계가 도출된다.

$$v_s = \tau g \tag{2-28}$$

식 (2-28)을 식 (2-27)에 대입한 뒤 변수분리법을 사용하여 정리하면 다음의 식을 얻는다.

$$\int_0^{v(t)} \frac{1}{v_s - v(t)} dv(t) = \int_0^t \frac{1}{\tau} dt \tag{2-29}$$

식 (2-29)의 해는 다음과 같다.

$$v(t) = v_s \left[1 - \exp\left(-\frac{t}{\tau} \right) \right] \tag{2-30}$$

식 (2-30)으로부터 $t = \tau$일 때 입자의 속도는 종말침강속도의 약 63% 수준이 되고 $t = 3\tau$이면 입자의 속도는 종말침강속도의 약 95%에 도달하는 것을 알 수 있다. 표 2.1은 대표적인 입자 크기별로 입자의 속도가 종말침강속도의 95% 수준에 이르는 데 걸리는 시간, 즉 $t = 3\tau$의 값을 나열한 것이다. 이 결과를 보면 10 μm보다 작은 입자는 1 ms가 채 되지 않는 짧은 순간 안에 종말침강속도에 도달하게 되는 것을 알 수 있다.

표 2.1 입자 크기별 종말침강속도에 도달하는 데 걸리는 시간

Particle diameter (μm)	Time to reach terminal settling velocity (ms)
0.01	0.00002
0.1	0.00027
1	0.011
10	0.94
100	92

3. 정지거리(Stopping Distance)

그림 2.7에 보이는 것처럼, 정지해 있는 기체 중에서 구형 입자가 초기속도 v_0의 조건으로 오른쪽으로 던져진 상황을 고려해 보자. 이 때 중력 등의 외력과 입자의 브라운 운동은 무시한다. 입자가 이동하는 방향과 반대 방향으로 항력이 작용하기 때문에 시간이 지날수록 입자의 속도는 점점 감속될 것이므로 충분히 긴 시간이 흐르면 입자가 정지하게 될 것이다. 이와 같은 상황에서 입자의 속도는 식 (2-24)와 같이 변하므로, 입자의 속도가 v_0로부터 0까지 감속하는 동안 이동한 총 거리를 다음과 같이 계산할 수 있다.

$$s = \int_0^\infty v\,dt = \int_0^\infty v_0 \exp\left(-\frac{t}{\tau}\right)dt = v_0\tau \tag{2-31}$$

여기서, s를 정지거리(stopping distance)라고 한다. 식 (2-31)로부터 정지거리는 이완시간에 비례하므로, 입자 크기가 클수록 정지거리가 더 길어지고 입자 크기가 작을수록 정지거리가 더 짧아지는 것을 알 수 있다. 이러한 결과를 바탕으로 그림 2.8을 보면, 기체 흐름의 방향이 변하는 상황에서 작은 입자는 초기속도 방향으로의 정지거리가 짧아서 유선에서 크게 벗어나지 않고 기체의 흐름을 잘 따라가는 반면 큰 입자일수록 초기속도 방향으로의 정지거리가 길어서 유선에서 더 크게 벗어나는 거동을 보이면서 이동하게 된다.

4. 입자의 곡선운동 및 Stokes 수 (Curvilinear Particle Motion and Stokes Number)

기체 중에 떠 있는 입자가 곡선 경로를 보이며 이동하는 것을 입자의 곡선운동(curvilinear particle motion)이라고 한다. 입자가 곡선운동을 하는 경우로 다음과 같은 두 가지를 고려해 볼 수 있다. 첫째, 기체는 정지해 있거나 한 방향으로 일정하게 흐르고 있지만, 입자에 작용하는 여러 힘들(중력, 전기력 등)이 시간과 공간에 따라 변하는 경우 입자는 곡선운동을 하게 된다. 둘째, 기체가 수렴노즐(converging nozzle)이나 발산노즐(diverging nozzle) 내부에서 흐를 때, 기체가 어떤 형상의 장애물 주위를 흐를 때, 또는 기체가 방향을 바꾸며 흐를 때, 기체와 함께 이동하는 입자는 기류의 영향을 받아 곡선운동을 하게 된다.

이와 같은 입자의 곡선운동의 특징을 설명하기 위해 사용되는 무차원수는 Stokes 수이다. 기체가 어떤 형상을 가진 물체의 내부 또는 외부를 흘러갈 때에는 해당 물체의 형상이 기류에 영향을 주어 기체가 곡선 경로를 보이며 흘러가게 된다. 그러면, 그림 2.8에서 보이는 것과 같이, 입자가 기체의 흐름을 잘 따라가는 정도는 입자의 크기에 따라 다른 특성을 나타낸다. 즉, 입자의 크기에 따라 입자가 가진 초기속도 방향 성분이 감속하는 정도가 달라져서 본래의 유선으로부터 이탈하는 거리에 차이가 생긴다. 결과적으로, 기체 주위에 있는 물체의 형상이 기체의 곡선 경로에 영향을 주고, 이와 같은 기체의 곡선 경로는 입자가 본래의 유선으로부터 이탈하는 거리에 영향을 준다. 이와 같은 관계로부터 Stokes 수(Stk)는 입자의 정지거리(s)와 기체 흐름의 곡선 경로에 영향을 주는 물체의 특성길이(L_c)를 고려하여 다음과 같이 정의된다.

$$Stk = \frac{s}{L_c} = \frac{\tau U_0}{L_c} \tag{2-32}$$

여기서, U_0는 물체로부터 멀리 떨어진 위치, 즉 기체의 흐름이 해당 물체에 의해 영향을 받지 않는 위치에서의 기체의 속도이다. 한편, 입자가 본래의 유선으로부터 이탈하는 거리는 입자의 정지거리와 관련 있는데, 식 (2-31)로부터 정지거리는 이완시간에 비례하고 식 (2-25)로부터 이완시간은 입자 크기의 제곱과 입자의 밀도에 비례하므로 결과적으로 입자의 정지거리는 입자의 관성에 따라 달라진다고 볼 수 있다. 이러한 관점에서 Stokes 수는 입자의 관성의 크기를 비교하기 위해 사용되는데, 입자의 관성이 클수록 Stokes 수는 커지고 반대로 입자의 관성이 작아지면 Stokes 수도 작아진다. 따라서 입자의 관성을 이용하는 관성임팩터(inertial impactor), 가상임팩터(virtual impactor), 사이클론집진기(cyclone separator) 등의 각종 에어로졸 기구장치들의 성능을 평가하는 데에 있어서 Stokes 수가 사용되고 있다.

5. 관성 충돌(Inertial Impaction)

관성 충돌은 입자의 곡선운동에 따른 관성을 이용하는 방법이며 에어로졸 입자를 포집하는 데 널리 응용되는 원리 중 하나이다. 관성 충돌의 원리를 이용한 에어로졸 기구장치 중 대표적인 것으로 관성임팩터(inertial impactor)가 있으며, 관성임팩터의 개략도와 작동 원리를 그림 2.10에 나타내었다. 관성임팩터는 에어로졸을 높은 속도로 가속하여 분사하는 데 사용되는 노즐과 에어로졸 입자를 포집하는데 사용되는 충돌판(impaction plate)으로 이루어져 있어서 그 구조가 매우 간단하고 작동이 간편하여 널리 사용된다. 그림 2.10a에서 볼 수 있듯이, 노즐을 통해 가속된 에어로졸이 충돌판을 향해 분사되면 점선으로 나타낸 것처럼 기체의 흐름이 수직한 방향으로부터 수평한

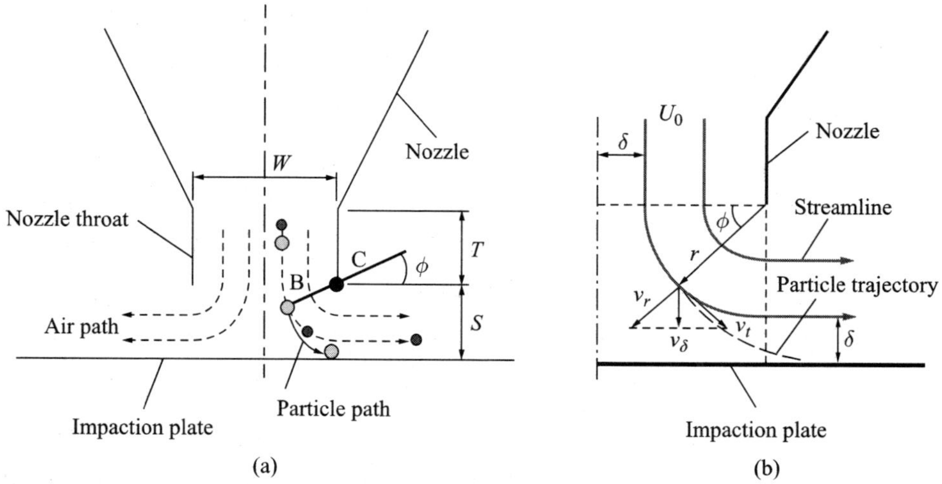

≫ **그림 2.10 관성임팩터; (a) 개략도, (b) 입자 포집 원리**

방향으로 90° 변환하여 흘러나간다. 이처럼 곡선 경로를 보이는 기체의 흐름 속에서 입자는 그 크기에 따라 유동을 잘 따라가는 지의 여부가 결정되는데, 크기가 상대적으로 작은 입자는 관성이 작아서 유동을 잘 따라가서 충돌판 위를 지나가는 반면에 크기가 상대적으로 큰 입자는 큰 관성으로 인해 유동의 흐름에서 벗어나서 충돌판 위에 충돌되어 포집된다. 이러한 원리를 기반으로 하여 관성임팩터는 특정한 크기보다 큰 입자를 충돌판 위에 포집할 수 있다. 관성임팩터의 노즐과 충돌판의 형상은 매우 다양하지만, 그림 2.11에 보이는 것과 같이 원형 노즐과 직사각 슬릿 노즐 형상의 관성임팩터가 대표적으로 사용되고 있다.

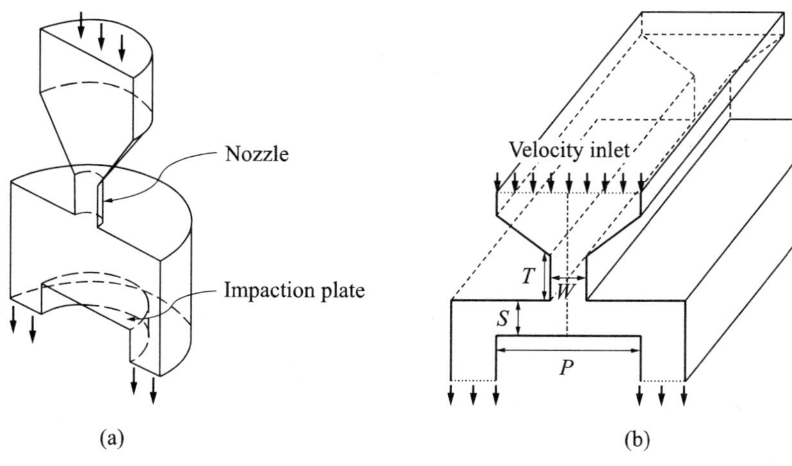

≫ **그림 2.11 관성임팩터의 노즐 형태; (a) 원형 노즐**(Cheon et al., 2017)**, (b) 사각 노즐**(Kim et al., 2014)

관성임팩터의 원리를 설명하기 위해 매우 간단한 이론을 소개하고자 한다. 참고로, 이 이론은 가정하는 내용이 많아서 정확성은 크게 떨어지지만 관성임팩터의 특징을 설명하는 데 사용되는 중요한 무차원수를 도출하는 데 있어서 효과적인 방법임을 먼저 얘기해 둔다. 그림 2.10b는 관성임팩터의 노즐과 충돌판 사이 공간에서 곡선 경로를 보이며 이동하는 기체상에서 입자에 작용하는 속도 성분을 보여주고 있다. 노즐로부터 토출되는 기체의 속도는 U_0로 균일하다고 가정하자. 노즐을 통해 분사된 기체는 충돌판의 존재로 인해 방향을 90° 변환하여 수평한 방향으로 빠져나가는데, 이 때 노즐 끝과 충돌판 사이의 거리(S)가 노즐 크기(W)의 반, 즉 $S = W/2$이면 유선은 4분원의 궤적을 그린다고 가정할 수 있다. 물론, 이러한 가정은 실제 기체의 흐름과는 매우 다르다. 유선을 따라 이동하는 입자가 곡선 경로 구간을 지날 때 입자의 속도 성분은 유선과 접선 방향의 속도인 v_t와 4분원의 반지름 방향의 속도인 v_r로 나뉘어진다. 입자의 곡선운동에 의해 유선에서 벗어나는 정도는 원심력에 의해 결정되므로, 우선 입자가 4분원 궤적의 반지름 방향으로 이동하는 거리는 식 (2-31)로부터 $s_r = \tau v_r$로 표현될 수 있다. 이 식의 양 변을 시간에 대해 미분하면 $v_r = \tau a_r$이 되는데, 여기서 a_r은 반지름 방향으로의 가속도이다. 한편, v_r을 식 (2-33)과 같이 각가속도(ω)와 접선속도(v_t)를 사용하여 표현할 수 있는데, 실제와는 크게 다르지만 $v_t = U_0$라고 가정하면 그 결과는 아래와 같다.

$$v_r = \tau a_r = \tau r \omega^2 = \tau r \left(\frac{v_t}{r} \right)^2 = \frac{\tau U_0^2}{r} \tag{2-33}$$

변위각 ϕ에 대하여 아래의 식이 성립한다.

$$d\phi = \omega\, dt = \frac{v_t}{r} dt = \frac{U_0}{r} dt \tag{2-34}$$

식 (2-34)를 dt에 대해 정리하면 다음과 같다.

$$dt = \frac{r}{U_0} d\phi \tag{2-35}$$

그림 2.10b에 보이는 바와 같이 입자가 노즐로부터 빠져 나오기 전에 노즐의 중심으로부터 δ간큼의 거리에 위치하고 있다고 한다면, 노즐에서 분사된 기체의 유선이 4분원의 궤적을 그리면서 방향을 90° 변환한 뒤 충돌판과 수평한 방향으로 흘러나갈 때 입자가 충돌판에 닿기 위해서는 유선으로부터 δ의 거리만큼 벗어나야 한다. 따라서 입자가 곡선운동을 하는 동안에 매 순간 충돌판을 향해 이동한 미소거리 $d\delta$는 입자가 충

돌판과 수직한 방향의 속도 성분인 v_δ로부터 다음과 같이 계산된다.

$$d\delta = v_\delta dt = (v_r \sin\phi)\left(\frac{r}{U_0}d\phi\right) = \tau U_0 \sin\phi\, d\phi \tag{2-36}$$

입자가 곡선운동을 하는 동안 변위각 ϕ는 90°만큼 변하므로, 입자가 충돌판을 향해 이동한 거리는 다음과 같이 구해진다.

$$\delta = \int_0^{\pi/2} d\delta = \int_0^{\pi/2} \tau U_0 \sin\phi\, d\phi = \tau U_0 \tag{2-37}$$

여기서 δ는 입자가 충돌판에 충돌할지 아닐지를 결정하는 임계 거리라고 할 수 있으므로, 에어로졸이 노즐을 빠져 나오기 전에 노즐 중심으로부터 δ만큼의 거리 이내에 위치한 모든 입자는 결국 충돌판에 충돌하여 포집된다고 볼 수 있다. 만일 노즐 내에서 에어로졸의 수농도 분포가 균일하다고 가정하면, 충돌판에 포집되는 입자의 비율, 즉 관성임팩터의 포집효율(collection efficiency) η는 다음과 같이 계산된다.

$$\eta = \frac{\delta}{W/2} = \frac{\tau U_0}{W/2} \tag{2-38}$$

식 (2-38)에서 τU_0는 정지거리이고 $W/2$는 노즐의 특성길이에 해당하므로, 식 (2-32)에 보이는 Stokes 수의 정의와 같은 것을 알 수 있다. 따라서, 관성임팩터의 성능 특성을 설명하기 위해 사용되는 무차원수는 Stokes 수이며, 아래와 같이 계산된다.

$$Stk = \frac{\tau U_0}{W/2} = \left(\frac{\rho_p d_p^2 C_c}{18\mu}\right)\left(\frac{2U_0}{W}\right) = \frac{\rho_p d_p^2 C_c U_0}{9\mu W} \tag{2-39}$$

여기서, W는 노즐의 특성길이로서, 원형 노즐인 경우에는 노즐의 지름이고 직사각 슬릿 노즐인 경우에는 노즐의 너비를 의미한다.

앞서 살펴본 바와 같이 입자의 포집 여부를 결정하는 노즐 내 임계 거리가 존재하는데, 입자의 관성이 일정 수준 이상이면 노즐의 최외각 위치에서 분사되는 입자라 할지라도 충돌판에 포집될 수 있어서 이 경우에는 포집효율이 100%가 된다. 다시 말하면, 입자의 크기가 특정한 크기보다 큰 경우에는 모두 충돌판에 포집된다. 이와는 달리, 특정한 크기보다 작은 입자는 유선에서 이탈하는 정도가 미미하여 충돌판에 포집되지 않는다. 따라서 관성임팩터의 전형적인 포집효율은 그림 2.12에 보이는 바와 같이 계단함수에 가까운 S자 형태의 곡선으로 나타난다. 이 때 50%의 포집효율에 해당하는 입자의 크기를 절단직경(cutoff diameter)이라고 한다. 절단직경을 나타내는 기호로는 $d_{p,50}$이

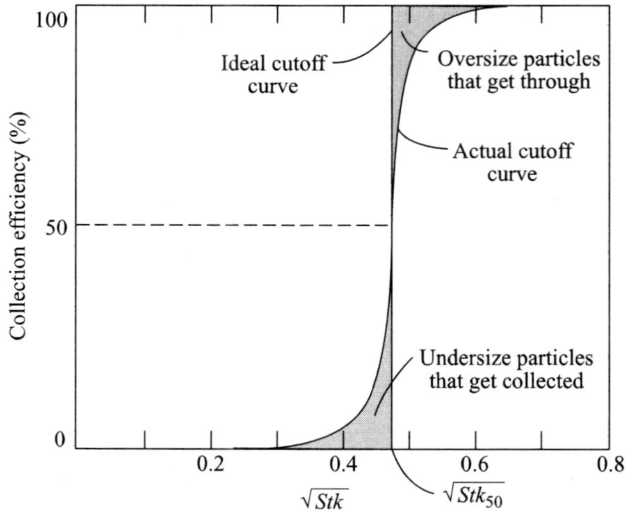

≫ **그림 2.12 관성임팩터의 포집효율 곡선**(Hinds, 1999)

표 2.2 관성임팩터의 설계에 사용되는 Stokes 수

Impactor type	Stk_{50}	$(Stk_{50})^{1/2}$
Circular nozzle	0.24	0.49
Rectangular slit nozzle	0.59	0.77

많이 사용되며, 식 (2-39)에서 절단직경을 사용하여 계산되는 Stokes 수를 특별히 Stk_{50}으로 표현한다. 식 (2-39)의 양변에 제곱근을 취하면, C_c의 영향으로 인해 완벽하지는 않지만 $Stk^{1/2}$이 d_p와 얼추 비례하는 관계가 얻어지기 때문에 그림 2.12에서와 같이 그라프의 x축을 d_p 대신에 $Stk^{1/2}$을 사용하여 표현하는 경우도 많다. 이와 같이 관성임팩터는 절단직경보다 큰 입자를 포집하는 데 많이 사용되기 때문에, 절단직경이 10 μm 또는 2.5 μm와 같은 특정한 크기가 되도록 설계하는 것이 필요하다. 원하는 절단직경에 맞게 관성임팩터를 설계할 때에는 표 2.2에 보이는 Stk_{50}의 기준값을 참고해서 노즐의 크기를 결정할 수 있다. 다만, 노즐의 특성길이인 W 값으로부터 계산되는 노즐 Reynolds 수가 500~3000 사이의 범위에 들도록 관성임팩터를 설계하는 것이 요구된다. 만일 작동유량이 Q인 관성임팩터를 설계할 때 노즐이 1개인 경우 노즐 Reynolds 수가 3000을 넘는다면, 노즐의 개수를 N개로 증가함으로써 각 노즐을 통해 분사되는 에어로졸의 유량을 Q/N으로 줄이고 각 노즐에 대한 노즐 Reynolds 수가 500~3000 사이의 범위에 들어오도록 설계하는 것이 좋다. 참고로, 노즐 Reynolds 수가 500 이하로 너무 작아지면 중력의 영향이 커져서 포집효율 결과가 설계 목표와 달

라질 수 있기 때문에, 노즐 Reynolds 수가 너무 낮은 설계는 추천되지 않는다.

관성임팩터는 절단직경보다 큰 입자를 충돌판에 포집하는 특성이 있기 때문에 이러한 특성을 이용해서 그림 2.13에 보이는 바와 같이 여러 개의 관성임팩터를 직렬로 연결하여 사용하기도 하는데, 이를 다단임팩터(cascade impactor)라고 한다. 그림 2.13을 보면, 맨 위에 위치한 관성임팩터의 노즐 크기가 가장 크고 맨 아래에 위치한 관성임팩터의 노즐 크기가 가장 작게 묘사되어 있다. 모든 임팩터를 통과하는 에어로졸 유량은 같으므로, 큰 노즐에서의 분사속도(U_0)는 상대적으로 느리고 작은 노즐에서의 분사속도는 상대적으로 빠르다. 표 2.2에 제시된 Stk_{50}의 기준값을 사용하여 각 단의 관성임팩터를 설계하게 되므로, 식 (2-39)에서 좌변의 Stk 값이 Stk_{50}으로 고정되어 있다고 가정할 수 있다. 따라서 윗부분에 위치한 관성임팩터의 경우에는 U_0가 낮으므로 $d_{p,50}$이 상대적으로 크고, 반면에 아래에 위치한 관성임팩터의 경우에는 U_0가 높으므로 $d_{p,50}$이 상대적으로 작다. 다시 말해서, 가장 처음에 위치한 관성임팩터의 절단직경이 제일 크고 가장 마지막에 위치한 관성임팩터의 절단직경이 제일 작다. 따라서, 그림 2.13에 나타낸 바와 같이, 다단임팩터로 유입된 에어로졸 입자들 중에서 가장 큰 크기의 입자는 첫 번째에 위치한 관성임팩터의 충돌판에 포집되고, 크기가 작아질수록 순차적으로 아래 단에 위치한 관성임팩터의 충돌판에 포집된다. 그림 2.13에서는 설명의

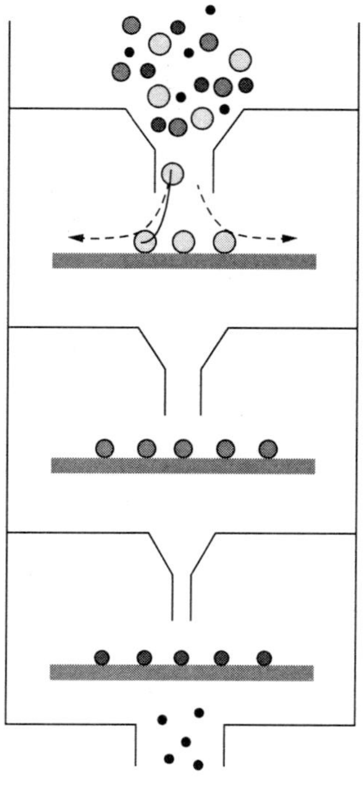

≫ 그림 2.13 다단임팩터의 구조와 작동 원리

이해를 돕기 위해 모든 단의 관성임팩터에 대해 노즐 개수가 하나인 것으로 묘사되어 있지만, 전술한 바와 같이 노즐 Reynolds 수가 500~3000 사이에 들도록 각 단의 임팩터를 설계하다 보면 일반적으로는 아래 단으로 갈수록 많은 수의 노즐을 사용하는 설계 결과가 도출된다.

일반적으로 관성임팩터의 노즐에서 분사되는 에어로졸의 속도가 매우 빠르기 때문에, 입자와 충돌판의 재질에 따라서 입자가 충돌판에 충돌된 뒤 포집되지 않고 튕겨서 다시 기체 중에 재비산 되는 문제가 자주 발생한다. 이러한 재비산 문제를 방지하기 위해서는, 실리콘오일(silicon oil), 진공그리스(vacuum grease) 등의 물질을 사용해서 충돌판 표면을 코팅하면 좋다. 또한, 관성임팩터를 가지고 너무 오랜 시간 동안 에어로졸을 샘플링 하면 충돌판 위에 많은 수의 입자가 쌓여서 더미를 이루게 되는데, 이 때 노즐에서 그속으로 분사되는 관성이 큰 입자가 이미 쌓여 있는 입자 더미에 충돌하여 이미 포집되어 있는 입자들의 일부가 떨어져 나와 기체 중에 다시 재비산 되는 문제가 발생할 수도 있다. 이를 방지하기 위해서는 관성임팩터의 작동 시간을 적절하게 조절하거나 충들판을 회전시켜서 입자들이 충돌판의 한 위치에 집중적으로 쌓이는 것을 방지하는 것이 좋다.

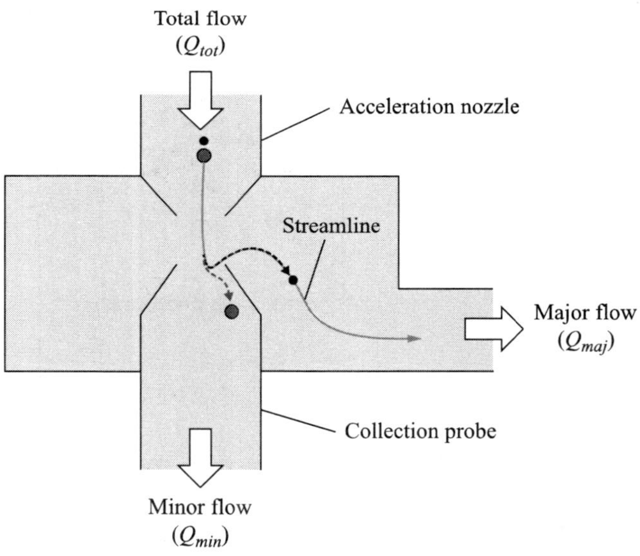

≫ 그림 2.14 가상임팩터의 개략도와 입자 포집 원리

6. 가상임팩터(Virtual Impactor)

전술한 바와 같이 관성임팩터는 입자가 충돌판에서 튕겨서 포집되지 않거나 충돌판에 포집되어 있던 입자가 다른 입자의 충돌에 의해 충돌판으로부터 떨어져 나와서 기체 중에 재비산 되는 문제가 발생한다. 가상임팩터(virtual impactor)는 이러한 관성임팩터의 단점을 보완하기 위해 개발되었다. 그림 2.14는 가상임팩터의 형상을 보여준다. 관성임팩터와 마찬가지로 에어로졸을 가속하는 데 사용되는 가속노즐(acceleration nozzle)이 있지만, 관성임팩터와는 다르게 충돌판이 없고 대신에 입자를 샘플링하기 위해 사용되는 포집용 프로브(collection probe)가 있다. 가속노즐을 통해 고속으로 분사되는 에어로졸의 총 유동(total flow) 유량이 Q_{tot}라고 하면, 포집용 프로브를 통해서는 부유동(minor flow)에 해당하는 Q_{min}만큼의 유량만 흡입되고 나머지 Q_{maj}만큼의 유량은 주유동(major flow)을 따라 배출된다. 이 때, Q_{tot}는 Q_{min}와 Q_{maj}의 합과 같으며, 일반적으로 Q_{min} : Q_{maj}의 비율은 1 : 9 또는 1 : 19로 설정된다. 즉, 총 유동 유량 중에서 10% 또는 5%의 유량만 포집용 프로브를 통해 흡입되기 때문에 가속노즐로부터 고속으로 분사된 기체의 대부분의 유량은 그림 2.14에 예시한 유선과 같이 가속노즐과 포집용 프로브 사이의 공간에서 곡선 경로를 보이며 주유동 방향으로 빠져나간다. 이와 같은 곡선 경로를 보이는 기체를 따라 이동하는 입자는 기류의 영향을 받아 곡선운동을 하게 되는데, 이 때 입자의 관성의 크기에 따라 유선에서 이탈하는 정도에 차이를 보인다. 즉, 관성이 큰 입자는 유선에서 이탈하는 정도가 심하여 주유동을 따라가지 못하고 포집용 프로브로 유입되는 반면, 관성이 작은 입자는 유선을 잘 좇아가서 주유동을 따라 배출된다. 이와 같은 원리에 의해 가상임팩터 또한 관성임팩터처럼 절단직경보다 큰 입자를 포집용 프로브를 통해 포집할 수 있다. 그림 2.15는 가상임팩터의 포집효율 곡선의 전형적인 형태를 보여주는 것이다. 부유동을 따라 포집용 프로브에서 포집되는 입자에 대한 포집효율 곡선은 S자 형태로 나타난다. 가상임팩터를 사용하면 관성임팩터의 단점인 재비산 문제는 해결될 수 있지만, 가상임팩터는 다른 종류의 문제점을 가지고 있다. 첫째, 입자가 기체의 곡선 경로를 따라 이동하는 과정에서 가상임팩터 내 벽면, 특히 포집용 프로브 벽면에서 입자가 포집되는 문제점이 발생한다. 이는 그림 2.15에서 'wall loss curve'로 지시되어 있는 바와 같이 절단직경 근방의 크기를 가진 입자에 대해 높은 확률로 발생한다. 둘째, 가속노즐의 중심부를 통해 분사된 기체는 포집용 프로브로 흡입되는 부유동을 형성하는데, 이 때 가속노즐의 중심부로부터 분사되는 입자들 중 관성이 작은 입자들은 본래의 유선을 잘 따라가는 특성으로 인해 부유동을 따라 포집용 프로브로 유입된다. 이러한 까닭에 그림 2.15에서 'fine particle contamination'이라고 지시되어 있는 바와 같이 포집용 프로브에서는 절단직경보다 작은 입자들도 많이 포집되는데, 절단직경보다 작은 입자의 포집효율은 Q_{min}/Q_{tot}의 비율로 수렴한다. 가상임팩터의 이러한 문제점을 해결하기 위한 많은 연구가 이루어지고 있다.

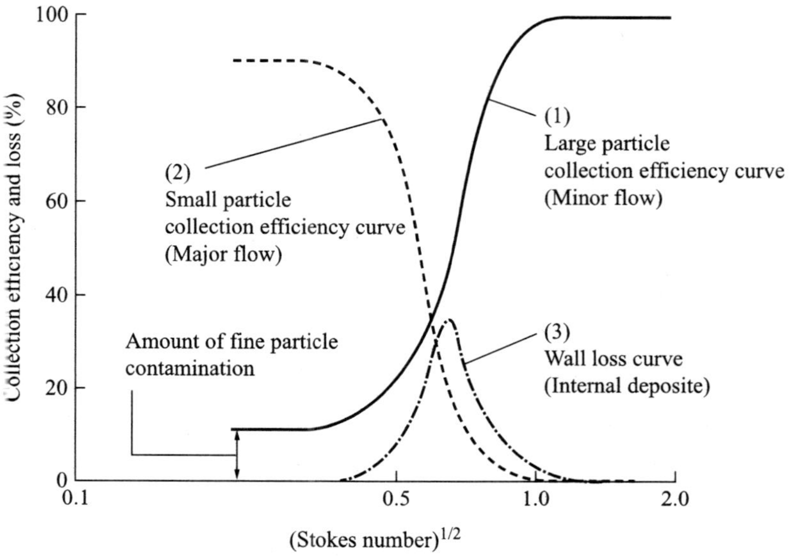

》 **그림 2.15 가상임팩터의 전형적인 포집효율**(Chen and Yeh, 1987)

참고문헌

Chen, B. T, and Yeh, H. C., An improved virtual impactor: design and performance, *J. Aerosol Sci.* 18, 203-214, 1987.

Clift, R., Grace, J. R., and Weber, M. E., *Bubbles, Drops, and Particles*, Academic Press, New York, p. 112, 1978.

Cheon, T. W., Lee, J. Y., Bae, J. Y., and Yook, S. J., Enhancement of collection efficiency of an inertial impactor using an additional punched impaction plate, *Aerosol Air Qual. Res.* 17, 2349-2357, 2017.

Hinds, W. C., *Aerosol Technology: Properties, Behavior, and Measurement of Airborne Particles*, John Wiley & Sons, New York, 1999.

Kim, J. H., Mulholland, G. W., Kukuck, S. R., and Pui, D. Y. H., Slip correction measurements of certified PSL nanoparticles using a nanometer differential mobility analyzer (Nano-DMA) for Knudsen number from 0.5 to 83, *J. Res. Natl. Inst. Stand. Technol.* 110, 31-54, 2005.

Kim, W. G., Lee, H., Myoung, J. H., Han, S. K., Yook, S. J., and Ahn, K. H., Effect of a horizontal inlet on the collection efficiency of a rectangular-slit-nozzle impactor, *Aerosol Sci. Technol.* 48, 649-654, 2014.

CHAPTER

3

입자의 전기적 성질

■ 저자 : **우창규**(한국기술교육대학교 기계공학부)

에어로졸을 제어할 수 있는 힘 중에 가장 중요한 것은 정전기력이다. 많이 하전된 입자의 경우 중력의 천배이상 될 수 있다. 이러한 특성 때문에 많은 분야에 응용되고 있다.

3.1 단위

하전된 입자는 주변의 전기장에 의해 정전기력을 받게 된다. 입자가 가지고 있는 전자의 수가 원래 가져야 할 수보다 많거나 부족한 경우 음하전 혹은 양하전을 각각 띠게 된다.

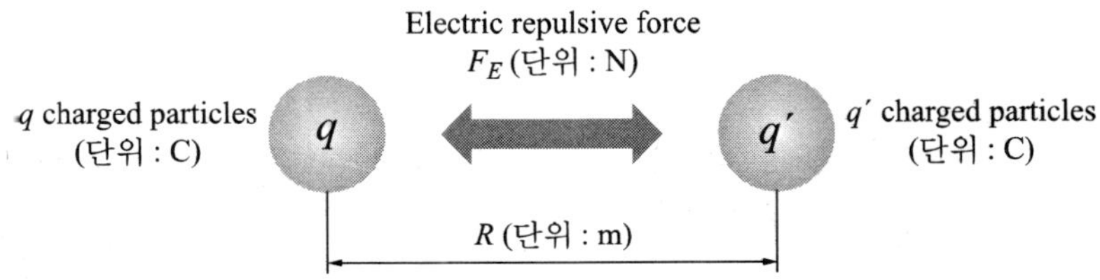

정전기력을 설명하는 가장 기본적인 식은 쿨롱(Coulomb)의 법칙이다. 쿨롱은 샤를드 쿨롱을 말한다. 쿨롱의 법칙은 R의 거리로 서로 떨어진 두 개의 점하전에 의한 정전기력에 의한 척력 F_E식으로 표현된다.

$$F_E = K_E \frac{qq'}{R^2} \tag{3-1}$$

여기에서 q와 q'은 두 개의 점하전의 하전량을 의미하고, K_E는 비례상수이며 이는 사용된 단위계에 따라 달라진다. SI 단위계에서는 다음과 같다.

$$K_E = \frac{1}{4\pi\epsilon_0} = 9.0\times10^9\ \mathrm{N\cdot m^2/C^2} \tag{3-2}$$

여기에서 ϵ_0은 진공의 유전율(permittivity)이고, $8.85\times10^{-12}\ \mathrm{C^2/N\cdot m^2}$이다. 따라서 위 두 식을 정리하면 다음과 같이 쓸 수 있다.

$$F_E = 9.0\times10^9 \frac{qq'}{R^2} \tag{3-3}$$

이때, F_E의 단위는 N, q와 q'의 단위는 C, R의 단위는 m이다.

≫ 그림 3.1 Charles-Augustin de Coulomb(1736~1806)의 초상화(출처: wikipedia)

Quantity	SI
Charge	1 C
Current	1 A
Potential difference	1 V
K_E	9.0×10^{9} N · m²/C²
Charge on an electron, e	1.60×10^{-19} C
Electrons per unit charge	6.3×10^{18} /C
Electrical mobility	1 m²/V · s
Field strength	1 N/C or V/m

한편, 이 식을 cgs 단위계로 표현하면, $K_E=1$이 되면서 다음과 같이 쓸 수 있다.

$$F_E = \frac{qq'}{R^2} \tag{3-4}$$

이 때, F_E는 dyn, q와 q'은 stC, R은 cm의 단위이다. cgs 단위계는 식이 간단해지는 장점이 있으나 익숙하지 않은 단위를 사용해야 하는 단점이 있다. 우리는 주로 SI 단위계를 사용하므로, cgs 단위계에 대한 설명은 생략하기로 한다.

3.2 전기장

전기장은 하전된 물체 주위에 생성되며, 주변에 있는 하전된 입자에 정전기력을 미치게 된다. 이러한 전기장의 세기를 단위 하전된 입자에 미치는 힘의 정도로 다음 식과 같이 정의할 수 있다.

$$E = \frac{F_E}{q} \tag{3-5}$$

이 때, q는 입자의 하전이다. 전기장 세기의 단위는 N/C이다. 전기장 세기는 벡터이며 정전기력 F_E의 방향과 같다. 하전량을 표현하기 위해서 가장 작은 기본하전(e)에 n을 곱한 것을 사용한다. 이때 기본하전값은 전자의 한 개의 하전으로 정의하는데, 1.6×10^{-19} C이다. 이를 식으로 표현하면 다음과 같다.

$$q = ne \tag{3-6}$$

따라서 n개의 하전을 가지고 있는 입자가 전기장 E에 위치하고 있을 때 받는 힘은 다음과 같다.

$$F_E = qE = neE \tag{3-7}$$

위 식을 통해 하전수 n과 전기장 세기 E를 알고 있을 경우에 입자에 미치는 힘을 직접적으로 구할 수 있다. 문제는 두 가지 값을 모르는 경우가 많다는 점이다. n과 E는 시간과 위치에 따라 달라질 수 있으며 하나가 다른 하나에 영향을 미칠 수 있다.

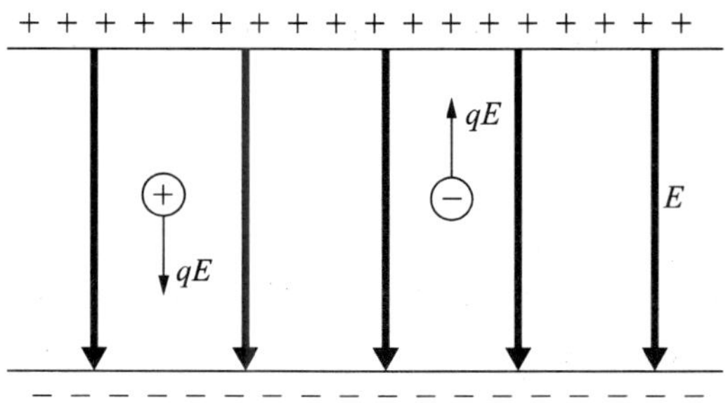

여러 개의 하전된 물체가 있을 경우 정전기력은 벡터합으로 구할 수 있다. 실질적으로는 많은 경우 정확한 위치와 하전수를 알기 어려우므로, 총 정전기력을 구하기에 어려움이 있다. 이론적으로는 실제의 하전입자를 원하는 위치에 두고 미치는 힘을 구하면

되는데, 여기에는 어려움이 있다.

정전기력은 상대적으로 측정하기 쉬운 전압 혹은 퍼텐셜을 이용하여 대안적으로 정의할 수 있다. 두 지점 간의 퍼텐셜 차이 ΔW는 두 지점 사이에 단위하전을 이동시키는데 필요한 일로 정의할 수 있다. 이 일은 단위하전에 미치는 힘(전기장의 세기)에 두 지점 사이의 거리, Δx를 곱한 값과 동일하다.

$$\Delta W = \frac{F_E \Delta x}{q} \tag{3-8}$$

이전 식들을 다시 정리하면 전기장의 세기는 다음 식으로 쓸 수 있다.

$$E = \frac{\Delta W}{\Delta x} \tag{3-9}$$

어느 지점에서의 전기장의 세기는 그 지점에서의 퍼텐셜 그레이디언트이다. 따라서 전기장의 세기는 하전된 표면 근처에서의 퍼텐셜 그레이디언트를 정하는 문제로 바뀐다.

몇 개의 간단한 형상에서 전기장의 세기를 구할 수 있다. 다음과 같이 한 점에 점하전 q가 존재할 때, 가상의 시험 하전 q'을 두고 쿨롱의 법칙에 의해 미치는 힘을 구할 수 있다.

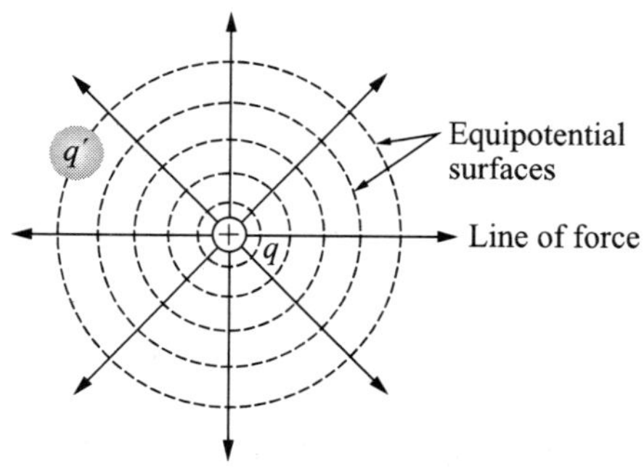

$$E = \frac{F_E}{q'} = \frac{K_E q}{R^2} \tag{3-10}$$

두 개의 반대극으로 하전된 평행판의 표면 사이에서의 전기장의 세기는 일정하고, 다음과 같이 계산될 수 있다.

$$E = \frac{\Delta W}{x} \tag{3-11}$$

여기에서 ΔW는 스칼라 값이고, x는 두 평판 사이의 거리이다. 평행판 사이의 균일한 전기장에서 하전된 입자에 미치는 힘은 어디에서나 일정하다. (다만, 평행판의 끝부분은 달라진다.)

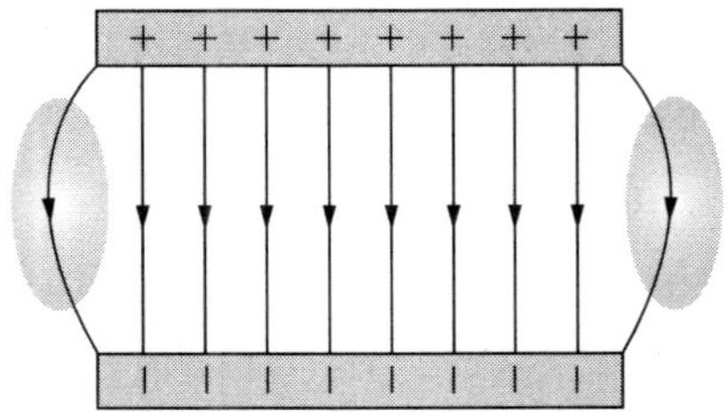

원통 형상의 안쪽에서의 전기장은 다음 식과 같이 원통축에 따라 전기장의 세기가 계산된다

$$E = \frac{\Delta W}{R \ln(d_t / d_w)} \tag{3-12}$$

이 때, d_t와 d_w는 각각 튜브와 와이어의 직경이다.

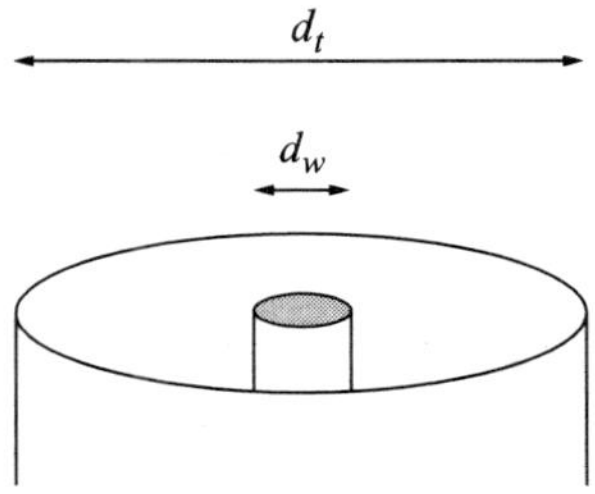

이 때, R값이 0에 가까울수록 전기장의 세기는 커지게 된다. 다음 그림은 중심에 10 kV를 인가하고, 튜브의 직경은 0.1 m, 와이어의 직경은 100 μm일 경우에 내부 전기장의 세기를 나타낸 것이다. R값이 d_w일 때, 가장 큰 값을 나타냄을 알 수 있다.

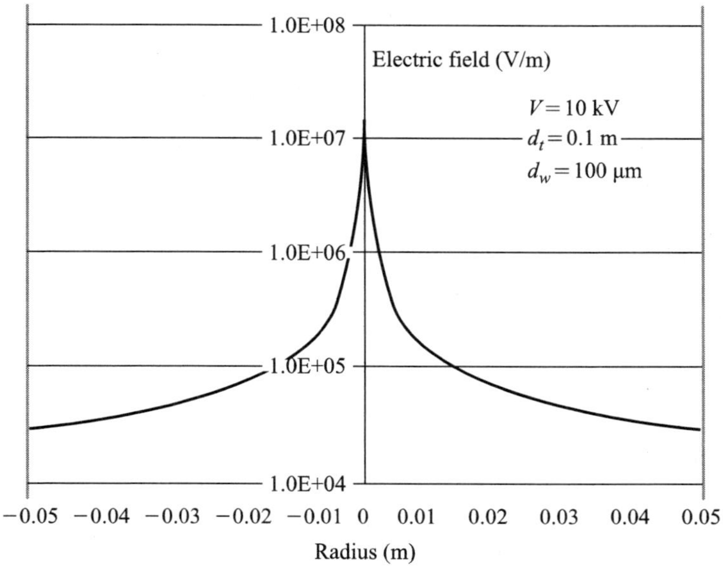

지구의 대류권(troposphere)에서는 음으로 하전된 지표와 양으로 하전된 대기에 의해 전기장이 형성된다. 맑은 날의 경우 해수면에서 평균적으로 약 120 V/m의 전기장이 형성되는데, 번개가 치는 날씨의 경우 10,000 V/m까지 상승하기도 한다.

3.3 전기 이동도 (Electrical Mobility)

하전된 입자가 전기장에 놓일 때, 정전기력이 작용한다. 이 정전기력에 의한 입자의 속도는 종단속도의 경우와 비슷하게 계산된다. 스토크스 영역에서 종단 정전기력 속도 V_{TE}는 정스토크스 항력과 전기력을 같게 두고 속도에 대해 풀면 구할 수 있다.

$$n e E = 3\pi \eta V d / C_c \tag{3-13}$$

$$V_{TE} = \frac{n e E C_c}{3\pi \eta d} \tag{3-14}$$

위 식은 다음과 같이 기계적 이동도(mechanical mobility) B가 들어간 식으로 정리할 수 있다.

$$V_{TE} = neEB \tag{3-15}$$

입자의 움직임이 스토크스 영역 밖에 있을 경우, V_{TE}를 계산할 때 레이놀즈수가 1보다 클 때의 V_{TS}를 구할 때 사용했던 절차대로 따라하면 된다. 레이놀즈수가 1보다 큰 경우는 입자의 침강에서 보다 정전기력에 의한 움직임에서 흔히 나타난다. 이는 중력보다 정전기력이 보통 훨씬 크기 때문이다.

식을 정리하면,

$$neE = C_D \frac{\pi}{8} \rho_g d^2 V_{TE}^2 \tag{3-16}$$

에서 C_D에 대해 정리하면,

$$C_D = \frac{8neE}{\pi \rho_g d^2 V_{TE}^2} \tag{3-17}$$

위 식의 양변에 Re^2을 곱하면,

$$C_D Re^2 = \frac{8neE\rho_g}{\pi \eta^2} \tag{3-18}$$

가 되는데, 좌변의 $C_D Re^2$값은 우변에서 종단 정전기력 속도에서의 속도(V_{TE})나 레이놀즈수를 몰라도 계산될 수 있다.

밀리칸(Millikan)의 기름입자 실험은 1900년대 초기의 물리학의 고전적인 실험 중의 하나이다. 개별 전자의 하전수를 측정하기 위한 실험이다. 이 실험장치는 Millikan cell이라 불리며, 구형의 1마이크로미터 이하의 기름입자를 두 개의 수평 평행판 사이에 주입한다. 두 평행판 사이의 전기장의 퍼텐셜 차이는 정밀하게 조정한다. 주입된 입자에 빛을 비추고 수평 현미경을 빛의 방향과 직각으로 놓고 측정한다. 실험장치 내부는 어둡게 유지되므로, 기름입자는 작은 밝은 점으로 보이게 된다. 평행판에 전기를 가하지 않고 입자의 하강속도를 측정하면 입자의 직경을 구할 수 있다. 스프레이로 발생된 입자는 대개 하전이 되어 있으므로, 위쪽 판에 양전압을 가하면 음하전 된 입자에 위쪽으로 가하는 힘이 발생된다. 중력과 일치하는 정전기력을 가하게 되면 입자가 정지하게 되는데, 이 상태에서 수천 번의 측정을 하여 Millikan은 기본 하전수(e)를 알게 되었다. 다음의 식의 양변에서 E을 나누면, 일정한 값의 배수(ne)가 나타난 것이다(e, $2e$, $3e$, 등).

$$neE = \frac{\rho_p \pi d^3 g}{6} \tag{3-19}$$

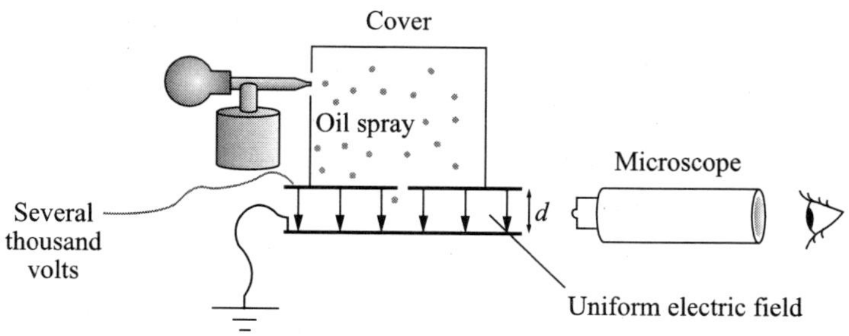

≫ 그림 3.2 Millikan의 기름입자 실험 개념도(출처: Wikipedia)

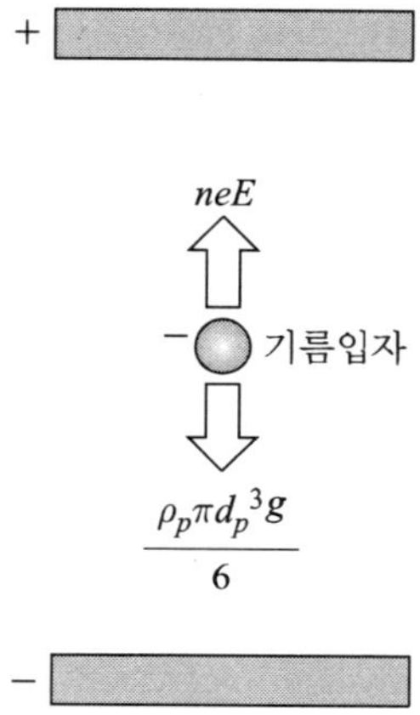

≫ 그림 3.3 Millikan 실험에서 기름입자의 자유물체도

하전된 입자가 전기장에서 움직이는 능력을 정의하면 편리하므로, 이를 입자의 전기 이동도 Z로 정의한다. 이는 전기장에 의한 단위힘당 하전을 ne만큼 가진 입자가 가지는 속도를 말한다. 레이놀즈수가 1보다 작은 영역에서 다음과 같은 식이 성립한다.

$$Z = \frac{V_{TE}}{E} = \frac{ne\,C_c}{3\pi\eta\,d} \tag{3-20}$$

$$V_{TE} = ZE \tag{3-21}$$

입자의 이동도는 스토크스 항력으로 계산하고 있으며, 입자의 운동이 스토크스 영역을 벗어나면($Re > 1$), 실제의 속도는 위 식에서 구한 값보다 커질 것이다. 이동도는 보통 $m^2/V \cdot s$의 단위로 표현한다.

전자와 이온, 에어로졸의 전기적 이동도를 다음 표에 나타내었다. 여기에서 이온은 하전된 분자 클러스터를 말하며 문헌에 따라 그 값이 조금씩 다르다.

Particle diameter (μm)	Electrical mobility ($m^2/V\cdot s$)[a]	
	Singly charged	Maximum charge[b]
Electron	6.7×10^{-2}	-
Negative air ion	1.6×10^{-4}	-
Positive air ion	1.4×10^{-4}	-
0.01	2.1×10^{-6}	7.3×10^{-4}
0.1	2.7×10^{-8}	9.3×10^{-4}
1.0	1.1×10^{-9}	$(2.5\times10^{-3})^c$
10	9.7×10^{-11}	$(6.7\times10^{-3})^c$
100	9.3×10^{-12}	$(1.1\times10^{-2})^c$

[a] For mobility in $cm^2/stV\cdot s$, multiply the value shown by 3×10^6.
[b] Based on the ion limit. (3.6절 참조)
[c] Velocity(m/s) in a unit electric field, but because $Re > 1.0$, Eq. (3-21) does not hold.

	Z^+ ($cm^2/V\cdot s$)	Z^- ($cm^2/V\cdot s$)	M^+ (amu)	M^- (amu)
Adachi et al.(1985)	1.40	1.90	130	100
Hussin et al.(1983)	1.15	1.39	140	101
Hoppel and Frick(1986)	1.20	1.35	150	90
Hoppel and Frick(1990)	1.33	1.84	150	90
Wiedensohler et al.(1986)	1.35	1.60	148	130
Wiedensohler and Fissan(1991)	1.40	1.60	140	101

문헌에 따른 이온의 전기적이동도(Z)와 질량(M)

이 표에서 최소인 1가 하전된 경우와 해당 입자가 최대로 가질 수 있는 하전가에서의 전기적 이동도를 표현하고 있다. 하전가가 클수록 이동도가 큰 것을 알 수 있다.

전기적 이동도와 기계적 이동도는 다음 식으로 그 관계를 알 수 있다.

$$Z = qB = neB \tag{3-22}$$

3.4 하전 메커니즘

에어로졸의 주요한 하전 메커니즘은 flame charging, static electrification, diffusion charging, field charging이다.

Flame charging은 불꽃에서 입자가 형성되거나 입자가 불꽃을 통과할 때 나타난다. 불꽃의 고온 영역에서 가스 분자의 직접 이온화를 통해 양이온과 음이온이 형성되고 입자에서 전자나 이온이 열방출 되기도 한다. 하전되는 양은 입자의 재질에 관련이 있고, 음극과 양극의 하전량이 동일하다.

정전기 대전(static electrification)은 벌크 물질이나 다른 표면에서 분리되는 기계적인 움직임에 의해 나타난다. 적당한 환경에서는 상당히 높은 하전 입자가 생성된다. 하지만 에어로졸 하전을 목적으로 하기엔 적당하지 않다. 폭발성이 있는 먼지(석탄가루, 금속가루, 곡물가루, 섬유, 설탕 등)에 매우 중요하다. 입자들은 형성, 재비산, 고속 이동 과정에서 하전된다. 정전 대전의 주요 메커니즘은 electrolytic charging, spray electrification과 contact charging이다.

Electrolytic charging은 높은 유전상수의 액체가 고체 표면에서 분리될 때 나타난다. 이러한 용액을 아토마이징하면 액체가 표면에서 분리되는 과정에서 하전이 일어난다. 순수한 물은 높은 유전상수를 갖는 액체이며 아토마이제이션 과정에서 하전된다.

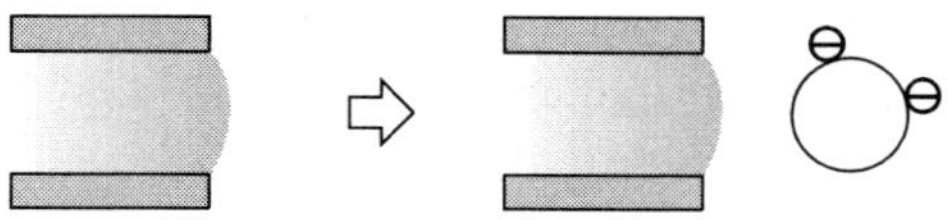

≫ 그림 3.4 Electrolytic charging 개념도

Spray electrification은 하전된 액체 표면에서 발생된다. Atomization 혹은 bubbling 과정에서 액체의 표면이 파괴되면서 하전된 액체 방울이 생성된다. 이를 특별히 폭포수 효과 혹은 이 현상을 처음 보고한 독일의 물리학자 Philipp Lenard의 이름을 따서 Lenard 효과라고도 한다. 폭포수에서 발생된 물방울 중 큰 것은 양하전을 띠고 있어 멀리가지 못하는 반면, 작은 것은 음하전 되어 있어 상대적으로 멀리까지 확산된다.

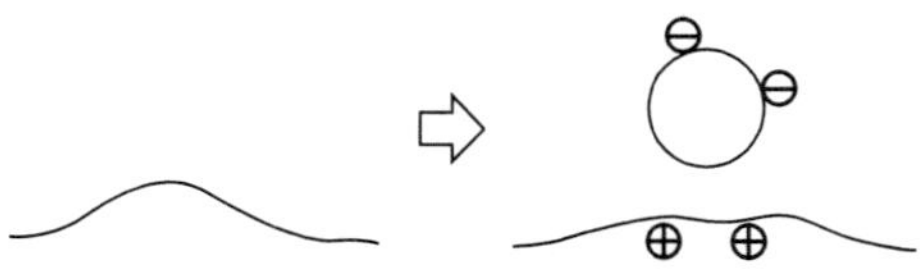

≫ 그림 3.5 Spray electrification 개념도

마찰대전의 경우는 건조한 비금속 입자가 고체 표면에서 분리될 때 나타난다. 입자의 극성이나 입자의 하전량은 입자와 접촉된 물질의 재질에 관련이 있으며 그들의 순서를 대전열이라고 한다. 상대습도가 65% 이상 올라가면 효과가 떨어진다. 건조 분진을 재비산 시키는 대부분의 장치에서는 분진과 해당 장치의 마찰력이 발생하기 마련이

고 이 때 하전된 입자가 발생된다.

≫ 그림 3.6 정량화된 대전열(출처: wikipedia)

Diffusion charging은 이온과 입자의 무질서한 충돌에 의해 발생된다. 입자의 재질에 영향을 받지 않는다. 하전이 누적되면 전기장이 형성되어 추가적인 이온을 밀어낸다. 이는 하전량 한계를 의미하는 것이다. 이온이 가스 분자와 평형을 이루게 되면 속도의 볼츠만 분포를 갖게 된다. 입자의 하전수가 늘어나면 이온과 하전입자 간의 척력을 극복할 수 있는 속도를 가진 이온이 줄어들게 된다. 점차 하전효율은 0에 접근해가지만 0이 되지는 않는다.

시간 t에 따른 하전수 $n(t)$는 다음과 같은 근사식으로 유추할 수 있다.

$$n(t) = \frac{d_p kT}{2K_E e^2} \ln\left(1 + \frac{\pi K_E d_p \bar{c}_i e^2 N_i t}{2kT}\right) \tag{3-23}$$

이 때, 입자의 크기는 d_p, $\bar{c}_i$는 표준 조건에서 입자의 평균 속도, N_i는 이온의 농도를 의미한다. 위 식은 표준 조건, $N_i t > 10^{12}$ s/m^{3}에서 0.07～1.5 μm 입자의 경우 오차가 1% 이내이다. 강한 전기장이 있어도 0.2 μm 이하 입자의 경우 diffusion charging이 주된 메커니즘이 된다.

Field charging은 강한 전기장에서 단극 이온에 의해 하전되는 것을 말한다. 아래 그림에서 왼쪽에 음으로 하전된 판이 있고 음이온이 존재하여 입자가 하전되는 상황을 보여준다. 주어진 전기장에서 이온은 강한 속도를 갖고 입자와 충돌하게 된다. 하전되지 않은 입자는 시간이 지남에 따라 이온과 충돌에 의해 하전이 되면서 점차 주변의 전기장을 왜곡시키게 된다. 이 정도는 입자의 유전상수에 따라 달라지게 된다. 유전상수가 크면 더 많은 하전이 가능해진다.

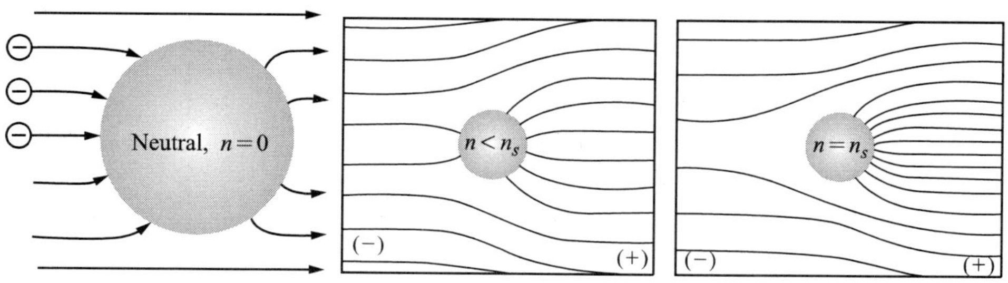

(a) (b) (c)

Diffusion에서와 비슷하게 field charging의 경우도 근사식이 다음과 같이 주어진다.

$$n(t) = \left(\frac{3\epsilon}{\epsilon + 2}\right)\left(\frac{Ed_p^2}{4K_E e}\right)\left(\frac{\pi K_E e Z_i N_i t}{1 + \pi K_E e Z_i N_i t}\right) \tag{3-24}$$

여기에서 Z_i는 이온의 이동도이다. 위 식에서 왼쪽 두 항은 포화 하전수가 되며 다음 식으로 쓸 수 있다. 아래 식에서 첫 번째 부분은 입자의 유전상수이므로 입자의 재질 특성에 따라 달라지며, 두 번째 부분은 입자의 면적(d_p^2)에 포화 하전수가 비례함을 말한다.

$$n_s = \left(\frac{3\epsilon}{\epsilon+2}\right)\left(\frac{Ed_p^2}{4K_E e}\right) \tag{3-25}$$

하전 속도는 입자의 크기나 전기장의 세기에 의존하지 않고 오로지 이온의 농도에만 의존한다 입자가 field charging에 의해 하전이 될 때, 이온의 농도가 $10^{13}/m^3$ 이상이면 하전은 3초 이내에 95% 이상 된다.

Diffusion charging은 입자의 직경에 비례하고 field charging은 입자의 면적에 비례하는 특성을 가진다. 따라서 1 μm 이상의 입자에서는 field charging이 주된 메커니즘이고, 0.1 μm보다 작은 입자는 diffusion charging이 주된 메커니즘이 된다. 0.1～1 μm 입자는 二 두 메커니즘이 모두 작동하여 복잡해진다. 다음 표는 1초 동안 $10^{13}/m^3$의 이온농도에서 하전되는 하전수를 입자 크기에 따라 나타낸 표이다.

Particle diameter (μm)	Number of elementary units of charged acquired			
	Diffusion charging		Field charging E=500 kV/m [5 kV/cm]	Combined charging E=500 kV/m [5 kV/cm]
	Eq. (3-23)	Numerical solution[a]	Eq. (3-24)	numerical solution[a]
0.01	0.10	0.41	0.02	0.42
0.04	0.79	1.6	0.26	1.9
0.1	2.7	4.1	1.6	5.6
0.4	15.7	16.3	25.9	40
1.0	47	41	162	162
4.0	237	163	2580	2680
10	673	407	16,200	16,540
40	3,180	1,630	259,000	264,000

[a] Lawless(1996).

하전에 의해 입자가 갖게 되는 전기적 이동도는 diffusion charging과 field charging의 경우에 서로 다르게 나타나며, 0.1～1 μm 입자의 경우 두 하전 메커니즘이 작동하여도 가장 작은 이동도를 가짐을 알 수 있다.

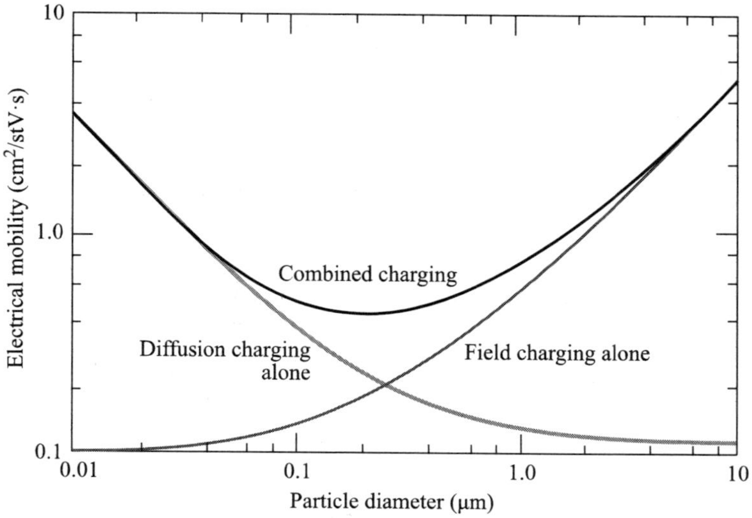

3.5 코로나 방전

코로나 방전은 방사능이나 UV 등을 이용한 방법보다 손쉽게 높은 농도의 이온을 발생시킬 수 있다. 코로나 방전을 위해서는 바늘과 판 형태나 와이어 - 튜브 형태 등의 비대칭 전기장이 반드시 필요하다. 비대칭 전기장에서는 좁은 영역에서 강한 전기장을 형성시킬 수 있으며, 여기에서 전기적인 방전이 일어나며 부도체인 공기가 도체로 변하게 된다. 전기장의 형태에 따라 아크 혹은 코로나 방전이 결정된다.

아래 그림과 같이 와이어 - 튜브 형태의 형상에서는 방전이 일어나는 전기장의 세기에 대해 다음과 같은 실험식이 알려져 있다.

$$E_b = \left(3000 + \frac{127}{\sqrt{d_w}}\right) \text{kV/m} \tag{3-26}$$

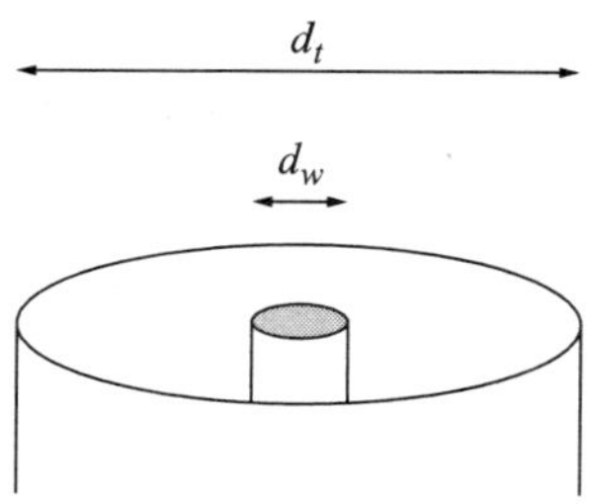

예를 들어 1 mm 직경의 와이어의 경우, E_b는 7000 kV/m가 된다. 이는 다음 그림에 나타나 있다.

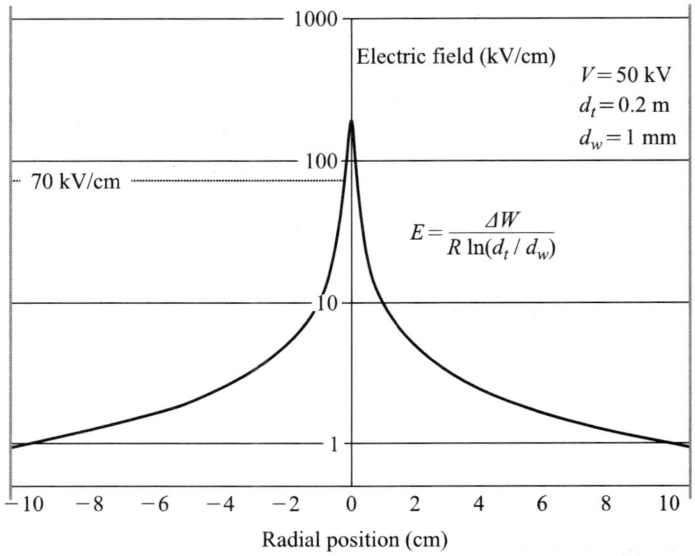

양극 코로나와 음극 코로나는 특징이나 외관이 매우 다르다. 양극 코로나는 와이어 주변으로 전체적으로 안정적이고 파란색 - 녹색 계열의 특징적인 색깔이 나타난다. 음극 코로나는 와이어 표면에서 춤추듯이 발광이 이동한다. 음극 코로나의 경우 양극보다 약 10배의 오존을 발생시킨다. 실내에 전기집진기를 사용하는 경우 양극 코로나를 사용하는 것은 오존 때문이다. 반면 산업에서는 음극 코로나를 사용하는데, 더 높은 전압에서 작동하고 효율이 높기 때문이다.

3.6 하전 한계

에어로졸 입자는 그 크기에 따라 최대한 가질 수 있는 하전의 한계가 있다. 강한 외부 전기장에서 에어로졸 입자는 코로나 방전을 일으킬 수 있다. 입자가 가질 수 있는 하전이 코로나 개시 전압까지 올라가게 되면 방전에 의해 하전이 줄어들 수 있다. 천둥 번개가 치는 동안 빗방울 주변에서 코로나 방전이 일어나는 것이 관찰된 바 있다. 강한 외부 전기장이 없는 경우에는 더 높은 하전을 가질 수 있게 된다.

구형 고체 입자는 다음과 같은 하전 한계가 있으며 이를 넘게 되면 음하전된 입자의 경우 전자가 방출된다.

$$n_L = \frac{d_p^2 E_L}{4K_E e} \tag{3-27}$$

여기에서 전자의 경우 E_L값은 약 9.0×10^8 V/m이고, 양하전된 입자의 경우 양이온이 방출되는데, 이때의 E_L값은 약 2.1×10^{10} V/m이 된다. 전자와 양이온의 전기장의 차이는 양이온의 경우 질량이 더 크기 때문으로, 방출되는데 더 높은 전기장이 필요하게 된다. 위 식에서 보듯이 하전 한계는 입자의 면적(d_p^2)에 비례한다.

액체 입자의 경우, Rayleigh 한계라는 것이 존재한다. 입자 내의 하전이 표면장력을 넘는 경우 더 작은 입자로 나눠지는 현상이 나타난다. 이를 Rayleigh fission이라고 하며, 다음 식에서 이로 인한 하전 한계를 나타내었다.

$$n_L = \sqrt{\frac{2\pi\gamma d_p^3}{K_E e^2}} \tag{3-28}$$

여기에서 γ는 액체의 표면장력이다. 아래 그래프는 물($\gamma = 0.073$ N/m)을 사용하여 계산한 하전 한계를 나타내고 있다. 물방울은 이온 방출에 의한 하전 한계보다 Rayleigh 한계가 낮음을 알 수 있다. 하전된 물방울이 증발하면서 Rayleigh 한계에 도달하면 분열을 일으켜 더 작은 입자가 되어 각 입자의 전기장이 작아지게 된다.

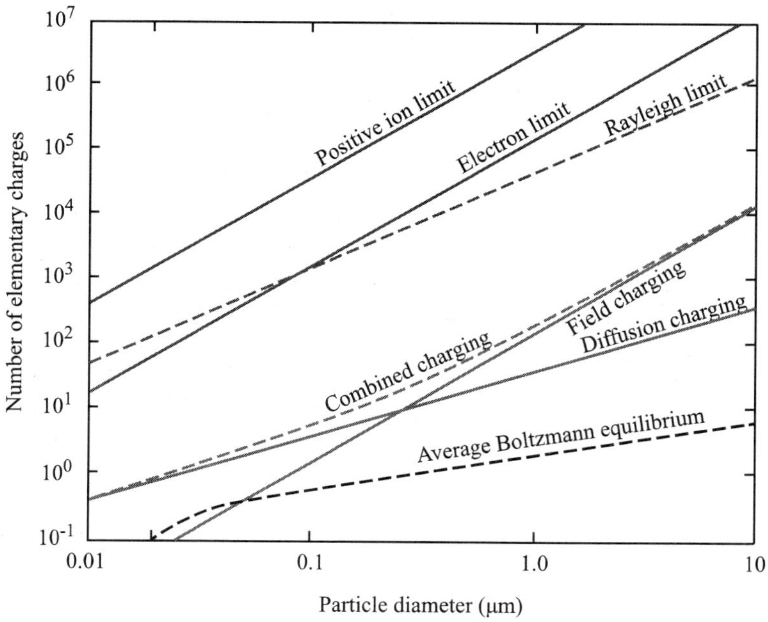

3.7 평형 하전 분포

에어로졸 입자가 가질 수 있는 최소한의 하전가는 0이다. 하지만 공기 중에 존재하는 이온 때문에 손쉽게 하전이 된다. 보통의 공기에는 $10^3/cm^3$의 양이온과 음이온이 존재한다. 이온의 열운동으로 입자와의 무질서한 충돌이 일어나고 이 과정에서 중성이었던 입자에 하전이 일어난다. 기존에 하전이 되어 있던 입자는 반대극의 이온을 끌어당겨 하전가를 서서히 잃게 된다. 이러한 과정은 결국 동적인 평형상태에 이르는데, 이를 볼츠만 평형 하전 분포라고 한다. 이는 양극 이온이 동시에 존재할 때 나타난다. n개의 하전가를 갖는 공기 중 입자의 분율을 f_n이라고 하면 다음의 근사식이 알려져 있다.

$$f_n = \frac{\exp(K_E n^2 e^2/d_p kT)}{\sum_{n=-\infty}^{\infty} \exp(K_E n^2 e^2/d_p kT)} \tag{3-29}$$

50 nm 이상의 입자에서 보다 간단한 다음 식이 알려져 있다.

$$f_n = \left(\frac{K_E e^2}{\pi d_p kT}\right)^{1/2} \exp\left(\frac{-K_E n^2 e^2}{d_p kT}\right) \tag{3-30}$$

다음 표는 입자 크기에 따른 볼츠만 평형상태의 하전 분포를 표로 나타낸 것이다 (Wiedensohler, 1988).

d_p (nm)	q= -5	q= -4	q= -3	q= -2	q= -1	q= 0	q= 1	q= 2	q= 3	q= 4	q= 5
2	0	0	0	0	0.0083	0.9742	0.0075	0	0	0	0
5	0	0	0	0	0.0225	0.9693	0.0189	0	0	0	0
10	0	0	0	0	0.0514	0.9124	0.0411	0	0	0	0
20	0	0	0	0	0.1096	0.7931	0.0846	0	0	0	0
50	0	0	0	0.0114	0.2229	0.5814	0.1696	0.0066	0	0	0
100	0	0.0001	0.0037	0.0561	0.2793	0.4259	0.2138	0.0317	0.0017	0	0
200	0.0005	0.0053	0.0340	0.1211	0.2641	0.2991	0.2043	0.0719	0.0153	0.0018	0.0001
500	0.0207	0.0504	0.0980	0.1490	0.1816	0.1818	0.1403	0.0891	0.0440	0.0173	0.0054
1000	0.0584	0.0854	0.1113	0.1261	0.1385	0.1235	0.1039	0.0754	0.0500	0.0293	0.0154

대략적으로 평균하전가는 입자 크기에 비례하는데, 다음의 실험식이 알려져 있다.

$$\bar{n} \approx 2.37\sqrt{d_p} \tag{3-31}$$

에어로졸이 볼츠만 평형에 도달하는 속도는 다음의 식이 알려져 있다.

$$\frac{n(t)}{n_0} = \exp(-4\pi K_E e Z_i N_i t) \tag{3-32}$$

위 식의 경우 입자 크기나 초기 하전가(n_0)에 관련이 없고, 양극이온이 충분하다면 빠른 시간 내에 평형에 도달하게 된다($N_i t = 6 \times 10^{12}$ ion · s/m^{3}이 되면 높게 하전된 입자의 경우도 평형에 도달함).

한 가지 방법은 음속으로 교류 전류가 인가된 코로나 방전극에 공기를 공급하는 것이다. 다른 방법은 방사성 물질을 사용하는 것이다. 폴로늄 210이나 크립톤 85를 흔히 사용하는데, 크립톤의 경우 베타선, 폴로늄의 경우 알파선이 주된 하전관련 방사선이다. 방사선을 사용하는 경우에는 핵종이 붕괴하면서 나오는 방사선을 중화에 이용하므로, 사용하면서 점차 중화 성능이 낮아지게 된다.

이 외에도 연 X-ray를 사용하는 중화기가 시중에 판매되고 있다. 연 X-ray를 사용하는 경우에는 방사선원을 필요로 하지 않기 때문에 관리나 반감기에 따른 문제를 피해 갈 수 있는 장점이 있다.

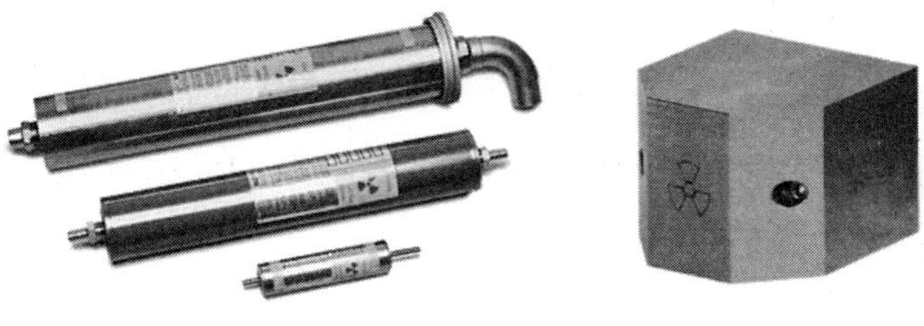

≫ 그림 3.7 TSI사의 Kr-85 중화기(좌)와 Grimm사의 Am-241 중화기(우)

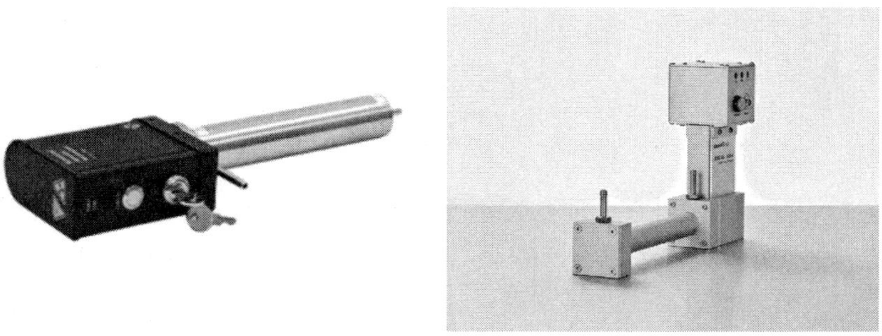

≫ 그림 3.8 Soft X-ray 중화기[TSI 3088(좌), Grimm 5524-X(우)]

$N_i t$값이 약 6×10^{12} ion · s/m^{3}일 경우에 고하전된 입자도 충분히 중화되는 것으로 알려져 있다. 상용으로 판매되고 있는 방사성 중화기는 약 2초면 중화가 일어난다. 대기 중에는 약 10^9 ion · s/m^{3}의 농도로 양극 이온이 존재하는 것으로 알려져 있는데, 이 경우 약 100분의 시간이 흘러야 충분한 중화가 이루어진다.

3.8 전기집진기

전기집진기는 정전기력을 이용하여 에어로졸을 포집하거나 공기를 정화하는 용도로 사용된다. 여기에 사용되는 정전기력은 중력이나 관성력보다 크게 작용되도록 만들어진다. 입자에 정전기력을 부여하므로 입자 크기에 따라 효율이 크게 달라진다. 크게 세 단계로 운용되는데, 먼저 입자를 하전시키고, 정전기력으로 기판에 부착시킨 후, 부착된 입자를 제거하게 된다. 전기집진기의 장점은 차압이 낮고, 작은 입자의 포집효율이 높으며 고농도 분진에 대응할 수 있다는 점이다.

전기집진기에서는 주로 코로나 하전의 field charging에 의해서 입자가 하전된다. 1단 전기집진기는 하전과 집진이 동시에 일어나고, 2단 전기집진기는 하전기 후단에 집진기가 설치된다. 보통 이온의 농도와 전기장의 세기는 1초 이내에 포화 하전에 도달하도록 설계한다.

아래 그림과 같이 왼쪽에서 하전된 입자가 들어오면, 위쪽 혹은 아래쪽 판에 먼지가 도착하면 포집이 된다. 이 때, $V_{TE} > \dfrac{HV_x}{L}$이 되는 조건에서 완전한 포집이 일어나게 된다.

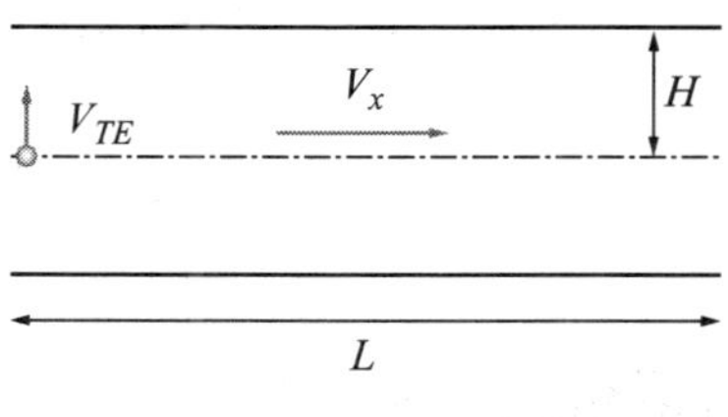

가장 전기적 이동도가 낮은 입자의 크기가 100~300 nm이므로, 이를 기준으로 설계를 하면 들어온 모든 입자를 포집할 수 있도록 설계할 수 있다.

하지만 유동이 층류가 아닌 난류의 경우에는 달라지게 된다. 아래 그림과 같이 실린더 형태의 1단 전기집진기의 경우에는 다음과 같은 식을 세울 수 있다.

$$\frac{dN}{N} = -\frac{2\pi R V_{TE}\,dt}{\pi R^2} = -\frac{2V_{TE}\,dt}{R} \tag{3-33}$$

위 식의 양변을 적분하면,

$$\int_{N_0}^{N(t)} \frac{dN}{N} = \int_0^t \frac{-2V_{TE}\,t}{R} dt \tag{3-34}$$

$$\frac{N(t)}{N_0} = \exp\left(-\frac{2V_{TE}\,t}{R}\right) \tag{3-35}$$

가 되어 좌변은 통과율(penetration)이 된다. 또한 원통의 길이 L을 통과하는 시간을 t로 정의하면 $t = \pi R^2 \frac{L}{Q}$가 되므로, 통과율 P는 다음과 같다.

$$P = \frac{N_{out}}{N_0} = \exp\left(\frac{-2\pi V_{TE} RL}{Q}\right) \tag{3-36}$$

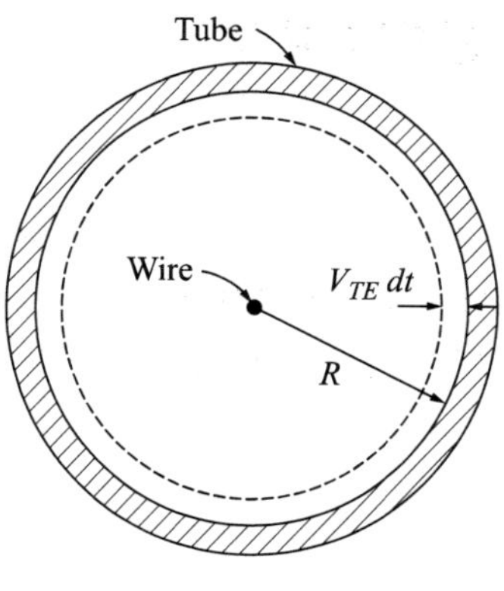

효율은 1-통과율이므로, 효율 E는 다음 식과 같다(Deutsch 1922, Anderson 1924).

$$E = 1 - \exp\left(\frac{-V_{TE}A_c}{Q}\right) \tag{3-37}$$

이 때, $A_c = 2\pi RL$이다. 여기에서 특별히 V_{TE}를 migration velocity라고 한다.

전기집진기 효율은 층류나 난류에 따라서 다음 그래프와 같이 나타난다. 효율을 높이기 위해서는 유량(Q)을 낮추고 단면적(A_c)을 높이며, 하전효율을 높이고, 전기장을 강하게 걸면 된다.

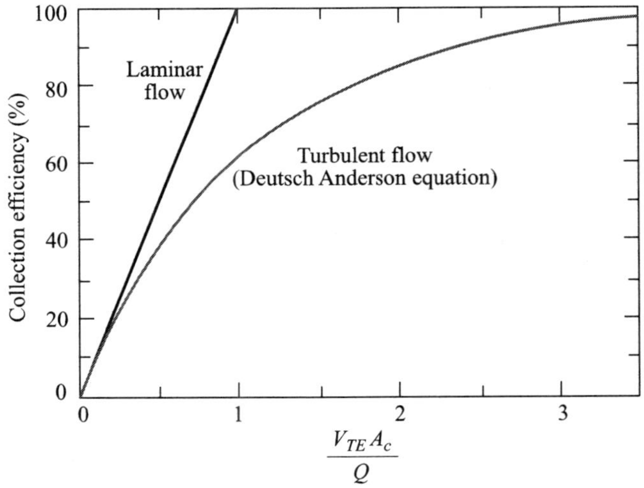

전기집진기의 실제 효율은 입자가 집진판만을 통과하는 것이 아니고 우회하여 통과하는 부분이 있게 되므로 이를 고려하여야 한다.

3.9 에어로졸의 전기적 측정

에어로졸의 크기분포를 측정하기 위해서 많은 경우에 DMA(Differential Mobility Analyzer)를 사용한다. 입자의 크기별로 전기적 이동도가 다르다는 것을 이용한 장치인데, 다음 그림처럼 아랫부분의 전압을 조절하여 입경별 전기적 이동도를 선택적으로 골라낼 수 있다.

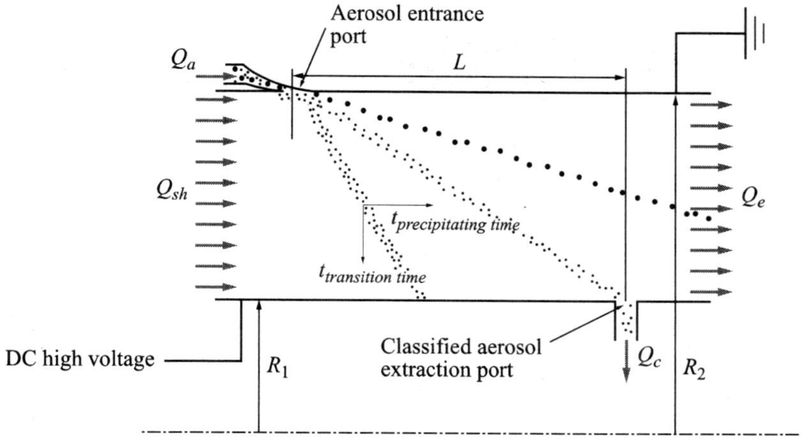

$$t_{transition\ time} = \frac{1}{2Z_pV}\ln\left(\frac{R_2}{R_1}\right)(R_2{}^2 - R_1{}^2)$$

$$\|$$

$$t_{precipitating\ time} = \pi(R_2{}^2 - R_1{}^2)\frac{L}{Q_{sh}}, \qquad \boxed{Z_p = \frac{Q_{sh}}{2\pi VL}\ln\left(\frac{R_2}{R_1}\right)}$$

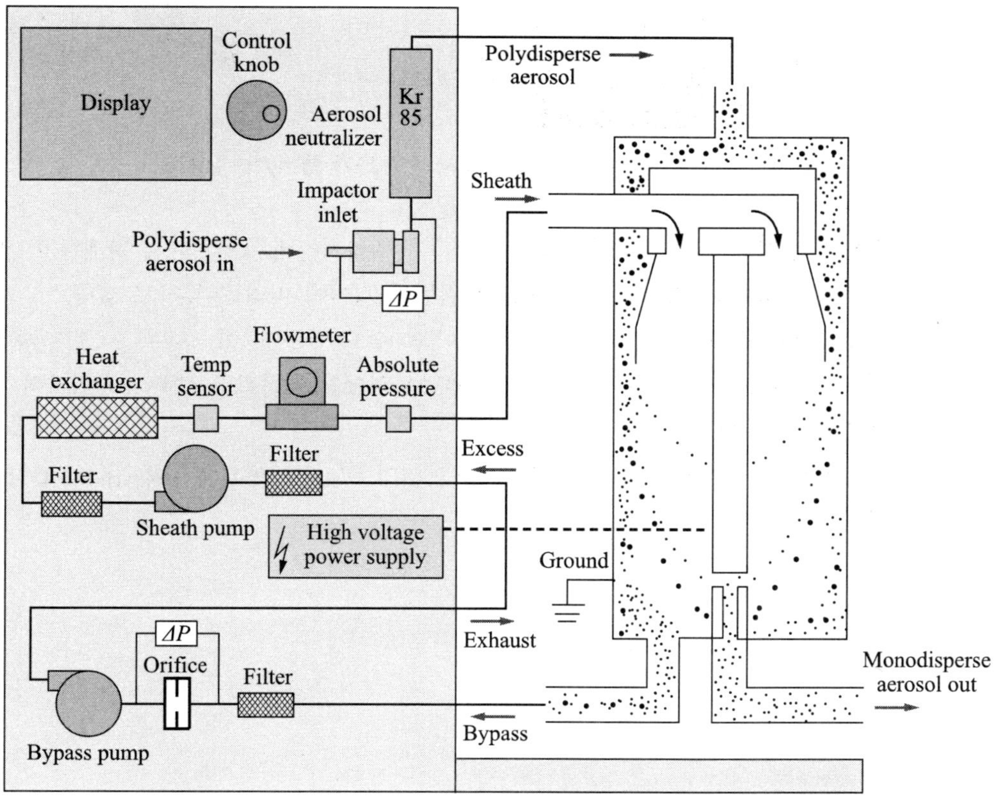

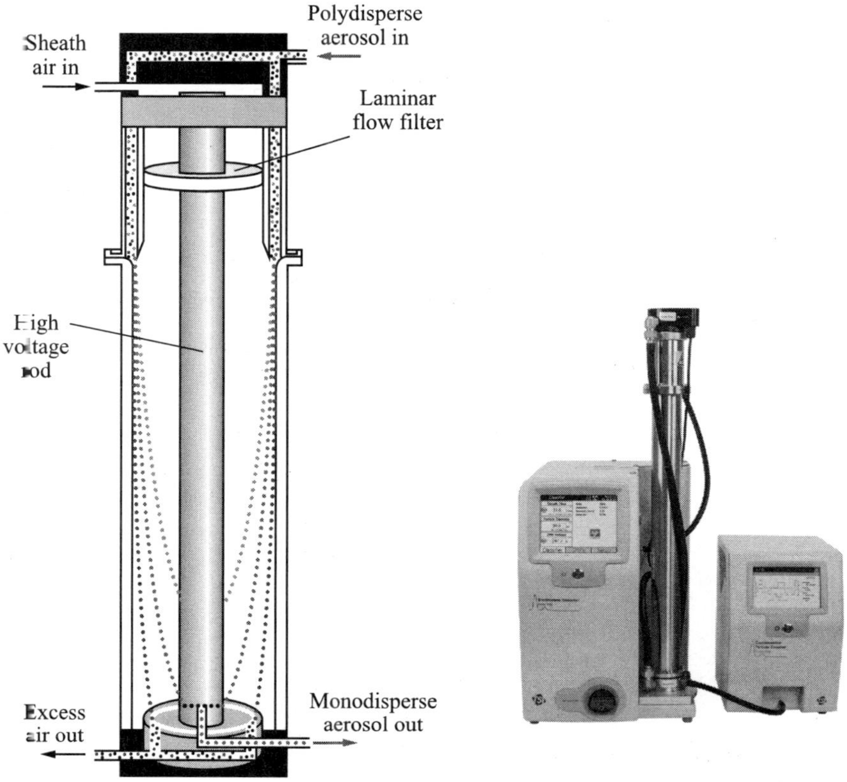

≫ 그림 3.9 TSI사의 DMA가 들어있는 SMPS

입자의 분리 입경에 따라 DMA의 크기가 달라지는데, TSI사에서 판매하고 있는 것은 long, middle, short 등으로 DMA 컬럼의 길이에 따라 분류하고 있다.

두 개의 DMA를 직렬로 연결하여 측정할 수도 있는데, 이 경우에는 첫 번째 DMA에는 중화기를 설치하지 않고 두 번째 DMA 앞에만 중화기를 설치하여 입자의 하전분포를 측정할 수 있다.

원기둥 형태뿐만 아니라 납작한 원반 형태의 DMA도 있는데, 이는 radial DMA라고 한다.

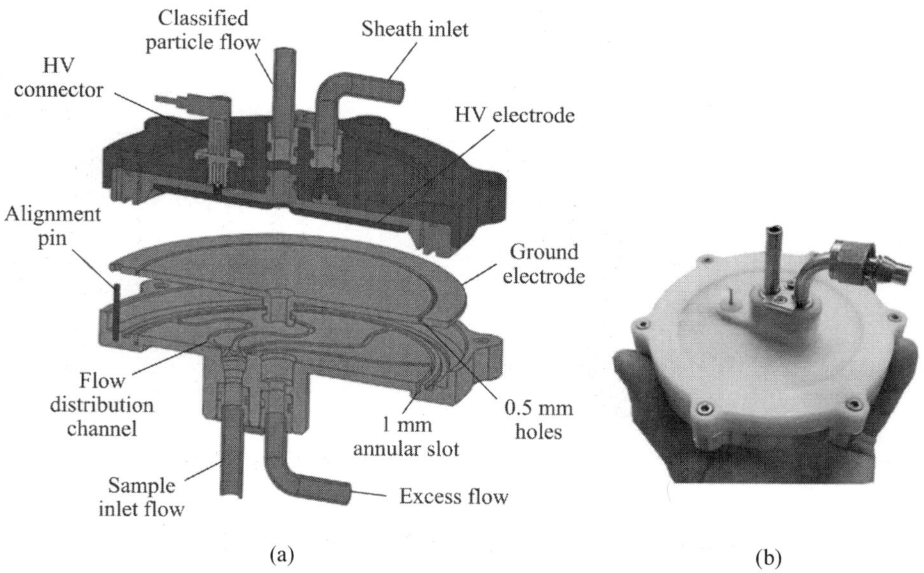

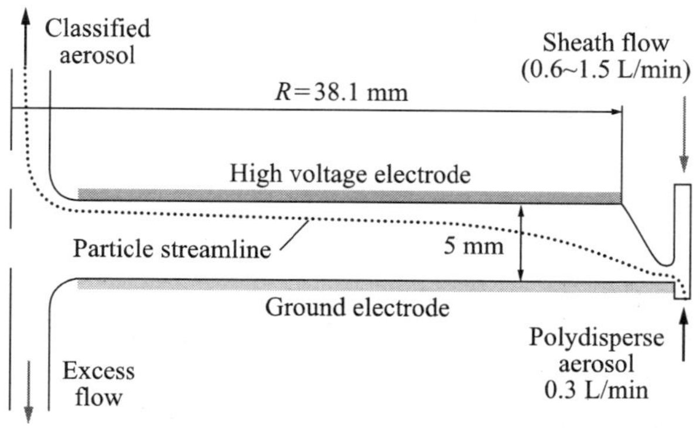

≫ 그림 3.10 Radial DMA(Amanatidis, 2020)

이 외에도 하전된 입자를 포집하여 전류를 측정하는 장치를 에어로졸 전류계라고 하는데, 이 장치는 입자의 크기분포를 측정하는 장치는 아니다.

$$I = N n e q_e \tag{3-38}$$

여기서, I : current(A)

N : aerosol concentration(cm^{-3})

n : average number of charge

q_e : aerosol flow rate(cm^3/s)

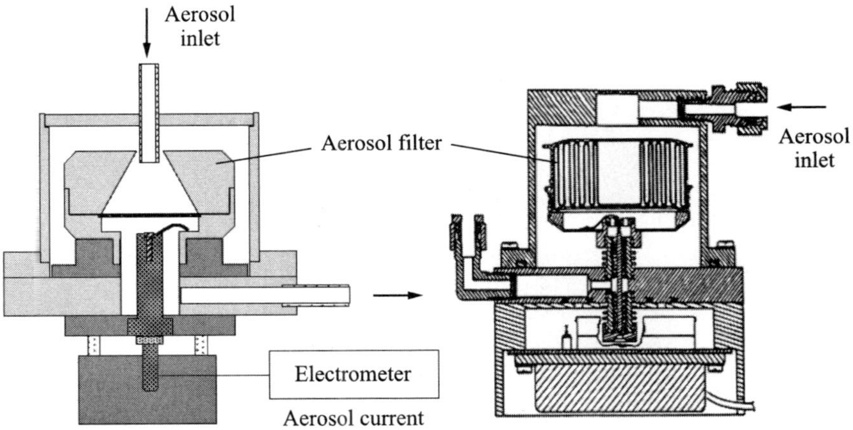

≫ 그림 3.11 에어로졸 전류계

전류계를 각 입경별로 사용한다면 입경별 농도분포를 측정할 수 있다. ELPI(Electrical Low Pressure Impactor)라고 하는데, 다단임팩터를 이용하여 입경별로 분리하고 각 단별로 전류를 측정하는 방식이다.

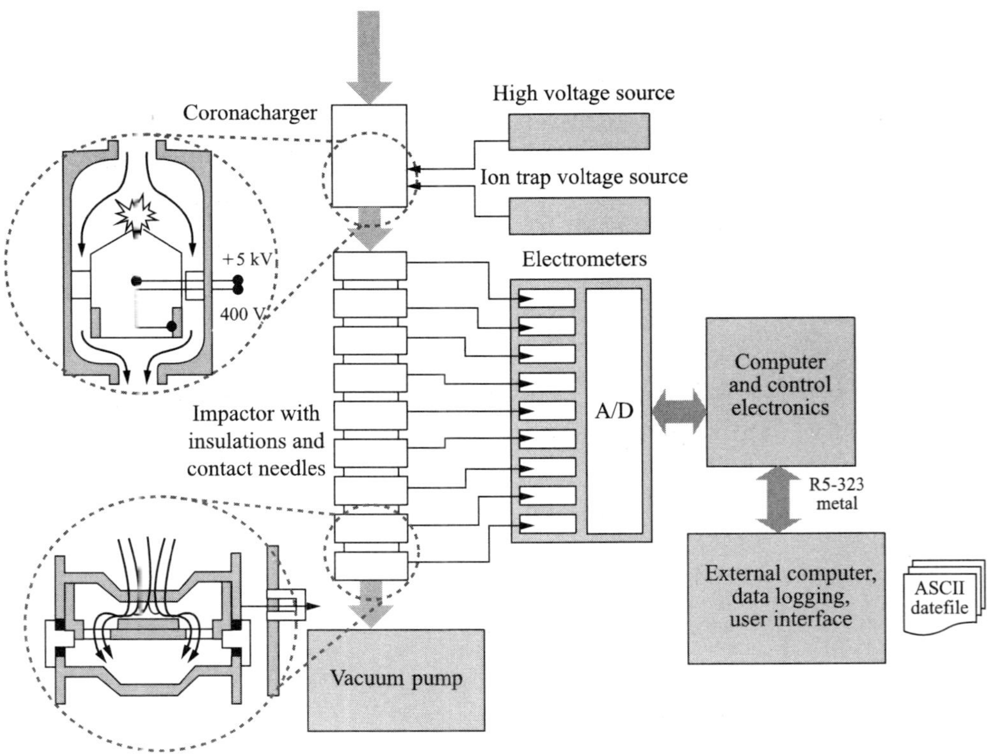

≫ 그림 3.12 ELPI의 개념도(Moisio, 1999)

CHAPTER

4

입자의 부착

(Adhesion of Particles)

■ 저자 : 신원규(충남대학교 기계공학부)

4.1 부착력(Adhesion Forces)

기체 분자와 다르게 에어로졸 입자는 접촉하는 표면에 견고하게 부착될 수 있다. 에어로졸 입자끼리 접촉하는 경우에도 응집체를 형성할 수 있다. 필터링을 비롯한 입자제거기술은 이러한 입자의 부착 현상을 이용한다. 입자의 부착은 중요한 현상이지만, 그 현상이 매우 복잡하기 때문에 이론적 접근이 쉽지 않다고 할 수 있다.

부착력은 반데르발스 힘, 정전기력, 흡착된 액막의 표면장력으로부터 비롯된다. 이러한 힘은 입자의 재질/형상/크기/표면 거칠기, 접촉 표면의 재질/거칠기/오염도, 그리고 초기 접촉속도와 접촉지속시간, 그리고 환경적으로는 상대습도와 온도 등에 의해 영향을 받는다. 가장 중요한 힘은 런던 분산력이며 비교적 간격이 떨어진 분자 사이에서도 존재한다. 이와 반대로 화학결합은 매우 짧은 간격에서 작용하는 힘이다. 특히, 화학결합은 물과 유기 분자가 흡수된 레이어의 쉴드 효과로 인해 영향을 받기 때문에 대기조건에서는 접착력으로서 중요하게 고려되지 않는다.

반데르발스 힘은 물질 안에 전자의 무작위적인 운동에 기인한다. 전자의 무작위적인 운동이 발생하면 쌍극자가 형성이 되고 주변 접촉물질 내에도 쌍극자가 유도되며 인력이 발생하게 된다. 반데르발스 힘의 크기는 분자 사이의 거리가 커질수록 감소한다. 그 힘의 영향력은 표면으로부터 몇 개의 분자가 떨어진 정도의 거리까지만 영향을 미칠 수 있다.

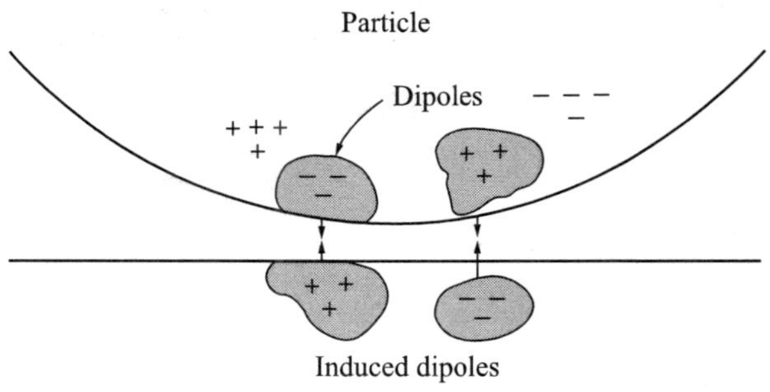

≫ 그림 4.1 반데르발스 부착력

마이크로 크기 이하 수준에서는 거의 모든 표면은 불규칙적인 형상을 갖고 있기 때문에 입자와 표면 사이의 접촉이 가능하게 된다. 매끄러운 표면인 경우 입자와 표면 사이의 간격은 대략 분자 크기 수준인 0.4 nm 정도이다.

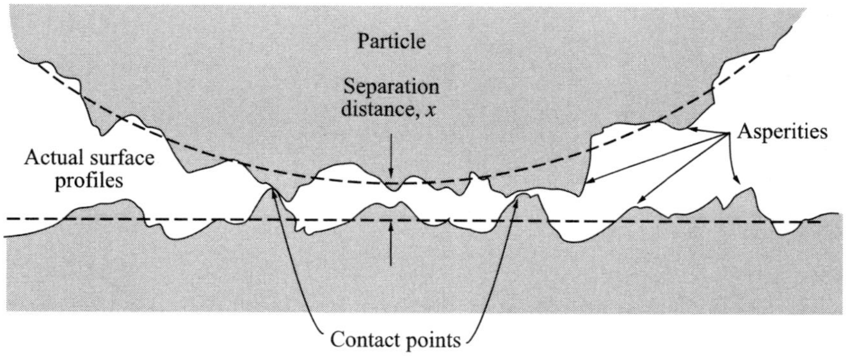

≫ 그림 4.2 서브마이크로미터 크기 수준의 접촉 표면

부착력의 크기는 표면과 입자의 접촉에 참여하는 모든 분자쌍에 작용하는 힘을 모두 합친 것과 같다. 입자와 평면 사이에 작용하는 부착력은 식 (4-1)에 의해 얻어진다.

$$F_{adh} = \frac{Ad}{12x^2} \tag{4-1}$$

여기서, A : Hamakar constant(6×10^{-20} ~ 15×10^{-20} J), x : 떨어진 거리

위 식은 이상적으로 경한 물질(편평해짐이 없음)에 적용이 가능하다. 초기에 접촉이 일어난 후에 입자와 표면 사이의 간격은 감소하게 되고 접촉면적이 증가하게 된다. 이러한 과정은 인력과 변형에 저항하는 힘과 균형을 이룰 때까지 지속된다. 변형 과정은 몇 시간 정도 지속될 수 있다. 변형이 중요하기 때문에 물질의 경도는 접촉면적과 부착력의 크기를 좌우할 수 있다. 입자가 변형이 되어 편평해지게 되면 연한 금속의 경우 접착력이 15배 증가하고, 플라스틱인 경우 100배 가량 증가한다.

0.1 μm 이상의 크기를 갖는 입자는 대개 작은 전하량을 가지고 있는데, 표면과 접촉 시 표면에도 같은 크기의 반대 극 전하가 유도된다. 이 때 발생하는 정전기적 인력은 식 (4-2)와 같다.

$$F_E = \frac{K_E q^2}{x_q^2} \tag{4-2}$$

여기서, K_E : 9×10^9 N·m^2/C^2, x_q : 반대 극 사이 거리, q : 전하량

일반적인 조건에서 대부분의 입자는 표면 위에 흡수된 액체 분자가 있다. 이 때 입자와 표면 사이의 인력은 표면 위에 흡수된 액체의 표면장력으로부터 기인한다. 상대습도가 90% 이상이고 매끄러운 표면인 경우, 인력은 식 (4-3)과 같이 얻어진다.

$$F_s = 2\pi\gamma d \quad (4\text{-}3)$$

여기서, γ : 액체의 표면장력

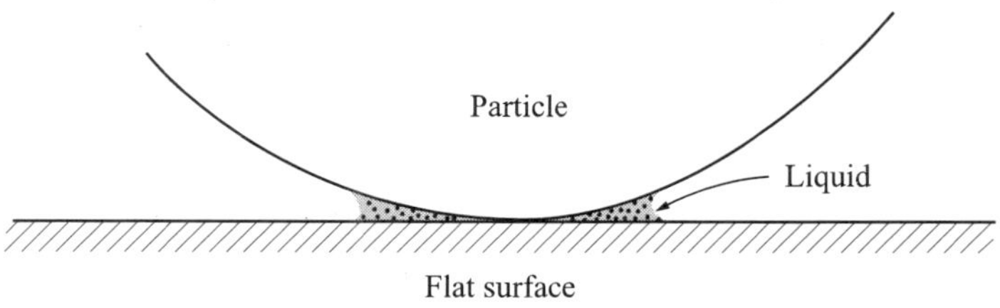

≫ 그림 4.3 액막으로 인한 부착력

매우 크게 하전되어 있는 입자를 제외하고, 대부분의 경우 반데르발스 힘과 표면장력은 정전기력보다 크다. 접착력의 크기는 파이버 미세저울 또는 원심력을 이용하여 직접적으로 측정할 수 있다. 또는, 입자를 탈착시키는데 필요한 진동 또는 공기 기류를 이용하여 간접적으로 측정할 수 있다. 경한 입자와 깨끗한 표면 사이의 부착력은 실험식에 의해 얻어진다.

$$F_{adh} = 0.063d[1+0.009(\%RH)] \quad (4\text{-}4)$$

여기서, 힘의 단위 : N, 입자 지름 d 단위 : m, $\%RH$: % 상대습도

표 4.1은 표준밀도를 갖는 구형 입자에 작용하는 부착력과 부착된 입자를 제거할 때 작용하는 중력과 기류에 의한 힘을 비교한 것이다.

표 4.1 표준밀도를 갖는 구형 입자에 작용하는 부착력 vs. 중력과 기류에 의한 힘

Diameter (μm)	Force (N)		
	Adhesion[a]	Gravity	Air current (at 10 m/s [1000 cm/s])
0.1	10^{-8}	5×10^{-18}	2×10^{-10}
1.0	10^{-7}	5×10^{-15}	2×10^{-9}
10	10^{-6}	5×10^{-12}	3×10^{-8}
100	10^{-5}	5×10^{-9}	6×10^{-7}

[a] Calculated by Eq. (4-4) for 50% RH.

4.2 입자의 탈착(Particle Detachment)

입자를 표면으로부터 탈착시키는데 요구되는 힘은 원심분리기 내에서 입자가 분리되는 순간에 원심분리기의 회전속도로부터 결정할 수 있다. 입자는 공기 흐름에 의해서도 표면으로부터 분리될 수 있다. 입자의 접착력은 식 (4-1)과 같이 입자 지름 d에 비례하지만, 탈착력은 중력, 진동, 원심력을 이용하는 경우 d^3에 비례하고, 공기 기류를 이용하는 경우에는 d^2에 비례한다. 입자가 작아질수록 부착력보다 탈착력의 상대적인 영향이 작기 때문에 입자의 제거가 어렵다는 것을 알 수 있다. 직관적으로 모래알과 같이 육안으로 확인이 가능할 정도로 큰 입자는 흔들거나 바람을 불어서 제거하기 쉽다. 이와 반대로 수트 입자의 경우에는 세척에 의해서 제거가 가능할 수 있다. 10 μm 보다 작은 입자는 부착력이 다른 힘에 비해 매우 크다. 따라서 일반적인 힘에 의해서 제거가 어려우며, 서로 간에 밀착하려는 성질이 매우 강하다. 작은 입자들이 응집체가 되는 경우에는 표면적이 커지기 때문에 진동 또는 기류를 이용하여 제거하는 것이 가능하다.

CHAPTER

5

브라운 운동 및 확산

(Brownian Motion and Diffusion)

■ 저자 : **신원규**(충남대학교 기계공학부)

1827년 영국의 식물학자 로버트 브라운이 처음으로 물속에서 꽃가루의 불규칙한 운동을 관찰하였기 때문에 입자의 불규칙한 운동을 브라운 운동이라고 부르게 되었다. 약 50년 이후에 스모크 입자의 불규칙한 운동과 가스운동학 이론에 의해 가스 분자에 대해 예측되는 것 사이의 연관성이 밝혀졌다. 1900년대 초반에 아인슈타인이 브라운 운동을 특징짓는 관계식을 유도하였다.

브라운 운동은 열적 확산과 관련이 깊다. 열적 확산은 0.1 μm 이하의 초미세입자의 이동 및 부착에 영향을 미치는 매우 주요한 메커니즘이다. 열적 확산은 입자의 이동거리가 짧은 경우 중요하게 고려되어야 하며, 관련된 예로는 입자가 필터나 인체 폐 기관의 기도를 통과하는 경우가 될 수 있다.

5.1 확산계수

기체상에서 입자가 불규칙하게 운동하는 이유는 입자 표면에 기체 분자들이 끊임없이 충돌하는 과정이 무작위적이기 때문이라고 할 수 있다. 에어로졸 입자의 확산은 입자의 농도가 감소하는 방향으로 일어나게 된다. 브라운 운동과 입자의 확산은 모두 입자의 확산계수(D)에 의해서 지배를 받는다. 물리적으로 입자의 확산계수가 클수록 브라운 운동은 더 격렬하게 일어난다. 식 (5-1)과 같이 Fick의 확산 1법칙과 연관시켜 보면 입자의 확산계수가 클수록 더 많은 입자가 농도가 감소하는 방향으로 이송되게 된다. 다시 말하면, 더 많은 질량 전달이 이루어지게 된다.

$$J = -D\frac{dn}{dx} \tag{5-1}$$

여기서, J : #/m^2·s, n : #/m^3, dn/dx : 입자농도 구배

확산계수는 Stokes-Einstein 방정식에 의해 구할 수 있다. Stokes-Einstein 방정식은 농도 구배에 의해 입자를 움직이려는 힘, 확산력(F_{diff})이 입자가 받는 항력과 같다는 것을 고려하면서 출발한다.

$$F_{diff} = \frac{3\pi\eta Vd}{C_c} \tag{5-2}$$

여기서, η : 절대 점성계수, V : 입자속도, C_c : 미끄럼보정계수, d : 입자지름

아인슈타인은 확산력이 입자에 미치는 삼투압력과 같다는 사실을 보여주었다. 삼투

압력에 대해 고려해보자. 반트호프 법칙에 의해 삼투압력(p_o)은 단위부피당 n개의 입자에 대해 아래와 같이 주어진다.

$$p_o = kTn \tag{5-3}$$

여기서, k : 볼츠만상수, T : 절대온도

입자의 농도 구배가 존재하는 경우 확산력이 생기게 되며, 단면적이 단위면적이고, 길이가 dx인 부피 안에 있는 입자들이 받는 확산력은 식 (5-4)와 같다.

$$F_{diff} = -kTdn \tag{5-4}$$

여기서, dn : 농도차

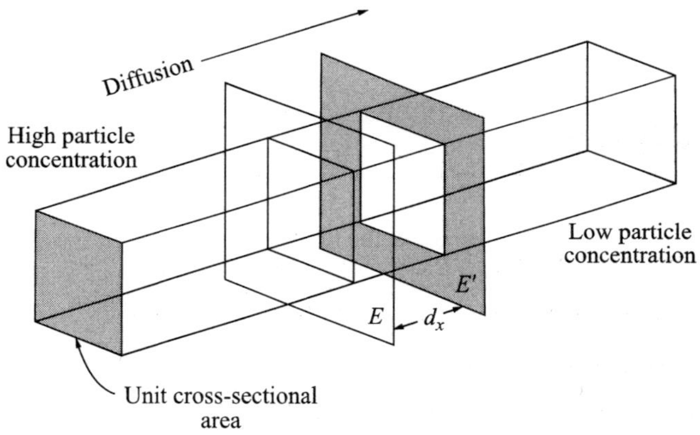

≫ **그림 5.1 입자 확산계수 유도**

입자가 일차원적으로 운동하는 경우 단면적이 단위면적이라면 부피는 dx(일차원적 운동방향으로의 거리)와 같으며, dx 안에 있는 입자의 총 개수는 $n \times dx$이다.

식 (5-4)를 ndx로 나누어주면 입자 한 개가 받는 확산력이 된다.

$$F_{diff} = -\frac{kTdn}{ndx} \tag{5-5}$$

식 (5-5)를 식 (5-2)와 결합하면 식 (5-6)이 된다.

$$\frac{3\pi\eta Vd}{C_c} = -\frac{kTdn}{ndx} \tag{5-6a}$$

$$nV = -\frac{kTC_c}{3\pi\eta d}\frac{dn}{dx} \tag{5-6b}$$

식 (5-6b)와 식 (5-1)을 비교하면, 플럭스 J는 nV와 같기 때문에 D에 관한 식을 얻을 수 있다.

$$D = \frac{kTC_c}{3\pi\eta d} = kTB \tag{5-7}$$

여기서, B : 기계적 이동성

식 (5-7)을 살펴보면 확산계수는 온도가 높을수록, 입자의 크기가 작을수록 커지게 됨을 알 수 있다. 10 nm 지름을 갖는 입자의 경우 10 μm 지름 입자에 비해 확산계수 크기가 약 20000배 정도 크다.

5.2 열적 속도

아인슈타인은 기체상에서 입자의 불규칙한 운동이 매우 큰 기체 분자의 불규칙한 운동과 등가하다고 보았고, 끊임없이 주위의 입자 표면에 충돌하는 기체 분자들과 에너지를 교환하게 되면서 입자는 기체 분자의 운동에너지($=3/2kT$)를 가진다는 것을 보여주었다. 식 (5-8)과 (5-9)를 이용하여 기체 분자와 마찬가지로 입자의 rms 속도(c_{rms})와 평균 열적 속도($\bar{c}$)를 구할 수 있다.

$$c_{\mathrm{rms}} = \left(\frac{3kT}{m}\right)^{1/2} = \left(\frac{18kT}{\pi\rho_p d^3}\right)^{1/2} \tag{5-8}$$

$$\bar{c} = \left(\frac{8kT}{\pi m}\right)^{1/2} = \left(\frac{48kT}{\pi^2\rho_p d^3}\right)^{1/2} \tag{5-9}$$

입자는 확산을 하는 동안 매우 불규칙한 운동을 하게 된다. (+) 방향으로 움직일 때도 있고, (−) 방향으로 움직일 때도 있다. 이 때 평균 열적 속도는 각각의 단계에서 입자가 평균적으로 움직이는 속도를 나타낸다.

5.3 입자의 평균자유행로

기체 분자의 평균자유행로는 기체 분자가 연속적으로 다른 분자와 탄성 충돌하기 전까지 움직인 직선거리의 평균값으로 나타낸다. 입자의 평균자유행로는 입자의 브라운 운동과 밀접한 관련이 있다. 입자는 기체 분자의 끊임없는 충돌에 의해 이동 궤적이 만들어지며, 입자의 평균자유행로는 입자가 진행 방향을 완전히 바꿀 때 입자의 중심이 움직인 거리로 정의된다. 입자의 평균자유행로는 식 (5-10)과 같이 표현된다.

$$\lambda_p = \tau \bar{c} \tag{5-10}$$

입자의 지름이 1000배 바뀔 때 입자의 평균자유행로는 4배 미만으로 변화한다.

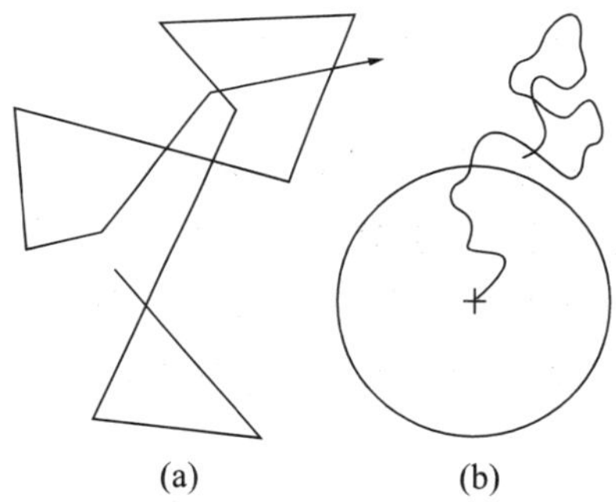

≫ 그림 5.2 2차원 투영 궤적(330,000배율) :
(a) 공기 분자(공기 분자 평균자유행로 : 66 nm, 경과시간 : 1.6 ns),
(b) 0.1 μm 입자 중심(입자 평균자유행로 : 12 nm, 경과시간 : 1,700 ns)

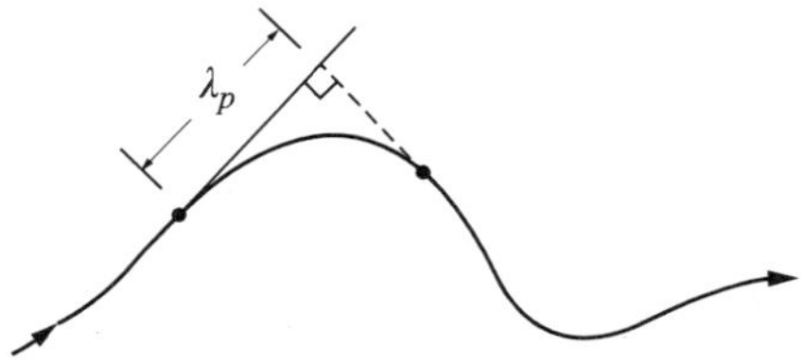

≫ 그림 5.3 입자 궤적과 입자 평균자유행로

표 5.1 표준밀도 구형 입자의 입자 평균자유행로

d (μm)	τ (s)	$\bar{c}$ (m/s)	λ_p (μm)
0.00037[a]	-	460	0.066
0.01	6.8×10^{-9}	4.4	0.030
0.1	8.8×10^{-8}	0.14	0.012
1.0	3.6×10^{-6}	0.0044	0.016
10	3.1×10^{-4}	0.00014	0.044

[a] Diameter of an "air molecule".

5.4 브라운 변위

입자의 평균자유행로는 브라운 운동을 하고 있는 입자의 작은 스케일에서의 운동과 관련이 있다. 입자가 1차원 상에서 브라운 운동을 하게 되는 경우 입자가 좌우로 움직일 확률은 각각 같다고 할 수 있다. 입자의 완화시간보다 훨씬 더 긴 시간 동안 입자가 갖는 최종적인 변위의 크기는 입자가 경험하는 작은 움직임들의 통계적인 조합에 의존하게 된다.

입자의 브라운 변위는 Fick의 첫 번째 확산법칙으로부터 유도된다. 입자는 농도가 높은 쪽에서 낮은 쪽으로 확산한다. 가상의 경계면 S를 기준으로 왼쪽에서 이동하는 입자 플럭스와 오른쪽에서 이동하는 입자 플럭스의 합을 고려하여 순전히 왼쪽에서 오른쪽으로의 입자 플럭스를 계산할 수 있다.

$$n_2 = n_1 + x_{\mathrm{rms}}\frac{dn}{dx} \tag{5-11}$$

$$J = \frac{x_{\mathrm{rms}}}{2t}n_1 - \frac{x_{\mathrm{rms}}}{2t}n_2 = \frac{x_{\mathrm{rms}}}{2t}(n_1 - n_2) \tag{5-12}$$

$$J = -\frac{(x_{\mathrm{rms}})^2}{2t}\frac{dn}{dx} \tag{5-13}$$

$$D = \frac{(x_{\mathrm{rms}})^2}{2t} \tag{5-14}$$

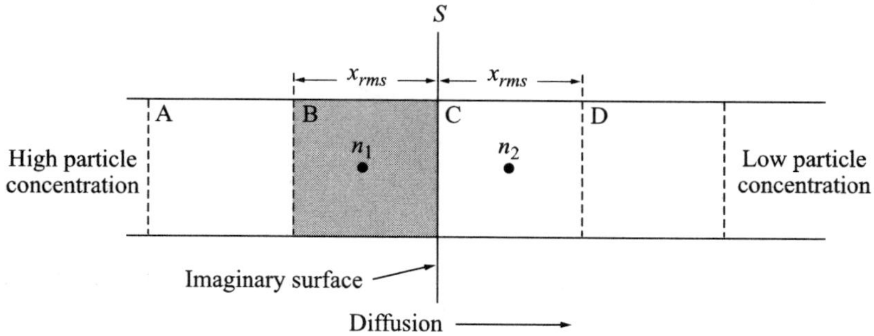

》 그림 5.4 브라운 변위 유도

$$x_{\mathrm{rms}} = \sqrt{2Dt} \tag{5-15}$$

시간에 따라 입자가 확산하는 경우 x와 $x+dx$ 사이에 존재하는 입자의 개수 분율(number fraction)은 식 (5-16)에 의해서 계산된다.

$$\frac{dn(x,\, t)}{n_0} = \frac{1}{(4\pi Dt)^{1/2}}\exp\left(-\frac{x^2}{4Dt}\right)dx \tag{5-16}$$

5.5 확산에 의한 입자의 부착

기체 분자가 표면과 충돌할 때 튕김 현상이 일어나며, 기체 분자의 모멘텀 전달이 기체 압력이 표면에 전달되는 메커니즘이다. 기체 분자와 달리 입자는 표면과 충돌 시에 표면에 부착된다. 이 때 표면에서의 입자의 농도는 0임을 의미한다. 에어로졸 입자가 확산을 통해 표면에 부착되기 때문에, 에어로졸 입자의 농도는 감소하게 된다. 확산에 의한 입자의 부착은 Fick의 두 번째 확산법칙을 이용하여 묘사할 수 있다.

$$\frac{dn}{dt} = D\frac{d^2n}{dx^2} \qquad \begin{cases} n(x,\,0) = n_0 & \text{for } x > 0 \\ n(0,\,t) = 0 & \text{for } t > 0 \end{cases} \tag{5-17}$$

$$n(x,\, t) = \frac{n_0}{(\pi Dt)^{1/2}}\int_0^x \exp\left(-\frac{p^2}{4Dt}\right)dp \tag{5-18}$$

여기서, p는 0부터 x까지를 나타내는 가변수이다.

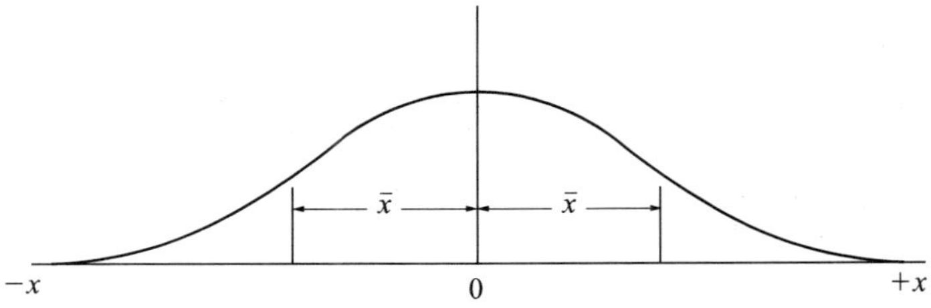

≫ 그림 5.5 브라운 운동에 의한 입자의 확산 : 빈도 분포

표면, 즉, $x=0$에서의 농도 구배는 식 (5-19)와 같이 표현된다.

$$\frac{dn}{dx} = \frac{n_0}{(\pi D t)^{1/2}} \quad \text{for } x = 0 \tag{5-19}$$

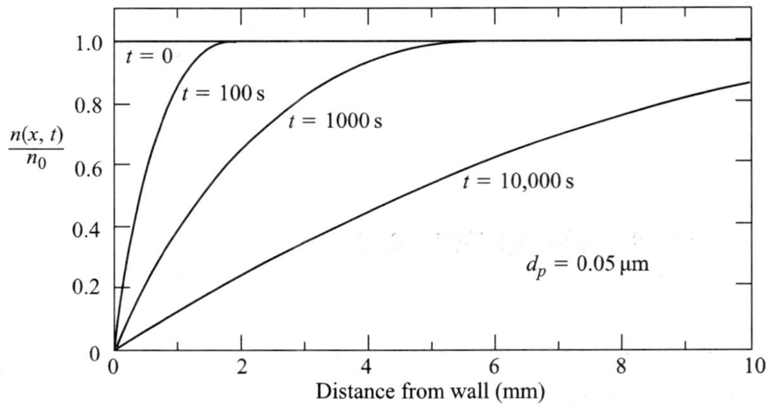

≫ 그름 5.6 정체 상태에 있는 0.05 μm 입자가 벽면 근처에 있을 때 시간에 따른 농도 분포

위 식을 Fick의 제1법칙에 대입하면 표면에서 입자의 플럭스의 크기를 계산할 수 있다.

$$J = n_0 \left(\frac{D}{\pi t} \right)^{1/2} \tag{5-20}$$

시간 t 동안 단위면적당 부착되는 누적 입자의 개수는 식 (5-20)을 시간에 따라 적분하면 된다.

$$N(t) = \int_0^t n_0 \left(\frac{D}{\pi t} \right)^{1/2} dt \tag{5-21}$$

$$N(t) = 2n_0 \left(\frac{Dt}{\pi} \right)^{1/2} \tag{5-22}$$

입자의 부착 속도는 식 (5-23)과 같이 정의된다.

$$V_{dep} = \frac{J}{n_0} = \frac{\text{Number deposited/m}^2 \cdot \text{s}}{\text{Number deposited/m}^3} \ [\text{m/s}] \tag{5-23}$$

에어로졸 입자의 샘플링 또는 이송 시에 튜브를 이용하게 된다. 에어로졸 입자가 0.1 μm 이하인 경우 입자가 확산에 의해 튜브 내벽에 부착되어 손실이 발생할 수 있다. 입자가 튜브를 통과할 때 두 가지 방향의 움직임을 고려해야 한다. 첫째로 유속에 의해 튜브의 축방향으로 움직임, 둘째로 브라운 운동에 의해 튜브 내벽 쪽으로 움직임이다. 예를 들어 튜브 내벽 쪽에 도달하기 전에 튜브를 통과할 수 있다면 입자는 손실되지 않게 된다. 튜브의 길이를 L이라고 하고, 튜브 단면에서 기체 평균 속도 $\overline{U}$라고 했을 때 입자가 튜브를 통과할 때 걸리는 시간 $L/\overline{U}$, 입자가 중심에서부터 튜브 내벽까지 움직이는데 걸리는 시간은 $d_t^2/8D$이다. 두 시간의 비는 $8DL/d_t^2/\overline{U}$이다. 이 값을 조금 변형하면 식 (5-24)와 같이 무차원수가 얻어지며, 부착계수라고 한다. 입자가 튜브를 통과할 수 있는 통과율(P)은 부착계수에 의해 결정된다.

$$\mu = \frac{4DL}{\pi d_t^2 \overline{U}} = \frac{DL}{Q} \tag{5-24}$$

$$P = \frac{n_{out}}{n_{in}} = 1 - 5.50\mu^{2/3} + 3.77\mu \quad \text{for } \mu < 0.009$$

$$P = \frac{n_{out}}{n_{in}} = 0.819\exp(-11.5\mu) + 0.975\exp(-70.1\mu) \quad \text{for } \mu \geq 0.009 \tag{5-25}$$

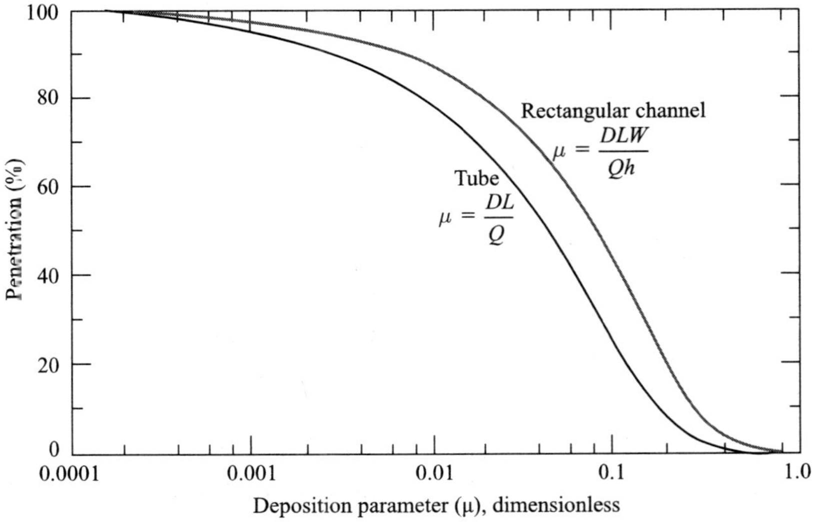

≫ 그림 5.7 입자 통과율 vs. 부착계수 : 원형 튜브, 직사각형 채널

CHAPTER

6

여과 및 사이클론

(Filtration and Cyclones)

■ 저자 : **신원규**(충남대학교 기계공학부)

6.1 필터의 종류

필터는 구조에 따라 그림 6.1과 같이 파이버 필터(fiber filter), 다공성 멤브레인 필터(porous membrane filter), 모세관 기공 멤브레인 필터(capillary pore membrane filter), 입상층 여과(granular bed filter)로 분류될 수 있다. Fiber filter의 경우 파이버는 원기둥 형상과 비슷하며, 파이버의 지름은 서브 마이크론 크기에서부터 100 μm 범위에 있다. 파이버는 공기 유동 방향에 수직으로 배열이 되어 있으며, 셀룰로오스, 글라스, 플라스틱 등 다양한 재질로 만들어질 수 있으며, 기공도(porosity)가 높은 편이다. 대부분의 경우 필터의 면속도(face velocity)는 ~10 cm/s 정도이며, 파이버 주변의 유동은 층류 형태이다.

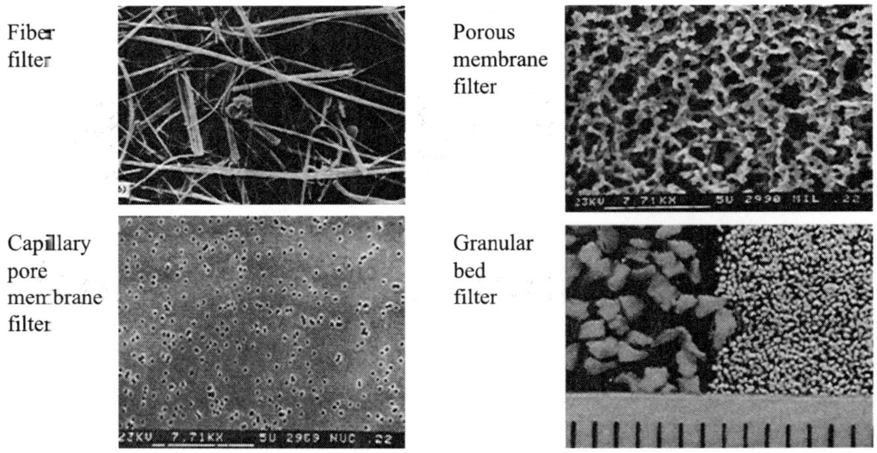

≫ 그림 6.1 다양한 형태의 필터

Porous membrane filter는 불규칙적인 통로와 복잡한 기공 구조를 가지고 있으며, 기공성은 50~90% 정도이다. 입자 제거효율이 높은 편이지만 압력손실도 크다. 재질로는 셀룰로오스 에스터, 소결 금속, PVC, 테플론이 사용된다. Capillary pore membrane filter는 일정한 지름을 갖는 미세한 원통 형태 구멍의 배열 형태로 만들어진다. 기공은 필터 표면에 수직하며, 공기 유로는 직선 형태이기 때문에 입자 제거효율이 낮은 편이며, 현미경 관찰을 위한 입자 포집 용도로 쓰이고 있다. Granular bed filter는 용기 안에 미세 그래뉼이 쌓여있는 구조로 되어 있다. 일반적으로 고온상태의 부식성 에어로졸을 처리하는 용도로 많이 쓰이며, 재질로는 활성탄, 글라스, 석영, 금속 비드 등이 사용되고 있다. 포집된 에어로졸은 세척 및 휘발 과정을 통해 제거된다.

필터의 포집효율은 식 (6-1)과 같이 나타낸다.

$$E = \frac{N_{in} - N_{out}}{N_{in}} \tag{6-1}$$

여기서, N은 필터를 통과하기 전후의 입자의 개수농도이다. 필터의 입자 통과율은 식과 같이 나타낸다.

면속도는 필터 면에서 공기의 속도이며 식 (6-2)와 같이 주어진다.

$$U_0 = \frac{Q}{A} \tag{6-2}$$

여기서, Q는 필터를 통과하는 체적유량이며, A는 공기 흐름에 노출된 필터의 단면적이다. 필터 내부 공기 유로의 단면적이 작아지기 때문에 필터 내부에서 공기의 속도는 면속도에 비해 커지게 된다. 이 속도는 식 (6-3)과 같이 주어진다.

$$U = \frac{Q}{A(1-\alpha)} \tag{6-3}$$

여기서, α는 필터 파이버의 체적 분율이며, packing density 또는 solidity로 불린다. 파이버 필터의 경우 α는 0.01～0.3 범위에 있으며, 식 (6-4)에 의해 정의된다.

$$\alpha = \frac{\text{Fiber volume}}{\text{Total volume}} = 1 - \text{porosity} \tag{6-4}$$

체(sieve)의 경우 기공 보다 큰 입자는 100% 걸러진다. 하지만 파이버 필터의 경우 입자는 필터의 두께가 커질수록 포집될 확률이 증가하게 된다. 파이버 필터는 여러 겹의 매우 얇은 레이어로서 이해될 수 있다. 레이어의 두께를 dt, 단위두께당 입자의 포집률을 γ라고 하면, 레이어를 통과하는 입자의 개수농도가 N일 때, 단위부피의 에어로졸이 레이어를 통과하면서 포집되는 입자의 개수 n_c는 식 (6-5)와 같이 주어진다.

$$n_c = N\gamma dt \tag{6-5}$$

레이어를 통과할 때 에어로졸 입자의 개수농도의 감소는 n_c와 같다.

$$dN = -n_c = -N\gamma dt \tag{6-6}$$

위 식을 적분하면 식 (6-7)이 얻어진다.

$$\int_{N_{in}}^{N_{out}} \frac{d_N}{N} = \int_0^t (-\gamma)\, dt \tag{6-7}$$

$$\ln\left(\frac{N_{out}}{N_{in}}\right) = -\gamma t \tag{6-8a}$$

$$P = e^{-\gamma t} \tag{6-8b}$$

식 (6-8)로부터 필터의 두께가 커질수록 입자의 필터 통과율(P)은 감소한다는 것을 알 수 있다. 필터의 구조는 공기 흐름에 대한 저항을 만들어낸다. 이것을 압력손실(pressure drop, Δp)이라고 한다. 주어진 면속도에 대해 필터의 압력손실은 두께에 비례한다. 필터의 특성, 즉, 기공의 크기, 기공률, 면속도, 두께 등은 필터의 성능과 압력손실에 영향을 미치게 된다. 필터의 종류별로 위와 같은 특성은 매우 달라질 수 있다. 서로 다른 종류의 필터와 서로 다른 두께의 필터를 비교하는 경우 쓸 수 있는 파라미터는 filter quality, q_F이며, 분자는 포집효율이고 분모는 압력손실이다.

$$q_F = \frac{\gamma t}{\Delta p} = \frac{\ln(1/P)}{\Delta p} \tag{6-9}$$

6.2 단일파이버효율(Single Fiber Efficiency)

파이버 필터에는 수많은 파이버들이 복잡한 구조로 배열이 되어 있기 때문에, 파이버 필터의 효율을 알기 위해서는 파이버 각각에 의해 입자가 포집되는 과정을 이해할 필요가 있다.

$$E_\Sigma = \frac{\text{Number collected on unit length}}{\text{Number geometrically incident on unit length}} \tag{6-10}$$

필터 다이버의 에어로졸 입자 제거효율은 단일파이버효율(E_Σ)로 정의된다. 단일파이버효율은 식 (6-10)과 같이 파이버의 단위길이당 입자 포집률이며, 무차원이다. 그림 6.2와 같이 파이버 표면에 포집될 수 있는 영역 안에 있는 입자의 개수 분율로 이해될 수 있다. 그림 6.2는 파이버 단면의 투영면적과 공기가 움직이는 거리를 곱하게 되면 파이버에 포집될 수 있는 입자들이 차지하고 있는 부피를 보여준다. 필터의 총 포집효율(E)은 단일파이버효율의 함수로 표현될 수 있다. 필터 내 파이버가 모두 같은 지름을 가지고 있다고 가정하면, 단위부피 필터 내의 파이버의 총 길이 L은 식 (6-11)과 같이 표현된다.

$$L = \frac{4\alpha}{\pi d_f^2} \tag{6-11}$$

식 (6-10)으로부터 단위부피 안에 있는 에어로졸 입자가 단위단면적과 두께 dt를 갖는 파이버 요소를 통과하게 되는 경우 포집되는 입자의 개수는 식 (6-12)와 같이 표현된다.

$$n_c = NE_\Sigma d_f L\,dt \tag{6-12}$$

식 (6-12)는 식 (6-5)와 동일하기 때문에 단위두께당 입자의 포집률을 γ을 식 (6-13)으로부터 구할 수 있다.

$$\gamma = E_\Sigma d_f L \tag{6-13}$$

식 (6-11)과 식 (6-13)을 결합하면, 식 (6-14)가 얻어진다.

$$\gamma = \frac{4\alpha E_\Sigma}{\pi d_f} \tag{6-14}$$

식 (6-8b)는 식 (6-15)로 바뀐다.

$$P = 1 - E = e^{-\gamma t} = \exp\left(\frac{-4\alpha E_\Sigma t}{\pi d_f}\right) \tag{6-15}$$

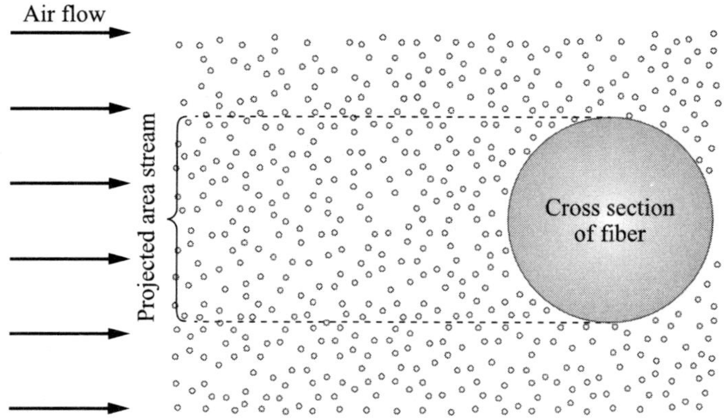

》 그림 6.2 단일파이버효율

6.3 파이버 필터의 입자 부착 메커니즘

그림 6.3과 같이 일반적인 파이버 필터의 파이버에 입자가 부착되는 메커니즘으로는 충돌, 차단, 확산, 중력침강, 정전기력을 고려할 수 있다. 충돌 메커니즘의 경우는 관성이 큰 입자가 파이버 주변에서 유선을 이탈하여 파이버에 충돌하면서 입자가 포집된다. 차단 메커니즘은 입자가 유선을 따라갈 때 파이버 표면으로부터 유선까지의 거리가 해당 입자의 반지름보다 작게 되면 입자가 포집되는 경우이다. 확산 메커니즘은 작은 입자가 유선을 따라가면서 동시에 브라운 운동을 할 때 입자가 파이버 표면에 부착되는 경우이다. 중력침강에 의한 입자의 포집은 필터의 면속도의 방향이 입자의 종말속도 방향과 일치하는 경우와 반대인 경우로 나눠진다. 정전기력 메커니즘의 경우에는 파이버가 하전이 되어 있는 경우 하전된 입자가 정전기적 인력에 의해 포집된다. 파이버나 입자 모두 하전되지 않은 경우에도 거울상힘(image force)에 의해 인력이 발생하여 입자가 포집될 가능성이 있다.

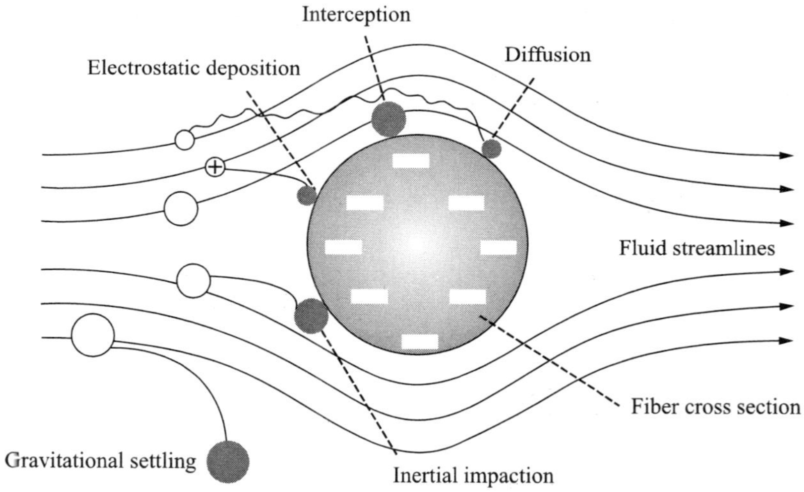

》 그림 6.3 파이버의 입자 포집 메커니즘

1. 차단(Interception) 메커니즘

차단 메커니즘에 의한 단일파이버효율(E_R)은 식 (6-16)과 같은 무차원수에 의해서 영향을 받는다.

$$E_R = \frac{d_p}{d_f} \tag{6-16}$$

여기서, d_p : 입자 지름, d_f : 필터 파이버 지름

차단에 의한 단일파이버효율은 식 (6-17)과 같이 주어진다(Lee and Ramamurthi, 1993).

$$E_R = \frac{(1-\alpha)R^2}{Ku(1+R)} \tag{6-17}$$

여기서, Ku : Kuwabara hydrodynamic factor(인접해 있는 파이버들로 인해 파이버 주변의 유동장이 영향을 받는 것을 보상함). Ku는 식 (6-18)로부터 얻어진다.

$$Ku = -\frac{\ln\alpha}{2} - \frac{3}{4} + \alpha - \frac{\alpha^2}{4} \tag{6-18}$$

Ku의 값은 $\alpha = 0.005 \sim 0.25$일 때 1.9, $\alpha = 0.2$일 때 0.25이다. $d_f < 2$ μm일 때 미끄럼 효과가 보상된 식을 이용해야 한다(Yeh and Liu, 1974). E_R은 R의 값이 커질수록 증가한다.

충돌 메커니즘은 앞에서 언급한 것처럼 입자가 유선을 따라 운동할 때 유선이 갑자기 바뀌게 되는 경우 입자가 유선을 따라가지 못하고 파이버와 충돌하면서 포집되는 현상이다. 충돌 메커니즘을 지배하는 무차원수는 스토크스수(Stokes number)로서 식 (6-19)와 같이 표현된다.

$$Stk = \frac{\tau U_0}{d_f} = \frac{\rho_p d_p^2 C_c U_0}{18\eta d_f} \tag{6-19}$$

스토크스수는 장애물의 크기에 대한 입자의 운동 거리의 비로서 이해될 수 있다. 충돌에 의한 단일파이버효율(E_I)은 스토크스수가 커질수록 증가하게 된다. 식 (6-20)은 충돌에 의한 단일파이버효율을 나타낸다.

$$E_I = \frac{(Stk)J}{2Ku^2} \tag{6-20}$$

여기서, J는 식 (6-21)로부터 구해진다.

$$J = (29.6 - 28\alpha^{0.62})R^2 - 27.5R^{2.8} \quad \text{for } R < 0.4 \tag{6-21}$$

작은 입자의 브라운 운동은 입자가 파이버 주변을 지나갈 때 파이버 표면에 포집될

수 있는 확률을 증가시킨다. 브라운 운동은 입자의 확산계수에 의해서 영향을 받으며, 확산에 의한 단일파이버효율(E_D)은 페클릿수(Peclet number)에 의해 영향을 받는다. 페클릿수는 식 (6-22)와 같이 표현되며, 대류에 의한 움직임과 확산에 의한 움직임의 비를 나타낸다. 따라서, 페클릿수가 크면 대류의 영향이 더 크고, 반대로 페클릿수가 작다면 확산에 의한 영향이 크다는 것을 알 수 있다.

$$Pe = \frac{d_f U_0}{D} \tag{6-22}$$

여기서, D : 입자 확산계수

확산에 의한 단일파이버효율(E_D)은 식 (6-23)에 의해 구해진다(Kirsch and Fuchs, 1968).

$$E_D = 2Pe^{-2/3} \tag{6-23}$$

확산과 차단의 복합적인 작용에 의해 입자의 포집이 일어날 수 있다. 이 경우 확산과 차단에 의한 단일파이버효율(E_{DR})은 식 (6-24)에 의해 주어진다.

$$E_{DR} = \frac{1.24R^{2/3}}{(Ku\,Pe)^{1/2}} \tag{6-24}$$

중력침강효과에 의한 단일파이버효율(E_G)은 무차원수 G에 의해 영향을 받는다. G는 식 (6-25)에 의해 표현되며, 중력에 의한 종말속도와 유동의 속도 U_0의 비로서 표현된다.

$$G = \frac{V_{TS}}{U_0} = \frac{\rho_g d_p^2 C_c g}{18\eta U_0} \tag{6-25}$$

유동의 방향이 중력의 방향과 일치하는 경우 중력침강효과에 의한 단일파이버효율(E_G)은 식 (6-26)과 같이 표현된다.

$$E_G \approx G(1+R) \tag{6-26}$$

유동의 방향이 중력의 방향과 반대인 경우 식 (6-27)과 같이 표현된다. 이 경우 부호가 (−)이기 때문에 단일파이버효율을 감소시키는 효과가 있다.

$$E_G \approx -G(1+R) \tag{6-27}$$

정전기적 이미지 힘에 의한 단일파이버효율(E_q)은 식 (6-28)과 같이 주어진다.

$$E_q = 1.5\left[\frac{(\epsilon_f - 1)}{(\epsilon_f + 1)} \frac{q^2}{12\pi^2 \eta U_0 \epsilon_0 d_p d_f^2}\right]^{1/2} \tag{6-28}$$

여기서, ϵ_f : 상대유전상수(dielectric constant)

6.4 파이버 필터의 단일파이버효율

필터의 효율(E)은 단일파이버효율(E_Σ)이 알려지면 식 (6-15)에 의해 얻어진다. 파이버 필터의 입자 포집 메커니즘이 각각 독립적으로 작용하여 기여한다면 단일파이버 효율은 식 (6-29)로부터 얻어진다.

$$E_\Sigma = 1-(1-E_R)(1-E_I)(1-E_D)(1-E_{DR})(1-E_G) \tag{6-29a}$$

$$E_\Sigma \approx E_R + E_I + E_D + E_{DR} + E_G \tag{6-29b}$$

6.5 사이클론의 입자 포집 메커니즘과 설계

사이클론은 제조 및 유지비용이 저렴한 간단한 먼지 입자 제어 장치이다. 사이클론은 고압의 배기가스를 처리하는데 이용될 수 있다. 사이클론의 포집효율은 중력침강에 의한 방법보다 높으면 백하우스, 벤투리 스크러버, 전지식 집진기의 포집효율보다는 낮다. 사이클론의 공기역학적 컷 - 오프 지름(D_{p50})은 일반적으로 5～10 μm보다 크기 때문에 사이클론은 선분리기로서 이용되는 경우가 많다. 사이클론은 접선식 사이클론과 축류식 사이클론으로 구분된다. 그림 6.4는 접선식 사이클론의 작동원리를 보여준다. 먼지가 포함된 가스가 사이클론 몸통의 접선방향으로 유입되어 볼텍스 파인더를 통과하면서 볼텍스가 형성되고, 하단의 더스트 박스까지 내려간 후 반대 회전 방향으로 중앙 코어에 볼텍스가 만들어지면서 출구로 빠져나가게 된다. 먼지 입자는 회전 운동에 의한 원심력에 의해 사이클론 내벽에 충돌한 후 더스트 박스로 모이게 되어 포집되며, 관성이 작은 먼지 입자는 중앙 코어 볼텍스를 따라 사이클론 밖으로 빠져나가게 된다.

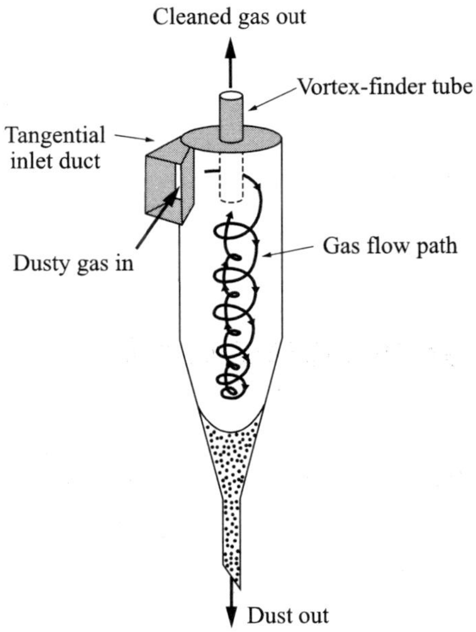

≫ 그림 6.4 접선식 사이클론의 작동 원리

Stairmand-type 고효율 사이클론은 Stairmand에 의해 1951년에 고안되었으며, 사이클론 설계 시 표준 비교 모델로서 활용될 수 있다. 사이클론은 효율의 크기에 따라 고효율, 중간효율, 저효율 사이클론으로 분류되며, 일반적으로 효율이 높을수록 차압도 커지게 된다.

Stairmand 사이클론의 주요 변수를 그림 6.5에 나타내었다. 주요 변수 사이의 관계는 $a = S = D_e = 0.5D$, $b = 0.2D$, $h = 1.5D$, $H = 4D$, $B = 0.375D$이다. 여기서, a : 사이클론 입구 높이, b : 사이클론 입구 폭, D_e : 사이클론 출구 지름, S : 볼텍스 파인더 길이, h : 사이클론 원통의 길이, H : 사이클론의 전체 높이, B : 사이클론 바닥부의 지름이다.

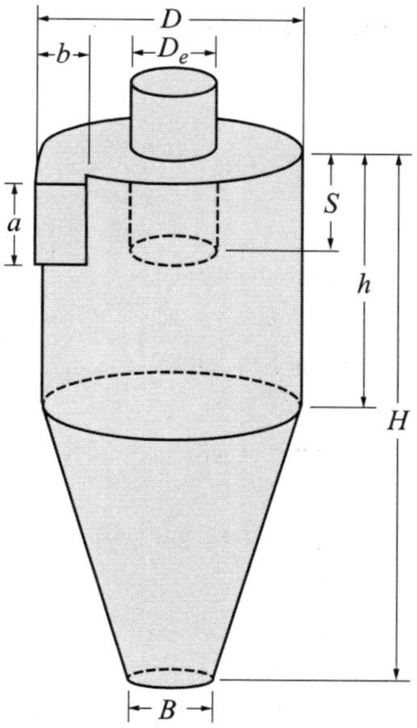

≫ **그림 6.5 Stairmand 접선식 사이클론의 주요부**

그림 6.6과 같이 사이클론을 분류할 때 각각의 형상 변수 사이의 관계를 표 6.1에 정리하였다. 표 6.1의 (1)은 Stairmand 사이클론의 주요 변수 사이의 관계를 보여준다.

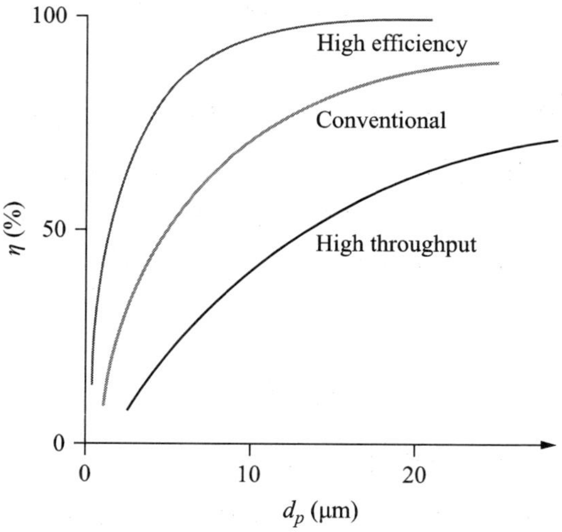

≫ **그림 6.6 사이클론의 포집효율에 따른 사이클론의 분류**

표 6.1 사이클론의 형태에 따른 주요부 치수비

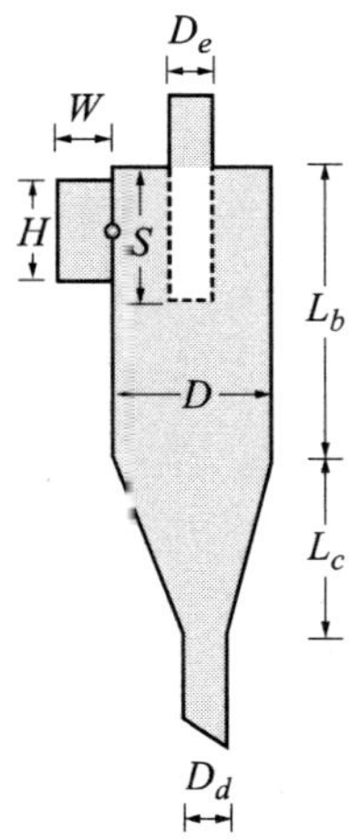

	Cyclone type					
	High efficiency		Conventional		High throughput	
	(1)	(2)	(3)	(4)	(5)	(6)
Body diameter, D/D	1.0	1.0	1.0	1.0	1.0	1.0
Height of inlet, H/D	0.5	0.44	0.5	0.5	0.75	0.8
Width of inlet, W/D	0.2	0.21	0.25	0.25	0.375	0.35
Diameter of gas exit, D_e/D	0.5	0.4	0.5	0.5	0.75	0.75
Length of vortex finder, S/D	0.5	0.5	0.625	0.6	0.875	0.85
Length of body, L_b/D	1.5	1.4	2.0	1.75	1.5	1.7
Length of cone, L_c/D	2.5	2.5	2.0	2.0	2.5	2.0
Diameter of dust outlet, D_d/D	0.375	0.4	0.25	0.4	0.375	0.4

Columns (1) and (5) adapted from Stairmand, 1951; columns (2), (4), and (6) adapted from Swift, 1969; columns (3) adapted from Lapple, 1951.

사이클론의 컷-오프 지름, D_{p50}은 50% 포집효율에 해당하는 입자의 지름을 나타낸다. 입자가 사이클론을 빠져 나가기까지, 다시 말하면 사이클론 내부에서 체류시간 동안 사이클론 입구 폭의 반만큼 반경 방향으로 움직인다면 50% 입자가 제거될 수 있다(Lapple, 1950). Lapple(1950)은 D_{p50}을 구할 수 있는 식 (6-30)을 제시하였다.

$$D_{p50} = 3\sqrt{\frac{\mu b}{2\pi \rho_p U_i C N_t}} \tag{6-30}$$

여기서, U_i : 입구에서 가스 속도, μ : 가스 점성계수, ρ_p : 입자밀도, C : 입자 미끄럼 보정계수, N_t : 볼텍스 회전수. 이 때 N_t는 식 (6-31)에 의해 구해진다.

$$N_t = \frac{t U_i}{\pi D} \tag{6-31}$$

여기서, t는 사이클론의 내부 체적을 체적유량 Q로 나눔으로써 얻어진다.

Stairmand(1951)와 Barth(1956)는 접선속도가 최대(U_{tmax})인 중앙 코어 볼텍스의 외곽에서 회전하고 있는 입자의 50%가 포집될 때 D_{p50}을 구할 수 있는 식 (6-32)를 제시하였다.

$$D_{p50} = \frac{3}{U_{tmax}}\sqrt{\frac{\mu Q}{\pi \rho_p C(H-S)}} \tag{6-32}$$

Stairmand(1951)는 식 (6-32)에 마찰손실계수를 고려하여 D_{p50}을 구할 수 있도록 식을 수정하였다. Iozia & Leith(1989)는 파일럿 스케일 사이클론 내부에서 가스의 접선속도 분포를 측정하였고, 이를 바탕으로 D_{p50}을 구할 수 있는 식 (6-33)을 제시하였다.

$$D_{p50} = \frac{3}{U_{tmax}}\sqrt{\frac{\mu Q}{\pi \chi_c \rho_p}} \tag{6-33}$$

여기서, $U_{tmax} = 6.1 \times U_i \times \left(\frac{ab}{D^2}\right)^{0.61} \times \left(\frac{D_e}{D}\right)^{-0.74} \times \left(\frac{D}{H}\right)^{-0.33}$

여기서, χ_c : 중앙 코어 볼텍스의 길이

Lapple(1950)은 사이클론의 포집효율 η을 식 (6-34)와 같이 제시하였다.

$$\eta = \frac{1}{1+(D_{p50}/D_p)^2} \tag{6-34}$$

Li & Wang(1989)는 입자의 난류 확산, 사이클론 내벽 표면에서 입자의 바운싱과 재진입을 고려하여 사이클론의 포집효율을 식 (6-35)와 같이 제시하였다.

$$\eta = 1-\exp\left[-\lambda\frac{2\pi(S+L)}{a}\right] \tag{6-35}$$

여기서, λ : $2.3D_e(D^2/ab)^{1/3}$, L : 사이클론 출구로 나가기 전에 회전하는 가스가 움직일 수 있는 최대 거리

Iozia & Leith(1990)는 식 (6-36)과 같이 실험데이터를 이용하여 사이클론 효율을 구하는 식을 제시하였다.

$$\eta = \frac{1}{1+(D_{p50}/D_p)^\beta} \tag{6-36}$$

여기서, D_{p50}은 식 (6-33)에 의해 구해지고, β는 식 (6-37)에 의해 구해진다.

$$\ln\beta = 0.62 - 0.87\ln(D_{p50}) + 5.21 \times \ln\left(\frac{ab}{D^2}\right) + 1.05\left[\ln\left(\frac{ab}{D^2}\right)\right] \quad (6\text{-}37)$$

표 6.2는 8개의 Stairmand type 사이클론의 크기와 작동 조건을 보여주고 있다.

표 6.2 Stairmand type 사이클론의 크기와 작동 조건
(Ref. Kuo and Tsai, Aerosol and Air Quality Research, 2001)

Authors	Cyclone diameter (cm)	Flowrate (lpm)	Inlet velocity (m/s)	Cutoff aerodynamic diameter (μm)	Re_f (×10^3)	Ψ_{50} (×10^{-5})
Dirgo and Leith (1985)	30.5	2791～13954	5～25	1.78～5.94	24.4～121.9	0.61～1.97
Kim and Lee (1990)	2.19～4.11	8.8～18.4	2.04～4.26	2.87～8.41	0.41～4.27	8.86～38.77
Lin (1996)	13.3	1157～2759	10.9～26	1.45～2.36	23.3～55.62	1.15～1.83
Tsai et al. (1999)	1～1.8	1.7	5.85	3.45～3.91	0.94～1.69	22.2～35.2
Hsiao (1997)	1.8	1.5～2.1	5.17～7.23	3.44～4.28	1.50～2.09	19.5～24.2
Iozia and Leith (1989, 1990)	25	2820～8520	7.52～30.4	2.08～4.59	30.2～122.2	0.86～1.87
Moore and McFarland (1993)	3.81～8.89	16.3～124	0.83～4.05	4.0～18.8	0.69～5.23	6.05～30.65
Zhu and Lee (1999)	3.05	60～110	13.4～24.6	0.3～2.6	6.57～12.05	1.22～8.78

여기서, 유동 레이놀즈수 $Re_f = \frac{\rho(D-D_e)U_i}{2\mu}$, 무차원 컷-오프 공기역학적 지름 $\Psi_f = \frac{\sqrt{C}D_{pa50}}{D}$, D_{pa50} : 공기역학적 컷-오프 지름

CHAPTER

7

영동 현상

■ 저자 : **박성훈**(순천대학교 환경공학과)

어떤 매질 속에 존재하는 입자가 그 매질 안에 형성된 온도나 농도의 불균일성 때문에 특정 방향으로 힘을 받게 되는 경우가 있는데, 이런 현상을 통틀어 영동(phoresis) 현상이라 부른다. 예를 들어 입자가 존재하는 공간에 온도 구배(gradient)가 형성되어 있을 때 입자는 온도가 낮아지는 방향으로 힘을 받게 되는데 이를 열영동(thermophoresis)이라 부르고, 입자에 빛이 비출 때 입자표면에 형성되는 온도 구배 때문에 발생하는 입자의 운동을 광영동(photophoresis)이라 부르며, 기체 성분들의 농도구배 때문에 입자가 힘을 받게 되는 경우를 확산영동(diffusiophoresis)이라 부른다. 영동현상으로부터 비롯되는 힘은 매우 약하기 때문에 우리가 일상생활에서 흔히 관찰할 수 있는 종류의 것은 아니다. 그러나 에어로졸 입자는 크기가 몹시 작고 그에 따라 모빌리티(mobility)가 아주 크기 때문에 영동현상에 의한 영향이 무시할 수 없을 정도인 경우가 생겨날 수 있다.

7.1 열영동

온도 그배가 형성된 기체 속에 에어로졸 입자가 있을 때, 온도가 높은 쪽 입자표면에 단위시간 동안 충돌하는 공기분자들이 온도가 낮은 쪽 표면에 충돌하는 공기분자들보다 충돌빈도도 높고 충돌 시마다 전달하는 운동량(충격량)도 더 크다. 그 결과 그림 7.1과 같이 입자는 온도가 낮아지는 방향으로 알짜힘(net force)을 받게 된다. 이 힘에 의해 발생하는 입자의 운동을 열영동이라 한다. 열영동의 크기는 입자와 매질의 특성과 온도 구배에 따라 달라진다.

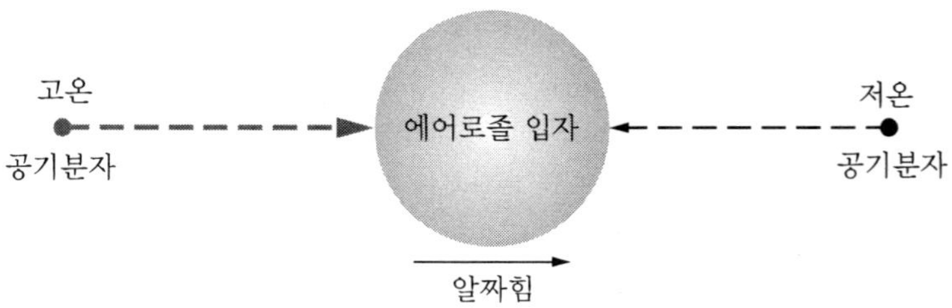

≫ 그림 7.1 열영동의 원리

열영동 현상은 뜨거운 물체 표면 가까이에 먼지가 없는 층이 형성되더라는 경험적 사실로부터 인식되기 시작하였다. 예를 들면 뜨겁게 가열된 전열기 표면에는 먼지가 잘 쌓이지 않는데, 이는 그 표면 근처에서 먼지 입자들이 온도가 낮아지는 방향, 즉 전열기 표면에서 멀어지는 방향으로 알짜힘을 받기 때문이다. 열영동 현상을 최초로 보고한 과학자는 뜨거운 물체 표면 가까이에 먼지가 없는 층이 형성되는 것을 발견한 Tyndall(1870)이었다.

그림 7.2는 먼지입자가 많은 연기 속에 뜨겁게 달궈진 원기둥 모양 막대를 삽입했을 때 막대 둘레에 형성되는 기류를 묘사하고 있다. 막대의 높은 온도 때문에 상승기류가 형성되는 것과 막대 표면 근처에 일정한 두께로 먼지 없는 층이 형성되는 것이 묘사되고 있다. 이렇게 뜨거운 물체 표면 둘레에 형성되는 먼지 없는 층의 두께는 먼지 입자의 성분과는 무관하며 공기와 물체 표면 사이의 온도 차이의 제곱근에 비례하는 것으로 관찰되었다. 이러한 관찰결과들은 결국 먼지 입자가 온도 구배 하에 있을 때 온도가 낮아지는 방향으로 알짜힘을 받는다는 열영동 현상을 과학적으로 정립하는 출발점이 되었다.

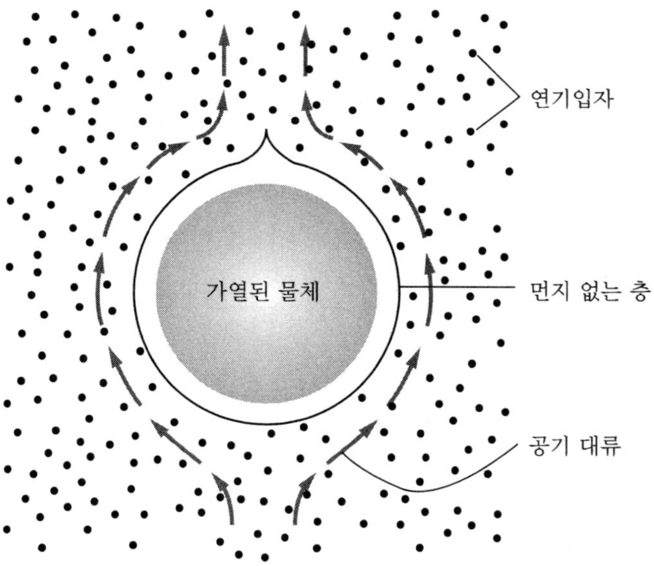

≫ 그림 7.2 가열된 물체 주위에 형성되는 먼지 없는 층

입자의 직경 d_p가 평균자유행로(mean free path) λ보다 작을 때에는($d_p < \lambda$) 입자에 미치는 열적 알짜힘은 그림 7.1과 같이 뜨거운 쪽 표면에서 공기분자들로부터 받는 운동량이 더 크기 때문에 발생한다. 이 경우 입자가 받는 힘은 다음과 같이 주어진다 (Waldmann, 1959; Waldmann & Schmitt, 1966).

$$F_{th} = -\frac{2k_B \mu d_p^2 \nabla T}{m\bar{c}} \tag{7-1}$$

여기서, k_B는 Boltzmann 상수, μ는 공기의 점도, T는 입자 위치에서 공기의 온도, m은 공기분자의 질량, $\bar{c}$는 공기분자들의 평균 열운동속도이다. 이 힘을 받아 움직이는 에어로졸 입자는 공기로부터 받는 항력이 이 힘과 평형을 이루는 속도로 등속운동하게 되는데, 에어로졸 입자와 충돌한 공기분자들의 운동량분포를 Maxwell 분포라 가정하면 열영동속도는 다음 식으로 주어진다.

$$v_{th} = -\frac{0.539\mu\nabla T}{\rho_g T} \tag{7-2}$$

식 (7-2)에 따르면 $d_p < \lambda$인 경우 열영동속도는 공기의 밀도와 점도 및 온도 구배에 의해서만 결정되며 입자 크기에는 무관하다. 식 (7-1)에서 열적 알짜힘은 입자 크기의 제곱에 비례하지만, 이 힘과 평형을 이루는 항력 역시 입자 크기의 제곱에 비례하기 때문이다.

입자 크기가 충분히 큰 경우에는($d_p > \lambda$) 입자 내부에 온도 분포가 형성되며, 이는 주변 공기분자들의 온도분포와 운동량분포에 영향을 미치기 때문에 열영동 해석이 훨씬 더 복잡해진다. Brock(1962)은 이 경우 입자가 받는 열적 힘에 대해 다음과 같은 식을 제안하였다.

$$F_{th} = -\frac{9\pi d_p \mu^2 \nabla T}{2\rho_g T}\left(\frac{1}{1+3\alpha_m Kn}\right)\left(\frac{\gamma_k + \alpha_t Kn}{1+2\gamma_k+2\alpha_t Kn}\right) \tag{7-3}$$

여기서, $\gamma_k(=k_a/k_p)$는 공기와 에어로졸 입자 간 열전도도의 비, $Kn(=2\lambda/d_p)$은 Knudsen 수이다. 에어로졸 입자가 물방울일 경우 γ_k의 값은 20 정도이며, 다양한 종류의 물질에 대해 γ_k 값의 범위는 작게는 3에서 크게는 3000에 이르는 것으로 알려져 있다(Mercer, 2012). α_m과 α_t는 각각 운동량수용계수(momentum accommodation coefficient)와 열수용계수(thermal accommodation coefficient)로서, 실험결과와의 비교를 통해 $\alpha_m \approx 1$, $\alpha_t \approx 2.16$이 제시되었다. 이 힘이 Stocks 법칙에 따른 공기 항력과 같다고 놓으면 열영동속도를 다음과 같이 구할 수 있다.

$$v_{th} = -\frac{3\mu C_c \nabla T}{2\rho_g T}\left(\frac{1}{1+3\alpha_m Kn}\right)\left(\frac{\gamma_k + \alpha_t Kn}{1+2\gamma_k+2\alpha_t Kn}\right) \tag{7-4}$$

여기서, 미끄럼보정계수(slip correction factor) C_c는 다음 식으로 주어진다.

$$C_c = 1 + Kn\left\{1.165 + 0.483\exp\left(-\frac{0.997}{Kn}\right)\right\} \tag{7-5}$$

$Kn \gg 1$인 경우 미끄럼보정계수는 $C_c \approx 1 + 1.648Kn$이라는 근사식으로 표현할 수 있고 이를 식 (7-4)에 적용한 후 $Kn \to \infty$ 극한을 취하면 $v_{th} = -\dfrac{0.412\mu \nabla T}{\alpha_m \rho_g T}$가 되는데, 계수의 값만 조금 다를 뿐 그 함수 형태가 식 (7-2)와 동일함을 확인할 수 있다. 가령 $\alpha_m = 0.764$인 경우 이 식은 식 (7-2)와 같아진다. 식 (7-2)와 식 (7-4)를 그림 7.3에 입자 크기의 함수 그래프로 나타내었다. 사용된 조건은 $T = 300$ K, $\nabla T / T = 1\ \mathrm{m}^{-1}$, $\alpha_m = 0.764$, $\alpha_t = 2.16$이다. 열영동속도가 입자의 크기와 열전도도에 따라 크게 달라질 수 있음이 분명하게 드러나 있으며, 매우 작은 입자에 대해 식 (7-4)가 식 (7-2)로 수렴한다는 것을 확인할 수 있다. 이는 식 (7-4)를 사실상 모든 입자 크기영역에 대해 사용할 수 있다는 것을 의미한다.

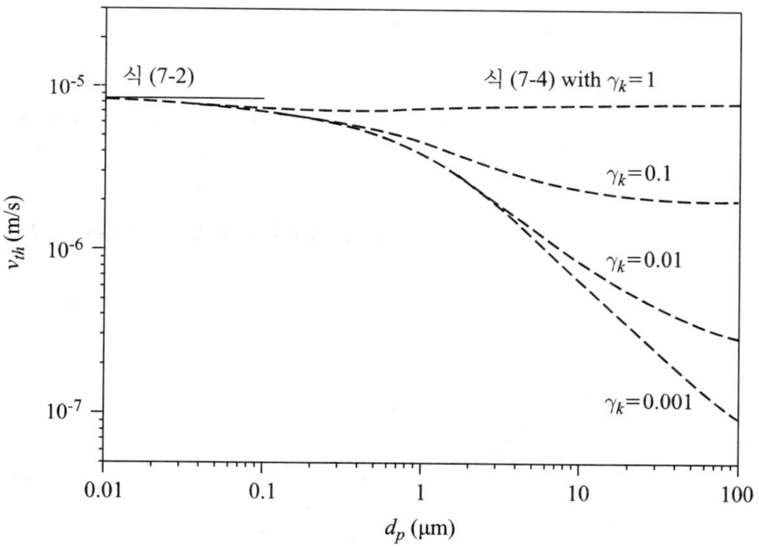

그림 7.3 입자 크기에 따른 열영동속도

열영동속도와 중력침강속도를 입자 크기의 함수로 그림 7.4에 비교하였다. 사용된 조건은 $T = 300$ K, $\nabla T / T = 1\ \mathrm{m}^{-1}$, $\alpha_m = 0.764$, $\alpha_t = 2.16$, $\gamma_k = 0.1$, $\rho_p = 1{,}000$ kg/m^{3}이다. 크기가 작은 입자들의 경우($d_p < 0.4\ \mu$m) 열영동속도가 중력침강속도보다 크다는 것을 확인할 수 있다. 그림 7.5에는 열영동속도와 확산침적속도를 비교하였다. 시간이 흐름에 따라 침적표면에서 에어로졸 농도 구배가 작아지고 이에 따라 확산침적속도도 작아지므로 확산침적속도는 균일한 농도에서 확산이 시작한 뒤 1 s, 10 s, 100 s에서의 값을 사용하였으며, 그 밖의 조건은 그림 7.4에서와 같다. 열영동속도와 확산침적속도 모두 입자 크기가 커질수록 그 값이 작아지는 경향을 보이지만, 열영동속도의

입자크기 의존도가 확산침적속도의 경우보다 더 작고, 따라서 큰 입자들은 확산침적속도보다 열영동속도가, 작은 입자들은 열영동속도보다 확산침적속도가 더 크다.

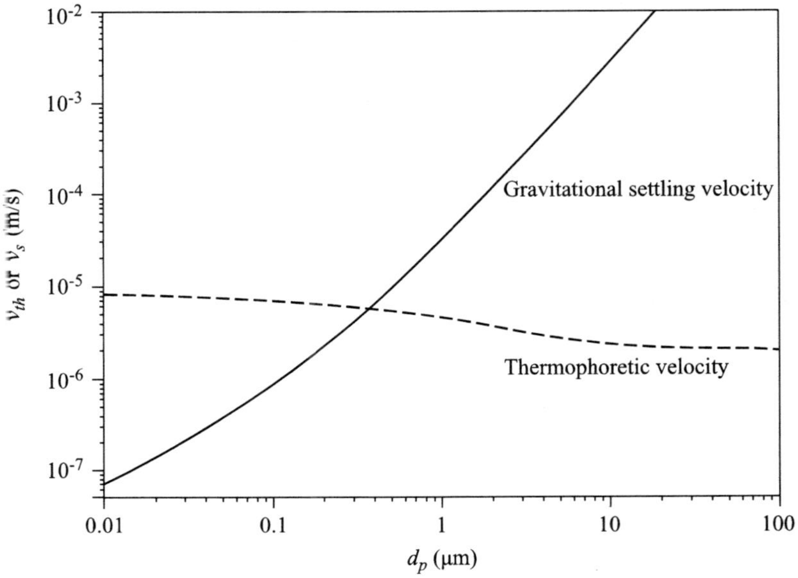

≫ 그림 7.4 열영동속도와 중력침강속도의 비교

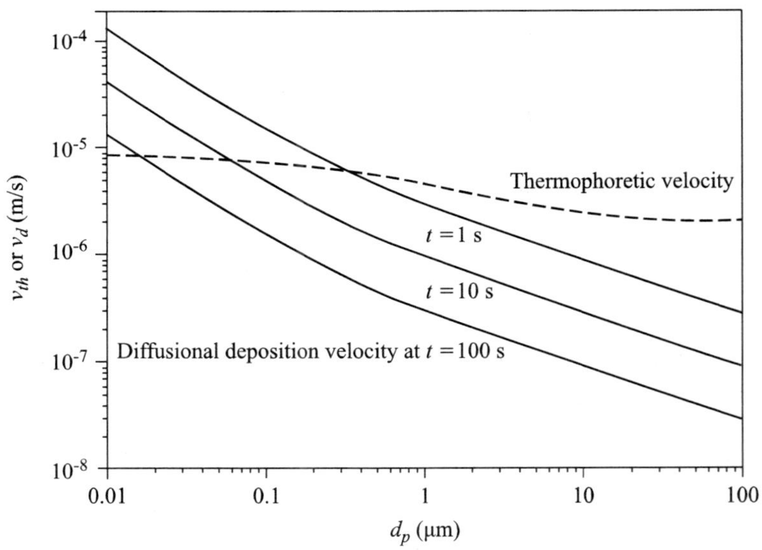

≫ 그림 7.5 열영동속도와 확산침적속도의 비교

예제 7-1

두 개의 평행판이 10 cm 간격을 두고 수평방향으로 놓여 있다. 위쪽 판과 아래쪽 판이 각각 20℃, 400℃를 유지하고 있으며, 두 평행판 사이에 직경 1 μm인 물방울이 떠있을 때 이 물방울의 중력침강속도와 열영동속도를 비교하라. 단, 공기의 열전도도는 $(0.00265\ \mathrm{Wm^{-1}K^{-1}})\times\dfrac{(T/\mathrm{K})^{1.5}}{(T/\mathrm{K})+245\times 10^{\frac{12}{(T/\mathrm{K})}}}$, 물의 열전도도는 0.59 $\mathrm{Wm^{-1}K^{-1}}$로 주어진다.

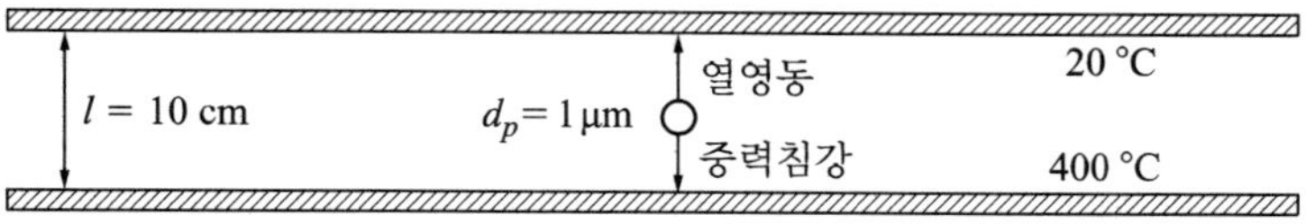

풀이

$$T=\frac{400℃+20℃}{2}=210℃=483\ \mathrm{K}$$

$$\frac{\nabla T}{T}=\frac{\dfrac{20-400}{0.1\ \mathrm{m}}}{483}=-7.867\ \mathrm{m^{-1}}$$

$$\mu=(0.0000181\ \mathrm{kg\,s^{-1}m^{-1}})\left(\frac{T}{293\ \mathrm{K}}\right)^{0.74}=(0.0000181\ \mathrm{kg\,s^{-1}m^{-1}})\left(\frac{483}{293}\right)^{0.74}$$
$$=0.00002620\ \mathrm{kg\,s^{-1}m^{-1}}$$

$$\lambda=(0.000000066\ \mathrm{m})\cdot\frac{T}{293\ \mathrm{K}}=0.000000066\cdot\frac{483}{293}=0.0000001088\ \mathrm{m}$$

$$Kn=\frac{2\lambda}{d_p}=\frac{2\times 0.0000001088\ \mathrm{m}}{0.000001\ \mathrm{m}}=0.2176$$

$$C_c=1+Kn\left\{1.165+0.483\exp\left(-\frac{0.997}{Kn}\right)\right\}$$
$$=1+0.2176\left\{1.165+0.483\exp\left(-\frac{0.997}{0.2176}\right)\right\}=1.255$$

$$\rho_g=(1.2\ \mathrm{kg\,m^{-3}})\cdot\frac{293}{T}=(1.2\ \mathrm{kg\,m^{-3}})\cdot\frac{293}{483}=0.7280\ \mathrm{kg\,m^{-3}}$$

$$k_a=(0.00265\ \mathrm{W\,m^{-1}K^{-1}})\times\frac{(T/\mathrm{K})^{1.5}}{(T/\mathrm{K})+245\times 10^{\frac{12}{(T/\mathrm{K})}}}$$
$$=(0.00265\ \mathrm{W\,m^{-1}K^{-1}})\times\frac{(483)^{1.5}}{(483)+245\times 10^{\frac{12}{(483)}}}$$
$$=0.03789\ \mathrm{W\,m^{-1}K^{-1}}$$

$$\gamma_k=\frac{k_a}{k_p}=\frac{0.03789}{0.59}=0.06422$$

$$v_{th} = -\frac{3\mu C_c \nabla T}{2\rho_g T}\left(\frac{1}{1+3\alpha_m Kn}\right)\left(\frac{\gamma_k + \alpha_t Kn}{1+2\gamma_k + 2\alpha_t Kn}\right)$$

$$= -\frac{3(0.00002620\ \mathrm{kg\,s^{-1}m^{-1}})(1.255)(-7.867\ \mathrm{m^{-1}})}{2\times(0.7280\ \mathrm{kg\,m^{-3}})}\left(\frac{1}{1+3\times 0.764\times 0.2176}\right)\times$$

$$\left(\frac{0.06422+2.16\times 0.2176}{1+2\times 0.06422+2\times 2.16\times 0.2176}\right)$$

$$= 0.0000918\ \mathrm{m/s} = 0.0918\ \mathrm{mm/s}$$

$$v_s = \frac{\rho_p d_p^2 g C_c}{18\mu} = \frac{(1000\ \mathrm{kg\,m^{-3}})(0.000001)^2(9.81\ \mathrm{m\,s^{-2}})\times 1.255}{18(0.00002620\ \mathrm{kg\,s^{-1}m^{-1}})}$$

$$= 0.0000261\ \mathrm{m/s} = 0.0261\ \mathrm{mm/s}$$

예제 7-2

두 개의 평행판이 10 cm 간격을 두고 수평방향으로 놓여 있다. 두 평행판 사이에 직경 1 μm인 물방울이 떠있을 때 이 물방울이 중력에 의해 낙하하지 않으려면 아래쪽 판의 온도가 위쪽 판보다 얼다나 높아야 하는가? 단, 두 판 사이 평균온도는 210℃였다고 가정하라.

풀이

$$T = 210℃ = 483\ \mathrm{K}$$

$$\mu = (0.0000181\ \mathrm{kg\,s^{-1}m^{-1}})\left(\frac{T}{293\ \mathrm{K}}\right)^{0.74} = (0.0000181\ \mathrm{kg\,s^{-1}m^{-1}})\left(\frac{483}{293}\right)^{0.74}$$

$$= 0.00002620\ \mathrm{kg\,s^{-1}m^{-1}}$$

$$\lambda = (0.000000066\ \mathrm{m})\cdot\frac{T}{293\ \mathrm{K}} = 0.000000066\cdot\frac{483}{293} = 0.0000001088\ \mathrm{m}$$

$$Kn = \frac{2\lambda}{d_p} = \frac{2\times 0.0000001088\ \mathrm{m}}{0.000001\ \mathrm{m}} = 0.2176$$

$$C_c = 1 + Kn\left\{1.165 + 0.483\exp\left(-\frac{0.997}{Kn}\right)\right\}$$

$$= 1+0.2176\left\{1.165+0.483\exp\left(-\frac{0.997}{0.2176}\right)\right\} = 1.255$$

$$\rho_g = (1.2\ \mathrm{kg\,m^{-3}})\cdot\frac{293}{T} = (1.2\ \mathrm{kg\,m^{-3}})\cdot\frac{293}{483} = 0.7280\ \mathrm{kg\,m^{-3}}$$

$$k_a = (0.00265\ \mathrm{W\,m^{-1}K^{-1}})\times\frac{(T/\mathrm{K})^{1.5}}{(T/\mathrm{K}) + 245\times 10^{\frac{12}{(T/\mathrm{K})}}}$$

$$= (0.00265\ \mathrm{W\,m^{-1}K^{-1}})\times\frac{483^{1.5}}{483+245\times 10^{\frac{12}{483}}}$$

$$= 0.03789\ \mathrm{W\,m^{-1}K^{-1}}$$

$$\gamma_k = \frac{k_a}{k_p} = \frac{0.03789}{0.59} = 0.06422$$

$$v_s = \frac{\rho_p d_p^2 g C_c}{18\mu} = \frac{(1000\ \mathrm{kg\ m^{-3}})(0.000001)^2(9.81\ \mathrm{m\ s^{-2}})\times 1.255}{18(0.00002620\ \mathrm{kg\ s^{-1}m^{-1}})}$$

$$= 0.0000261\ \mathrm{m/s} = 0.0261\ \mathrm{mm/s}$$

$$v_{th} = -\frac{3\mu C_c \nabla T}{2\rho_g T}\left(\frac{1}{1+3\alpha_m Kn}\right)\left(\frac{\gamma_k+\alpha_t Kn}{1+2\gamma_k+2\alpha_t Kn}\right) = v_s$$

$$\nabla T = -\frac{2\rho_g T v_s}{3\mu C_c}(1+3\alpha_m Kn)\left(\frac{1+2\gamma_k+2\alpha_t Kn}{\gamma_k+\alpha_t Kn}\right)$$

$$= -\frac{2\times(0.7280\ \mathrm{kg\ m^{-3}})(483\ \mathrm{K})(0.0000261\ \mathrm{m/s})}{3(0.00002620\ \mathrm{kg\ s^{-1}m^{-1}})(1.255)}\cdot(1+3\times0.764\times0.2176)$$

$$\cdot\left(\frac{1+2\times0.06422+2\times2.16\times0.2176}{0.06422+2.16\times0.2176}\right)$$

$$= -1{,}080\ \mathrm{K\ m^{-1}}$$

$$\Delta T = \nabla T\times l = (-1{,}080\ \mathrm{K\ m^{-1}})(0.1\ \mathrm{m}) = -108\ \mathrm{K}$$

∴ 아래쪽 판의 온도가 위쪽 판보다 108도 높아야 한다.

열영동 현상은 입자상 물질의 채취를 위한 용도로 활용되기도 한다. 뜨거운 함진가스가 차가운 표면 위를 흐를 때 에어로졸 입자들이 그 차가운 표면 쪽으로 이동하여 침적된다. 이렇게 열영동을 이용하여 에어로졸 입자를 채취하는 기기를 열침적기(thermal precipitator)라 부른다. 그림 7.6은 이러한 열침적기의 원리를 묘사하고 있다. 함진가스의 온도가 충분히 높지 않을 경우 뜨거운 물체를 함진가스 흐름 속에 삽입하여 에어로졸 입자들이 차가운 채취판과 뜨거운 물체 사이를 통과하면서 채취판 위로 침적되도록 유도하기도 한다. 삽입하는 뜨거운 물체로는 가열된 철사 같은 것이 사용된다. 열영동은 입자 크기에 대한 의존성이 강하지 않기 때문에 열침적기는 입자 크기에 관계없이 에어로졸 입자들을 효과적으로 채취할 수 있다는 장점이 있다. 효과적인 입자 채취를 위해 열침적기는 대개 채취판과 고온 물체 사이 간격을 1 mm 미만으로 설계하며 온도차는 50～200℃를 유지함으로써 10^5～10^6 ℃/m 정도의 매우 큰 온도 구배가 형성되도록 한다. 이렇게 잘 디자인된 열침적기는 PM_{10}을 거의 100% 침적시킬 수 있다. 채취된 에어로졸 입자는 현미경 등 광학기기를 사용하여 그 크기와 형상을 분석하게 된다.

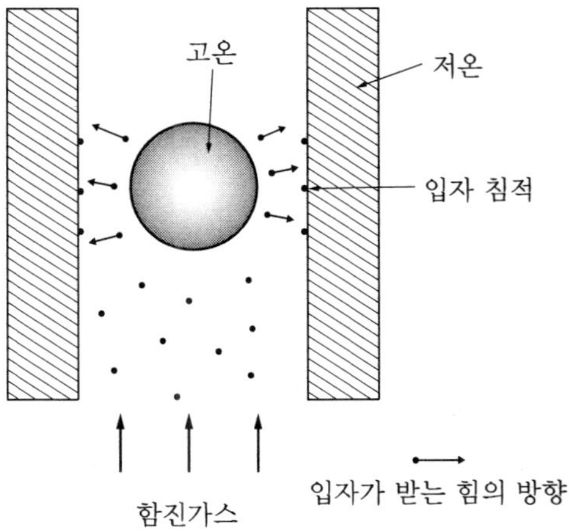

》 **그림 7.6 고온의 철사와 저온의 채취판으로 이루어진 열침적기의 원리**

7.2 광영동

광영동(photophoresis)은 에어로졸 입자가 빛을 흡수하여 한 쪽 표면이 반대쪽 표면보다 가열됨으로써 입자 표면에 온도구배가 형성되면서 발생한다. 이 때 입자표면 근처의 공기도 입자표면과 똑같은 온도구배를 형성하게 되고 이것이 결국 열영동을 일으키는 것이다. 결국 광영동은 공기 속에 전체적인 온도구배가 없는 상황에서 일어나는 특수한 형태의 열영동으로 해석되기도 한다. 광영동의 강도는 입자에 입사하는 빛의 세기와 파장, 입자의 크기/형상/성분, 공기 압력에 따라 달라지며, 입자의 직경이 빛의 파장과 비슷할 때 가장 강하다. 광영동은 에어로졸 입자와 공기가 상호작용하면서 일어나는 현상이기 때문에 진공에서는 발생하지 않으며, 이것이 다음에 나오는 복사압과 다른 지점이다.

광흡수성이 강한 성분으로 이루어진 입자들은 대개 빛을 받는 쪽 표면이 가열되기 때문에 광영동의 방향이 광원으로부터 멀어지는 방향이다. 그러나, 광흡수성이 약한 성분으로 이루어진 입자들의 경우에는 그 형상과 흡수계수에 따라 간혹 볼록렌즈처럼 입사되는 빛을 반대쪽 표면으로 모음으로써 빛을 받는 쪽의 반대쪽 표면이 가열되어 광원을 향하는 방향으로 광영동이 형성되기도 하는데, 이를 역광영동(reverse photophoresis)이라 부른다.

광영동과 비슷한 듯 보이는 현상으로 복사압(radiation pressure)이 있다. 복사압은 광자가 에어로졸 입자 표면에서 굴절되거나 흡수될 때 그 운동량의 일부를 입자에 전달함으로써 발생한다. 따라서, 복사압은 (온도구배와 아무런 관련이 없으므로) 광영동과는 달리 열영동의 일종으로 볼 수 없으며, 그 방향이 언제나 광원으로부터 멀어지는 방향이다. 또한 입자와 공기 간의 상호작용이 필요하지 않으므로 진공에서도 발생할 수 있다. 혜성의 꼬리가 태양으로부터 반대쪽으로 형성되는 것이 바로 복사압 때문이다.

7.3 확산영동

공기 중에서 어떤 증기 성분이 농도구배에 의해 확산할 때 에어로졸 입자는 확산하는 두 성분(공기와 증기)으로부터 받는 운동량의 차이 때문에 힘을 받게 되는데, 이를 확산영동이라 한다. 증기 성분이 농도구배에 따라 확산할 때 전체 압력을 일정하게 유지하기 위해 공기는 증기의 농도구배와 반대 방향, 같은 크기의 농도구배를 형성하게 되고, 증기와 공기는 서로 반대 방향으로 확산한다. 두 성분의 확산 몰플럭스는 방향은 반대이고 크기는 서로 같기 때문에, 알짜힘은 분자량이 더 큰 쪽이 확산하는 방향으로 생성된다. 확산영동의 강도는 공기와 증기의 분자량의 차이, 농도구배의 크기에 따라 정해지고, 입자 크기와는 상관이 없다.

증기의 응축 또는 증발이 일어나고 있는 액체 표면에서는 Stefan 흐름(Stefan flow)이라는 현상이 일어난다. 예를 들어 액체 표면에서 증발이 일어나고 있을 경우, 계면에서의 증기압이 공기 중에서의 증기압보다 크기 때문에 증기는 계면에서 멀어지는 방향으로 확산한다. 전체 압력을 일정하게 유지하기 위해 공기는 증기와 반대 방향의 농도구배를 형성하게 되고 이는 계면을 향하는 방향으로의 공기분자들의 확산을 발생시킨다. 그러나, 앞의 경우와는 달리 액체 표면에서의 지속적인 증발이 증기의 농도구배를 유지시키고 있기 때문에 공기의 확산은 계면에서의 압력을 증가시키게 된다. 이로 인한 압력 차이를 해소하기 위하여 계면에서 멀어지는 방향으로 공기역학적 흐름이 만들어지는데 이것이 바로 Stefan 흐름이다. Stefan 흐름은 언제나 공기의 확산을 무효화하는 만큼 작용하므로, Stefan 흐름과 확산영동이 더해지면 총 몰플럭스는 증기의 확산 몰플럭스와 같게 된다. 따라서, 응축 또는 증발이 일어나는 액체 표면 근처에서 에어로졸 입자는 언제나 증기의 확산 방향으로, 즉 응축하는 액체 표면 근처에서는 그 표면을 향하여, 증발하는 액체 표면 근처에서는 그 표면에서 멀어지는 방향으로 힘을 받는다. Stefan 흐름을 적극적으로 활용한 집진기로 벤투리 스크러버(Venturi scrubber)가 있다. 벤투리 스크러버에서는 물을 고압으로 분사하여 액적과 수증기를 형성시키고 액적 표면에서 응축이 일어나도록 만들어 에어로졸 입자가 액적 표면 쪽으로 움직이도록 유도함으로써 집진율을 높인다.

참고문헌

Brock, J. R. (1962). On the theory of thermal forces acting on aerosol particles. *Journal of Colloid Science*, 17(8), 768-780.

Mercer, T. (2012). *Aerosol technology in hazard evaluation* Elsevier.

Tyndall, J. (1870). On dust and disease. *Fraser's Magazine*, 1(3), 302-310.

Waldmann, L. (1959). Über die Kraft eines inhomogenen Gases auf kleine suspendierte Kugeln. *Zeitschrift Für Naturforschung A*, 14(7), 589-599.

Waldmann, L., & Schmitt, K. H. (1966). Thermophoresis and diffusiophoresis of aerosols. In C. N. Davies (Ed.), *Aerosol Science* (pp. 137-162) Academic Press: New York.

CHAPTER

8

응축 및 증발

■ 저자 : **박성훈**(순천대학교 환경공학과)

응축(condensation)이란 과포화된(포화증기압보다 높은 부분압으로 존재하는) 증기가 액체나 고체로 상변화하는 현상을 말한다. 응축에 의한 에어로졸 입자의 생성과 성장은 대기 중에서 에어로졸이 만들어지는 주요 메커니즘이며 기체상과 입자상 사이에 일어나는 가장 중요한 물질전달 과정이다. 응축이 일어나기 위해서는 과포화된 증기가 있어야 한다. 구름 생성 시에는 찬 공기와 따뜻한 공기의 혼합 또는 단열팽창에 의해 과포화 증기가 만들어지는 반면, 광화학 스모그 생성 시에는 포화증기압이 낮은 생성물질을 만들어내는 기체상 화학반응이 과포화 증기를 만든다.

증발(evaporation)은 응축과 반대되는 개념으로, 증기가 불포화된(부분압이 포화증기압보다 낮은) 상태일 때 액체나 고체로부터 증기가 발생하는 현상을 말한다. 디젤엔진에서 스프레이로 분사된 액체연료가 증발하여 기체상에서 연소하는 것이나 파도에 의해 생성된 해수 액적이 증발하여 해염입자를 생성하는 것은 증발과 관련한 대표적인 사례들이다.

8.1 포화증기압과 평형증기압

앞에서 설명한 바와 같이 응축과 증발은 증기의 부분압과 포화증기압 사이의 대소관계에 의해 결정되므로 먼저 부분압과 포화증기압에 대해 살펴보자. 기체혼합물 속에서 성분 A의 부분압 p_A는 혼합물 속의 다른 성분을 모두 제거했을 때 A가 발휘하게 될 압력을 의미한다. 아보가드로의 법칙에 따라 모든 기체는 그 종류에 관계없이 일정한 부피에서 발휘하는 압력이 몰수에만 비례하므로, 기체혼합물의 총 압력이 p_T일 때 p_A는 다음 식으로 표현할 수 있다.

$$p_A = y_A p_T \tag{8-1}$$

여기서, y_A는 성분 A의 기체상 몰분율(부피분율)이다. 몰분율의 합은 항상 1이므로 모든 성분들의 부분압의 합은 항상 전체 압력 p_T와 같다(Dalton의 법칙). 예를 들어 성분 A와 성분 B가 3 : 1로 섞여 있는 기체혼합물이 1기압 하에 존재할 때 A와 B의 부분압은 각각 0.75 atm, 025 atm이다.

포화증기압(saturation vapor pressure)이란 응축상(condensed phase, 액체상 또는 고체상)과 평형을 이루는 증기의 부분압을 말한다. 경우에 따라 포화증기압을 줄여서 그냥 증기압(vapor pressure)이라고만 표기하기도 한다. 어떤 증기의 부분압이 포화증기압과 같으면 이 때 응축상 표면에서 증발하는 양과 그 표면으로 응축되는 양이 같다.

부분압이 포화증기압보다 클 경우 과포화돼(supersaturated) 있다고 하는데, 이때에는 응축플럭스가 증발플럭스보다 커서 알짜플럭스(net flux)는 응축 방향으로 발생한다. 반대로 부분압이 포화증기압보다 작을 경우에는 불포화돼(unsaturated) 있다고 하며, 알짜플럭스는 증발 방향으로 일어난다. 포화증기압은 순수한 물질에 대해 평평한 계면에서 정의되는 물질의 고유한 특성이며 온도가 증가함에 따라 포화증기압도 증가한다. 포화증기압이 대기압과 같아지는 온도가 바로 끓는점이다. 예를 들어 100℃에서 포화수증기압은 1 atm이다.

포화증기압과 비슷한 의미로 쓰이지만 엄밀하게는 구분되는 개념으로 평형증기압(equilibrium vapor pressure)이 있다. 이것은 말 그대로 응축상과 평형을 이루는 증기의 부분압이라는 뜻이니 언뜻 보면 포화증기압과 같은 뜻으로 보인다. 그러나, 포화증기압이 순수한 물질이 기체상과 평평한 계면을 이루고 있는 경우에 대해서만 (특정 온도에서 하나의 값으로) 정의되는 물질의 고유한 특성인데 반해, 평형증기압은 혼합물 속 한 성분에 대해서나 응축상과 기체상 간 계면이 곡면인 경우에 대해서도 정의된다. 뒤에서 자세히 설명하겠지만, 혼합물 속 한 성분의 평형증기압은 그 물질의 포화증기압보다 작으며(라울의 법칙), 계면이 곡면을 이루고 있는 경우의 평형증기압은 포화증기압보다 크다(Kelvin 효과). 정리하자면, 평형증기압은 포화증기압보다 더 일반적인 개념이며, 포화증기압은 순수한 물질이 평평한 계면을 이루고 있을 때의 평형증기압이라고 말할 수 있다.

포화비(saturation ratio) S는 다음과 같이 부분압과 포화증기압의 비로 정의된다.

$$S = \frac{p_A}{p_A^s} \tag{8-2}$$

여기서, p_A^s는 성분 A의 포화증기압이다. $S=1$일 때, 즉 $p_A = p_A^s$일 때 성분 A는 포화돼(saturated) 있다고 하며, 이 상태가 응축상과 기체상 사이에 평형(equilibrium)이 이루어진 상태이다. 불포화상태와 과포화상태는 각각 $S<1$, $S>1$인 상태이다. 과포화도(supersaturation)는 과포화된 정도를 퍼센트로 나타낸 값이다. 예를 들면 $S=1.02$이면 과포화도는 2%이다. 상대습도는 포화비와 동일한 개념이지만 대개 퍼센트로 나타낸다. 가령, $S=0.8$이면 상대습도는 80%가 된다.

대기 중에서 수증기 과포화 상태를 만들어내는 가장 흔한 원인은 공기의 단열팽창이다. 단열팽창이란 어느 공기덩어리가 주변과의 열교환 없이 팽창하는 (또는 열교환의 빠르기보다 훨씬 빠르게 팽창하는) 것으로, 팽창하기 위해서는 주변 공기를 밀어내야 하기 때문에 일(work)의 형태로 내부에너지를 빼앗겨 온도가 낮아지게 된다. 이 과정을 열역학적으로 정량화해보자.

먼저 극미한 시간 동안 일어나는 내부에너지의 변화에 대한 열역학 제1법칙은 다음과 같다.

$$dU = dQ - dW \tag{8-3}$$

여기서, dU는 공기덩어리의 내부에너지 U의 변화량, dQ는 공기덩어리가 외부로부터 받는 열에너지, dW는 공기덩어리가 외부에 해주는 일이다.

여기에서 논의를 더 전개하기 위해서는 정적비열과 정압비열에 대한 설명을 미리 해 둘 필요가 있다. 정적비열 c_v와 정압비열 c_p는 각각 부피가 일정한 상태와 압력이 일정한 상태에서 단위량(여기서는 1 mole) 기체의 온도를 1 K 증가시키기 위해 필요한 열에너지(J mol^{-1} K^{-1})를 의미한다.

먼저 부피가 일정한 상태에서 공기덩어리에 열이 가해지는 경우를 생각해보자. 이 경우 $dW=0$이고, 비열은 정적비열 c_v이므로 $dQ=nc_v dT$이다. 여기서 n은 공기덩어리 안에 포함된 공기분자들의 몰 수이고, dT는 절대온도 T의 변화량이다. 이들을 식 (8-3)에 대입하면 dU를 다음과 같이 표현할 수 있다.

$$dU = nc_v dT \tag{8-4}$$

부피가 일정한 경우를 생각해봄으로써 식 (8-4)를 유도하긴 했지만, 내부에너지 U가 경로와 상관없이 현재의 상태에 의해서만 결정되는 상태함수(state function)라는 점을 감안하면, 식 (8-4)는 어떤 경우에든 일반적으로 성립하는 식으로서, 내부에너지의 변화량은 부피변화가 없는 상황에서 받는 열에너지와 같다는 것을 의미한다.

한편, 온도 변화가 압력이 일정한 상황에서 일어나고 있는 경우를 생각해보자. 이 경우, $dQ=nc_p dT$이므로, 식 (8-3)은 다음과 같이 정리된다.

$$dU + dW = dQ = nc_p dT \tag{8-5}$$

식 (8-5)의 의미는 압력이 일정한 상태에서 열을 가해 기체의 온도를 높이기 위해서는 내부에너지 증가(dU)뿐 아니라 팽창에 필요한 일(dW)까지도 감당해야 하기 때문에 그만큼 열이 더 많이 필요하다는 것이고, 이는 정압비열이 정적비열보다 큰 이유이다. 대기압 p에서 팽창에 의한 공기덩어리 부피 V의 변화량이 dV라면 $dW=pdV$이므로, 이를 식 (8-4)와 함께 식 (8-5)에 대입하면

$$nc_v dT + pdV = nc_p dT \tag{8-6}$$

를 얻을 수 있다. 압력이 일정한 상황에서는 이상기체방정식에 의해 $pdV=nRdT$이므로(R은 기체상수), 식 (8-6)은 다음과 같이 정리된다.

$$c_v + R = c_p \tag{8-7}$$

식 (8-7)은 정적비열과 정압비열의 관계를 나타내는 식으로서, 기체의 정압비열은 정적비열보다 기체상수만큼 크다는 것을 의미한다.

이제, 단열팽창에 의한 온도 하강 문제로 되돌아가보자. 단열팽창의 정의에 따라 $dQ = 0$이고 $dW = pdV$이므로, 이 경우 식 (8-3)은 다음과 같이 정리된다.

$$dU = -pdV \tag{8-8}$$

식 (8-8)과 (8-4)를 결합하면 다음과 같다.

$$nc_v dT = -pdV \tag{8-9}$$

식 (8-8)과 (8-9)는 단열팽창($dV > 0$) 시에는 외부에 일을 해주어야 하니 내부에너지가 (즉 온도가) 감소하고 단열수축($dV < 0$) 시에는 외부로부터 일을 받으니 내부에너지가 (즉 온도가) 증가함을 의미한다. 이 공기덩어리를 이상기체로 간주할 수 있다면 $p = nRT/V$이므로 이를 식 (8-9)에 대입하면 다음 식을 얻게 된다.

$$\frac{c_v dT}{T} = -\frac{RdV}{V} \tag{8-10}$$

식 (8-10)의 양변을 적분하면 다음과 같은 식을 얻을 수 있다.

$$\frac{T_2}{T_1} = \left(\frac{V_1}{V_2}\right)^{\frac{R}{c_v}} \tag{8-11}$$

식 (8-7)로부터 $R = c_p - c_v$이므로 이를 식 (8-11)에 대입하면 최종적으로 다음과 같이 부피 변화에 따른 온도 변화에 대한 식을 얻을 수 있다.

$$\frac{T_2}{T_1} = \left(\frac{V_1}{V_2}\right)^{\kappa - 1} \tag{8-12}$$

여기서, $\kappa (= c_p / c_v)$는 비열비(specific heat ratio)이다. 공기의 비열비는 −40℃와 100℃ 사이에서 1.40으로 거의 일정하다.

0℃와 100℃ 사이에서 포화수증기압 p_w^s를 온도의 함수로 나타낸 경험식이 여러 가지가 있는데, 그 가운데 하나가 Buck이 제안한 다음 식이다(Buck 1981, 1527-1532; Buck 1996).

$$p_w^s = 0.61121\exp\left\{\frac{T_C}{257.14+T_C}\left(18.678-\frac{T_C}{234.5}\right)\right\} \quad (8\text{-}13)$$

여기서, T_C는 섭씨온도, p_w^s의 단위는 kPa이다. 식 (8-12)와 (8-13)을 이용하면 단열팽창에 의해 포화비가 어떻게 변하는지 예측하는 것이 가능하다.

예제 8-1

20℃에서 포화상태이던 공기가 단열팽창하여 부피가 18% 증가하였다면 새로운 온도와 포화비는 얼마가 되는가?

풀이

$$T_1 = 20℃ = 293\text{ K}$$

$$\frac{V_2}{V_1} = 1.18$$

$$T_2 = T_1\left(\frac{V_1}{V_2}\right)^{\kappa-1} = 293\text{ K}\times\left(\frac{1}{1.18}\right)^{1.40-1} = 274.23\text{ K} = 1.23℃$$

$$p_w^s\big|_{T_1} = 0.61121\exp\left\{\frac{T_1-273}{257.14+T_1-273}\left(18.678-\frac{T_1-273}{234.5}\right)\right\}$$

$$= 0.61121\exp\left\{\frac{20}{257.14+20}\left(18.678-\frac{20}{234.5}\right)\right\} = 2.338\text{ kPa}$$

$$p_w^s\big|_{T_2} = 0.61121\exp\left\{\frac{T_2-273}{257.14+T_2-273}\left(18.678-\frac{T_2-273}{234.5}\right)\right\}$$

$$= 0.61121\exp\left\{\frac{1.23}{257.14+1.23}\left(18.678-\frac{1.23}{234.5}\right)\right\} = 0.668\text{ kPa}$$

$$\frac{p_w}{p_w^s} = \frac{p_w^s\big|_{T_1}}{p_w^s\big|_{T_2}} = \frac{2.338}{0.668} = 3.50$$

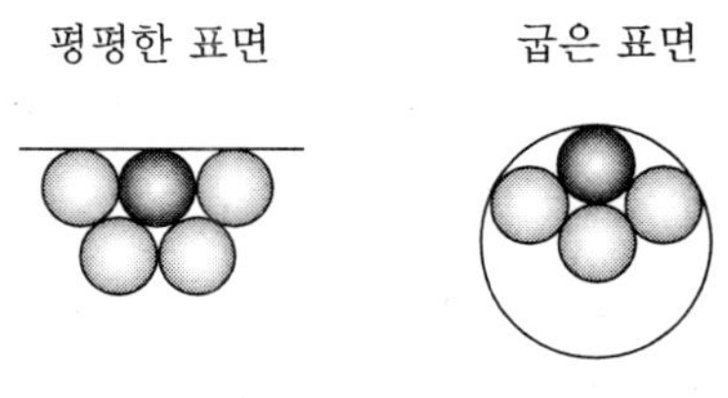

그림 8.1 응축상의 표면이 평평한 경우와 굽은 경우 분자 간 인력의 차이

포화증기압은 응축상의 표면이 평평할 때 기체상과 응축상 사이에 평형이 이루어지는 부분압으로 정의된다. 따라서, 지금까지의 설명은 응축상의 표면이 평평할 때에만 적용할 수 있다. 응축상의 표면이 굽어있을 경우, 가령 응축상이 액적일 경우, 포화증기압에서 평형이 이루어지지 않는다. 그림 8.1에 나타낸 바와 같이, 액적 표면에 존재하는 분자는 평평한 액면에 존재할 때보다 더 적은 수의 분자들로 둘러싸여 있기 때문에 그 분자들로부터 받는 총 인력이 약해서 더 쉽게 탈출할(증발할) 수 있다. 따라서 이런 액적에서 평형증기압은 평평한 액면에 대한 평형증기압, 즉 포화증기압보다 커야 한다. 이러한 평형증기압의 상승은 액적의 크기가 작을수록 심해진다. 이런 효과를 Kelvin 효과라고 부르며, Kelvin 효과에 의한 평형증기압의 상승 정도는 다음과 같은 Kelvin 비(Kelvin ratio)에 의해 주어진다.

$$K_R = \frac{p_D^e}{p^s} = \exp\left(\frac{4\sigma_s M}{\rho R T d_D}\right) \tag{8-14}$$

여기서, p_D^e는 액적에 대한 평형증기압, σ_s는 표면장력, M은 분자량, ρ는 액체의 밀도, d_D는 액적의 직경이다. K_R의 값은 항상 1보다 크기 때문에, 액적 표면에서의 평형은 1보다 큰 포화비에서 이루어진다. 그림 8.2는 300 K에서 물방울 직경에 따른 평형수증기압의 변화를 보여주고 있다. 물방울의 경우 Kelvin 효과는 직경 0.1 μm 미만인 경우에만 유의미한 영향을 미치는 것으로 나타나고 있다. Kelvin 효과에 의해 평형수증기압이 5% 이상 증가하기 위해서는 물방울의 직경이 0.04 μm 미만이어야 한다.

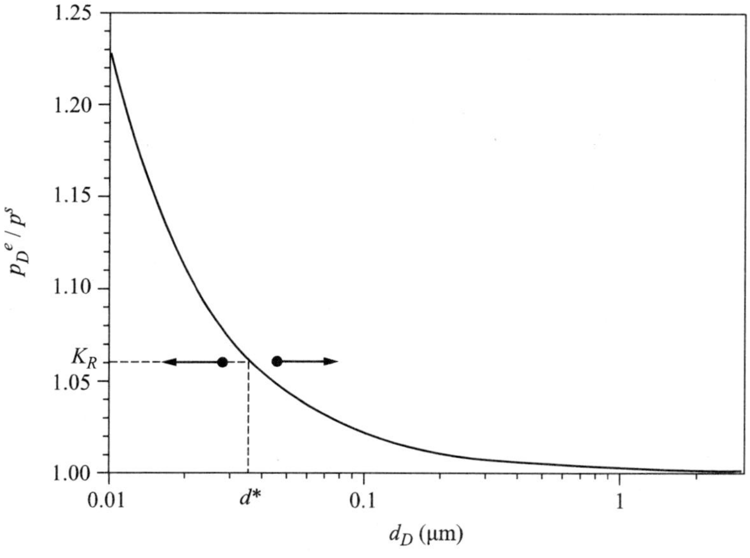

≫ 그림 8.2 300 K에서 물방울 직경에 따른 평형수증기압의 변화

식 (8-14)를 d_D에 대해 정리하면 주어진 p_D^e에서 평형을 이루는(증발플럭스 = 응축플럭스) 액적의 직경을 계산할 수 있는데, 이 직경을 Kelvin 직경(d^*)이라 부른다.

$$d^* = \frac{4\sigma_s M}{\rho RT \ln(p_D^e/p^s)} \tag{8-15}$$

Kelvin 비 식 (8-14)와 Kelvin 직경 식 (8-15)에 대한 보다 근본적인 유도는 균질핵화를 다루는 다음 장을 참고하기 바란다. 그림 8.2에 주어진 Kelvin 비에 대한 Kelvin 직경이 표시돼 있다. 액적의 직경은 응축플럭스에는 영향을 미치지 않고 증발플럭스에만 영향을 미친다는 점을 생각하면, $d_D > d^*$인 경우(그림 8.2 곡선 오른쪽에 있는 점)에는 증발플럭스가 응축플럭스보다 작기 때문에 응축이 일어나 액적이 점점 더 커지고(그래프 상에서 오른쪽으로 이동), $d_D < d^*$인 경우(그림 8.2 곡선 왼쪽에 있는 점)에는 증발플럭스가 응축플럭스보다 크기 때문에 증발이 일어나 액적이 점점 더 작아진다(그래프 상에서 왼쪽으로 이동). 따라서 $d_D = d^*$인 액적은 평형을 이루고 있기는 하지만 약간의 고란에 의해서도 쉽게 응축성장을 지속하거나 반대로 증발해버릴 수 있다는 점에서 '안정한(stable)' 상태는 아니다.

예제 8-2

300 K에서 포화비 1.03일 때 물방울이 응축성장을 하기 위해서는 그 직경이 얼마보다 커야 하는가? 단 물의 표면장력은 0.0727 N/m이다.

풀이

$\sigma_s = 0.0727\ \text{N m}^{-1}$ $\qquad M = 0.018\ \text{kg mol}^{-1}$

$\rho = 1000\ \text{kg m}^{-3}$ $\qquad R = 8.314\ \text{J mol}^{-1}\text{K}^{-1}$

$T = 300\ \text{K}$ $\qquad \dfrac{p_D^e}{p^s} = 1.03$

$$d^* = \frac{4\sigma_s M}{\rho RT \ln(p_D^e/p^s)} = \frac{4(0.0727\ \text{N m}^{-1})(0.018\ \text{kg mol}^{-1})}{(1000\ \text{kg m}^{-3})(8.314\ \text{J mol}^{-1}\text{K}^{-1})(300\ \text{K})\ln(1.03)}$$

$$= 7.10\times 10^{-8}\ \text{m} = 0.071\ \mu\text{m}$$

8.2 균질핵화

응축이 일어나기 위해서는 과포화된 증기를 받아들여 상변환시킬 수 있는 응축상이 존재해야 한다. 만약 응축상이 존재하지 않는 상황에서 증기가 과포화된다면, 과포화된 증기는 먼저 새로운 응축상을 생성시킨 후에 그 응축상으로 응축된다. 이렇게 새로운 응축상을 생성하는 과정을 핵화(nucleation)라고 부르고, 최초로 생성된 새로운 응축상 덩어리를 핵(nucleus)이라 부른다. 응축과 핵화는 증기의 상변화라는 공통점을 가지지만, 응축은 이미 존재하고 있던 응축상 물질의 질량을 증가시키는 메커니즘인 데 반해 핵화는 응축에 의해 성장할 새로운 응축상 물질(응축핵)을 만들어낸다는 점에서 차이가 있다. 지구 대기 중 CCN(cloud condensation nuclei)의 약 절반 가량은 핵화에 의해 생성되는 것으로 알려져 있다(Merikanto et al. 2009, 8601-8616).

핵화는 타 성분(상변화하는 물질과 성분이 다른) 응축상 물질이 핵화 과정에 관여하는지 여부에 따라 균질핵화(homogeneous nucleation)와 비균질핵화(heterogeneous nucleation)로 구분할 수 있다.

균질핵화는 타 성분 응축상 물질의 도움 없이 과포화된 증기 분자들에 의해서만 이루어지는 핵화를 의미한다. 균질핵화가 일어나기 위해서는 van der Waals 힘과 같은 분자들 간 인력에 의해 여러 분자들이 일시에 모여 직경이 Kelvin 직경 d^*보다 큰 클러스터를 형성해야 한다. 대부분의 경우에는 일시적으로 클러스터가 형성됐다 하더라도 그 크기가 d^*보다 작으면 곧바로 해체되어 흩어져 버리는데, 어쩌다 한 번 d^*보다 큰 클러스터가 만들어지면 이 입자는 해체되지 않고 성장하여 에어로졸 입자가 된다. 이런 일이 일어나기 위해서는 상당히 높은 과포화도가 필요하다. 예컨대 20℃에서 수증기 분자들이 균질핵화에 의해 에어로졸 입자를 생성하기 위해서는 $d^* = 1.7$ nm를 넘는 클러스터를 만들어야 하는데 이는 90개의 수증기 분자들이 일시적으로 모여야만 하는 일로서 250% 이상의 높은 과포화도(3.5 이상의 포화비)에서만 가능하다(Hinds, 1999). 따라서, 균질핵화가 일어나려면 타 성분 응축상 물질의 도움을 받는 비균질핵화의 경우보다 훨씬 높은 과포화도가 필요하다. 균질핵화가 에어로졸 생성 메커니즘으로 중요한 역할을 하는 대표적인 예로는 핵발전소 중대사고 시 고온의 노심용융물(molten corium)에서 증발한 매우 높은 과포화도의 금속 및 금속산화물 증기에 의한 방사성 에어로졸의 생성이나 광화학 스모그 발생 시 포화증기압이 낮은 생성물의 균질핵화에 의한 2차 초미세먼지 생성을 들 수 있다. 균질핵화 이론에 대한 더 자세한 내용은 다음 장을 참조하기 바란다. 비균질핵화는 아래에서 설명한다.

8.3 비균질핵화와 흡습성장

비균질핵화는 타 성분 응축상 물질의 표면에서 응축핵이 생성되는 현상이다. 온도가 뚝 떨어진 이른 아침에 나뭇잎에 이슬이 맺히는 현상이나 미세먼지에 수증기가 맺혀 안개가 생성되는 것이 비균질핵화의 대표적인 예라고 볼 수 있다. 비균질핵화는 균질핵화보다 훨씬 낮은 과포화도에서 일어날 수 있다. 가령 앞에서 언급한 바와 같이 20℃에서 $d^* = 1.7$ nm인 수증기 분자들이 균질핵화를 통해 에어로졸 입자(물방울)를 만들려면 90개의 수증기 분자들이 일시적으로 모여야 하지만(포화비 3.5 이상에서만 가능), 타 성분 에어로졸 입자가 존재할 경우에는 이 입자 표면으로 훨씬 적은 수의 수증기 분자들이 모임으로써(훨씬 낮은 포화비에서도 가능) 보다 쉽게 물방울을 만들 수 있다. 아래에서 자세히 살펴보겠지만, 에어로졸 입자가 수용성인 경우에는 심지어 포화비 1 미만에서도 비균질핵화에 의한 물방울 에어로졸이 만들어질 수 있다.

대기 중에서 일어나는 비균질핵화에 있어 상변화하는 물질은 대부분 물이므로, 여기에서는 수증기의 비균질핵화를 예로 들어 설명하기로 하겠다. 먼저 타 성분 에어로졸 입자가 물에 녹지 않는, 즉 불용성인 경우부터 살펴보자. 이 경우 에어로졸 입자는 단지 수증기가 응축할 수 있는 사이트(site)만 제공하는 수동적인 역할을 한다. 이 때 응축핵을 생성하기 위해 일시에 모여야 하는 수증기 분자들의 수는 에어로졸 입자의 습윤성(wettability)과 그에 따른 접촉각(contact angle)에 따라 다르다. 습윤성이 큰 성분으로 이루어진 에어로졸 입자 표면일수록 접촉각이 작고 그만큼 더 적은 수의 수증기 분자들로도 곡률반경이 Kelvin 직경의 반보다 큰 핵을 만들 수 있다. 에어로졸 입자의 습윤성이 매우 커서 접촉각이 0에 가깝고 입자의 형상이 구형이라면, 이 에어로졸 입자는 같은 크기의 물방울과 이론상으론 비슷한 역할을 한다. 그러나 실제로는 에어로졸 입자의 형상이나 성분, 표면구조, 하전 여부에 따라 매우 다른 양상을 보일 수 있다. 일반적으로 과포화도가 수 %를 넘지 않는 대기 중에서 불용성 에어로졸 표면에서의 비균질핵화에 의해 물방울 에어로졸이 만들어지기 위해서는 불용성 에어로졸 입자의 크기가 Kelvin 직경보다 커야 한다.

비균질핵화를 매개하는 에어로졸 입자가 수용성일 때에는 상황이 많이 달라진다. 수용성 에어로졸에 의한 비균질핵화는 대기 중에서 물을 주성분으로 하는 에어로졸 입자와 구름이 만들어지는 가장 중요한 메커니즘인데, 그 이유는 이것이 수증기 불포화 상태에서도 일어날 수 있기 때문이다. 그 원리를 가장 대표적인 수용성 에어로졸 성분 중 하나인 해염(소금)의 예를 가지고 들여다보자. 해염 입자는 바다 위에서 바람에 의해 파도가 치면서 끊임없이 발생하는 해수액적에서 물이 증발하면서 만들어진다. 해염 입자가 존재할 경우 대기 중 수증기는 상대습도 100% 미만에서도 해염입자 위로 응축할 수 있는데, 이는 소금에 의한 끓는점오름과도 밀접한 관련이 있는 라울의 법칙(Raoult's law) 때문이다.

라울의 법칙은 어떤 액체 혼합물이 이상용액(ideal solution)이라면 그 혼합물 속 특정 성분 A의 평형증기압(p_A^e)은 순수한 액체 A의 포화증기압(p_A^s)과 그 성분의 액상 몰분율(x_A)의 곱과 같다는 것이다.

$$p_A^e = x_A p_A^s \tag{8-16}$$

따라서, 이 용액의 총 평형증기압은 모든 성분의 평형증기압의 합과 같으므로

$$p^e = \sum_k p_k^e = \sum_k x_k p_k^s \tag{8-17}$$

가 된다. 식 (8-17)은 이상용액의 총 평형증기압은 각 성분들 포화증기압의 몰분율 가중치 평균과 같다는 것을 의미한다. 이 라울의 법칙은 액상 몰분율이 1에 가까울수록, 즉 용질보다는 용매 물질에 더 잘 적용된다. 만약 몰분율이 1에 매우 가까운 값이 아니라면 이상용액 가정이 성립하지 않게 되고, 이 경우 식 (8-16)은 엄밀하게 성립하지 않게 된다. 용액의 비이상성(non-ideality)까지 고려하면 식 (8-16)은 다음과 같이 고쳐 쓸 수 있다.

$$p_A^e = \gamma_A x_A p_A^s \tag{8-18}$$

여기서, γ_A는 용액의 비이상성을 보정해주는 역할을 하는 A의 활동도 계수(activity coefficient)이다.

라울의 법칙이 의미하는 바는 어떤 물질이 순수한 액체로 존재할 때에 비해 액체 혼합물로 존재할 경우에 그 평형증기압이 혼합물 속 다른 성분의 몰분율만큼 더 낮다는 것이다. 가령 물과 소금(을 이루는 모든 이온들)의 몰분율이 각각 97%, 3%인 소금물 속 물의 평형증기압(이제부터 그냥 소금물의 평형증기압이라고 부르자)은 순수한 물의 평형증기압의 97%이다. 다시 말해 소금물의 평형증기압은 물의 포화증기압보다 3% 낮은 값을 가진다. 어떤 물질의 끓는점은 그 물질의 포화증기압이 대기압과 같아지는 온도이다. 순수한 물은 100℃에서 그 포화증기압이 1기압이 된다. 라울의 법칙에 따르면 소금물은 100℃에서 그 평형증기압이 1기압보다 (소금의 몰분율만큼) 작으므로 소금물은 100℃에서 끓지 않고, 온도가 더 높아져 마침내 소금물의 평형증기압이 1기압과 같아져야 비로소 끓게 된다. 이를 끓는점 오름이라고 한다.

이 원리를 응축에 적용해 보면 어떻게 될까? 순수한 물이 어떤 온도에서 대기와 평

형을 이루고 있다고 생각해 보자. (일단 계면은 평평하다고 가정하자.) 그 때 대기 속 수증기의 부분압은 물의 포화증기압(포화수증기압)과 같다. 이 상황에서 물에 소금을 조금 첨가해 소금물을 만들면 어떻게 될까? 라울의 법칙에 따라 소금물의 평형증기압은 포화수증기압보다 작다. 따라서 현재 포화수증기압 상태로 있는 수증기의 부분압이 평형증기압보다 크므로, 수증기 부분압이 평형증기압과 같아질 때까지 응축이 일어나면서 수증기 부분압을 낮출 것이다.

만약 수증기의 부분압이 포화수증기압보다는 작지만 어떤 소금물의 평형증기압보다는 큰 경우엔 어떤 일이 일어날까? 이 상황에서 순수한 물은 증발하겠지만(부분압 < 포화증기압), 소금물에는 응축이 일어날 것이다(부분압 > 평형증기압). 즉 부분압이 포화증기압보다 작은(상대습도가 100% 미만인) 불포화 상황에서도 소금물에는 응축이 일어난다는 뜻이다. 대기 중 해염입자에 바로 이런 일이 일어난다. 해염입자 위로 수증기의 응축이 일어난다면 소금물이 만들어지는데, 소금물의 평형증기압은 물의 포화증기압보다 작으며, 특히 응축 초기에는 소금 농도가 매우 높아 평형증기압과 포화증기압의 차이가 매우 크기 때문에 상당히 낮은 상대습도 하에서도 수증기의 부분압이 소금물의 평형증기압보다 크기만 하면 해염입자는 수증기를 응축시키며 성장하게 된다. 이렇게 100% 미만의 상대습도에서 수용성 에어로졸이 수증기 응축에 의해 성장하는 현상을 흡습성장(hygroscopic growth)이라 부른다.

소금물의 평형증기압을 용액의 비이상성까지 고려한 라울의 법칙(식 (8-18))으로 나타내면 다음과 같다.

$$p_w^e = \gamma_w x_w p_w^s = \frac{n_w}{n_w + n_s} \gamma_w p_w^s \tag{8-19}$$

여기서, p_w^e는 소금물의 평형증기압, γ_w와 x_w는 각각 소금물 속 물의 활동도 계수(activity coefficient) 및 몰분율, p_w^s는 포화수증기압, n_w와 n_s는 각각 소금물에 포함된 물과 소금이온들의 몰수이다. 만약 이 소금물이 직경 d_D인 액적을 이루고 있고, 그 액적에 녹아 있는 소금의 질량이 m_s라면, 물의 몰분율 x_w는 다음과 같이 주어진다.

$$\frac{1}{x_w} = \frac{n_w + n_s}{n_w} = 1 + \frac{n_s}{n_w} = 1 + \frac{\dfrac{m_s}{M_s} \times i}{\dfrac{\dfrac{\pi}{6}\rho_w d_D^3}{M_w}} = 1 + \frac{6 M_w i m_s}{\pi M_s \rho_w d_D^3} \tag{8-20}$$

여기서, M_w와 M_s는 각각 물과 소금의 분자량, ρ_w는 물의 밀도, i는 소금 1몰이 녹을 때 발생하는 이온의 몰수(순수한 염화나트륨의 경우 $i = 2$)이다. 식 (8-20)을 유도하는 과정에서 소금물의 부피는 소금을 뺀 물의 부피와 같다(즉, 소금을 물에 녹여도 물의 부피는 변함이 없다)고 가정하였다. 식 (8-20)을 식 (8-19)에 대입하면 다음 식을 얻게 된다.

$$p_w^e = \gamma_w p_w^s \left(1 + \frac{6 M_w i m_s}{\pi M_s \rho_w d_D^3}\right)^{-1} \tag{8-21}$$

이제, 최초에 입경 d_s였던 구형 염화나트륨 입자가 수증기를 응축시키며 성장하는 경우를 생각해 보자. 염화나트륨의 밀도를 ρ_s라 하면 $m_s = \pi \rho_s d_s^3 / 6$이므로 식 (8-21)은 다음과 같이 쓸 수 있다.

$$p_w^e = \gamma_w p_w^s \left(1 + \frac{2 M_w \rho_s d_s^3}{M_s \rho_w d_D^3}\right)^{-1} = \gamma_w p_w^s \left\{1 + 1.33 \left(\frac{d_s}{d_D}\right)^3\right\}^{-1} \tag{8-22}$$

그림 8.3에서는 다양한 d_s 값에 대해 식 (8-22)를 d_D의 함수로 표현하고 있다. d_D가 커짐에 따라(수용액이 묽어짐에 따라) p_w^e / p_w^s는 1로 수렴하는 것을 확인할 수 있고, 같은 d_D에서도 d_s가 클수록(염화나트륨 농도가 높을수록) p_w^e / p_w^s가 작다는 것을 볼 수 있다. 활동도 계수는 Clegg et al.(1992, 9470-9479)이 제안한 방법을 사용하는 에어로졸 열역학평형 모델 E-AIM(http://www.aim.env.uea.ac.uk/aim/aim.php)을 사용하여 계산하였다.

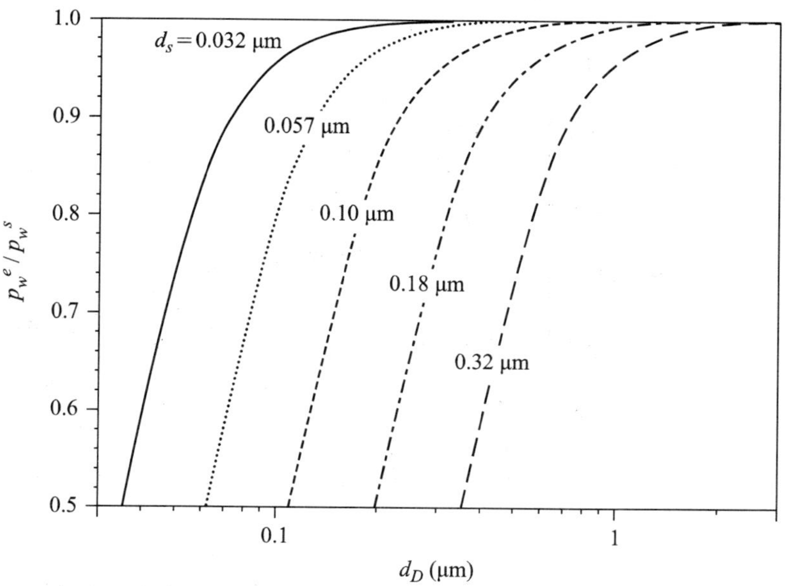

》 **그림 8.3 라울의 법칙을 적용한 염화나트륨 수용액의 평형증기압(Kelvin 효과 미반영)**

그림 8.3에서는 액적의 곡면효과, 즉 Kelvin 효과는 반영하지 않았다. 실제 염화나트륨 수용액 액적에서는 라울의 법칙에 따라 평형증기압을 낮추는 수용성 용질 효과가 평형증기압을 높이려는 Kelvin 효과와 경합하게 된다. 식 (8-14)로 표현되는 Kelvin 효과와 식 (8-21) 또는 (8-22)를 결합하면 염화나트륨 액적의 평형증기압을 다음과 같이 구할 수 있다.

$$p_w^e = \gamma_w p_w^s \left(1 + \frac{6M_w i m_s}{\pi M_s \rho_w d_D^3}\right)^{-1} \exp\left(\frac{4\sigma_s M_w}{\rho_w RTd_D}\right)$$

$$= \gamma_w p_w^s \left(1 + \frac{2M_w \rho_s d_s^3}{M_s \rho_w d_D^3}\right)^{-1} \exp\left(\frac{4\sigma_s M_w}{\rho_w RTd_D}\right) \qquad (8\text{-}23)$$

수용성 용질 효과와 Kelvin 효과를 모두 고려한 염화나트륨 액적의 평형증기압을 그림 8.4에 나타내었다. d_D가 비교적 작을 때에는 액적 속 용질의 농도가 높기 때문에 평형증기압을 낮추려는 수용성 용질 효과가 평형증기압을 높이려는 Kelvin 효과보다 커서 p_w^e/p_w^s가 1보다 작다. 그러나 응축에 의해 액적이 성장함에 따라(d_D 증가) 수용액이 묽어지기 때문에 수용성 용질 효과는 약해지고 Kelvin 효과만 남아 순수한 물의 Kelvin 효과 곡선으로 수렴하면서 p_w^e/p_w^s가 1보다 커진다. d_D가 더욱 증가하면 Kelvin 효과마저 사라지면서 p_w^e/p_w^s는 1로 수렴한다.

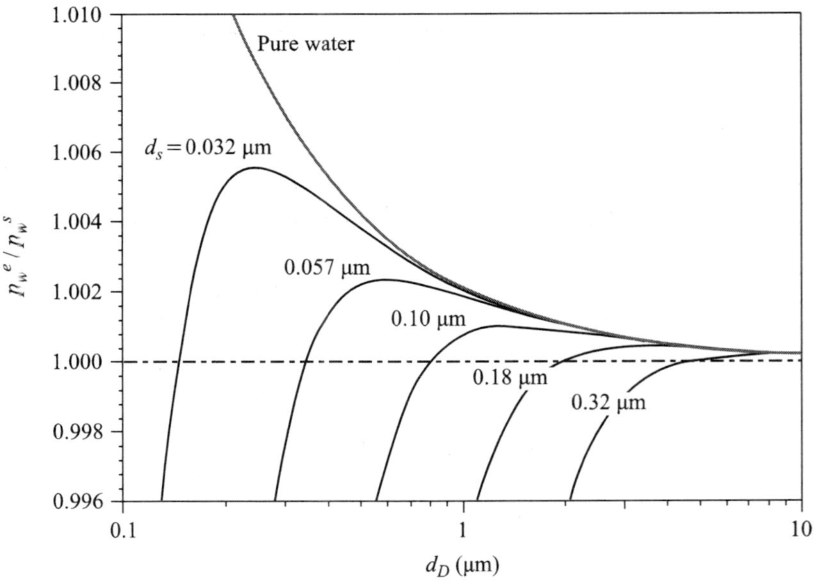

≫ 그림 8.4 수용성 용질 효과와 Kelvin 효과를 모두 고려한 염화나트륨 액적의 평형증기압

그림 8.5는 $d_s = 0.032\ \mu m$인 염화나트륨 액적에 대한 평형증기압 곡선을 가지고 액적의 크기와 포화비 값에 따라 액적이 어떻게 변화해 갈 것인지를 6가지로 나누어 보여주고 있다. 먼저 (a)는 포화비가 평형증기압 곡선의 최댓값보다 큰 경우이다. 이 경우에는 액적의 크기에 상관없이 수증기 부분압이 평형증기압보다 항상 크기 때문에 이 액적은 응축에 의해 성장을 계속할 것이다.

(b), (c), (d)의 경우는 포화비가 1과 평형증기압 최댓값 사이에 있는 경우이다. 이 중 (b)는 액적의 크기가 평형증기압 곡선의 왼쪽 부분보다 더 왼쪽에 있는 경우인데, 수증기 부분압이 평형증기압보다 크기 때문에 응축성장하다가 평형증기압 곡선과 만나면 성장을 멈춘다. 왜냐하면 더 오른쪽으로 가게 되면 평형증기압이 수증기 부분압보다 높아지기 때문이다. (c)는 액적의 크기가 평형증기압 곡선의 왼쪽 부분과 오른쪽 부분 사이에 있는 경우로서, 수증기 부분압이 평형증기압보다 작기 때문에 증발에 의해 액적 크기가 작아지다가 평형증기압 곡선을 만나면 증발을 멈춘다. 역시, 더 왼쪽으로 가면 평형증기압이 수증기 부분압보다 낮아지기 때문이다. (d)는 액적의 크기가 평형증기압 곡선의 오른쪽 부분보다 더 오른쪽에 있는 경우로, 이 경우엔 (a)와 마찬가지로 액적이 응축성장을 계속한다.

(e)와 (f)는 포화비가 1보다 작은 경우이다. 이 중 (e)는 액적의 크기가 평형증기압 곡선의 왼쪽에 있는 경우로, (b)처럼 응축성장하다가 평형증기압 곡선과 만나면 성장을 멈춘다. (f)는 액적의 크기가 평형증기압 곡선의 오른쪽에 있는 경우로, (c)처럼 증발에

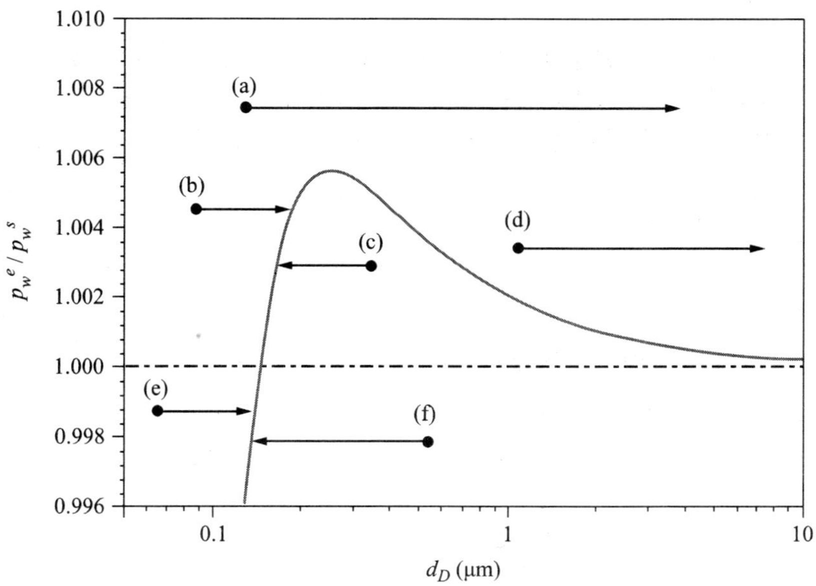

≫ **그림 8.5 초기 에어로졸 입자 크기와 포화비에 따른 액적의 변화 방향**

의해 액적 크기가 작아지다가 평형증기압 곡선을 만나면 증발을 멈춘다.

흥미로운 점은 평형증기압 곡선의 왼쪽 부분과 오른쪽 부분의 차이이다. 두 부분 모두 평형상태(부분압 = 평형증기압)에 있는 점들이라는 면에서 공통점이 있다. 차이점은 그 평형상태의 안정성에 있다. 평형증기압 곡선의 왼쪽 부분은 (b)와 (c)의 예에서 보았듯이 액적이 더 이상 커질 수도 작아질 수도 없는 안정한 평형상태이다. 반면, 평형증기압 곡선의 오른쪽 부분은 아주 작은 섭동에 의해 곡선의 왼쪽이나 오른쪽으로 이탈할 경우 그 방향으로 응축 또는 증발을 지속해버리는 불안정한 평형상태이다. 비유하자면 평형증기압 곡선의 왼쪽 부분은 골짜기에 놓인 공과 같이 (어느 한쪽으로 작은 이동이 있더라도 다시 제자리로 돌아오게 되는) 안정한 상태이고, 평형증기압 곡선의 오른쪽 부분은 산 정상에 놓인 공과 같이 (어느 한쪽으로 작은 이동이 있을 경우 그 쪽으로 굴러 떨어져 버리게 되는) 불안정한 상태이다.

이상을 종합해보면, (b), (c), (e), (f)의 경우에는 염화나트륨 수용액 액적이 평형증기압 곡선의 왼쪽 부분과 만나는 점에서 안정된 평형을 이루게 되는 반면, (a)와 (d)의 경우에는 응축성장에 의해 한없이 커져 구름입자로 자라나게 될 것이다. 특히 (a)와 같이 포화비가 평형증기압 곡선의 최댓값보다 크면 액적 크기에 관계없이 모두 구름입자로 자라난다. 즉 존재하는 모든 수용성 에어로졸 입자가 구름입자로 성장한다는 뜻이다. 이런 의미에서 평형증기압 곡선의 최댓값을 임계포화비(critical saturation)이라 한다.

예제 8-3

2.1×10^{-13} g의 염화나트륨을 포함한 직경 0.5 μm의 물방울이 300 K에서 포화비 1.002인 대기 중에 있다면 앞으로 이 액적은 응축 또는 증발에 의해 어떻게 변해갈지 설명하라. 단, 물의 표면장력은 0.0727 N/m이며, 활동도 계수는 1이라 가정한다.

풀이

$\gamma_w = 1$

$i = 2$

$M_s = 0.05844\ \mathrm{kg\ mol^{-1}}$

$d_D = 5\times10^{-7}\ \mathrm{m}$

$R = 8.314\ \mathrm{J\ mol^{-1}K^{-1}}$

$M_w = 0.018\ \mathrm{kg\ mol^{-1}}$

$m_s = 2.1\times10^{-19}\ \mathrm{kg}$

$\rho_w = 1000\ \mathrm{kg\ m^{-3}}$

$\sigma_s = 0.0727\ \mathrm{N\ m^{-1}}$

$T = 300\ \mathrm{K}$

$$\frac{p_w^e}{p_w^s} = \gamma_w \frac{\exp\left(\dfrac{4\sigma_s M_w}{\rho_w R T d_D}\right)}{1+\dfrac{6M_w i m_s}{\pi M_s \rho_w d_D^3}}$$

$$= \frac{\exp\left\{\frac{4(0.0727\ \mathrm{Nm^{-1}})(0.018\ \mathrm{kg\,mol^{-1}})}{(1000\ \mathrm{kg\,m^{-3}})(8.314\ \mathrm{J\,mol^{-1}K^{-1}})(300\ \mathrm{K})(5\times10^{-7}\ \mathrm{m})}\right\}}{1+\frac{6(0.018\ \mathrm{kg\,mol^{-1}})(2)(2.1\times10^{-19}\ \mathrm{kg})}{\pi(0.05844\ \mathrm{kg\,mol^{-1}})(1000\ \mathrm{kg\,m^{-3}})(5\times10^{-7}\ \mathrm{m})^3}} = 1.0022$$

$$1 < S = 1.002 < \frac{p_w^e}{p_w^s} = 1.0022$$

이 상태는 그림 8.5에서 (c) 위치에 해당하므로, 이 액적은 증발에 의해 액적의 평형증기압이 포화비 $p_w^e/p_w^s = 1.002$를 만족시킬 때($d_D = 0.456$ μm)까지 크기가 감소할 것이다.

포화비가 변화할 때 $d_s = 0.18$ μm인 염화나트륨 입자의 액적 생성과 결정화 과정을 그림 8.6에 나타내었다. 라울의 법칙에 따르면 순수한 염화나트륨 에어로졸($x_w = 0$)의 평형수증기압은 0이기 때문에, 염화나트륨 입자는 어떠한 습도에서도 흡습성장을 통해 수분을 빨아들일 것이라고 기대하기 쉬운데, 이는 사실이 아니다. 이것은 염화나트륨의 용해도가 무한대일 때에나 가능할 뿐, 실제로는 낮은 습도에서의 염화나트륨의 흡습성장은 물에 대한 용해도에 의해 제한된다. 300 K에서 염화나트륨의 용해도는 약 0.36 (kg/kg water)이며, 이는 $x_w = 0.82$에 해당한다. $d_s = 0.18$ μm인 염화나트륨 입자가 수분을 빨아들여 포화수용액이 되면 그 액적의 크기는 $d_D = 0.325$ μm이 되며, 식 (8-23)에 따르면 이 액적은 상대습도 75%에서 대기 중 수증기와 평형상태에 있다. ($x_w = 0.82$인데 평형상태에서의 상대습도가 82%가 아니라 75%인 것은 활동도 계수 γ_w가 1보다 작기 때문이다.) 이 액적의 상태가 그림 8.6에 점 A로 표시돼 있다. 상대습도가 75% 이상이라면 지금까지 우리가 살펴본 바대로 순수한 염화나트륨 입자는 응축을 통해 평형증기압 곡선에 다다를 때까지 흡습성장한다. 그러나 상대습도 75% 미만의 경우에는 염화나트륨 입자가 (일시적으로) 식 (8-23)에 따라 응축을 통해 흡습성장하더라도 흡수할 수 있는 수분의 양이 염화나트륨을 모두 녹일만큼 충분하지 않기 때문에, (과포화상태가 아니라면) 이 액적은 고체 염화나트륨과 포화 염화나트륨 수용액의 혼합물이 되며, 염화나트륨 수용액 중 물의 몰분율은 여전히 $x_w = 0.82$이다. 이 액적은 그림 8.6에서 점 A로 표시한 액적과 x_w는 같으면서 그 크기는 더 작다. 따라서 Kelvin 효과에 의해 이 액적의 수분은 다시 증발해버리고 다시 순수한 염화나트륨으로 돌아가게 된다. 결국 순수한 염화나트륨 입자는 상대습도 75% 이상일 때에만 흡습성이 발현되는 것이다. 이처럼 물질마다 흡습성장을 하기 위한 최저 상대습도가 있는데, 이를 조해점(Deliquescence Relative Humidity, DRH)이라 부른다. 조해점보다 낮은 상대습도에서 출발하여 상대습도가 점점 증가하면 염화나트륨은 고체 상태를 유지하다가 조해

점에 이르러 순간적으로 수분을 흡수하여 포화수용액 상태의 액적이 된다. 다른 방식으로 해석하면, 결국 조해점이란 수용성 에어로졸 입자가 흡습성장하여 평형상태에 도달했을 때 정확히 포화용액이 되는 상대습도라고도 볼 수 있다.

조해점에서 흡습성장하여 평형상태의 액적이 된 후 다시 상대습도를 떨어뜨리면 다시 순간적으로 수분을 증발시키면서 고체 입자로 되돌아가지 못하고 상대습도가 충분히 낮게 떨어질 때까지 과포화 상태를 유지하는 물질들이 있는데, 염화나트륨도 그런 특성을 보인다. 이런 현상을 히스테리시스(hysteresis)라 부르는데, 히스테리시스가 발생하는 이유는 용질이 물에 녹는 것은 매우 빨리 일어날 수 있지만, 녹아있던 용질이 다시 고체로 돌아오기 위해서는 (균질핵화를 통한) 결정화 과정이 필요한데 여기에는 어느 정도 시간이 걸리기 때문이다. 그림 8.6은 이러한 히스테리시스 과정도 함께 보여주고 있다. 염화나트륨의 경우 재결정이 일어나는 상대습도는 40%이다.

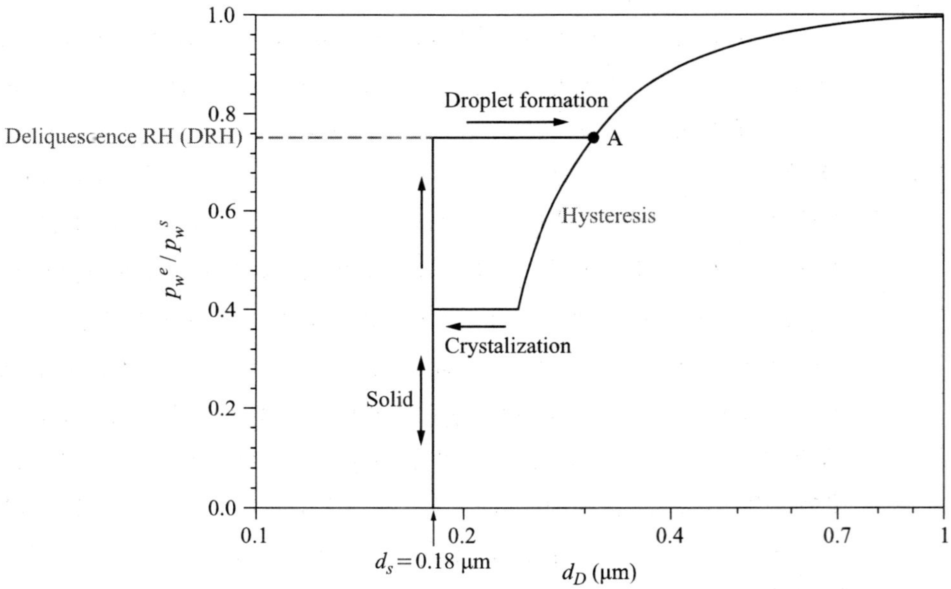

≫ **그림 8.6 포화비 변화에 따른 $d_s = 0.18$ μm 염화나트륨 입자의 액적 생성과 결정화 과정**

비균질핵화의 원리를 적극적으로 이용하여 에어로졸 입자의 농도를 측정하는 기기가 Condensation Nuclei Counter(CNC)이다. CNC는 CPC(Condensation Particle Counter)라고 부르기도 한다. CNC는 광학적으로 측정하기 곤란한 작은 에어로졸 입자를 수증기나 알코올 증기로 포화시킨 뒤 단열팽창시킴으로써 에어로졸 입자가 응축에 의해 광학적 측정이 가능할 정도로 충분히 커지도록 한 뒤 측정하는 기기이다. CNC는 에어로졸 입자의 매우 낮은 수농도를 측정하는 용도로 사용되기도 하고, SMPS(Scanning

Mobility Particle Sizer)라는 기기에서 DMA(Differential Mobility Analyzer)에 의해 크기별로 분류된 입자의 수농도를 측정함으로써 입자크기분포를 결정하는 용도로 사용되기도 한다.

8.4 응축성장(Condensational Growth)

특정 포화비에서 (균질핵화에 의해서건 비균질핵화에 의해서건) 일단 Kelvin 직경 (d^*)보다 큰 에어로졸 입자가 생성되면 그 입자는 응축에 의해 지속적으로 성장하게 된다. 이 때 응축성장속도는 과포화도와 입자의 크기에 따라 달라진다. 여기에서도 논의의 편의를 위해 에어로졸 입자가 액체상 입자, 즉 액적이라고 가정하고 논의를 계속해 보자. (에어로졸 입자가 고체일 때에는 그 형상에 대한 고려가 추가로 필요하지만 그 기본적 개념 전개 과정은 매우 비슷하다.)

이제 응축성장속도를 구하기 위해서 액적과 증기 분자 간의 충돌빈도를 구해 보자. 충돌빈도를 구하는 방식은 액적의 직경 d_D와 대기 중 증기 분자의 평균자유행로(mean free path) λ 사이의 대소관계에 따라 달라진다.

1. 연속체영역(Continuum Regime) 응축

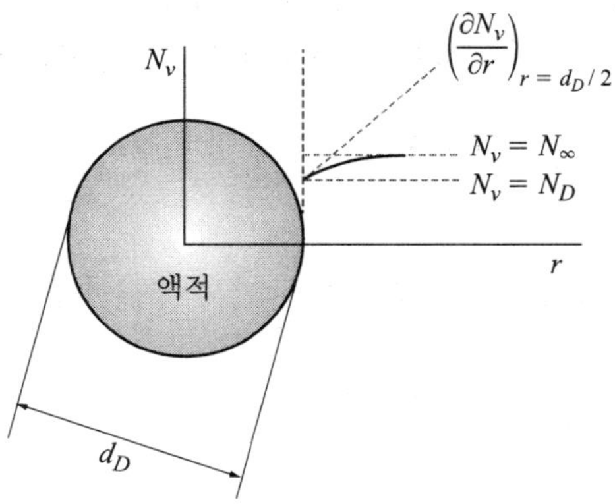

≫ 그림 8.7 연속체영역에서의 응축성장 해석을 위한 개념도

먼저 $d_D \gg \lambda$인 경우에는 액적 주변의 증기 분자들을 연속체(continuum)로 해석할 수 있다. 이 경우 액적과 증기 분자 간 충돌빈도는 액적 표면으로 향하는 증기 분자의

확산속도에 의해 결정된다. 그림 8.7은 액적 주변에서 벌어지는 증기 분자의 확산 현상에 대한 개념도를 보여주고 있다. 액적의 크기는 증기 분자보다 훨씬 크기 때문에 액적은 정지해 있다고 가정할 수 있다. 정지해 있는 직경 d_D인 액적의 중심을 원점으로 하여 구형 좌표계(spherical coordinate) 상에서 증기 분자에 대한 확산방정식을 세우면 다음과 같다.

$$\frac{\partial N_v(r,t)}{\partial t} = D_v\left\{\frac{\partial^2 N_v(r,t)}{\partial r^2} + \frac{2}{r}\frac{\partial N_v(r,t)}{\partial r}\right\} \tag{8-24}$$

여기서, N_v은 증기 분자의 수농도(m^{-3}), r는 흡수구 중심으로부터의 거리, t는 시간, D_v는 증기 분자의 확산계수이다. 식 (8-24)에 대한 초기조건 및 경계조건은 다음과 같다.

$$N_v(r,0) = N_\infty$$
$$N_v(\infty,t) = N_\infty \tag{8-25}$$
$$N_v(d_D/2,t) = N_D$$

여기서, N_∞은 액적이 없었을 때 증기 분자의 수농도이고, N_D는 평형증기압(p_D^e)에 해당하는 증기 분자의 수농도이다. 초기조건은 증기 분자들이 균일하게 분포하고 있었다는 것을 의미하고, 첫 경계조건은 액적으로부터 아주 멀리 떨어진 곳에서는 액적의 영향이 없다는 것을 의미한다. 마지막 경계조건은 액적 표면에서 응축상과 증기 분자가 평형상태에 있음을 의미한다. 증기 분자의 수농도는 이상기체 방정식에 따라

$$N_v = \frac{n_v N_A}{V} = \frac{p_v N_A}{RT} = \frac{p_v}{k_B T} \tag{8-26}$$

이므로, N_∞와 N_D는 각각 다음과 같이 주어진다.

$$N_\infty = \frac{p_\infty}{k_B T_\infty} \tag{8-27}$$

$$N_D = \frac{p_D^e}{k_B T_D} \tag{8-28}$$

여기서, n_v/V은 증기 분자의 몰농도, N_A는 아보가드로의 수, p_v는 증기 분자의 부분

압, k_B는 볼쯔만 상수, p_∞와 T_∞는 각각 액적이 없었을 때의 증기 분자의 부분압과 가스 온도, T_D는 액적 표면에서의 가스 온도이다.

식 (8-24)와 (8-25)에 대한 해는 다음과 같다.

$$N_v(r,\,t) \;=\; N_\infty - (N_\infty - N_D)\frac{d_D}{2r}\,\mathrm{erfc}\left(\frac{r - d_D/2}{2\sqrt{D_v t}}\right) \tag{8-29}$$

증기 분자 표면($r = d_D/2$)에서의 확산플럭스는 다음과 같은 Fick의 제1법칙으로 주어진다.

$$J_v \;=\; D_v\left(\frac{\partial N_v}{\partial r}\right)_{r\,=\,d_D/2} \tag{8-30}$$

원래 식 (8-30)의 우변에는 음의 부호 '−'가 있어야 하지만, 응축의 방향이 액적 중심을 향하는 방향, 즉 r 좌표의 음의 방향이기 때문에 일부러 음의 부호를 생략하였다. 식 (8-29)를 r에 대해 편미분하면 다음과 같이 $\left(\frac{\partial N_v}{\partial r}\right)_{r\,=\,d_D/2}$를 구할 수 있다.

$$\left(\frac{\partial N_v}{\partial r}\right)_{r\,=\,d_D/2} \;=\; \frac{2(N_\infty - N_D)}{d_D}\left(1 + \frac{d_D}{2\sqrt{\pi D_v t}}\right) \tag{8-31}$$

식 (8-31)을 식 (8-30)에 대입하고 액적의 표면적 πd_D^2을 곱해주면 액적이 단위시간당 경험하게 될 충돌의 횟수를 다음과 같이 구할 수 있다.

$$J_v \times \pi d_D^2 \;=\; 2\pi d_D D_v (N_\infty - N_D)\left(1 + \frac{d_D}{2\sqrt{\pi D_v t}}\right) \tag{8-32}$$

식 (8-32)는 충돌빈도가 초기에는 매우 크지만 $t \gg d_D^2/4\pi D_v$이 되면서 다음과 같은 정상상태에 이르게 됨을 보여준다.

$$J_v \times \pi d_D^2 \;=\; 2\pi d_D D_v (N_\infty - N_D) \qquad \text{for } t \gg d_D^2/4\pi D_v \tag{8-33}$$

대부분의 대기 중 입자상 물질들의 경우 특성시간 $d_D^2/4\pi D_v$의 값은 10^{-3} s 수준이거나 그 이하인 것으로 알려져 있다(Seinfeld & Pandis, 1998). 식 (8-33)은 증기 분자들의 배경농도 N_∞가 평형증기압 농도 N_D보다 크면($J_v > 0$) 응축이 일어나고, 그 반대의 경우($J_v < 0$)에는 증발이 일어남을 의미한다.

식 (8-33)에 식 (8-27)과 (8-28)을 대입하면 다음 식을 얻을 수 있다.

$$J_v \times \pi d_D^2 = \frac{2\pi d_D D_v}{k_B}\left(\frac{p_\infty}{T_\infty} - \frac{p_D^e}{T_D}\right) \tag{8-34}$$

증기 분자 하나가 액체가 됐을 때 차지하는 부피 v_m은 $M/N_A\rho_D$이므로, 증기 분자의 응축으로 인한 액적의 부피 v_D의 증가율은 식 (8-34)에 $M/N_A\rho_D$를 곱해 다음과 같이 구할 수 있다.

$$\frac{dv_D}{dt} = \frac{2\pi M d_D D_v}{R\rho_D}\left(\frac{p_\infty}{T_\infty} - \frac{p_D^e}{T_D}\right) \tag{8-35}$$

액적 표면에서 응축이 일어나면 응축잠열이 방출되기 때문에 일반적으로 T_D는 T_∞보다 높다. T_D의 값을 정확히 구하기 위해서는 방출되는 응축잠열로 인한 액적 표면 주변에서의 열전달 방정식을 물질전달 방정식(식 (8-24))과 함께 풀어야 한다(Kulmala, Majerowicz, and Wagner 1989, 1023-1026). 그러나 응축성장속도가 그렇게 크지 않을 때에는 대개 $T_D \approx T_\infty$를 가정하고 열전달 현상은 고려하지 않아도 무방하다. 이 경우 식 (8-35)는 다음과 같이 쓸 수 있다.

$$\frac{dv_D}{dt} = \frac{2\pi M d_D D_v (p_\infty - p_D^e)}{RT_\infty \rho_D} \tag{8-36}$$

액적성장속도를 액적 직경의 변화율로 표현하고 싶다면, 액적의 부피 v_D와 직경 d_D 사이의 관계 $v_D = \pi d_D^3/6$으로부터

$$\frac{dd_D}{dt} = \frac{2}{\pi d_D^2}\frac{dv_D}{dt} \tag{8-37}$$

이므로, 식 (8-36)을 식 (8-37)에 대입하면 다음과 같이 응축성장에 의한 액적성장속도를 구할 수 있다.

$$\frac{dd_D}{dt} = \frac{4MD_v(p_\infty - p_D^e)}{RT_\infty \rho_D d_D} \tag{8-38}$$

식 (8-38)을 적분하면 시간에 따른 액적 크기의 변화를 다음과 같이 구할 수 있다.

$$d_D = \sqrt{d_{D0}^2 + \frac{8MD_v(p_\infty - p_D^e)t}{RT_\infty \rho_D}} \tag{8-39}$$

그림 8.8에 식 (8-39)를 이용하여 연속체영역에서 수증기의 응축에 의한 액적 크기의 변화를 시간의 함수로 그렸다. 액적의 초기 직경은 각각 1 μm, 2 μm, 3 μm, 4 μm이었고, 수증기의 확산계수와 질량농도차는 0.25 cm^2/s, 1 $\mu g/m^3$로 가정하였다. 시간이 흐름에 따라 모든 액적의 직경이 증가하지만, 그 속도는 초기 직경이 작을수록 커서 그 차이는 점점 줄어들고 있음을 확인할 수 있다. 이는 식 (8-38)에 나타난 대로, 응축에 의한 직경 변화율이 직경에 반비례하기 때문인데, 이것은 에어로졸 입자들의 응축성장 시 시간이 흐름에 따라 그 크기분포가 좁아지는 원인이 되며, 응축성장을 이용하여 단분산 에어로졸을 만드는 원리로 흔히 사용된다.

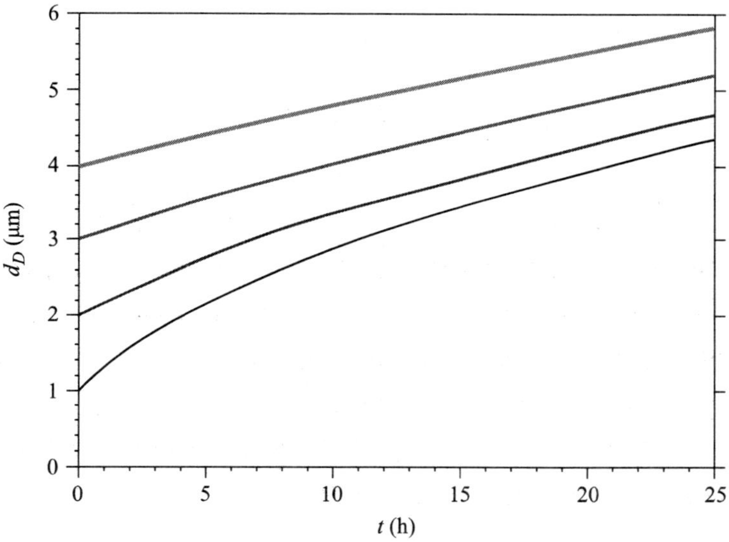

≫ 그림 8.8 연속체영역에서 응축성장에 의한 액적 직경의 변화

이상의 식들은 연속체(continuum) 가정을 기반으로 하여 유도되었기 때문에, 이 식들을 이용하여 해석하는 응축을 연속체영역(continuum regime) 응축이라 부른다.

2. 자유분자영역(Free-Molecule Regime) 응축

$d_D \ll \lambda$인 경우에는 액적의 크기가 너무 작아 연속체(continuum) 가정이 더 이상 유효하지 않다. 이 경우에는 액적과 증기 분자 간 충돌빈도는 기체분자운동론(kinetic theory of gases)에 의해 결정된다. 이 입자크기영역의 응축을 자유분자영역(free-molecule regime) 응축이라 부른다. 기체분자운동론에 따르면 단위면적의 정지된 표면에 와서 부딪치는 증기 분자들의 충돌빈도는 다음과 같다(Moore, 1983).

$$J_v = \frac{N_\infty \bar{c}}{4} \tag{8-40}$$

여기서, $\bar{c}(=\sqrt{8k_BT/\pi m_v})$는 증기 분자의 평균 열운동속도, m_v는 증기 분자의 질량이다. 식 (8-27)을 식 (8-40)에 대입하면 충돌빈도는 다음과 같이 표현된다.

$$J_v = \frac{\bar{c}p_\infty}{4k_BT_\infty} \tag{8-41}$$

식 (8-41)에 액적의 표면적 πd_D^2을 곱해주면 액적이 단위시간당 경험하게 될 충돌의 횟수를 다음과 같이 구할 수 있다.

$$J_v \times \pi d_D^2 = \frac{\pi d_D^2 \bar{c}\, p_\infty}{4k_BT_\infty} \tag{8-42}$$

식 (8-42)는 단위시간당 증기 분자들이 액적 표면에 와서 부딪치는 충돌의 횟수를 알려준다. 단위시간당 액적에 더해지는 증기 분자들의 수를 구하려면 충돌하는 증기 분자가 액적에 부착될 확률을 의미하는 수용계수(accommodation coefficient) α를 곱해야 하며, 증발에 의해 액적으로부터 탈출(증발)하는 증기 분자들의 수를 빼야 한다. 평형증기압의 정의에 따라 평형증기압에서는 응축플럭스와 증발플럭스가 같으므로, 증발하는 증기 분자들의 수는 평형증기압에서 응축하는 증기 분자들의 수와 같다. 따라서 알짜(net) 응축은 다음 식으로 표현된다.

$$\left[J_v \times \pi d_D^2\right]_{net} = \frac{\pi d_D^2 \bar{c}\alpha(p_\infty - p_D^e)}{4k_BT_\infty} \tag{8-43}$$

액적의 부피 v_D의 증가율은 식 (8-43)에 $v_m(=M/N_A\rho_D)$를 곱해 다음과 같이 구할 수 있다.

$$\frac{dv_D}{dt} = \frac{\pi d_D^2 \bar{c}\alpha M(p_\infty - p_D^e)}{4\rho_D RT_\infty} \tag{8-44}$$

식 (8-44)를 식 (8-37)에 대입하면 다음과 같이 응축성장에 의한 액적성장속도를 액적 직경의 변화율로 구할 수 있다.

$$\frac{dd_D}{dt} = \frac{\bar{c}\alpha M(p_\infty - p_D^e)}{2\rho_D RT_\infty} \tag{8-45}$$

식 (8-45)를 적분하면 자유분자영역에서의 응축성장에 의한 액적 직경의 변화를 다음과 같이 구할 수 있다.

$$d_D = d_{D0} + \frac{\bar{c}\alpha M(p_\infty - p_D^e)t}{2\rho_D RT_\infty} \tag{8-46}$$

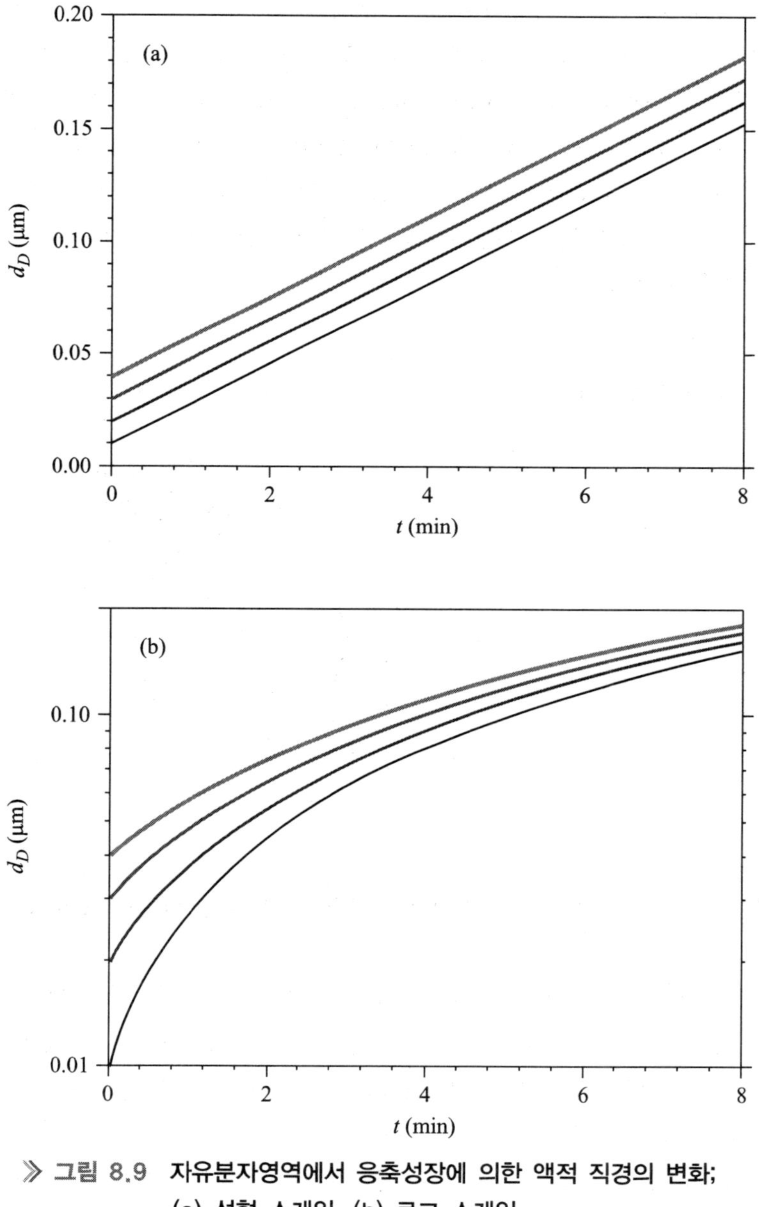

≫ **그림 8.9 자유분자영역에서 응축성장에 의한 액적 직경의 변화; (a) 선형 스케일, (b) 로그 스케일**

자유분자영역에서 응축성장에 의한 액적 직경의 변화를 그림 8.9에 나타내었다. 액적의 초기 직경은 각각 0.01 μm, 0.02 μm, 0.03 μm, 0.04 μm이었고, 수용계수는 1, 온도는 300 K, 수증기의 질량농도차는 1 μg/m^{3}로 가정하였다. 선형 스케일(a)로 볼 때에는 초기 직경의 차이가 일정하게 유지되는 것이 확인된다. 이는 식 (8-45)에서 보듯이 직경의 변화율이 직경에 무관하기 때문이다. 그러나, 이를 로그 스케일(b)로 나타내면 시간이 흐름에 따라 그 간격이 점점 줄어든다. 에어로졸 입자의 다분산도를 나타낼 때 대개 직경의 기하표준편차를 사용하는데, 기하표준편차는 로그값의 편차를 보기 때문에 이 경우 기하표준편차의 값은 줄어들게 되고 액적의 다분산도는 감소한다. 이것은 초기 액적의 크기는 0.01 ~ 0.04 μm으로 최대 4배의 편차를 보이지만, 시간이 흘러 액적의 직경이 각각 1.01 μm, 1.02 μm, 1.03 μm, 1.04 μm가 된 후에는 그 차이는 무시할 수 있을 정도로 작다고 볼 수 있는 것과 일맥상통한다. 결국, 에어로졸 입자의 크기가 연속체영역에 있건 자유분자영역에 있건 상관없이 응축성장은 에어로졸을 단분산으로 이끌게 된다.

3. 전이영역(Transition Regime) 응축

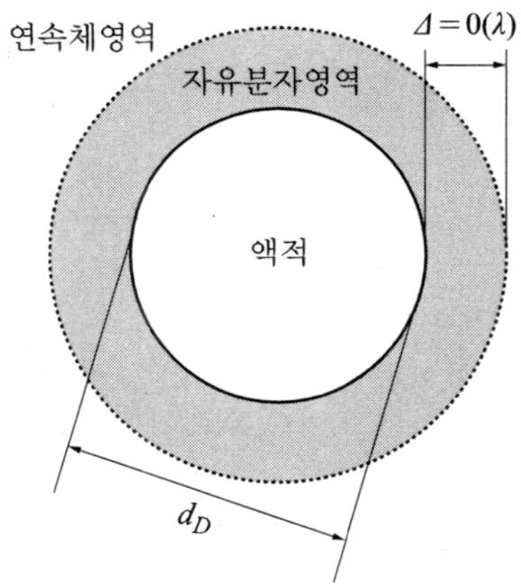

》 그림 8.10 전이영역 응축 해석을 위한 flux-matching 이론의 개념도

한편, 액적의 크기가 평균자유행로 길이와 비슷한 수준일 때에는($d_D \approx \lambda$) 연속체가정에 기반한 확산방정식과 기체분자운동론 모두 엄밀하게 맞지 않게 된다. 확산방정식 및 Fick의 제1법칙은 연속체가정에 기반하고 있기 때문에 액적 표면으로부터의 거리가 λ보다 충분히 큰 구역에서만 유효한 반면, 기체분자운동론은 액적 표면으로부터의 거리가 λ보다 충분히 작은 구역에서만 유효하다(그림 8.10). 증기 분자 플럭스의 값을 결정하는

데에는 액적 표면으로부터의 거리가 액적 크기와 비슷한 수준인 위치에서의 현상이 중요한 역할을 하는데, 액적의 크기가 λ보다 훨씬 작을 경우에는 이 위치가 기체분자운동론이 유효한 안쪽 구역에 포함되어 자유분자영역 응축 해석법이 유효하게 되고, 반대로 입자의 크기가 λ보다 훨씬 큰 경우에는 이 위치가 연속체이론이 유효한 바깥쪽 구역에 포함되어 연속체영역 응축 해석법이 유효한 것이다. 그런데 입자의 크기가 λ와 비슷한 경우에는 이 위치가 안쪽 구역과 바깥쪽 구역의 경계 부근에 있기 때문에 연속체영역 응축 해석법과 자유분자영역 응축 해석법이 모두 유효하지 않다. 이 때에는 $\Delta \approx \lambda$인 Δ를 결정하고 $r < d_D/2 + \Delta$인 안쪽 구역에서는 기체분자운동론을, $r > d_D/2 + \Delta$인 바깥쪽 구역에서는 연속체이론을 사용하여 증기 분자 플럭스를 따로 구한 다음 $r = d_D/2 + \Delta$인 경계면에서 두 플러스의 값을 일치시켜 주는 이른바 flux-matching 이론이 널리 사용된다. 그 동안 여러 연구자가 다양한 형태의 flux-matching 이론을 제안하였으며, 각 이론마다 Δ의 값을 결정하는 방식이 서로 다르다. 최초의 flux-matching 이론은 Fuchs(1964)에 의해 다음과 같은 보정인자를 포함하는 형태로 제안되었다.

$$J_{v,tr} = J_{v,co}\beta_t \tag{8-47}$$

$d_D \gg \lambda$일 때(연속체영역)에는 $\beta_t = 1$이 되며, $d_D \ll \lambda$일 때(자유분자영역)에는 β_t의 값이 $J_{v,fm}/J_{v,co}$로 수렴하는 특성을 가진다. 여기서 아래첨자 co, fm, tr는 각각 연속체영역, 자유분자영역, 전이영역을 의미한다. 즉, β_t는 입자의 크기가 작아짐에 따라 충돌빈도를 연속체영역 충돌빈도에서 자유분자영역 충돌빈도로 부드럽게 전이시키는 역할을 한다. 이런 이유로 보정인자 β_t를 전이보정인자(transition correction factor)라 부르며, $d_D \approx \lambda$인 입자크기영역을 전이영역(transition regime)이라 부른다.

애초에 Fuchs(1964)가 제안했던 전이보정인자 식은 매우 복잡하여 사용하기에 어려움이 많았고, 많은 연구자들이 이를 더 간단한 형태로 표현하는 식을 제안하였다. 그 중에 가장 널리 사용되고 있는 전이보정인자 식 중 하나는 Dahneke(1983, 97-133)가 구한 것으로서 다음과 같이 주어진다.

$$\beta_t = \frac{1 + Kn}{1 + 2Kn(1 + Kn)/\alpha} \tag{8-48}$$

여기서, $Kn(=2\lambda/d_D)$은 Knudsen 수로서, $\lambda = 2D_v/\bar{c}$임을 이용하여 다음과 같이 $J_{v,co}$와 $J_{v,fm}$의 비로 표현할 수 있다.

$$Kn = \frac{\alpha J_{v,co}}{2J_{v,fm}} \tag{8-49}$$

또 한 가지 널리 사용되는 전이보정인자로 Fuchs and Sutugin(1971, 1-60)이 제안한 식은 다음과 같다.

$$\beta_t = \frac{1+Kn}{1+1.333Kn\{(1+0.283\alpha)+Kn\}/\alpha} \tag{8-50}$$

단, 식 (8-50)에서 Knudsen 수 $Kn(=2\lambda/d_D)$은 $\lambda = 3D_v/\bar{c}$ 임을 이용하여 다음과 같이 주어졌음에 주의해야 한다.

$$Kn = \frac{3\alpha J_{v,co}}{4J_{v,fm}} \tag{8-51}$$

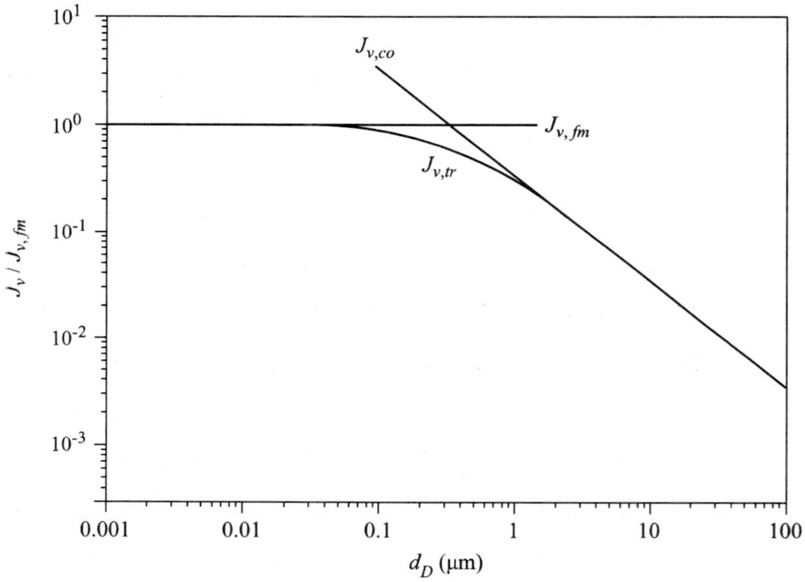

》 그림 8.11 입자 크기에 따른 증기 분자 충돌빈도의 변화

그림 8.11은 Dahneke(1983, 97-133)의 이론을 이용하여 액적 크기에 따른 증기 분자 충돌빈도 J_v의 변화를 보여주고 있다. 식 (8-48)로 주어진 전이보정인자 β_t를 사용한 전이영역 충돌빈도는 $J_{v,fm}$과 $J_{v,co}$를 부드럽게 연결하면서 자유분자영역에서 연속체영역까지 모든 입자크기영역의 충돌빈도를 대변하고 있음을 확인할 수 있다.

4. 응축에 의한 입자크기분포의 변화

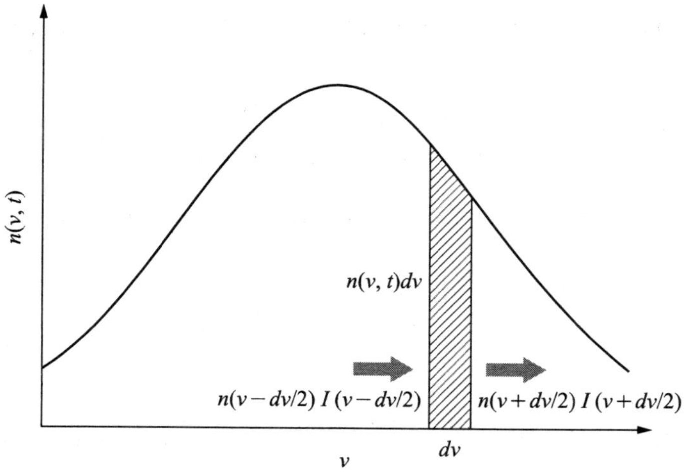

≫ 그림 8.12 응축방정식 유도를 위한 물질수지 도식도

입자크기분포의 변화를 추적할 때에는 다음 장에 나오는 응집을 효과적으로 표현하기 위하여 입자의 크기로 직경보다는 부피를 사용하는 것이 일반적이다. 액적 입자의 부피를 v, 시간에 따른 입자크기분포함수를 $n(v,\ t)$, 응축에 의한 입자성장속도를 $dv/dt = I(v)$라 하자.

그림 8.12는 응축방정식을 유도하기 위한 물질수지 도식도를 보여주고 있다. 빗금친 부분의 넓이 $n(v,\ t)dv$는 부피 구간 $[v - dv/2,\ v + dv/2]$ 안에 속하는 액적 입자들의 수농도를 의미한다. 시간간격 dt 동안 $n(v,\ t)dv$의 변화량은 부피 $v - dv/2$ 미만이었던 입자들이 성장하여 이 부피 구간으로 유입되는 양에서 부피 $v + dv/2$ 이하였던 입자들이 성장하여 이 구간에서 빠져나가는 양을 뺀 값이다. 유입되는 양은 $n(v - dv/2,\ t)I(v - dv/2,\ t)dt$이고 빠져나가는 양은 $n(v + dv/2,\ t)I(v + dv/2,\ t)dt$이므로, 물질수지식은 다음과 같이 세울 수 있다.

$$
\begin{aligned}
& n(v,\ t + dt)dv - n(v,\ t)dv \\
&= n\left(v - \frac{dv}{2},\ t\right)I\left(v - \frac{dv}{2},\ t\right)dt - n\left(v + \frac{dv}{2},\ t\right)I\left(v + \frac{dv}{2},\ t\right)dt
\end{aligned} \tag{8-52}
$$

식 (8-52)의 양변을 $dv\,dt$로 나누면 응축에 의한 액적의 입자크기분포 변화를 나타내는 다음과 같은 편미분방정식을 구할 수 있다.

$$\frac{\partial n(v,\, t)}{\partial t} = -\frac{\partial}{\partial v}\{I(v)n(v,\, t)\} \tag{8-53}$$

여기서, I는 8.4절 3.에서 살펴본 바와 같이, 다음 식으로 주어진다.

$$I(v) = \frac{dv}{dt} = \left.\frac{dv}{dt}\right|_{co} \times \beta_t = \frac{2\pi MD_v(p_\infty - p_D)}{RT_\infty \rho_D}\left(\frac{6v}{\pi}\right)^{\frac{1}{3}}\beta_t(v) \tag{8-54}$$

식 (8-53)에 대한 초기조건 및 경계조건은 다음과 같다.

$$n(v,\, 0) = n_0(v)$$

$$n(0,\, t) = 0 \tag{8-55}$$

여기서, n_0은 초기 입자크기분포이다. 경계조건은 크기가 0인 입자는 존재하지 않음을 의미한다.

식 (8-53)은 편미분방정식에 대한 특성곡선법(method of characteristics)을 이용하여 풀 수 있다. $F\{v(t),\, t\} = I(v)n(v,\, t)$라 정의하면 식 (8-53)은 다음과 같이 변형된다.

$$\frac{\partial F}{\partial t} + \frac{dv}{dt}\cdot\frac{\partial F}{\partial v} = \frac{dF}{dt} = 0 \tag{8-56}$$

식 (8-56)의 해는 $F=$const.이다. F에 대한 상수 값은 초기조건으로부터 다음과 같이 구할 수 있다.

$$F(v,\, t) = F(v_0,\, 0) \tag{8-57}$$

F의 정의로부터 식 (8-57)를 n에 대해 다시 표기하면 다음과 같다.

$$n(v,\, t) = \frac{I(v_0)}{I(v)}n_0(v_0) \tag{8-58}$$

여기서, v와 v_0의 관계는 $I(v) = dv/dt$에 의해 결정된다. 예를 들어, 연속체영역 응축이라면 $\beta(v) = 1$이므로,

$$I(v) = \frac{dv}{dt} = \frac{2\pi MD_v(p_\infty - p_D)}{RT_\infty \rho_D}\left(\frac{6v}{\pi}\right)^{\frac{1}{3}} \tag{8-59}$$

이 되고, 식 (8-59)를 적분하면 다음과 같이 v와 v_0의 관계가 구해진다.

$$v_0 = \left\{ v^{2/3} - \frac{4\pi M D_v (p_\infty - p_D)}{3RT_\infty \rho_D} \left(\frac{6}{\pi} \right)^{\frac{1}{3}} t \right\}^{3/2}$$

$$= v(1 - Av^{-2/3}t)^{3/2} \qquad (8\text{-}60)$$

여기서, $A = \dfrac{4\pi M D_v (p_\infty - p_D)}{3RT_\infty \rho_D} \left(\dfrac{6}{\pi} \right)^{\frac{1}{3}}$ 이다. 식 (8-59)와 (8-60)을 식 (8-58)에 대입하면 연속체영역 응축방정식에 대한 다음과 같은 해를 구할 수 있다.

$$n(v, t) = (1 - Av^{-2/3}t)^{1/2} n_0 \{ v(1 - Av^{-2/3}t)^{3/2} \} \qquad (8\text{-}61)$$

$$\text{for } v > (At)^{3/2}$$

여기서, 조건 $v > (At)^{3/2}$은 $v_0 > 0$을 의미한다.

그림 8.13은 $d_{g0} = 2\ \mu\text{m}$, $\sigma_{g0} = 1.5$인 대수정규분포를 이루고 있던 물방울 에어로졸이 연속체영역에서 응축성장할 때 그 크기분포가 시간에 따라 변해가는 모습을 보여주고 있다. 수증기의 확산계수와 질량농도차는 각각 0.25 cm^2/s, 1 $\mu\text{g/m}^3$로 가정하였다. 시간이 흐름에 따라 크기분포가 점점 좁아지는 현상을 확인할 수 있고, 조건 $v > (At)^{3/2}$ 때문에 크기분포의 왼쪽이 오른쪽에 비해 경사가 심해지는 것이 관찰된다.

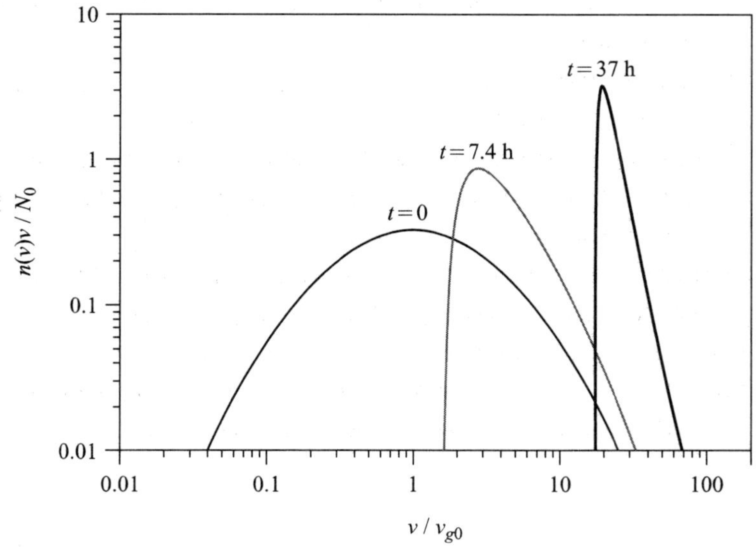

≫ **그림 8.13 연속체영역에서의 응축에 의한 입자크기분포의 변화**

참고문헌

Buck, A. L. 1996. *Buck Research CR-1A User's Manual*. Boulder, CO, USA: Buck Research Instruments.

Buck, Arden L. 1981. "New Equations for Computing Vapor Pressure and Enhancement Factor." *Journal of Applied Meteorology* 20 (12): 1527-1532.

Clegg, Simon L., Kenneth S. Pitzer, and Peter Brimblecombe. 1992. "Thermodynamics of Multicomponent, Miscible, Ionic Solutions. II. Mixtures Including Unsymmetrical Electrolytes." *Journal of Physical Chemistry* 96 (23): 9470-9479.

Dahneke, B. 1983. "Simple Kinetic Theory of Brownian Diffusion in Vapors and Aerosols." In *Theory of Dispersed Multiphase Flow*, edited by R. E. Meyer, 97-133. New York: Academic Press.

Fuchs, N. A. 1964. *The Mechanics of Aerosols*. New York: Pergamon.

Fuchs, N. A. and A. G. Sutugin. 1971. "High-Dispersed Aerosols." In *Topics in Current Aerosol Research*, edited by G. M.Hidy and J. R. Brock. Vol. 2, 1-60. New York: Pergamon Press.

Hinds, W. C. 1999. *Aerosol Technology: Properties, Behavior, and Measurement of Airborne Particles*. 2nd ed. New York: John Wiley & Sons.

Kulmala, M., A. Majerowicz, and P. E. Wagner. 1989. "Condensational Growth at Large Vapour Concentration: Limits of Applicability of the Mason Equation." *Journal of Aerosol Science* 20 (8): 1023-1026.

Merikanto, J., D. V. Spracklen, G. W. Mann, S. J. Pickering, and K. S. Carslaw. 2009. "Impact of Nucleation on Global CCN." *Atmospheric Chemistry and Physics* 9 (21): 8601-8616.

Moore, Walter John. 1983. *Basic Physical Chemistry* Prentice Hall.

Seinfeld, J. H. and S. N. Pandis. 1998. *Atmospheric Chemistry and Physics: From Air Pollution to Climate Change*. New York: John Wiley & Sons, Inc.

CHAPTER

9

균질핵화

■ 저자 : **박성훈**(순천대학교 환경공학과)

액체→고체, 액체→기체, 기체→액체, 기체→고체 등 모든 상변화는 새로운 상(phase)의 자유에너지(free energy)가 기존 상의 자유에너지보다 작을 때 일어나지만, 새로운 상의 자유에너지가 기존 상의 자유에너지보다 작아지는 순간 순식간에 상변화가 진행되는 것은 아니다. 가령 물의 온도가 점점 높아져 100℃가 되면 그 순간 모든 물분자들이 한꺼번에 기화하는 것이 아니라 먼저 물분자 여러 개가 아주 작은 기포(최초의 수증기 덩어리)를 만들고 이 기포 속으로 액체 물분자들이 계속 기화하며 수증기 덩어리(기포)가 커진다. 이 때 최초로 생성된 새로운 상 덩어리(방금 든 예에서는 최초의 기포)를 핵(nucleus)이라 부르고, 이 핵이 생성되는 메커니즘을 핵화(nucleation)라 부른다. 일단 핵이 생성되기만 하면 그 핵을 키우는 방향으로 일어나는 상변화는 매우 빠르게 일어난다. 따라서 상변화가 얼마나 쉽게 일어나는지는 핵화에 의해 얼마나 빨리 핵이 생성되는지에 의해 결정된다. 핵이 쉽게 생성되지 않으면 새로운 상의 자유에너지가 기존 상의 자유에너지보다 작아진 이후에도 상변화가 일어나지 않고 지체되는 현상이 드물지 않게 관찰된다(수용액의 과포화, 물의 과냉각 등).

우리에게 관심의 대상인 핵화, 즉 대기 중 에어로졸을 만들어내기 위한 핵화는 과포화 증기로부터 응축상(액체 또는 고체) 핵이 생성되는 핵화이다. 앞 장에서 언급한 바와 같이 핵화는 타성분 응축상 물질의 도움 없이 과포화된 증기 분자들에 의해서만 이루어지는 균질핵화와 타성분 응축상 물질의 표면에서 응축핵이 생성되는 비균질핵화로 구분된다. 비균질핵화는 앞 장에서 상세히 다루었으므로, 여기서는 균질핵화에 대해서만 살펴보기로 한다.

균질핵화는 한 종류의 증기 분자들로만 이루어지는 동종분자(homomolecular) 균질핵화와 두 종류 이상의 증기 분자들이 함께 모여 핵을 만드는 이종분자(heteromolecular) 균질핵화가 있다(Seinfeld and Pandis 2016). 대기 중 균질핵화는 주로 이종분자 균질핵화의 형태로 일어나지만, 이종분자 균질핵화의 원리를 이해하기 위해서는 동종분자 균질핵화 이론을 먼저 이해해야 한다.

9.1 균질핵화에 대한 에너지 장벽

새로운 상의 자유에너지가 기존 상의 자유에너지보다 작아지는 순간 순식간에 상변화가 진행되지 않는 이유는 상변화를 시작하는 핵을 생성하는데 에너지 장벽이 있기 때문이다. 이 원리를 동종분자 균질핵화의 경우를 예로 들어 설명해 보겠다.

부분압 p_1인 상태에 있는 증기 분자 i개가 모여 직경 d_i인 액적을 만드는 경우를 생각해 보자. 이 때 Gibbs 자유에너지의 변화는 상변화에 따른 화학포텐셜(chemical potential)의 변화와 액적 표면의 생성으로 인한 표면에너지의 생성 효과를 더하면 다음과 같이 구할 수 있다.

$$\Delta G = \pi\sigma_s d_i^2 - ik_B T \ln S \tag{9-1}$$

여기서, σ_s는 응축상의 표면장력이고, k_B는 Boltzmann 상수, T는 절대온도, $S(=p_1/p_1^s)$는 포화비, p_1^s는 이 증기의 포화증기압이다. 분자 수 i와 액적의 직경 d_i는 $iv_1 = \pi d_i^3/6$인 관계를 만족하므로, 식 (9-1)은 다음과 같이 고쳐 쓸 수 있다.

$$\Delta G = \pi\sigma_s d_i^2 - \frac{\pi k_B T \ln S}{6v_1} d_i^3 \tag{9-2}$$

여기서, v_1은 증기 분자의 부피이다.

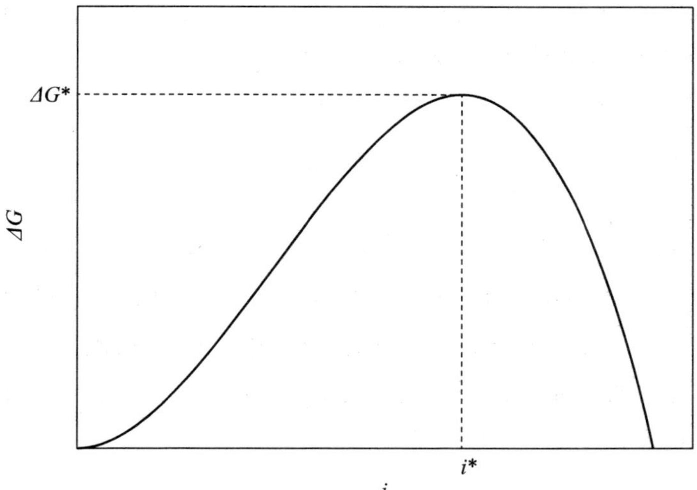

≫ 그림 9.1 클러스터의 성장에 따른 ΔG 값의 변화

식 (9-2)를 이용하여 ΔG를 i의 함수로 (또는 d_i의 함수로) 그리면 그림 9.1과 같은 그래프를 얻을 수 있다. 식 (9-2) 우변의 두 번째 항은 $S>1$인 경우(즉, 과포화된 증기의 경우) 상변화로 인한 화학포텐셜 변화가 음의 값을 가지기 때문에 응축상으로의 상변화가 자발적으로 일어나도록 유도할 것임을 의미한다. 반면, 항상 양의 값을 갖는 첫 번째 항은 표면에너지의 생성이 이 상변화를 억제함을 뜻한다. 따라서 상변화가 일어나기 위해서는 두 번째 항의 효과가 첫 번째 항의 효과를 넘어서야 한다. d_i가 작을 때에

는 d_i^2어 비례하는 첫 번째 항의 효과가 더 커서 클러스터 크기가 커질수록 ΔG가 커지고 그만큼 응축이 억제되지만, d_i가 충분히 커지면 어느 순간에선가 ($i=i^*$, $d_i=d_i^*$, $\Delta G=\Delta G^*$) d_i^3에 비례하는 두 번째 항의 효과가 첫 번째 항의 효과를 넘어서면서 ΔG가 작아지기 시작한다. 결국 클러스터가 직경 d_i^*를 넘어서기만 하면 더 이상의 성장은 자발적으로 지속될 수 있는 것이다. 그런 의미에서, 그림 9.1에 나타낸 ΔG의 최대값 ΔG^*는 핵화를 위해 넘어가야 할 에너지 장벽(energy barrier)의 높이를 의미한다. 이렇게 두 번째 항의 효과가 첫 번째 항의 효과보다 커지는 임계직경 d_i^*는 식 (9-2)를 미분한 뒤 $\frac{d\Delta G}{dd_i}=0$으로부터 다음과 같이 구해진다.

$$d_i^* = \frac{4\sigma_s v_1}{k_B T \ln S} \tag{9-3}$$

이 임계직경을 Kelvin 직경이라 부르며, 식 (9-3)은 앞 장의 식 (8-15)와 같은 형태임을 확인할 수 있다. 식 (9-3)을 S에 대해 정리하면 직경 d_i인 클러스터 표면에서 평형이 이루어지는 포화비가 다음과 같이 주어진다.

$$K_R = \frac{p_1^e}{p_1^s} = \exp\left(\frac{4\sigma_s v_1}{k_B T d_i}\right) \tag{9-4}$$

식 (9-4)는 곡면에서의 평형증기압이 평면에서의 값(포화증기압)보다 큰 정도를 알려주는 식으로 Kelvin 식이라 부르며, K_R은 Kelvin 비(Kelvin ratio), p_1^e는 클러스터 표면에서의 평형증기압이다. 식 (9-4)는 앞 장의 식 (8-14)와 같은 형태이다.

또한 Kelvin 직경 d_i^*를 갖는 클러스터에 들어있는 증기분자의 수 i^*는 다음 식으로 주어지며

$$i^* = \frac{\pi d_i^{*3}}{6v_1} = \frac{32\pi\sigma_s^3 v_1^2}{3(k_B T)^3 \ln^3 S} \tag{9-5}$$

식 (9-3)을 식 (9-2)의 d_i에 대입하면 이 때의 Gibbs 자유에너지의 변화는 다음과 같이 주어진다.

$$\Delta G^* = \frac{\pi\sigma_s}{3}\left(\frac{4\sigma_s v_1}{k_B T \ln S}\right)^2 = \frac{\pi\sigma_s d_i^{*2}}{3} = \frac{i^* k_B T \ln S}{2} \tag{9-6}$$

식 (9-3), (9-5), (9-6)이 균질핵화 에너지 장벽에 대한 해를 이룬다. 식 (9-3)과 (9-5)

는 포화비가 클수록 임계 클러스터의 크기가 작다는 것을, 식 (9-6)은 포화비가 클수록 핵화를 위한 에너지 장벽이 낮다는 것을 보여준다.

9.2 동종분자 균질핵화율

동종분자 균질핵화를 묘사하는 고전이론에서는 균질핵화를 기체분자운동론에 근거한 클러스터(cluster) 성장으로 접근한다. 그림 9.2는 응축성 분자(단량체, $i=1$)가 분자들끼리의 충돌에 의해 점점 더 큰 클러스터로 성장하는 과정을 보여주는 개념도이다. 이 과정은 기체상에서 응축상으로의 상변화를 수반하기 때문에 응축잠열에 의한 열이 방출되는 과정이다(Wyslouzil and Seinfeld 1992, 2661-2670). 그러나, 대기 중에서의 응축성 증기(예컨대 수증기)의 농도는 공기 분자의 농도보다 훨씬 작기 때문에 대기 중 에어로졸의 균질핵화 이론에서는 클러스터 성장에 따른 온도 변화는 대개 무시할 수 있다(Seinfeld and Pandis 2016). 또한 $i=2$ 이상의 다량체들의 농도는 단량체의 농도보다 훨씬 작기 때문에 다량체 간 충돌에 의한 성장은 무시할 수 있고, 클러스터의 성장은 그림 9.2에 나타난 것처럼 다량체와 단량체 간 충돌에 의해서만 일어난다고 가정한다.

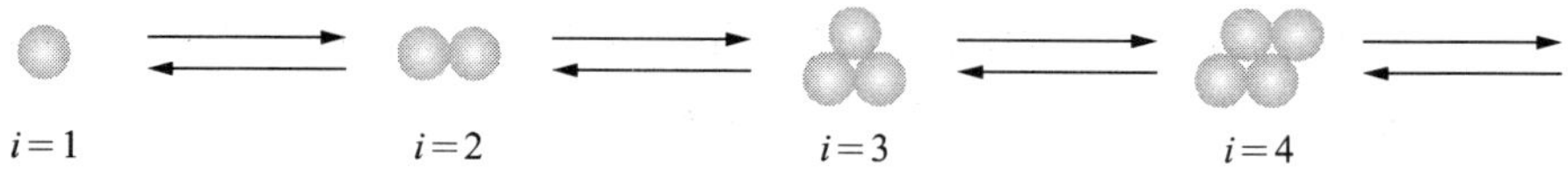

≫ 그림 9.2 균질핵화를 묘사하는 클러스터 성장 과정

클러스터 성장 과정에 대한 수학적 묘사는 다량체 간 충돌이 무시된다는 점만 제외하면 자유영역에서의 응집에 대한 경우와 사실상 똑같다. 따라서 i-mer(i개의 분자로 이루어진 클러스터)와 단량체 간 충돌빈도는 다음 식으로 표현된다.

$$-\left.\frac{dN_i}{dt}\right|_{growth,1,i} = \left.\frac{dN_{i+1}}{dt}\right|_{growth,1,i}$$

$$= (d_1 + d_i)^2 \sqrt{\frac{\pi k_B T}{2}\left(\frac{1}{m_1} + \frac{1}{m_i}\right)} N_1 N_i \qquad (9\text{-}7)$$

여기서, N_i, d_i, m_i는 각각 i-mer의 수농도, 직경, 질량이다. 여기서 클러스터들의 모양이 모두 같은 밀도의 구형이라고 가정하여 입자들의 직경과 질량을 단량체의 질량 m_1과 부피 v_1으로 표현하고 이상기체방정식($N_1 = p_1/k_B T$)을 이용하면 식 (9-7)은 다음과 같이 변환된다.

$$\begin{aligned}-\left.\frac{dN_i}{dt}\right|_{growth,1,i} &= \left.\frac{dN_{i+1}}{dt}\right|_{growth,1,i} \\ &= \frac{p_1 a_1}{\sqrt{2\pi m_1 k_B T}}(1+i^{1/3})^2\sqrt{1+\frac{1}{i}}\,N_i \\ &= \beta_i N_i \end{aligned} \tag{9-8}$$

여기서, p_1은 증기의 부분압, β_i는 다음 식으로 주어지는 i-mer의 성장속도이다.

$$\beta_i = \xi_1 a_1 (1+i^{1/3})^2\sqrt{1+\frac{1}{i}} \tag{9-9}$$

여기서, $\xi_1 = \dfrac{p_1}{\sqrt{2\pi m_1 k_B T}}$.

원래는 식 (9-8)에 "accommodation coefficient"라 부르는 충돌 시 결합 확률을 의미하는 값이 곱해져야 하지만, 뒤에서 나오듯 핵화 속도는 클러스터의 성장속도와 (증발로 인한) 수축속도 사이의 비에 의해 결정되는데 이 비를 결정할 때 accommodation coefficient는 서로 약분되어 사라지기 때문에, 핵화 이론에서는 이 값을 1로 가정해도 무방하다

한편 클러스터 i-mer는 증발에 의해 단량체를 잃고 $(i-1)$-mer로 수축하기도 하는데, 그 속도는 우선 다음과 같이 표현하자.

$$-\left.\frac{dN_i}{dt}\right|_{evaporation,i} = \left.\frac{dN_{i-1}}{dt}\right|_{evaporation,i} = \gamma_i N_i \tag{9-10}$$

여기서, γ_i는 증발에 의한 i-mer의 수축속도이다. 그렇다면 성장과 수축을 모두 고려한 i-mer 농도의 변화율은 다음 식으로 주어진다.

$$\begin{aligned}\frac{dN_i}{dt} &= \left.\frac{dN_i}{dt}\right|_{growth,1,i-1} + \left.\frac{dN_i}{dt}\right|_{evaporation,i} + \left.\frac{dN_i}{dt}\right|_{growth,1,i} + \left.\frac{dN_i}{dt}\right|_{evaporation,i+1} \\ &= \beta_{i-1}N_{i-1} - \gamma_i N_i - \beta_i N_i + \gamma_{i+1}N_{i+1} \\ &= J_{i-1} - J_i \end{aligned} \tag{9-11}$$

여기서, J_i는 i-mer로부터 $(i+1)$-mer가 만들어지는 알짜성장률을 의미하는 핵화 플럭스로서 다음 식으로 정의된다.

$$J_i = \beta_i N_i - \gamma_{i+1} N_{i+1} \tag{9-12}$$

그림 9.3은 식 (9-11)로 표현된 i-mer 농도 변화 과정을 나타낸 개념도이다.

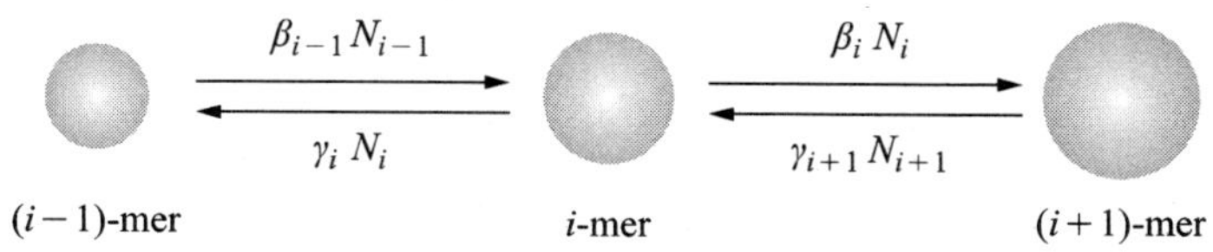

그림 9.3 i-mer 농도 변화 과정에 대한 개념도

성장속도 β_i는 식 (9-9)로 주어지니, γ_i의 값만 결정할 수 있다면 i-mer 농도의 변화율이 결정되고, 그로부터 균질핵화율을 구할 수 있을 것이다. 성장속도 β_i는 증기 농도 N_1에 비례하지만 수축속도 γ_i는 N_1 값에 상관없다는 사실과 평형상태에서는 클러스터 입자의 성장속도와 수축속도가 같아서 입자가 성장하지도 수축하지도 않는다는 사실을 이용하면, Kelvin 식(식 (9-4))의 도움을 받아 다음과 같이 γ_i를 결정할 수 있다.

$$\gamma_i = \beta_i^e = \frac{\xi_1 p_1^e a_1}{p_1}(1+i^{1/3})^2\sqrt{1+\frac{1}{i}}$$

$$= \frac{\xi_1 p_1^s a_1}{p_1}(1+i^{1/3})^2\sqrt{1+\frac{1}{i}}\exp\left(\frac{4\sigma_s v_1}{k_B T d_i}\right) \tag{9-13}$$

식 (9-3)과 (9-5)를 이용하면 식 (9-13)은 다음과 같이 변환된다.

$$\gamma_i = \frac{\xi_1 p_1^s a_1}{p_1}(1+i^{1/3})^2\sqrt{1+\frac{1}{i}}\,S^{(i^*/i)^{1/3}} \tag{9-14}$$

$S = p_1/p_1^s$와 식 (9-9)를 이용하면 식 (9-14)는 다음과 같이 변형할 수 있다.

$$\frac{\gamma_i}{\beta_i} = S^{(i^*/i)^{1/3}-1} \tag{9-15}$$

식 (9-15)에서 $i > i^*$이면 $\beta_i > \gamma_i$이므로 클러스터가 성장하는 반면, $i < i^*$이면 $\beta_i < \gamma_i$이므로 클러스터가 수축할 것이라는 것을 확인할 수 있다.

이제 이렇게 결정된 β_i와 γ_i의 값으로부터 균질핵화율을 결정할 차례이다. 그러기 위해서는 '가상의 평형상태'에 있는 클러스터 크기분포를 도입해야 한다. ('가상'의 의미는 뒤에서 설명한다.) 위에서 γ_i를 결정하기 위해 생각했던 '입자의' 평형상태가 i

-mer 입자 표면에서 기-액 평형을 의미했던 데 반해, 지금 우리가 고려하려는 '클러스터 크기분포의' 평형상태는 i-mer 입자와 $(i+1)$-mer 입자 간 평형을 의미한다. i-mer 입자와 $(i+1)$-mer 입자가 서로 평형상태에 있다는 것은 i-mer 입자가 성장해서 $(i+1)$-mer 입자가 되는 속도와 $(i+1)$-mer 입자가 수축해서 i-mer 입자가 되는 속도가 같다는, 즉 핵화 플럭스 값이 0이라는 의미이고, 이 경우 다음 관계가 성립한다.

$$\beta_i N_i^E = \gamma_{i+1} N_{i+1}^E \tag{9-16}$$

여기서, 위첨자 E는 클러스터 크기분포가 평형상태에 있음을 의미한다. 식 (9-9)와 (9-15)를 식 (9-16)에 대입하면 다음과 같이 평형상태에 있는 인접 클러스터 간 농도비를 구할 수 있다.

$$\frac{N_{i+1}^E}{N_i^E} = \frac{\beta_i}{\gamma_{i+1}} = \frac{(1+i^{1/3})^2\sqrt{1+\dfrac{1}{i}}\,S^{1-\{i^*/(i+1)\}^{1/3}}}{\{1+(i+1)^{1/3}\}^2\sqrt{1+\dfrac{1}{i+1}}} \tag{9-17}$$

이 식을 $i=1$에서 $i=k-1$까지 모두 곱한 뒤 k를 i로 바꿔 쓰면 다음과 같이 N_i^E 값을 구할 수 있다.

$$\frac{N_i^E}{N_1^E} = \frac{4\sqrt{2}\,\Pi_{j=2}^{i} S^{1-(i^*/j)^{1/3}}}{(1+i^{1/3})^2\sqrt{1+\dfrac{1}{i}}} \tag{9-18}$$

그러나 이러한 평형상태는 결코 존재할 수 없는데, 그 이유는 $S>1$인 경우에는 항상 $\beta_i N_i > \gamma_{i+1} N_{i+1}$인 상태로 양의 핵화 플럭스가 형성되면서 핵화가 발생하기 때문이다. 따라서 N_i^E 분포는 실제에서는 존재할 수 없는 분포이다. 이것이 위에서 '가상의' 평형상태라는 표현을 사용한 이유이다. 실제로는 인접한 클러스터 간 평형이 이루어지는($J_i=0$) 것이 아니라 모든 크기의 클러스터들에 대한 핵화 플럭스 값이 같아서($J_1 = J_2 = \cdots = J_i = \cdots = J$) 클러스터들의 농도가 변하지 않는 정상상태가 이루어지며, 이 플럭스가 핵화율을 결정한다. 그러니까 식 (9-12)로 정의되는 핵화 플럭스는 정상상태가 이루어진 상황에서는 다음과 같이 쓸 수 있다.

$$J = \beta_i N_i - \gamma_{i+1} N_{i+1} \tag{9-19}$$

식 (9-16)을 이용하면 이 식은 다음과 같이 변환된다.

$$\frac{J}{\beta_i N_i^E} = \frac{N_i}{N_i^E} - \frac{N_{i+1}}{N_{i+1}^E} \tag{9-20}$$

식 (9-20)을 $i=1$에서 $i=i_{\max}-1$까지 모두 더하면 다음 결과를 얻는다.

$$\sum_{j=1}^{i_{\max}-1} \frac{J}{\beta_j N_j^E} = \frac{N_1}{N_1^E} - \frac{N_{i_{\max}}}{N_{i_{\max}}^E} \tag{9-21}$$

N_i는 $\lim_{i\to\infty} N_i = 0$인 특성을 가지지만 식 (9-18)로부터 얻어지는 N_i^E는 $\lim_{i\to\infty} N_i^E \neq 0$이다(Seinfeld and Pandis 2016). 그러므로 $i_{\max} \gg i^*$인 경우 우변 두 번째 항의 값은 $N_{i_{\max}}/N_{i_{\max}}^E \approx 0$으로 볼 수 있다. 따라서 균질핵화 플럭스는 다음과 같이 근사할 수 있다.

$$J = \frac{N_1}{N_1^E}\left(\sum_{j=1}^{i_{\max}-1} \frac{1}{\beta_j N_j^E}\right)^{-1} \tag{9-22}$$

여기에 β_j와 N_j^E의 값으로 각각 식 (9-9)와 식 (9-18)을 대입하면, 균질핵화 플럭스에 대한 최종 식을 다음과 같이 얻을 수 있다.

$$\begin{aligned} J &= 4N_1^2 a_1 \sqrt{\frac{k_B T}{\pi m_1}}\left(1 + \sum_{j=2}^{i_{\max}-1} \prod_{k=2}^{j} S^{(i^*/k)^{1/3}-1}\right)^{-1} \\ &= \xi_1 a_1 4\sqrt{2}\, N_1 \left(1 + \sum_{j=2}^{i_{\max}-1} \prod_{k=2}^{j} S^{(i^*/k)^{1/3}-1}\right)^{-1} \end{aligned} \tag{9-23}$$

식 (9-23)을 살펴보면 포화비가 클수록 J의 값이 크다(많은 핵이 생성된다)는 것을 알 수 있다. 지금까지의 식 (9-23)의 유도과정은 Seinfeld and Pandis(2016)에서도 찾아볼 수 있지만, 그 문헌에서는 식 (9-23) 우변에 포화비 S가 나눠져 있는데, 이는 착오로 생각된다는 점을 언급해둔다. 또한 같은 문헌에는 약간 다른 방법론을 사용하여 식 (9-24)와 같은 균질핵화율을 유도하기도 했는데, 이 식은 본질적으로는 식 (9-23)과 등가의 식이다. 다만, 이 식을 이용하여 구한 균질핵화율은 식 (9-23)을 사용하여 구한 값에 비해 1/1000 수준의 낮은 값을 보였다(Seinfeld and Pandis 2016).

$$J = \sqrt{\frac{2\sigma_s}{\pi m_1}}\,\frac{v_1 N_1^2}{S}\exp\left\{-\frac{16\pi v_1^2 \sigma_s^3}{3(k_B T)^3 \ln^2 S}\right\} \tag{9-24}$$

식 (9-24)가 가지는 장점 중 하나는 식 (9-6)을 이용하여 균질핵화 플럭스를 ΔG^*

의 함수로 표현할 수 있다는 것이다.

$$J = \sqrt{\frac{2\sigma_s}{\pi m_1}}\frac{v_1 N_1^2}{S}\exp\left(-\frac{\Delta G^*}{k_B T}\right) \tag{9-25}$$

식 (9-25)는 동종분자 균질핵화 이론을 이종분자 균질핵화로 확장할 때 도움이 된다.

9.3 2성분(binary) 균질핵화율

어떤 물질 A의 동종분자 균질핵화가 A의 부분압이 순수한 A 응축상에 대한 평형증기압(즉, 포화증기압)보다 높을 때 일어나는 것처럼 두 물질 A와 B가 만나 이루어지는 2성분 균질핵화는 A와 B의 부분압 p_A, p_B가 A와 B의 혼합물 응축상에 대한 평형증기압 $p_{A,sol}$, $p_{B,sol}$보다 높을 때 일어난다. 라울의 법칙에 따르면 혼합물에 대한 평형증기압은 포화증기압보다 낮으므로 두 물질 A와 B 모두 부분압이 포화증기압보다 낮아서 동종분자 균질핵화는 일어날 수 없는 경우에도 둘 모두 혼합물에 대한 각각의 평형증기압보다 높다면 2성분 균질핵화는 일어날 수 있다.

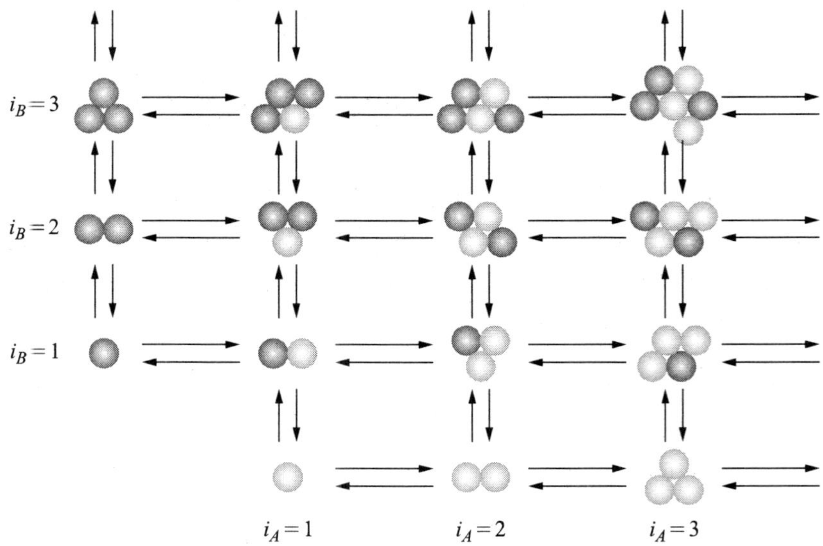

》 그림 9.4 2성분 균질핵화를 묘사하는 클러스터 성장 과정

그림 9.4는 2성분 균질핵화를 묘사하는 클러스터 성장 과정을 나타내고 있다. 2성분

균질핵화도 동종분자 균질핵화와 본질적 원리는 같다는 점을 염두에 두면 2성분 균질핵화율은 다음과 같이 표현할 수 있다.

$$J = C\exp\left(-\frac{\Delta G^*}{k_B T}\right) \tag{9-26}$$

식 (9-26)은 식 (9-25)와 같은 함수 형태를 갖추고 있음을 눈여겨보라. 여기서도 ΔG^*는 균질핵화가 일어나기 위해 넘어가야 하는 에너지 장벽의 높이를 의미한다. 그런데, 2성분 균질핵화의 경우에는 동종분자 균질핵화의 경우(그림 9.1)처럼 ΔG^*이 단순히 ΔG의 최댓값이 아니다. A 분자 i_A개와 B 분자 i_B개가 모여 클러스터를 이룰 때 Gibbs 자유에너지의 변화는 그림 9.5에 나타난 것처럼 Saddle Point를 가지는데 (Reiss 1950, 840-848), 이 Saddle Point에서의 ΔG 값이 바로 ΔG^*이며, 핵화는 이 Saddle Point를 넘어가면서 진행된다.

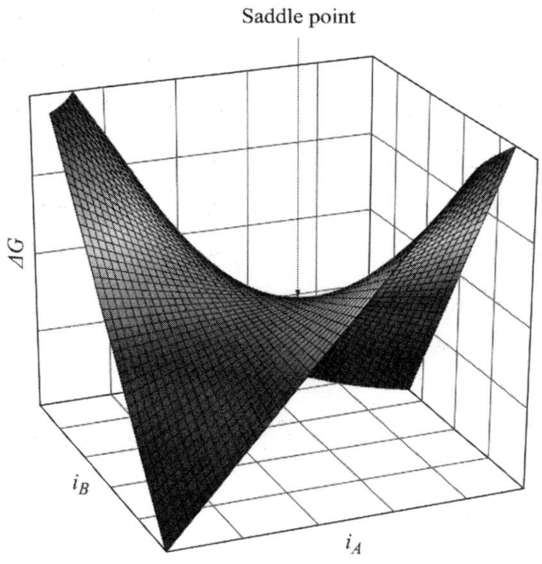

≫ **그림 9.5 2성분 균질핵화에서 에너지 장벽**

2성분 균질핵화에 대해 9.2절에서 동종분자 균질핵화를 다룰 때 사용했던 방법론을 그대로 적용하여 $\frac{d\Delta G}{dd_{i_A}} = \frac{d\Delta G}{dd_{i_B}} = 0$ 조건을 만족하는 핵화 에너지 장벽과 임계직경을 다음과 같이 구할 수 있다(Seinfeld and Pandis 2016).

$$v_A \ln S_B = v_B \ln S_A \tag{9-27}$$

$$d^* = \frac{4\sigma_s \bar{v}^*}{k_B T \ln S^*} \tag{9-28}$$

$$i_A^* = x_A^* \cdot \frac{\pi d^{*3}}{6\bar{v}^*} \tag{9-29}$$

$$i_B^* = x_B^* \cdot \frac{\pi d^{*3}}{6\bar{v}^*} \tag{9-30}$$

$$\Delta G^* = \frac{\pi \sigma_s d^{*2}}{3} = \frac{\pi \sigma_s}{3}\left(\frac{4\sigma_s \bar{v}^*}{k_B T \ln S^*}\right)^2 \tag{9-31}$$

여기서, v_A와 v_B는 두 물질의 분자부피, $S_A = p_A/p_{A,sol}$와 $S_B = p_B/p_{B,sol}$는 두 물질의 혼합물 응축상에 대한 평형증기압, $\bar{v} = x_A v_A + x_B v_B$는 응축상 혼합물의 평균 분자부피, $x_A = i_A/(i_A + i_B)$와 $x_B = i_B/(i_A + i_B)$는 응축상 몰분율, $S = S_A^{x_A} S_B^{x_B}$이다. 식 (9-27)에서 $p_{A,sol}$과 $p_{B,sol}$은 $x_A(=1-x_B)$의 함수이다. 따라서 주어진 p_A, p_B 조건 하에서 식 (9-27)을 만족시키는 응축상 조성 x_A^*를 결정할 수 있다. 일단 응축상 조성이 식 (9-27)로부터 결정되면 식 (9-28)~(9-31)로부터 순차적으로 d^*, i_A^*, i_B^*, ΔG^*를 결정할 수 있다. 식 (9-28), (9-31)은 동종분자 균질핵화에서의 식 (9-3), (9-6)과 정확히 같은 형태를 지니고 있으며, 식 (9-29), (9-30)은 동종분자 균질핵화에서의 식 (9-5)가 하는 역할을 한다.

Reiss(1950, 840-848)는 식 (9-26)의 계수 C를 다음과 같이 구할 것을 제안하였다.

$$C = \frac{\xi_A \xi_B}{\xi_A \sin^2\phi + \xi_B \cos^2\phi}(N_A + N_B)a^* Z \tag{9-32}$$

여기서, ξ_A, ξ_B, N_A, N_B는 동종분자 균질핵화에서 ξ_1, N_1을 정의했던 것과 같은 방식으로 성분 A와 B에 대해 각각 정의되고, a^*는 임계 클러스터의 표면적이며, Z는 Zeldovich factor로 대개는 1이라고 봐도 무방하다(Seinfeld and Pandis 2016). ϕ는 자유에너지 표면에서의 가장 급한 내리막경사 방향으로 결정되는데, 대개는 다음 식에 의해 실용적으로 계산된다(Määttänen et al. 2007, 134710).

$$\tan\phi = \frac{i_B^*}{i_A^*} \tag{9-33}$$

식 (9-32)는 식 (9-23)의 계수와 그 함수 형태가 비슷함을 확인할 수 있다.

9.4 비균질핵화: 이온의 영향

핵화율이 이온 농도에 비례하며 이온의 존재로 인해 핵화율이 수천 배까지 높아질 수 있다는 것이 구름챔버 실험결과로 보고된 바 있다(Katz, Fisk, and Chakarov 1994, 2309-2318). 대기 중에 존재하는 이온은 응축하는 황산분자 같은 극성 분자들을 끌어당겨 그 분자들의 클러스터를 안정화시키고 클러스터 형성을 위한 자유에너지 장벽을 낮춤으로써 핵화율을 크게 높일 수 있다(Yu and Turco 2000, 883-886). 클러스터에 포함된 이온은 클러스터의 성장속도(β)에는 별 영향을 미치지 않지만 수축속도(γ)는 크게 떨어뜨린다. 따라서 클러스터의 성장과 수축 간 평형이 이온이 없을 때보다 훨씬 낮은 성장속도에서 이루어지고, 이는 클러스터 표면에서의 평형증기압이 낮아짐을 의미하며, 결국 더 작은 임계직경과 더 낮은 자유에너지 장벽으로 이어진다. 그림 9.6은 이온에 의해 촉진된 균질핵화를 묘사하는 클러스터 성장 과정을 보여주는 개념도이다.

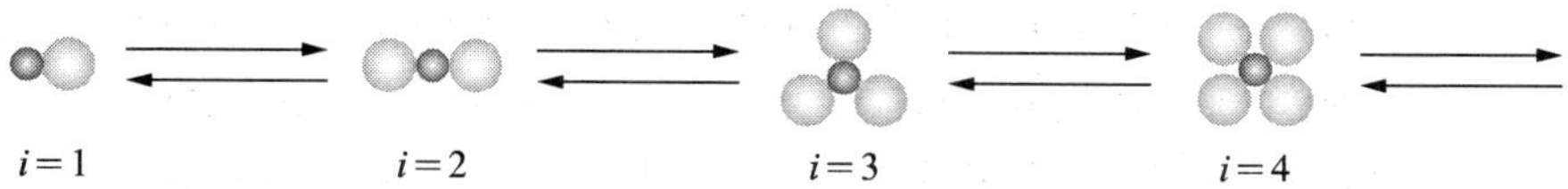

그림 9.6 이온에 의해 촉진된 균질핵화를 묘사하는 클러스터 성장 과정

일반적으로 이온은 응축성 증기 분자들보다 농도가 훨씬 낮은데다, 같은 이온들끼리는 척력이 작용하기 때문에, 클러스터에 포함된 이온은 하나뿐이고 클러스터의 중심에 위치할 것이라고 가정할 수 있다. 이온에 의한 전기장은 클러스터 반경의 제곱에 반비례하므로, 이온 때문에 수축속도가 줄어드는 정도는 클러스터가 커짐에 따라 급격하게 작아지고, 따라서 ΔG에 이온이 미치는 영향은 식 (9-2) 우변의 두 항들(표면장력과 상변환 효과)에 비해 작은 클러스터에 대해 강하고 큰 클러스터에 대해서는 약하다. 따라서, 이온이 존재할 경우 클러스터 크기에 따라 ΔG를 그려보면 다음 그림과 같다.

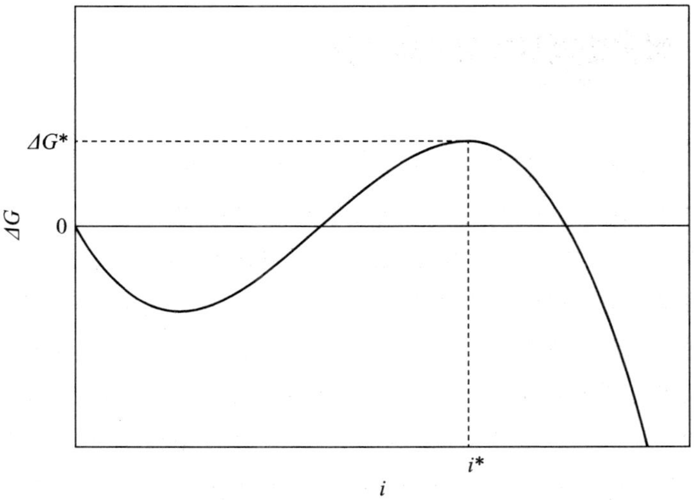

그림 9.7 이온이 존재할 경우 클러스터 형성에 따른 자유에너지 변화 곡선

위 그림을 그림 9.1과 비교해 보면, 작은 클러스터 영역에서 이온의 영향으로 극소값을 보인 뒤 표면장력과 상변환 효과와 이온의 영향보다 커진 이후에는 그림 9.1과 비슷한 패턴으로 돌아옴을 확인할 수 있다. 극대값은 그림 9.1에서와 마찬가지로 임계클러스터를 의미하며, 이 임계직경을 넘어서야 비로소 응축핵으로의 성장을 지속할 수 있다. 반면, 극소값에 위치한 클러스터는 극대값과는 다르게 안정한 상태인데, 크기가 조금만 더 커지거나 작아져도 자유에너지가 커지므로 현재의 크기로 계속 남아 있으려고 하기 때문이다. 이 극소값은 $S<1$인 경우에도 나타난다. 다만, 식 (9-2)에서 포화비의 영향을 나타내는 우변 두 번째 항이 $S<1$에서는 양의 값을 갖기 때문에 임계클러스터를 의미하는 극대값은 존재하지 않으며, 따라서 응축핵으로의 지속적인 성장은 불가능하다.

일반적으로 이온에 의한 핵화의 촉진은 이온의 전하 부호에 따라서도 달라지는 것으로 알려져 있다(Kusaka, Wang, and Seinfeld 1995a, 913-924; Kusaka, Wang, and Seinfeld 1995b, 8993-9009). 이것은 분자들이 이온과 상호작용하는 방식에 있어서의 비대칭성 때문인데, 이는 클러스터의 표면장력 같은 열역학적 특성의 전하 부호 의존성으로 나타난다. 이러한 전하 부호 의존성은 핵화율에 있어 10～100배의 차이를 낳기도 하는 것으로 보고됐다(Kusaka, Wang, and Seinfeld 1995a, 913-924).

9.5 대기 중 핵화

대기 중에서 관찰되는 에어로졸 핵화가 동종분자 균질핵화 이론이 예측하는 것보다 훨씬 빠르게 일어난다는 사실이 밝혀지자, 이를 설명하기 위해 가장 먼저 연구된 균질핵화 메커니즘이 H_2SO_4-H_2O 2성분 균질핵화였다(Doyle 1961, 795-799; Mirabel and Katz 1974, 1138-1144; Heist and Reiss 1974, 573-581). 대기 중에서 황산 분자는 아황산가스(SO_2)가 OH 라디칼에 의해 산화되면서 생성된다. 황산 분자는 흡습성 성분이며 증기압이 매우 낮기 때문에 쉽게 과포화상태에 도달한다. 이러한 특성 때문에 오랫동안 H_2SO_4-H_2O 2성분 균질핵화가 대기 중 균질핵화의 주요 경로로 생각되어 왔다.

H_2SO_4-H_2O 균질핵화는 2성분 균질핵화의 한 종류이므로 기본적으로는 9.4절에서 제시된 이론에 따르지만, 보정을 요구하는 한 가지 문제가 있다. 그것은 H_2SO_4 분자들이 대기 중에서 H_2O 분자와 결합한 수화물(hydrate)의 형태로도 존재한다는 것이다. 따라서, H_2SO_4-H_2O 균질핵화는 H_2SO_4 분자와 H_2O 분자 간의 핵화뿐 아니라 모든 H_2SO_4 수화물과 H_2O 분자 간의 핵화까지도 고려해야 한다(Jaecker-Voirol, Mirabel, and Reiss 1987, 4849-4852; Jaecker-Voirol and Mirabel 1988, 3518-3521). 수화물의 영향까지 고려한 H_2SO_4-H_2O 2성분 균질핵화 연구는 2000년대에 들어와서까지도 왕성하게 이루어졌다(Kulmala and Laaksonen 1990, 696-701; Laaksonen, Talanquer, and Oxtoby 1995, 489-524; Noppel, Vehkamäki, and Kulmala 2002, 218-228).

수화물의 영향을 고려한 H_2SO_4-H_2O 2성분 균질핵화율은 9.4절에서처럼 간단한 해석해의 형태로 제시될 수 없고, ΔG를 핵화에 참여하는 H_2SO_4 및 H_2O 분자수에 대한 2차원 함수로 구하여 도표화한 후 Saddle Point를 찾는 수치적 접근이 필요하다(Seinfeld and Pandis 2016). 이 때 활동도(activity), 밀도, 표면장력 등의 값이 온도의 함수로 제공되어야 한다.

대기 중 황산 분자의 통상적인 농도 수준으로부터 계산된 2종 균질핵화율은 관측된 대기 중 핵화율보다 크게 (때론 10자릿수까지 차이가 날 정도로) 낮다는 것이 보고되면서(Weber et al. 1996, 53-64; Turco, Zhao, and Yu 1998, 635-638; Clarke et al. 1998, 89-92), 대기 중 핵화에 관여하는 제3의 성분에 대한 연구가 본격화되었다.

제3의 성분으로 가장 먼저 물망에 오른 것은 이온이었다. 은하 우주선(galactic cosmic rays)에 의한 대기 중 이온의 생성과 그로 인한 균질핵화율의 증가 및 그로 인한 기후변화 영향을 연구하고자 개발된 사상 최대의 대기 핵화 실험 장비가 유럽입자물리연구소(CERN)에 설치된 CLOUD(Cosmics Leaving OUtdoor Droplets) 시스템이다(Kirkby et al. 2011, 429-433; Kürten et al. 2016, 12,377-12,400). 그러나, 애초의 기대와는 달리 이온의 영향은 H_2SO_4-H_2O 균질핵화율을 대기 중에서 관측된 정도로 높이기엔 너무 약한 것으로 드러났다(Kirkby et al. 2011, 429-433). 지표면에서 관측되는 수준의 은하 우주선량은 균질핵화율을 2~10배 수준으로 끌어올리는 데 그쳤다(Almeida et al. 2013, 359-363). 대기 중 이온에 의한 핵 생성은 10% 정도에 그치는 것으로 보고되고 있다(Hirsikko et al. 2011, 767-798).

대기 중에 널리 분포하는 대표적인 염기성 성분인 암모니아가 두 번째 후보로 떠올랐다(Weber et al. 1995, 2242-2257; Coffman and Hegg 1995, 7147-7160; Korhonen et al. 1999, 26349-26353; Kulmala, Pirjola, and Mäkelä 2000, 66-69). 특히, H_2SO_4-H_2O 2성분 균질핵화를 규명하기 위해 설계된 실험에서 미량의 암모니아의 존재가 핵화율을 크게 증가시킨다는 것이 발견되면서 H_2SO_4-H_2O-NH_3 3성분 균질핵화가 강력한 대안으로 부각되었다(Jung, Pandis, and Adams 2008, 495-504). 특히, 이온의 영향을 연구하고자 설계됐던 CLOUD 실험에서는 의도치 않게 존재했던 미량의 암모니아가 균질핵화율을 크게 높인다는 뜻밖의 결과를 도출하였다. 이 실험에서는 암모니아 농도를 0.03 ppb에서 0.2 ppb로 증가시켰을 때 균질핵화율이 2~3자릿수 증가하였고, 이온의 존재는 핵화율을 2~10배 증가시키는 것으로 보고되었다(Kirkby et al. 2011, 429-433). APi-TOF(atmospheric-pressure interface time-of-flight) mass spectrometer의 개발로 cluster 수준의 성분 분석이 가능해지면서, H_2SO_4-NH_3-H_2O 3성분 균질핵화에서 H_2SO_4 분자와 NH_3 분자가 1 : 1로 추가되면서 cluster가 성장한다는 것이 밝혀졌다(Kulmala et al. 2013, 943-946). 100 ppt 농도의 암모니아는 핵화율을 약 100배 증가시키는 것으로 관찰됐으나, 그 이상의 암모니아는 핵화율을 더이상 크게 증가시키지는 않는 것으로 나타났다. 그러나, H_2SO_4-NH_3-H_2O 3성분 균질핵화마저도 내륙 경계층에서 관측된 핵화율의 1/10 정도밖에는 설명하지 못한다는 결과가 발표되었다(Kirkby et al. 2011, 429-433).

암모니아보다 대기 중 양은 적지만 더 강한 염기성 성분으로서 H_2SO_4-H_2O 균질핵화를 더 효과적으로 촉진시킬 가능성 있는 성분으로 아민류가 주목받았다(Kurten et al. 2008, 4095-4103; Loukonen et al. 2010, 4961). 특히 CLOUD 실험에서는 H_2SO_4-dimethylamine (DMA)-H_2O 3성분 균질핵화율이 관측된 대기 중 핵화율을 설명할 수 있을 만큼 크다는 것이 밝혀졌다(Almeida et al. 2013, 359-363). 5 ppt의 DMA가 존재하는 상태에서의 핵화율은 암모니아 존재 시 핵화율보다 1000배 이상 높았다.

CLOUD 실험의 가장 큰 성과는 암모니아나 아민류 같은 염기성 분자에 의한 산-염기 결합에 cluster 증발을 방지함으로써 핵화율을 극적으로 증가시킨다는 것을 발견한 점이다. 특히 황산-아민 시스템에서 핵화는 자유에너지 장벽을 넘어가야 하는 제약 없이 산-염기 화학반응의 성격을 띠는 것으로 보인다(Seinfeld and Pandis 2016).

대기 중 VOC 성분들은 산화되면서 증기압이 점점 낮아져 입자상으로 변하기 쉬워진다. 이런 산화된 유기물 분자들이 H_2SO_4-H_2O 균질핵화를 촉진시키거나(H_2SO_4-산화

유기물-H_2O 3성분 균질핵화), 산화유기물 분자들끼리의 균질핵화를 일으킬 수도 있다(Zhang et al. 2009, 17650-17654; Metzger et al. 2010, 6646-6651; Schobesberger et al. 2013, 17223-17228; Riccobono et al. 2014, 717-721). 암모니아나 아민류 같은 염기성 분자들과는 달리 산화유기물은 황산 분자와의 stoichiometry에 따른 제약이 없는데다 대기 중에 다양한 산화유기물 성분들이 비교적 높은 농도로 존재하기 때문에 대기 중 핵화에 산화유기물이 기여하는 정도는 상당할 것으로 예상되지만 아직까지 그 정량적 예측에는 불확도가 커서 더 많은 연구가 필요한 상황이다.

이상 살펴본 내용을 정리하자면, 현재 대기 중 에어로졸 핵화는 조건에 따라 다음 다섯 가지 메커니즘 중 하나 이상에 의해 발생하는 것으로 추정되고 있다(Seinfeld and Pandis 2016).

(1) H_2SO_4-NH_3-H_2O 3성분 균질핵화
(2) H_2SO_4-아민-H_2O 3성분 균질핵화
(3) H_2SO_4-산화유기물-H_2O 3성분 균질핵화
(4) 산화유기물 분자들끼리의 균질핵화
(5) 위 네 가지가 이온에 의해 촉진된 비균질핵화

9.6 핵화 모수화 모델

보다 정확한 핵화율 계산이 대기 중 에어로졸 수농도 예측 정확도를 높일 수 있는 것으로 보고되고 있다(Makkonen et al. 2014, 5127-5152). 그러나, 고전역학적 kinetics 이론에 따른 핵화율의 계산은 매우 복잡한 과정을 요구하기 때문에 3차원 대기화학모델에 적용하기엔 계산효율 측면에서 문제가 많다. 이런 이유로 대기화학모델에서는 대부분 핵화율 계산을 모수화에 의존하고 있다.

Kulmala et al.(1998, 8301-8307)은 Wilemski(1984, 1370-1372)의 고전역학적 2종 균질핵화 이론을 이용한 모수화를 제안하였다. 이 모수화 기법은 상당 기간 동안 3차원 중규모 화학수송모델 CMAQ에 사용되었으나, 온도 233～298 K, 상대습도 10～100% 범위에만 적용할 수 있다는 한계를 가지고 있어서, 나중에 저온 및 저습도에서도 적용할 수 있도록 Vehkamaki et al.(2002)이 개선한 모수화 기법으로 교체되어 현재까지 사용되고 있다.

CLOUD 실험 등에 의해 암모니아를 비롯한 염기성 성분들과 이온에 의한 균질핵화율의 상당한 증가가 보고되었으나 이를 3차원 모델링에 적용하는 작업은 상대적으로

느리게 진행되고 있다. 이는 관측된 현상에 대한 이론적 이해가 명확하지 않았던 데다, 주로 미세먼지의 질량농도 예측에 집중하는 3차원 화학수송모델의 특성상 불확도가 크고 질량농도 예측에 상대적으로 작은 영향을 미치는 핵화 모듈에 대한 관심이 부족했던 탓으로 여겨진다.

최근에야 Yu et al.(2018, 17451-17474)이 양자화학적 계산에 기반한 열역학 데이터와 실험실 측정 결과에 기반한 H_2SO_4-H_2O-NH_3 3성분 균질핵화 이론을 제안하였다. 이 이론에는 이온의 영향에 대한 고려도 포함되어 있다. 이 이론으로 계산된 균질핵화율은 CLOUD 실험에서 보고된 다양한 환경에서의 측정값과 비교적 잘 일치하였다. 이 이론은 후속연구인 Yu et al.(2020, 2663-2670)에 의해 3차원 화학수송모델용 모수화 기법으로 정리되었다.

아민류는 암모니아보다 균질핵화 촉진 효과가 더 큰 것으로 보고되고 있으나 아직까지 아민류를 포함한 균질핵화 이론은 제안되지 못하고 있다.

참고문헌

Almeida, João, Siegfried Schobesberger, Andreas Kürten, Ismael K. Ortega, Oona Kupiainen-Määttä, Arnaud P. Praplan, Alexey Adamov, Antonio Amorim, Federico Bianchi, and Martin Breitenlechner. 2013. "Molecular Understanding of Sulphuric Acid–amine Particle Nucleation in the Atmosphere." *Nature* 502 (7471): 359-363.

Clarke, A. D., D. Davis, V. N. Kapustin, F. Eisele, G. Chen, I. I. Paluch, D. Lenschow, et al. 1998. "Particle Nucleation in the Tropical Boundary Layer and its Coupling to Marine Sulfur Sources." *Science* 282 (5386): 89-92.

Coffman, Derek J. and Dean A. Hegg. 1995. "A Preliminary Study of the Effect of Ammonia on Particle Nucleation in the Marine Boundary Layer." *Journal of Geophysical Research: Atmospheres* 100 (D4): 7147-7160.

Doyle, George J. 1961. "Self-nucleation in the Sulfuric Acid-water System." *The Journal of Chemical Physics* 35 (3): 795-799.

Heist, Richard H. and H. Reiss. 1974. "Hydrates in Supersaturated Binary Sulfuric Acid-water Vapor." *The Journal of Chemical Physics* 61 (2): 573-581.

Hirsikko, T., L. Laakso, S. Nieminen, S. Gagné, and K. Lehtipalo. 2011. "Atmospheric Ions and Nucleation: A Review of Observations." *Atmospheric Chemistry and Physics* 11 (2): 767-798.

Jaecker-Voirol, A., P. Mirabel, and H. Reiss. 1987. "Hydrates in Supersaturated Binary Sulfuric Acid-water Vapor: A Reexamination." *The Journal of Chemical Physics* 87 (8): 4849-4852.

Jaecker-Voirol, A. and P. Mirabel. 1988. "Nucleation Rate in a Binary Mixture of Sulfuric Acid and Water Vapor." *The Journal of Physical Chemistry* 92 (12): 3518-3521.

Jung, Jae Gun, Spyros N. Pandis, and Peter J. Adams. 2008. "Evaluation of Nucleation Theories in a Sulfur-Rich Environment." *Aerosol Science and Technology* 42 (7): 495-504.

Katz, Joseph L., Jeffery A. Fisk, and Vasil M. Chakarov. 1994. "Condensation of a Supersaturated Vapor IX. Nucleation on Ions." *The Journal of Chemical Physics* 101 (3): 2309-2318.

Kirkby, Jasper, Joachim Curtius, João Almeida, Eimear Dunne, Jonathan Duplissy, Sebastian Ehrhart, Alessandro Franchin, Stéphanie Gagné, Luisa Ickes, and Andreas Kürten. 2011. "Role of Sulphuric Acid, Ammonia and Galactic Cosmic Rays in Atmospheric Aerosol

Nucleation." *Nature* 476 (7361): 429-433.

Korhonen, P., M. Kulmala, A. Laaksonen, Y. Viisanen, R. McGraw, and J. H. Seinfeld. 1999. "Ternary Nucleation of H_2SO_4, NH_3, and H_2O in the Atmosphere." *Journal of Geophysical Research: Atmospheres* 104 (D21): 26349-26353.

Kulmala, Markku, Jenni Kontkanen, Heikki Junninen, Katrianne Lehtipalo, Hanna E. Manninen, Tuomo Nieminen, Tuukka Petäjä, Mikko Sipilä, Siegfried Schobesberger, and Pekka Rantala. 2013. "Direct Observations of Atmospheric Aerosol Nucleation." *Science* 339 (6122): 943-946.

Kulmala, Markku and Ari Laaksonen. 1990. "Binary Nucleation of Water–sulfuric Acid System: Comparison of Classical Theories with Different H2SO4 Saturation Vapor Pressures." *The Journal of Chemical Physics* 93 (1): 696-701.

Kulmala, Markku, Liisa Pirjola, and Jyrki M. Mäkelä. 2000. "Stable Sulphate Clusters as a Source of New Atmospheric Particles." *Nature* 404 (6773): 66-69.

Kulmala, M., A. Laaksonen, and L. Pirjola. 1998. "Parameterizations for Sulfuric Acid/Water Nucleation Rates." *Journal of Geophysical Research* 103 (D7): 8301-8307.

Kürten, Andreas, Federico Bianchi, Joao Almeida, Oona Kupiainen-Määttä, Eimear M. Dunne, Jonathan Duplissy, Christina Williamson, Peter Barmet, Martin Breitenlechner, and Josef Dommen. 2016. "Experimental Particle Formation Rates Spanning Tropospheric Sulfuric Acid and Ammonia Abundances, Ion Production Rates, and Temperatures." *Journal of Geophysical Research: Atmospheres* 121 (20): 12,377-12,400.

Kurten, Theo, Vehkamaki Loukonen, Hanna Vehkamäki, and Markku Kulmala. 2008. "Amines are Likely to Enhance Neutral and Ion-Induced Sulfuric Acid-Water Nucleation in the Atmosphere More Effectively than Ammonia." *Atmospheric Chemistry and Physics* 8 (14): 4095-4103.

Kusaka, I., Z. - G. Wang, and J. H. Seinfeld. 1995a. "Ion-induced Nucleation: A Density Functional Approach." *The Journal of Chemical Physics* 102 (2): 913-924.

———. 1995b. "Ion-induced Nucleation. II. Polarizable Multipolar Molecules." *The Journal of Chemical Physics* 103 (20): 8993-9009.

Laaksonen, Ari, Vicente Talanquer, and David W. Oxtoby. 1995. "Nucleation: Measurements, Theory, and Atmospheric Applications." *Annual Review of Physical Chemistry* 46 (1): 489-524.

Loukonen Ville, Theo Kurtén, I. K. Ortega, H. Vehkamäki, Agilio A. H. Padua, Karine Sellegri, and Marku Kulmala. 2010. "Enhancing Effect of Dimethylamine in Sulfuric Acid Nucleation in the Presence of Water-a Computational Study." *Atmospheric Chemistry and Physics* 10 (10): 4961.

Määttänen, Anni, Hanna Vehkamäki, Antti Lauri, Ismo Napari, and Markku Kulmala. 2007. "Two-Component Heterogeneous Nucleation Kinetics and an Application to Mars." *The Journal of Chemical Physics* 127 (13): 134710.

Makkonen, R., Ø Seland, A. Kirkevåg, T. Iversen, and J. E. Kristjánsson. 2014. "Evaluation of Aerosol Number Concentrations in NorESM with Improved Nucleation Parameterization." *Atmospheric Chemistry and Physics* 14 (10): 5127-5152.

Metzger, A., B. Verheggen, J. Dommen, J. Duplissy, A. S. Prevot, E. Weingartner, I. Riipinen, et al. 2010. "Evidence for the Role of Organics in Aerosol Particle Formation Under Atmospheric Conditions." *Proceedings of the National Academy of Sciences of the United States of America* 107 (15): 6646-6651.

Mirabel, Philippe and Joseph L. Katz. 1974. "Binary Homogeneous Nucleation as a Mechanism for the Formation of Aerosols." *The Journal of Chemical Physics* 60 (3): 1138-1144.

Noppel, M., H. Vehkamäki, and M. Kulmala. 2002. "An Improved Model for Hydrate Formation in Sulfuric Acid-water Nucleation." *The Journal of Chemical Physics* 116 (1): 218-228.

Reiss, Howard. 1950. "The Kinetics of Phase Transitions in Binary Systems." *The Journal of Chemical Physics* 18 (6): 840-848.

Riccobono, F., S. Schobesberger, C. E. Scott, J. Dommen, I. K. Ortega, L. Rondo, J. Almeida, et al. 2014. "Oxidation Products of Biogenic Emissions Contribute to Nucleation of Atmospheric Particles." *Science* 344 (6185): 717-721.

Schobesberger, S., H. Junninen, F. Bianchi, G. Lonn, M. Ehn, K. Lehtipalo, J. Dommen, et al. 2013. "Molecular Understanding of Atmospheric Particle Formation from Sulfuric Acid and Large Oxidized Organic Molecules." *Proceedings of the National Academy of Sciences of the United States of America* 110 (43): 17223-17228.

Seinfeld, John H. and Spyros N. Pandis. 2016. *Atmospheric Chemistry and Physics: From Air Pollution to Climate Change*. 3rd Ed. ed. Hoboken, New Jersey: John Wiley & Sons.

Turco, Richard P., Jing-Xia Zhao, and Fangqun Yu. 1998. "A New Source of Tropospheric Aerosols: Ion-ion Recombination." *Geophysical Research Letters* 25 (5): 635-638.

Vehkamäki, Hanna, Markku Kulmala, Ismo Napari, Kari E. J. Lehtinen, Claudia Timmreck, Madis Noppel, and Ari Laaksonen. 2002. "An Improved Parameterization for Sulfuric Acid-water Nucleation Rates for Tropospheric and Stratospheric Conditions." *Journal of Geophysical Research: Atmospheres* 107 (D22).

Weber, R. J., J. J. Marti, Peter H. McMurry, F. L. Eisele, D. J. Tanner, and A. Jefferson. 1996. "Measured Atmospheric New Particle Formation Rates: Implications for Nucleation Mechanisms." *Chemical Engineering Communications* 151 (1): 53-64.

Weber, R. J., P. H. McMurry, F. L. Eisele, and D. J. Tanner. 1995. "Measurement of Expected Nucleation Precursor Species and 3-500-Nm Diameter Particles at Mauna Loa Observatory, Hawaii." *Journal of the Atmospheric Sciences* 52 (12): 2242-2257.

Wilemski, Gerald. 1984. "Composition of the Critical Nucleus in Multicomponent Vapor Nucleation." *The Journal of Chemical Physics* 80 (3): 1370-1372.

Wyslouzil, B. E. and J. H. Seinfeld. 1992. "Nonisothermal Homogeneous Nucleation." *The Journal of Chemical Physics* 97 (4): 2661-2670.

Yu, Fangqun, Alexey B. Nadykto, Jason Herb, Gan Luo, Kirill M. Nazarenko, and Lyudmila A. Uvarova. 2018. "H_2SO_4-H_2O-H_3 Ternary Ion-Mediated Nucleation (TIMN): Kinetic-Based Model and Comparison with CLOUD Measurements." *Atmospheric Chemistry and Physics* 18 (23): 17451-17474.

Yu, Fangqun, Alexey B. Nadykto, Gan Luo, and Jason Herb. 2020. "H_2SO_4-H_2O Binary and H_2SO_4-H_2O-NH_3 Ternary Homogeneous and Ion-Mediated Nucleation: Lookup Tables Version 1.0 for 3-D Modeling Application." *Geoscientific Model Development* 13 (6): 2663-2670.

Yu, Fangqun and Richard P. Turco. 2000. "Ultrafine Aerosol Formation Via Ion-mediated Nucleation." *Geophysical Research Letters* 27 (6): 883-886.

Zhang, R., L. Wang, A. F. Khalizov, J. Zhao, J. Zheng, R. L. McGraw, and L. T. Molina. 2009. "Formation of Nanoparticles of Blue Haze Enhanced by Anthropogenic Pollution." *Proceedings of the National Academy of Sciences of the United States of America* 106 (42): 17650-17654.

CHAPTER

10

응 집

■ 저자 : **박성훈**(순천대학교 환경공학과)

공기 중에 부유하는 에어로졸 입자들이 저마다 속도가 다를 때 입자들끼리 서로 충돌하여 합쳐져서 큰 입자를 만들게 되는데 이를 응집(coagulation)이라 부른다. 응집에 의해 에어로졸 입자들은 그 수 농도는 줄어드는 한편 평균크기는 증가하게 된다. 응집은 에어로졸 입자들 사이에 일어나는 상호작용 중 가장 중요한 메커니즘이다.

응집을 일으키는 원인인 입자 간 상대속도가 어떻게 만들어졌는지에 따라 응집을 여러 가지로 분류하게 된다. 먼저 입자들에 작용하는 특별한 외력이 없는 상황에서 입자 간 상대속도가 입자들의 브라운 운동에 의한 것일 경우, 이 때 일어나는 응집을 브라운 응집(Brownian coagulation 또는 thermal coagulation)이라 부른다. 반면, 에어로졸 입자들에 중력이나 전기력 같은 외력이 작용하여 입자 간 상대속도를 만들어냄으로써 발생하거나, 공기역학적 작용에 의해 상대속도가 만들어져 발생하는 응집을 역학적 응집(kinematic coagulation)이라 부른다.

응집이 액체 입자들 간에 이루어지는 경우, 응집 전이나 후에 입자들의 모양은 항상 구형을 이룬다. 이렇게 구형 입자들끼리의 충돌을 통해 더 큰 구형 입자가 만들어지는 응집을 coalescence라 부른다. 반면, 고체 입자들 간에 응집이 이루어지는 경우에는 응집으로 인해 형성되는 입자들이 성긴 포도송이와 같은 모양을 만들게 되는데(그림 10.1) 이런 입자들을 aggregate 또는 agglomerate라 부르고 이런 입자들을 만들어내는 응집을 aggregation 또는 agglomeration이라 부른다. Aggregate 입자를 구성하는 하나하나의 구형 입자들을 일컬어 기본입자(primary particle)라 부른다.

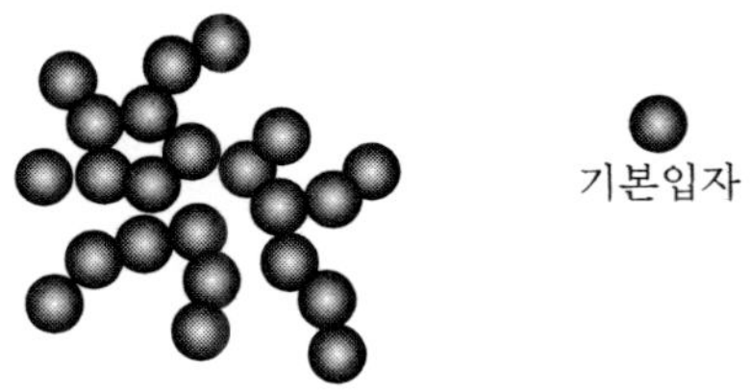

» 그림 10.1 Aggregate(agglomerate)와 기본입자

Aggregate 입자들의 주성분이 세라믹인 경우에는 특히 고온의 환경에서 기본입자들 간 접합점에서 높은 비표면적을 줄이기 위해 부분적인 기본입자 간 합병이 일어나게 되는데(그림 10.2), 이를 소결(sintering)이라 부른다. 소결은 흙으로 빚은 도자기를 가마에서 구워 단단하게 만드는데 사용되는 기본 원리이다. 액체 입자들 간 응집인 coalescence는 aggregation과 순간적인(매우 빠른) 소결이 동시에 일어나는 응집으로 해석할 수도 있다.

≫ 그림 10.2 소결에 의한 기본입자의 합병

10.1 브라운응집

1. Smoluchowski 응집

모든 응집 중에 항상 일어나는 가장 중요한 응집 메커니즘이 브라운응집이다. 특히 $d_p > 0.1$ μm인 단분산(monodisperse, 균일한 직경을 가진) 에어로졸 입자들의 브라운응집은 응집 문제에 대한 최초의 해석해를 제시한 물리학자의 이름을 따라 Smoluchowski 응집이라 부른다. Smoluchowski는 서로 충돌하는 모든 입자들은 충돌 후에 튕겨냄 없이 엉겨 붙으며 응집으로 인한 입자크기변화가 매우 느려서 이를 무시해도 좋다고 가정하여 브라운응집에 대한 해석해를 유도하였다.

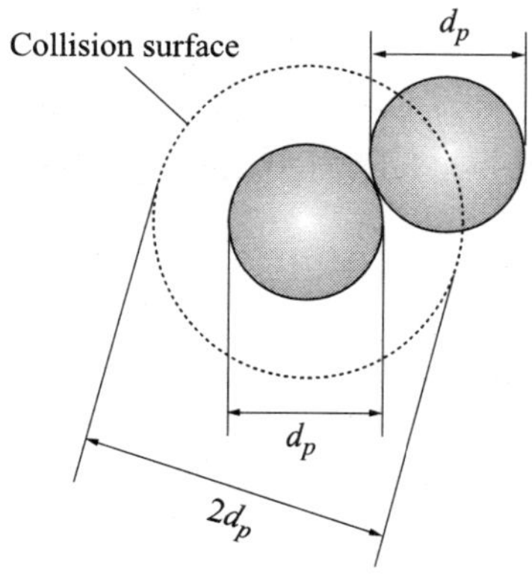

≫ 그림 10.3 Smoluchowski 응집 해석의 개념도

그림 10.3은 Smoluchowski 응집을 해석하기 위한 개념도를 보여주고 있다. Smoluchowski의 해석에서는 정지해 있는 한 입자에 초점을 맞추고, 주위에 있는 다른 입자들이 그 입자를 향해 확산해 오는 플럭스를 계산한다. 모든 입자들이 똑같은 직경

d_p를 가진다면 확산해 들어오는 입자(이하 확산입자)들은 그 입자 중심의 위치가 정지해 있는 입자(이하 목표입자) 중심으로부터의 거리 d_p가 되는 지점에서 충돌하여 응집이 일어난다. 이것은 반경 d_p인 가상의 구를 향하여 크기가 0인 점입자들이 확산해 들어와 충돌하는 것으로도 해석할 수 있다. 확산입자들이 목표입자와 충돌하여 부착되면 더 이상 가스상에 자유롭게 부유하지 않게 되기 때문에, 흔히 이 반경 d_p인 가상의 구를 흡수구(absorbing sphere)라고 부르며, 흡수구의 표면을 충돌표면(collision surface)이라 부른다. 따라서, 흡수구가 단위시간당 경험하게 될 충돌의 횟수는 충돌표면에서의 확산플럭스에 충돌표면의 넓이를 곱해주면 구할 수 있다.

그림 10.3은 연속체영역에서의 응축성장 해석을 위한 개념도(그림 8.7)와 매우 유사하다는 점을 눈여겨볼 필요가 있다. 응축에서 직경 d_D인 액적이 여기에서는 직경 $2d_p$인 흡수구로 대체되었다고 보면 된다. 응축의 경우에는 액적 표면에서 증기의 농도가 평형 농도인데 반해, 응집에서는 흡수구 표면에서 입자 농도가 0이라는 차이점을 제외하면, 아래에 설명할 수식 전개과정 역시 연속체영역 응축 해석 과정과 매우 유사하다는 점을 염두에 두고 공부하기 바란다.

입자 직경이 입자평균자유행로 λ_p보다 훨씬 큰 경우에는($d_p \gg \lambda_p$), 흡수구 주위에서 입자들의 확산에 의한 농도변화는 다음과 같은 연속체 가정에 기반한 확산방정식으로 표현된다.

$$\frac{\partial N(r,t)}{\partial t} = D\left\{\frac{\partial^2 N(r,t)}{\partial r^2} + \frac{2}{r}\frac{\partial N(r,t)}{\partial r}\right\} \tag{10-1}$$

여기서, N은 입자의 수농도, r는 흡수구 중심으로부터의 거리, t는 시간, D는 에어로졸 입자의 확산계수이다. 식 (10-1)에 대한 초기조건 및 경계조건은 다음과 같다.

$$\begin{aligned} N(r,0) &= N_\infty \\ N(\infty,t) &= N_\infty \\ N(d_p,t) &= 0 \end{aligned} \tag{10-2}$$

초기조건은 에어로졸 입자들이 균일하게 분포하고 있었다는 것을 의미하고, 첫 경계조건은 흡수구로부터 아주 멀리 떨어진 곳에서는 흡수구의 영향이 없다는 것을 의미한다. 마지막 경계조건은 충돌표면에서의 입자농도가 0이라는 것으로서, 충돌이 일어날 경우 부착확률이 1이라는 것을 의미한다. 식 (10-1)과 (10-2)에 대한 해는 다음과 같다.

$$N(r,\,t) = N_\infty \left\{ 1 - \frac{d_p}{r}\,\mathrm{erfc}\left(\frac{r - d_p}{2\sqrt{Dt}} \right) \right\} \tag{10-3}$$

충돌표면($r = d_p$)에서의 확산플럭스는 다음과 같은 Fick의 제1법칙으로 주어진다.

$$J = D\left(\frac{\partial N}{\partial r}\right)_{r = d_p} \tag{10-4}$$

앞 장에서 응축플럭스를 다룰 때와 같은 이유로 식 (10-4)에서 음의 부호를 생략하였다. 식 (10-3)을 r에 대해 편미분하면 다음과 같이 $\left(\frac{\partial N}{\partial r}\right)_{r = d_p}$를 구할 수 있다.

$$\left(\frac{\partial N}{\partial r}\right)_{r = d_p} = \frac{N_\infty}{d_p}\left(1 + \frac{d_p}{\sqrt{\pi D t}}\right) \tag{10-5}$$

식 (10-5)를 식 (10-4)에 대입하고 충돌표면의 넓이 $4\pi d_p^2$을 곱해주면 흡수구가 단위시간당 경험하게 될 충돌의 횟수를 다음과 같이 구할 수 있다.

$$J \times 4\pi d_p^2 = 4\pi d_p D N_\infty \left(1 + \frac{d_p}{\sqrt{\pi D t}}\right) \tag{10-6}$$

식 (10-6)은 충돌빈도가 초기에는 매우 크지만 $t \gg d_p^2/\pi D$이 되면서 다음과 같은 정상상태에 이르게 됨을 보여준다.

$$J \times 4\pi d_p^2 = 4\pi d_p D N \quad \text{at } t \gg d_p^2/\pi D \tag{10-7}$$

식 (10-7)에서부터는 입자 수농도에 더 이상 아랫첨자 ∞를 사용하지 않기로 하자. $d_p^2/\pi D$의 값은 입자가 클수록 크지만, 1 μm 입자에 대해 약 0.1초 수준이어서, 대부분의 경우 정상상태 가정이 유효하다.

지금까지는 목표입자가 정지해 있다고 가정하였다. 그러나 실제로는 확산입자들 뿐 아니라 목표입자 역시 같은 확산계수 D로 브라운 운동을 한다. 따라서, 우리가 사용해야 할 확산계수는 단일입자의 확산계수 D가 아니라 확산계수 D로 브라운 운동을 하는 두 입자 사이의 상대적인 운동을 표현하는 상대확산계수이며, 이것은 두 입자의 확산계수의 합으로 표현된다(Seinfeld & Pandis, 1998). (이 역시 연속체영역에서의 응축 해석과 다른 부분임에 유의하라.) 단분산 에어로졸의 경우에는 상대확산계수로 $2D$를 사용하면 되며, 결국 단위시간당 한 입자가 경험하게 될 충돌횟수는

$$J \times 4\pi d_p^2 = 4\pi d_p(2D)N = 8\pi d_p DN = \beta_{co}N \tag{10-8}$$

이 된다. 여기서 $\beta_{co}(=8\pi d_p D)$는 Smoluchowski 충돌커널(collision kernel)이다. 에어로졸 입자의 확산계수는 $D=\dfrac{k_B T C_c}{3\pi\mu d_p}$이므로,

$$\beta_{co} = \frac{8k_B T C_c}{3\mu} \tag{10-9}$$

가 된다. 여기서, k_B는 볼쯔만상수, T는 절대온도, μ는 기체의 점도, C_c는 미끄럼보정계수(slip correction factor)이다.

그렇다면 단위부피당 존재하는 N개의 입자들이 경험하는 단위시간당 총 충돌횟수는

$$N \times 8\pi d_p DN \times \frac{1}{2} = 4\pi d_p DN^2 \tag{10-10}$$

이다. 식 (10-10)에서 1/2를 곱해준 것은 모든 개별 충돌에는 두 입자가 관여하게 되므로 충돌횟수가 이중으로 더해지는 것을 고려한 것이다. 에어로졸 입자간 충돌이 일어날 때마다 입자의 수가 하나씩 줄어든다는 점을 감안하면, 에어로졸 입자 수농도의 변화율은 다음과 같다.

$$\frac{dN}{dt} = -4\pi d_p DN^2 = -\frac{1}{2}\beta_{co}N^2 \tag{10-11}$$

식 (10-11)은 원래 $d_p \gg \lambda_p$인 경우에 대해 유도된 해이지만, 식 (10-9)의 C_c가 작은 입자 크기로 인한 미끄럼 효과를 보정해주기 때문에 $d_p > 0.1$ μm인 경우까지 적용할 수 있다.

응집으로 인한 β_{co} 값의 변화가 크지 않다는 가정 하에 β_{co}를 상수로 보고 식 (10-11)을 변수분리하여 적분하면 다음과 같이 입자 수농도를 시간의 함수로 구할 수 있다.

$$\int_{N_0}^{N(t)} \frac{dN}{N^2} = \int_0^t -\frac{1}{2}\beta_{co}dt$$

$$-\frac{1}{N(t)} + \frac{1}{N_0} = -\frac{1}{2}\beta_{co}t \tag{10-12}$$

여기서, N_0는 N의 초기값이다. 이 식을 $N(t)$에 대해 정리하면 다음과 같은 식을 얻

게 된다.

$$\frac{N(t)}{N_0} = \frac{1}{1+\beta_{co}N_0 t/2} \tag{10-13}$$

$d_p > 1\ \mu m$인 경우에 $C_c \approx 1$이므로, 응집으로 인한 β_{co} 값의 변화가 크지 않다는 가정은 대체로 유효하다. 식 (10-13)을 여러 N_0 값을 적용하여 그래프로 그려 그림 10.4에 나타내었다. 시간이 흐름에 따라 입자 초기농도 N_0 값에 관계없이 모든 $N(t)$ 곡선이 하나의 직선으로 수렴하는 것을 확인할 수 있다. 이것은 식 (10-11)에 나타난 바와 같이 응집속도가 N^2에 비례하므로 농도가 높을수록 응집이 매우 빨리 일어나 농도를 낮추기 때문이다. 식 (10-13)에서 $t \gg t_{1/2} = 2/\beta_{co}N_0$일 때 $N(t) = 2/\beta_{co}t$가 됨을 확인할 수 있다. 여기서, $t_{1/2}(=2/\beta_{co}N_0)$는 반감기로서 에어로졸 입자농도가 반으로 줄어드는 데 걸리는 시간이다. 그림 10.5에 반감기 값을 입자 초기농도의 함수로 나타내었다. $N_0 = 10^{16}\ m^{-3}$일 때에는 반감기가 1초도 안 되지만, $N_0 = 10^9\ m^{-3}$일 때에는 반감기가 1개월 정도 되는 것을 확인할 수 있다.

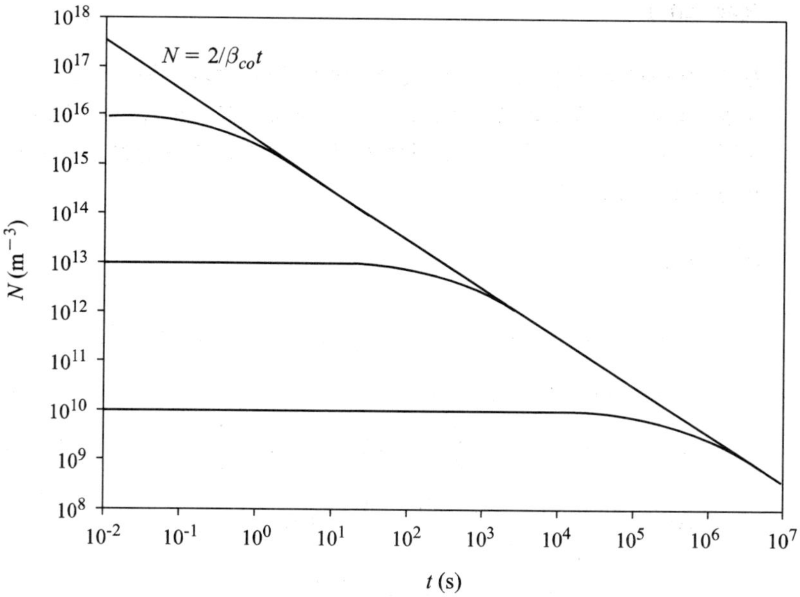

≫ **그림 10.4 Smoluchowski 응집에 의한 입자 수농도 감소**

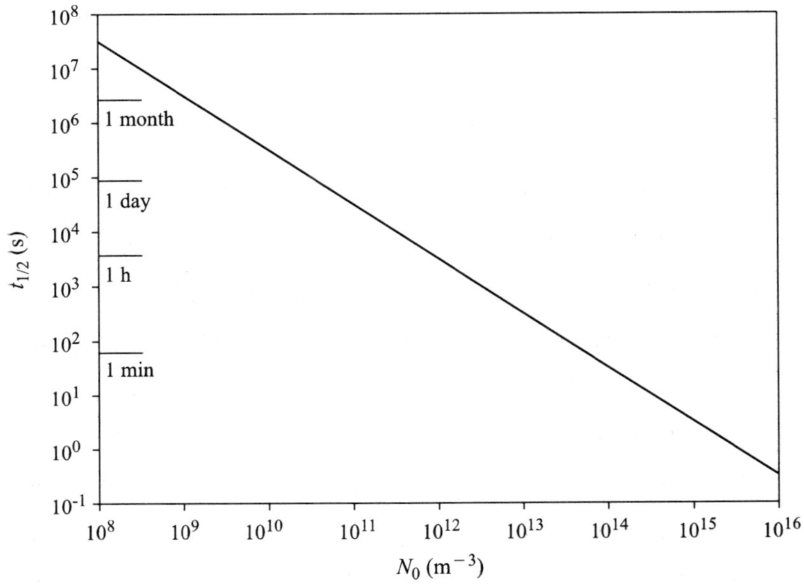

≫ 그림 10.5 초기농도의 함수로 나타낸 반감기

예제 10-1

온도 300 K에서 직경 0.5 μm인 단분산 에어로졸이 초기 수농도가 10^{16} m^{-3}이었을 때 10초 후 수농도와 직경을 구하라. 단, 응집으로 인한 응집커널의 변화는 무시하고 에어로졸은 단분산을 유지한다고 가정하라. 응집으로 인한 응집커널의 변화를 반영한다면 결과가 어떻게 달라질지 정성적으로 기술하라.

풀이

$$\mu = (1.81\times10^{-5}\ \text{kg s}^{-1}\text{m}^{-1})\left(\frac{T}{293\ \text{K}}\right)^{0.74} = (1.81\times10^{-5}\ \text{kg s}^{-1}\text{m}^{-1})\left(\frac{300}{293}\right)^{0.74}$$

$$= 1.842\times10^{-5}\ \text{kg s}^{-1}\text{m}^{-1}$$

$$\lambda = 6.6\times10^{-8}\ \text{m}\cdot\frac{T}{293\ \text{K}} = 6.6\times10^{-8}\ \text{m}\cdot\frac{300}{293} = 6.758\times10^{-8}\ \text{m}$$

$$Kn = \frac{2\lambda}{d_{p0}} = \frac{2\times6.758\times10^{-8}\ \text{m}}{5\times10^{-7}\ \text{m}} = 0.2703$$

$$C_c = 1 + Kn\left\{1.165 + 0.483\exp\left(-\frac{0.997}{Kn}\right)\right\}$$

$$= 1 + 0.2703\left\{1.165 + 0.483\exp\left(-\frac{0.997}{0.2703}\right)\right\} = 1.318$$

$$\beta_\infty = \frac{8k_BTC_c}{3\mu} = \frac{8(1.38\times10^{-23}\ \text{m}^2\text{kg s}^{-2}\text{K}^{-1})(300\ \text{K})\times1.318}{3(0.00001842\ \text{kg s}^{-1}\text{m}^{-1})}$$

$$= 7.905 \times 10^{-16}\,\text{m}^3\text{s}^{-1}$$

$$N(t) = \frac{N_0}{1+\beta_{co}N_0 t/2} = \frac{10^{16}\,\text{m}^{-3}}{1+(7.905\times 10^{-16}\,\text{m}^3\text{s}^{-1})(10^{16}\,\text{m}^{-3})(10\,\text{s})/2}$$

$$= 2.468 \times 10^{14}\,\text{m}^{-3}$$

$$d_p(t) = d_{p0} \times \left(\frac{N_0}{N}\right)^{1/3} = (0.5\,\mu\text{m})\left(\frac{10^{16}}{2.468\times 10^{14}}\right)^{1/3} = 1.72\,\mu\text{m}$$

응집으로 인해 입자의 크기가 증가하면 C_c의 값이 감소하기 때문에 충돌커널이 감소하고, 따라서 응집이 느려짐으로 인해 수농도 감소와 직경 증가 속도가 낮아져, 이 문제에서 구한 값보다 높은 수농도와 작은 직경이 얻어질 것이다.

예제 10-2

직경 0.3 μm, 수농도 $10^{14}\,\text{m}^{-3}$인 단분산 에어로졸이 응집으로 수농도 $10^{13}\,\text{m}^{-3}$로 감소하기까지 걸리는 시간을 구하라. 또한 이 때 입자직경은 얼마나 커지는지 계산하라. 단, 충돌커널은 $\beta_{co} = 9\times 10^{-16}\,\text{m}^3\text{s}^{-1}$이고 에어로졸은 단분산을 유지한다고 가정하라.

풀 이

$$\frac{N(t)}{N_0} = \frac{1}{1+\beta_{co}N_0 t/2}$$

$$\frac{N_0}{N(t)} = 1+\beta_{co}N_0 t/2$$

$$t = \frac{2}{\beta_{co}N_0}\left\{\frac{N_0}{N(t)} - 1\right\} = \frac{2}{(9\times 10^{-16}\,\text{m}^3\text{s}^{-1})(10^{14}\,\text{m}^{-3})}\left(\frac{10^{14}}{10^{13}} - 1\right) = 200\,\text{s}$$

$$d_p(t) = d_{p0} \times \left(\frac{N_0}{N}\right)^{1/3} = (0.3\,\mu\text{m})\left(\frac{10^{14}}{10^{13}}\right)^{1/3} = 0.646\,\mu\text{m}$$

2. 연속체영역(Continuum Regime) 응집

이번엔 충돌하는 두 입자의 크기가 서로 다른 경우를 생각해보자. 목표입자의 직경을 d_{p1}, 확산입자의 직경을 d_{p2}라 하고, 식 (10-1) 및 (10-2)와 같은 형태의 미분방정식을 직경 $d_{p1}+d_{p2}$인 흡수구와 상대확산계수 $D_{12} = D_1 + D_2$인 확산입자에 대해서 풀면 단위시간당 흡수구가 경험하게 될 충돌횟수는

$$2\pi(d_{p1}+d_{p2})(D_1+D_2)N_2 = \beta_{co,12}N_2 \tag{10-14}$$

가 된다. 여기서, N_2는 확산입자의 수농도이고, $\beta_{co,12}[=2\pi(d_{p1}+d_{p2})(D_1+D_2)]$는 서로 다른 크기의 두 입자 간 충돌커널이다. 목표입자의 수농도를 N_1이라 하면 결국 총 충돌빈도는 다음과 같다.

$$\beta_{co,12}N_1N_2 \tag{10-15}$$

이상의 식들은 연속체(continuum) 가정을 기반으로 하여 유도되었기 때문에, 이 식들을 이용하여 해석하는 응집을 연속체영역(continuum regime) 응집이라 부르며 충돌커널 $\beta_{co,12}$는 연속체영역 충돌커널이라 부른다.

3. 자유분자영역(Free-Molecule Regime) 응집

$d_p \ll \lambda_p$인 경우에는 입자 크기가 너무 작아 연속체(continuum) 가정이 더 이상 유효하지 않으므로 이상의 식들을 적용할 수 없게 된다. 이 때에는 입자들의 운동을 마치 자유분자(free molecule)의 운동처럼 기체분자운동론(kinetic theory of gases)으로 해석하여 충돌커널을 구할 수 있기 때문에 이 입자크기영역의 응집을 자유분자영역(free-molecule regime) 응집이라 부른다. 자유분자영역에서의 응축성장을 해석하는 것과 같은 방식의 논리 전개를 통하여 다음과 같은 자유분자영역에서의 충돌커널을 구할 수 있다.

$$\beta_{fm,12} = \frac{\pi}{4}(d_{p1}+d_{p2})^2\bar{c}_{12} \tag{10-16}$$

여기서, $\bar{c}_{12}(=\sqrt{\bar{c}_1^{\,2}+\bar{c}_2^{\,2}})$는 두 입자 간 평균 상대열운동속도, $\bar{c}(=\sqrt{8k_BT/\pi m})$는 단일입자의 평균 열운동속도, m은 입자의 질량이다. 식 (10-16)을 찬찬히 들여다보면 흡수구의 표면적과 입자들의 평균 상대열운동속도의 곱으로 이루어져 있음을 알 수 있다.

4. 전이영역(Transition Regime) 응집

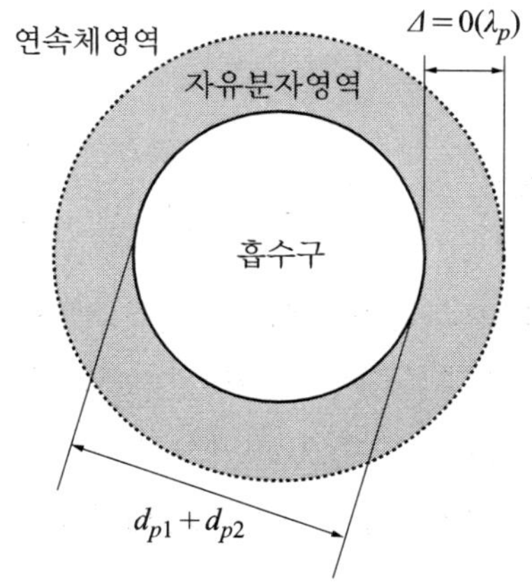

≫ **그림 10.6 전이영역 응집 해석을 위한 flux-matching 이론의 개념도**

한편, 에어로졸 입자의 크기가 입자평균자유행로 길이와 비슷한 수준일 때에는($d_p \approx \lambda_p$) 연속체영역 충돌커널과 자유분자영역 충돌커널 모두 엄밀하게 맞지 않게 되는데 이러한 입자크기영역을 전이영역(transition regime)이라 부른다. 전이영역에서의 응집커널은 전이영역에서의 응축성장을 해석하기 위해 사용했던 flux-matching 이론을 매우 유사한 방식으로 적용함으로써 구할 수 있다. 그림 10.6은 전이영역 응집 해석을 위한 flux-matching 이론의 개념도를 보여주고 있다. 이를 전이영역 응축 해석을 위한 개념도(그림 8.10)와 비교해 보면, 직경 d_D인 액적이 직경 $(d_{p1} + d_{p2})$인 흡수구로, 공기분자의 평균자유행로 λ가 입자평균자유행로 λ_p로 바뀌었을 뿐 전체적인 모습은 같은 것을 확인할 수 있다. 전이영역 응축에서와 마찬가지로 전이영역 응집에 대해서도 그 동안 여러 연구자가 다양한 형태의 flux-matching 이론을 제안하였으며, 각 이론마다 Δ의 값을 결정하는 방식이 서로 다르다. 최초의 flux-matching 이론은 Fuchs(1964)에 의해 다음과 같은 보정인자를 포함하는 형태로 제안되었다.

$$\beta_{12} = \beta_{co,12}\beta_t \tag{10-17}$$

여기서, β_t는 전이보정인자(transition correction factor)이다. $d_p \gg \lambda_p$일 때(연속체영역)에는 $\beta_t = 1$이며, $d_p \ll \lambda_p$일 때(자유분자영역)에는 β_t의 값이 $\beta_{fm,12}/\beta_{co,12}$로 수렴하는 특성을 가진다.

Dahneke(1983)는 $\Delta = 2\lambda_p/3$를 사용하여 다음과 같이 더 간단한 형태의 전이보정인자 식을 구하였다.

$$\beta_t = \frac{1 + Kn_D}{1 + 2Kn_D(1 + Kn_D)} \tag{10-18}$$

여기서,

$$Kn_D = \frac{\beta_{co,12}}{2\beta_{fm,12}} = \frac{4(D_1 + D_2)}{(d_{p1} + d_{p2})\bar{c}_{12}} \tag{10-19}$$

그림 10.7은 Dahneke(1983)의 이론을 이용하여 단분산 에어로졸의 입자 크기에 따른 충돌커널의 변화를 보여주고 있다. 식 (10-18)로 주어진 전이보정인자 β_t를 사용한 전이영역 충돌커널은 β_{fm}과 β_{co}를 부드럽게 연결하면서 자유분자영역에서 연속체영역까지 모든 입자크기영역의 충돌커널을 대변하고 있다.

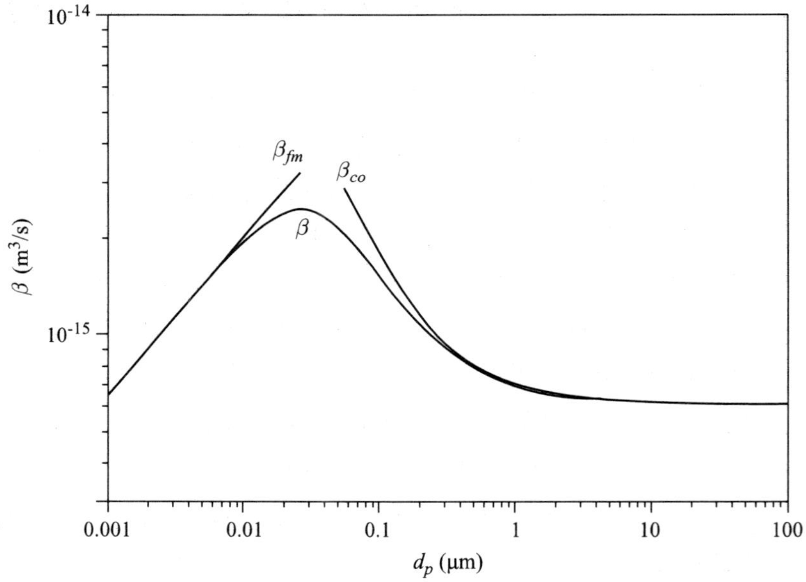

≫ **그림 10.7 입자 크기에 따른 충돌커널의 변화**

그림 10.7에 나타난 바와 같이 입자의 크기가 대략 1 μm보다 클 때에는 $C_c \approx 1$이므로 충돌커널은 입자 크기에 무관한 값이 된다. 이것을 식 (10-11)을 통해 보면, 연속체영역에서 충돌커널은 d_p와 D의 곱으로 이루어지는데, D가 d_p에 반비례하므로 그 곱은 입자 크기에 무관한 것으로 풀이할 수 있다. 여기서 d_p는 목표입자의 크기를 대변하며 d_p가 클수록 주변의 입자들이 불규칙한 브라운 운동을 할 때 우연히 충돌하게 될

확률이 높기 때문에 충돌커널의 값이 크고, D는 확산입자들의 확산 강도를 대변하며 그 값이 클수록 더 많은 입자들이 목표입자 주위로 접근하여 충돌할 가능성을 높일 수 있기 때문에 충돌커널이 크다. 단분산 에어로졸의 경우 입자의 크기가 커질수록 충돌표적이 커지는 효과가 확산계수가 작아지는 효과와 상쇄되어 충돌커널에는 아무런 변화가 없는 것이다. 그러나 d_p가 λ보다 충분히 크지 않을 경우에는 입자 크기가 작을수록 C_c의 값이 커져서 충돌커널이 증가하게 된다.

반면 자유분자영역에서는 식 (10-16)에서 보듯이 입자의 직경이 커질수록 흡수구의 표면적($\propto d_p^2$)이 커지는 효과가 입자들의 평균속도($\bar{c}_{12} \propto d_p^{-3/2}$)가 작아지는 효과보다 커서 충돌커널이 증가한다. 결국 충돌커널의 값은 전이영역에서 최댓값을 가진다.

5. 다분산 에어로졸의 브라운응집

존재하는 모든 에어로졸 입자 중 가장 작은 입자의 부피가 v_1이고 다른 모든 입자들의 부피는 이 가장 작은 입자 부피의 정수배라고 (즉 모든 입자들은 가장 작은 입자들의 응집의 결과로 생겨난 입자들이라고) 가정해보자. 이 경우 부피가 작은 순서로 k번째 그룹에 속하는 입자들은 그 부피가 가장 작은 입자 부피의 k배($v_k = kv_1$)인데, 이 입자들의 수 농도를 N_k라 정의하자. 이러한 다분산 에어로졸의 응집은 모든 가능한 조합의 두 크기를 갖는 입자들의 충돌에 의해 일어나며, 이로 인한 입자크기분포의 변화는 다음 식으로 표현된다.

$$\frac{dN_k}{dt} = \frac{1}{2}\sum_{i=1}^{k-1}\beta_{i,k-i}N_iN_{k-i} - N_k\sum_{i=1}^{\infty}\beta_{i,k}N_i \tag{10-20}$$

여기서, $\beta_{i,k}$는 부피 v_i와 v_k인 두 입자 간의 충돌커널이다. 식 (10-20)의 우변 첫째 항은 부피 v_i와 v_{k-i}인 두 입자의 충돌로 부피 v_k인 입자가 새로 만들어지는 모든 경우를 반영하고 있으며 계수 1/2은 각 경우가 두 번씩 더해지는 것을 보정한다. 식 (10-20)의 우변 두 번째 항은 부피 v_k인 입자가 다른 입자들과의 응집에 의해 k번째 그룹에서 빠져나가는 것을 반영한다. 응집은 총 질량(또는 총 부피)이 보전되는 메커니즘이기 때문에 식 (10-20)에서처럼 입자의 크기를 직경 대신 부피로 표현하는 것이 수식 전개에 이롭다.

에어로졸 입자의 성장이 응집에 의해서만 이루어지지는 않을 때, 가령 응축도 에어로졸 입자의 성장에 중요한 역할을 할 때에는, 입자크기분포를 연속적인 분포함수로 표현하는 것이 더 바람직하다. 연속적인 크기분포를 갖는 다분산 에어로졸의 응집에 의한 크기분포의 변화를 표현하려면 식 (10-20)을 다음과 같은 미적분방정식으로 수정해야 한다(Müller, 1928).

$$\frac{\partial n(v,\, t)}{\partial t} = \frac{1}{2}\int_0^v \beta(v-\bar{v},\, \bar{v})n(v-\bar{v},\, t)n(\bar{v},\, t)d\bar{v} - n(v,\, t)\int_0^\infty \beta(v,\, \bar{v})n(\bar{v},\, t)d\bar{v} \tag{10-21}$$

여기서, $n(v,\, t)$는 시간 t에서 입자크기분포함수, $\beta(v,\, \bar{v})$는 부피 v와 $\bar{v}$인 두 입자 간 충돌커널이다.

식 (10-21)에 대한 엄밀한 해석해를 구하는 것은 사실상 불가능하다. 그래서 컴퓨터의 발달과 함께 많은 에어로졸 과학자들이 식 (10-21)을 수치해석적으로 푸는 효과적인 기법을 개발해 왔다. 현재 가장 널리 사용되는 수치해석 기법에는 섹션 기법(sectional method)과 모멘트 기법(moment method)이 있다. 섹션 기법(Gelbard et al., 1980; Kim & Seinfeld, 1990; Park & Rogak, 2004)은 에어로졸 입자의 크기를 몇 개의 그룹(섹션)으로 나누어 각 섹션에 속하는 입자들의 수(또는 질량)를 추적하는 기법으로서 섹션의 수를 충분히 크게 할 경우 정확도가 매우 높은 것으로 알려져 있다. 모멘트 기법(Lee, 1983; Lee et al., 1984; Pratsinis, 1988)은 섹션 기법에 비해 정확도가 다소 떨어지지만, 계산속도가 훨씬 빠른데다 근사적인 해석해를 구할 수 있다는 장점을 지니고 있다(Lee, 1983; Park et al., 1999; Park et al., 2000). 예를 들어, Lee(1983)와 Lee and Chen(1984)은 $C_c = 1$인 다분산 에어로졸의 연속체영역 응집 문제를 모멘트 기법으로 풀어 각각 입자 수농도 감소와 응집속도에 대한 다음과 같은 해석해를 유도하였다.

$$\frac{N(t)}{N_0} = \frac{1}{1+\left\{1+\exp(\ln^2\sigma_{g0})\right\}\beta_{co}N_0 t/4} \tag{10-22}$$

$$\frac{dN}{dt} = -\frac{1}{4}\beta_{co}\left\{1+\exp(\ln^2\sigma_g)\right\}N^2 \tag{10-23}$$

여기서, σ_g는 입자 직경의 기하표준편차, σ_{g0}은 σ_g의 초기값이다. 식 (10-22)와 (10-23)을 각각 식 (10-13) 및 (10-11)과 비교하면 단분산 에어로졸일 때 β_{co}가 있던 자리에 $\beta_{co}\{1+\exp(\ln^2\sigma_g)\}/2$가 대신 들어가 있음을 확인할 수 있다. (단, 식 (10-22)에서는 해석해로 표현하기 위해 σ_g 대신 그 초기값을 사용하고 있다.) 단분산 에어로졸에 대해서는 $\sigma_g = 1$이고, 다분산 에어로졸은 $\sigma_g > 1$이다. 따라서, $\beta_{co}\{1+\exp(\ln^2\sigma_g)\}/2$의 값은 단분산 에어로졸에 대해서는 β_{co}와 같지만 다분산 에어로졸에 대해서는 β_{co}보다 크다. 즉, 식 (10-22)와 (10-23)은 다분산 에어로졸의 응집이 단분산 에어로졸의 응집보다 더 빠르게 일어난다는 것을 보여주고 있다. $\{1+\exp(\ln^2\sigma_g)\}/2$를 다분산도 인자(polydispersity factor)라고 부른다. 그림 10.8에 다분산도 인자 값을 σ_g의 함수로 나타내었다.

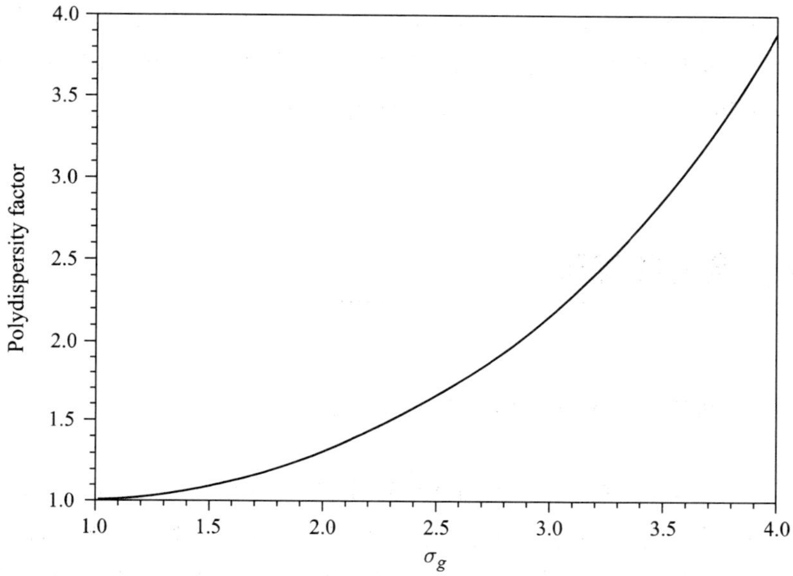

≫ 그림 10.8 σ_g의 함수로 나타낸 다분산도 인자

이러한 다분산 효과는 $\beta_{co,12}$의 함수 형태를 β_{co}와 비교해보면 쉽게 이해할 수 있다. 식 (10-14)에 나타난 것처럼 $\beta_{co,12}=2\pi(d_{p1}+d_{p2})(D_1+D_2)=2\pi(d_{p1}D_1+d_{p1}D_2+d_{p2}D_1+d_{p2}D_2)$이다. 이 식은 $d_{p1}=d_{p2}=d_p$이고 $D_1=D_2=D$라면 $\beta_{co}=8\pi d_pD$으로 환원된다. 그러나, $d_{p1}\neq d_{p2}$이고 $D_1\neq D_2$라면, $D\propto 1/d_p$인 상황에서는 $d_1D_2+d_2D_1>d_1D_1+d_2D_2=2d_1D_1=2d_2D_2$이므로 항상 $\beta_{co,12}>\beta_{co}$인 관계가 성립한다. 이 결과에 대한 물리적 해석은 에어로졸 입자들의 크기가 제각각일 때 작은 입자의 큰 확산계수와 큰 입자의 큰 충돌표적 크기가 시너지 효과를 일으켜 전체적인 응집속도가 높아진다는 것이다.

큰 입자와 작은 입자가 선택적으로 빠른 응집을 일으킨다는 것은 응집에 의한 입자크기분포 변화에 큰 함의를 갖는다. 초기에 단분산이었던 에어로졸은 시간이 흐름에 따라 응집에 의해 다양한 크기의 입자들이 만들어지면서 다분산 에어로졸이 된다. 반면 초기에 매우 넓은 입자크기분포를 가졌던 에어로졸은 가장 큰 입자들과 가장 작은 입자들 간에 선택적으로 응집이 일어나면서 그 크기분포가 좁아진다. 결국 오랜 시간동안 응집을 겪은 에어로졸은 초기의 다분산도에 관계없이 일정한 다분산도(일정한 σ_g)로 수렴한다는 것이 실험적으로나 이론적으로 알려져 왔다(Friedlander & Wang, 1966; Vemury & Pratsinis, 1995; Wang & Friedlander, 1967). 이런 점근(asymptotic) 크기분포를 자기보존크기분포(self-preserving size distribution)라 부른다. 연속체영역과 자유분자영역에서 입자크기분포가 대수정규분포를 따르는 경우 자기보존크기분포의 σ_g 값은 각각 1.320(Lee, 1983)과 1.355(Lee et al., 1990)이지만, 실제로는 입자크기분포가 엄밀하게 대수정규분포를 따르지 않기 때문에 섹션 기법으로 더 정확히 계산해보면 각각 1.444(Park et al., 2000)와 1.462(Park & Lee, 2002)인 것으로 알려져 있다.

10.2 역학적 응집

1. 중력응집(Gravitational Coagulation)

중력에 의해 낙하하는 에어로졸 입자들은 중력침강속도의 차이로 인해 빨리 떨어지는 큰 입자가 천천히 떨어지는 작은 입자와 충돌하게 되는데 이를 중력응집이라고 부른다. 중력응집의 가장 대표적인 예로 빗방울에 의한 에어로졸 입자의 제거를 들 수 있다. 큰 입자의 직경과 중력침강속도를 각각 d_{p1}, v_{s1}이라 하고 작은 입자의 직경과 중력침강속도를 각각 d_{p2}, v_{s2}라 하면, 단위시간 동안 큰 입자 하나가 겪게 되는 작은 입자들과의 충돌 수는

$$\frac{\pi}{4}(d_{p1}+d_{p2})^2(v_{s1}-v_{s2})N_2\eta_c = \beta_{gr,12}N_2 \tag{10-24}$$

이며, 중력응집에 대한 충돌커널은

$$\beta_{gr,12} = \frac{\pi}{4}(d_{p1}+d_{p2})^2(v_{s1}-v_{s2})\eta_c \tag{10-25}$$

이다. 여기서, N_2는 작은 입자의 수농도이다. 식 (10-24)의 좌변은 직경 $d_{p1}+d_{p2}$인 흡수구가 단위시간 동안 침강하면서 휩쓸고 지나가는 부피에 작은 입자의 수농도를 곱한 것이다. 마지막에 곱해져 있는 η_c는 섬유필터여과에서 단일섬유효율을 구할 때와 같은 개념의 포집효율(capture efficiency)로서, 큰 입자가 다가올 때 작은 입자가 공기역학적으로 옆으로 밀려나는 효과를 보정한다. 경험적으로 η_c의 값은 $St \geq 0.1$일 때 다음 식

으로 주어진다(Hinds, 1999).

$$\eta_c = \left(\frac{St}{St+0.12}\right)^2 \tag{10-26}$$

여기서 Stokes 수 St는 다음과 같다.

$$St = \frac{\rho_p d_{p2}^2 C_{c2}(v_{s1}-v_{s2})}{18\mu d_{p1}} \tag{10-27}$$

중력이 아닌 다른 종류의 힘이 작용할 경우에도 입자 크기에 따라 입자의 속도가 다르다면 중력응집의 경우와 비슷한 원리에 따라 응집이 발생한다. (중력응집을 포함하여) 이런 경우에는 입자의 크기가, 특히 더 큰 입자의 크기 d_{p1}이 클수록 응집속도가 높기 때문에, 일반적인 에어로졸 입자보다 훨씬 큰 물방울에 의한 에어로졸의 제거에 매우 효과적으로 응용된다. 비가 올 때 대기 중 에어로졸이 제거되는 것은 주로 중력응집에 의한 것이고, 스프레이 기법을 활용한 스크러버에서는 스프레이에 의한 직접적인 역학적 응집과 중력응집이 동시에 일어난다.

예제 10-3

온도 300 K에서 직경이 각각 5 μm와 2 μm인 두 입자 간의 중력응집 속도는 두 입자 간 브라운 응집 속도의 몇 배인가? 단, 입자의 밀도는 2000 kg/m³이다.

풀이

$$\mu = (1.81\times10^{-5}\ \mathrm{kg\,s^{-1}m^{-1}})\left(\frac{T}{293\ \mathrm{K}}\right)^{0.74} = (1.81\times10^{-5}\ \mathrm{kg\,s^{-1}m^{-1}})\left(\frac{300}{293}\right)^{0.74}$$

$$= 1.842\times10^{-5}\ \mathrm{kg\,s^{-1}m^{-1}}$$

$$\lambda = 6.6\times10^{-8}\ \mathrm{m}\cdot\frac{T}{293\ \mathrm{K}} = 6.6\times10^{-8}\ \mathrm{m}\cdot\frac{300}{293} = 6.758\times10^{-8}\ \mathrm{m}$$

$$Kn_1 = \frac{2\lambda}{d_{p1}} = \frac{2\times6.758\times10^{-8}\ \mathrm{m}}{5\times10^{-6}\ \mathrm{m}} = 0.02703$$

$$Kn_2 = \frac{2\lambda}{d_{p2}} = \frac{2\times6.758\times10^{-8}\ \mathrm{m}}{2\times10^{-6}\ \mathrm{m}} = 0.06758$$

$$C_{c1} = 1+Kn_1\left\{1.165+0.483\exp\left(-\frac{0.997}{Kn_1}\right)\right\}$$

$$= 1+0.02703\left\{1.165+0.483\exp\left(-\frac{0.997}{0.02703}\right)\right\} = 1.031$$

$$C_{c2} = 1 + Kn_2\left\{1.165 + 0.483\exp\left(-\frac{0.997}{Kn_2}\right)\right\}$$

$$= 1 + 0.06758\left\{1.165 + 0.483\exp\left(-\frac{0.997}{0.06758}\right)\right\} = 1.079$$

$$D_1 = \frac{k_B T C_{c1}}{3\pi\mu d_{p1}} = \frac{(1.38\times10^{-23}\ \mathrm{m^2 kg\ s^{-2}K^{-1}})(300\ \mathrm{K})\times1.031}{3\pi(1.842\times10^{-5}\ \mathrm{kg\ s^{-1}m^{-1}})(5\times10^{-6}\ \mathrm{m})} = 4.923\times10^{-12}\ \mathrm{m^2\ s^{-1}}$$

$$D_2 = \frac{k_B T C_{c2}}{3\pi\mu d_{p2}} = \frac{(1.38\times10^{-23}\ \mathrm{m^2 kg\ s^{-2}K^{-1}})(300\ \mathrm{K})\times1.079}{3\pi(1.842\times10^{-5}\ \mathrm{kg\ s^{-1}m^{-1}})(2\times10^{-6}\ \mathrm{m})} = 1.287\times10^{-11}\ \mathrm{m^2\ s^{-1}}$$

$$\beta_{co,12} = 2\pi(d_{p1}+d_{p2})(D_1+D_2)$$

$$= 2\pi(5\times10^{-6}\ \mathrm{m} + 2\times10^{-6}\ \mathrm{m})(4.923\times10^{-12}\ \mathrm{m^2\ s^{-1}} + 1.287\times10^{-11}\ \mathrm{m^2\ s^{-1}})$$

$$= 7.827\times10^{-16}\ \mathrm{m^3\ s^{-1}}$$

$$v_{s1} = \frac{g\rho_p d_{p1}^2 C_{c1}}{18\mu} = \frac{(9.8\ \mathrm{m\ s^{-2}})(2000\ \mathrm{kg\ m^{-3}})(5\times10^{-6}\ \mathrm{m})^2(1.031)}{18(1.842\times10^{-5}\ \mathrm{kg\ s^{-1}m^{-1}})}$$

$$= 1.526\times10^{-3}\ \mathrm{m\ s^{-1}}$$

$$v_{s2} = \frac{g\rho_p d_{p2}^2 C_{c2}}{18\mu} = \frac{(9.8\ \mathrm{m\ s^{-2}})(2000\ \mathrm{kg\ m^{-3}})(2\times10^{-6}\ \mathrm{m})^2(1.079)}{18(1.842\times10^{-5}\ \mathrm{kg\ s^{-1}m^{-1}})}$$

$$= 2.554\times10^{-4}\ \mathrm{m\ s^{-1}}$$

$$St = \frac{\rho_p d_{p2}^2 C_{c2}(v_{s1}-v_{s2})}{18\mu d_{p1}}$$

$$= \frac{(2000\ \mathrm{kg\ m^{-3}})(2\times10^{-6}\ \mathrm{m})^2(1.079)(1.526\times10^{-3}\ \mathrm{m\ s^{-1}} - 2.554\times10^{-4}\ \mathrm{m\ s^{-1}})}{18(1.842\times10^{-5}\ \mathrm{kg\ s^{-1}m^{-1}})(5\times10^{-6}\ \mathrm{m})}$$

$$= 0.00662$$

$$\eta_c = \left(\frac{St}{St+0.12}\right)^2 = \left(\frac{0.00662}{0.00662+0.12}\right)^2 = 0.00273$$

$$\beta_{gr,12} = \frac{\pi}{4}(d_{p1}+d_{p2})^2(v_{s1}-v_{s2})\eta_c$$

$$= \frac{\pi}{4}(5\times10^{-6}\ \mathrm{m} + 2\times10^{-6}\ \mathrm{m})^2(1.526\times10^{-3}\ \mathrm{m\ s^{-1}} - 2.554\times10^{-4}\ \mathrm{m\ s^{-1}})(0.00273)$$

$$= 1.336\times10^{-16}\ \mathrm{m^3\ s^{-1}}$$

$$\frac{\beta_{gr,12}}{\beta_{co,12}} = \frac{1.336\times10^{-16}}{7.827\times10^{-16}} = 0.17$$

2. 유속 구배에 의한 응집

에어로졸 입자가 유속 구배 하에 존재할 때에는 크기가 서로 같은 입자들 사이에도 상대속도가 발생해 응집이 발생할 수 있다. 그림 10.9는 유속 구배에 의해 응집이 발생하는 원리를 보여주고 있다. 위로 올라갈수록 유속이 상승하는 경우(대개 지표면 근처에서는 이런 현상이 일어난다), 위쪽에 있는 입자가 상대적으로 아래쪽에 있는 입자보다 더 빨리 이동하다가 서로 충돌하여 응집이 일어난다.

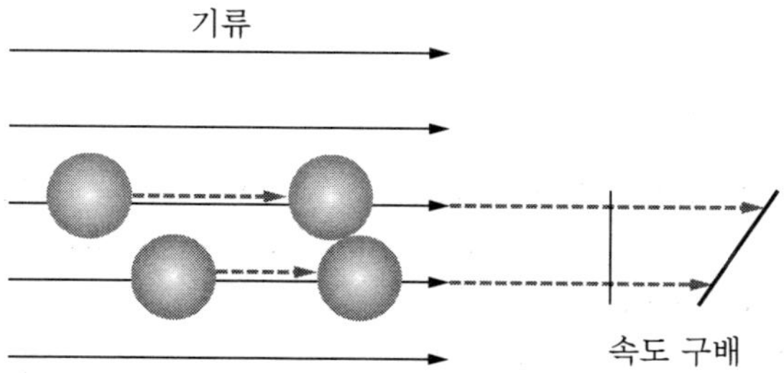

≫ **그림 10.9 유속 구배에 의한 응집의 원리**

유속 구배가 층류에서 발생한 경우라면 유속 구배에 의한 응집커널은 다음과 같이 주어진다(Seinfeld & Pandis, 1998).

$$\beta_{LS,12} = \frac{\Gamma}{6}(d_{p1} + d_{p2})^3 \tag{10-28}$$

여기서, Γ는 유속 구배이다.

유속 구배가 난류 속에서 발생한 경우에는 난류 속 유속 구배를 어떻게 정량화하느냐에 따라 여러 가지 이론이 존재한다. 가장 대표적인 이론은 Saffman & Turner(1956)의 이론으로, 다음과 같다.

$$\beta_{TS,12} = \left(\frac{\pi\epsilon_k}{120\nu}\right)^{1/2}(d_{p1} + d_{p2})^3 \tag{10-29}$$

여기서, ϵ_k는 단위질량당 운동에너지 소실률(rate of dissipation of kinetic energy), ν $(=\mu/\rho)$는 동점도(kinematic viscosity)이다.

유속 구배에 의한 응집은 입자 크기가 클수록 중요해지는데, 특히 난류응집은 직경 1 μm 이상인 입자의 경우 브라운응집보다 더 중요해진다.

참고문헌

Dahneke, B. (1983). Simple kinetic theory of Brownian diffusion in vapors and aerosols. In R. E. Meyer (Ed.), *Theory of Dispersed Multiphase Flow* (pp. 97-133). New York: Academic Press.

Friedlander, S. K., & Wang, C. S. (1966). The self-preserving size distribution for coagulation by Brownian motion. *Journal of Colloid and Interface Science*, 22, 126-132.

Fuchs, N. A. (1964). *The Mechanics of Aerosols*. New York: Pergamon.

Gelbard, F., Tambour, Y., & Seinfeld, J. H. (1980). Sectional representations for simulating aerosol dynamics. *Journal of Colloid and Interface Science*, 76, 541-556.

Hinds, W. C. (1999). *Aerosol Technology: Properties, Behavior, and Measurement of Airborne Particles* (2nd ed.). New York: John Wiley & Sons.

Kim, Y. P., & Seinfeld, J. H. (1990). Simulation of multicomponent aerosol condensation by the moving sectional method. *Journal of Colloid and Interface Science*, 135(1), 185-199.

Lee, K. W. (1983). Change of particle size distribution during Brownian coagulation. *Journal of Colloid and Interface Science*, 92, 315-325.

Lee, K. W., & Chen, H. (1984). Coagulation rate of polydisperse particles. *Aerosol Science and Technology*, 3(3), 327-334.

Lee, K. W., Curtis, L. A., & Chen, H. (1990). An analytic solution to free molecule aerosol coagulation. *Aerosol Science and Technology*, 12(2), 457-462.

Lee, K. W., Chen, H., & Gieseke, J. A. (1984). Log-normally preserving size distribution for Brownian coagulation in the free-molecule regime. *Aerosol Science and Technology*, 3, 53-62.

Müller, H. (1928). Zur allgemeinen Theorie der raschen Koagulation. *Kolloidbeihefte*, 27, 223-250.

Park, S. H., & Lee, K. W. (2002). Change in particle size distribution of fractal agglomerates during Brownian coagulation in the free-molecule regime. *Journal of Colloid and Interface Science*, 246(1), 85-91.

Park, S. H., Lee, K. W., Otto, E., & Fissan, H. (1999). The log-normal size distribution theory of Brownian aerosol coagulation for the entire particle size range: Part I: Analytical solution using the harmonic mean coagulation kernel. *Journal of Aerosol Science*, 30(1), 3-16.

Park, S. H., Xiang, R., & Lee, K. W. (2000). Brownian coagulation of fractal agglomerates: Analytical solution using the log-normal size distribution assumption. *Journal of Colloid and Interface Science*, 231, 129-135.

Park, S. H., & Rogak, S. N. (2004). A novel fixed-sectional model for the formation and growth of aerosol agglomerates. *Journal of Aerosol Science*, 35, 1385-1404.

Pratsinis, S. E. (1988). Simultaneous nucleation, condensation, and coagulation in aerosol reactors. *Journal of Colloid and Interface Science*, 124, 416-427.

Saffman, P. G., & Turner, J. S. (1956). On the collision of drops in turbulent clouds. *J. Fluid Mech.*, 1, 16-30.

Seinfeld, J. H., & Pandis, S. N. (1998). *AtmosphericChemistry and Physics: From Air Pollution to Climate Change*. New York: John Wiley & Sons, Inc.

Vemury, S., & Pratsinis, S. E. (1995). Self-preserving size distributions of agglomerates. *Journal of Aerosol Science*, 26, 175-185.

Wang, C. S., & Friedlander, S. K. (1967). The self-preserving particle size distribution for coagulation by Brownian motion: II. Small particle slip correction and simultaneous shear flow. *Journal of Colloid and Interface Science*, 24, 170-179.

CHAPTER

11

입자 샘플링 및 농도 측정

■ 저자 : 권순박[(주)나옴 대표이사]

11.1 서론

에어로졸을 측정하기 위해서는 에어로졸을 측정기까지 이동시켜야 하기 때문에 측정 기기와 그 기기까지의 수송 라인이 관련된다. 일반적으로 에어로졸 샘플링 시스템은 샘플유입구(sampling inlet), 이송시스템(sample transport system) 그리고 샘플저장고(sample storage)로 구성된다. 샘플이송시스템은 에어로졸이 측정기로 이송될 때 필요한 배관도 포함한다. 샘플저장고는 선택사양이고 추가 샘플유입구와 이송시스템이 있을 수 있다. 클린룸 내 혹은 공정장비 내에 존재하는 오염 입자의 크기, 형태 및 재질을 입자 계수기, 광학 현미경, 전자 현미경 및 에너지 스펙트럼 등으로 분석하기 위하여 오염 입자를 먼저 샘플링(sampling)하여야 한다. 입자는 프로브(sampling probe)를 거쳐 측정기까지 튜브를 통해 층류나 난류 유동 조건에서 수송된다. 샘플링 프로브와 튜브에서 입자손실 때문에 측정하고자 하는 공간에서의 오염 입자 측정에 오차가 있으므로 샘플링 해석이 매우 중요하다. 가장 널리 사용되는 샘플링 방법은 그림 11.1과 같이, 샘플링 프로브, 측정기, 유량계 및 진공 펌프 등으로 구성되며 측정하고자 하는 입자가 정체 공기 또는 흐르는 공기 유동에 부유하느냐에 따라 샘플링 조건이 달라진다. 샘플링 프로브에 샘플링된 입자는 수평관, 수직관 또는 곡선관 등을 통해 측정기로 수송되며 입자 손실은 주로 샘플링 프로브와 입자의 확산, 침전, 관성 충돌, 난류 침전, 정전기 효과 등에 의해 배관에서 입자 수송 손실이 일어난다. 입자 측정을 위해 입자 계수기, 임팩터(impactor) 및 필터샘플러(filter sampler) 등이 사용되며 입자 계수기는 입자의 크기분포도와 농도를 실시간으로 측정이 가능하고, 임팩터나 필터샘플러는 입자를 표준 시편에 모아 광학 현미경, 전자 현미경으로 입자 분석을 위해 사용된다. 진공 펌프로 측정하고자 하는 에어로졸을 흡입시키고 유량계(flow meter)나 임계오리피스(critical orifice)로 원하는 유량을 제어할 수 있다.

에어로졸 연구에 있어서 가장 중요한 것이 입자를 샘플링하고 샘플링된 입자를 상세히 분석하는 것일 것이다. 이를 위해 에어로졸 시스템을 대표할 수 있는 에어로졸을 정확하게 포집해야 하고, 그 대표된 에어로졸은 현실을 정확하게 반영하고 있어야 한다. 즉, 현실에서의 에어로졸 농도와 크기분포가 포집된 에어로졸의 농도와 크기분포가 정확하게 일치해야만 측정 정확성이 담보되는 것이다. 이를 위해 등속샘플링(isokinetic sampling)이 필요하며 이에 대한 설명을 앞으로 기술하려고 한다. 에어로졸 측정에는 수많은 상용 장비들이 사용된다. 이 교재는 많은 장비들에 대한 기초적인 기본 원리를 설명하고 있다. 특정 상용 제품에 대한 명칭의 사용이나 사진 및 삽화의 도입은 최소화하였음을 미리 밝혀둔다.

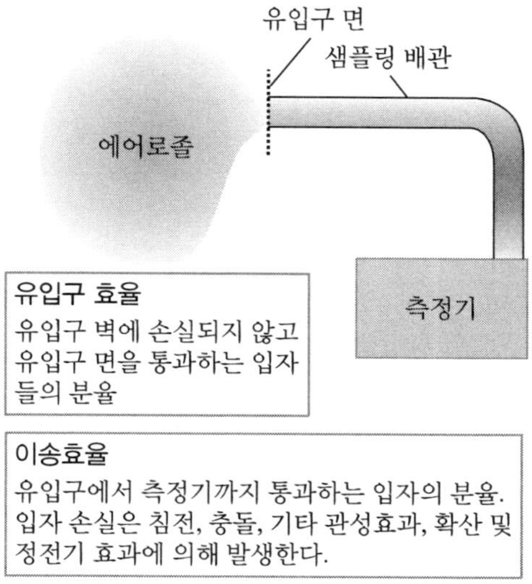

≫ **그림 11.1 에어로졸 측정 시스템과 입자 손실**

11.2 외부 유동이 존재하는 환경에서의 샘플링 - 등속샘플링

에어로졸이 포함된 주유동으로부터 에어로졸이 샘플유입구로 유입될 때 주유동에서의 에어로졸과 샘플유입구로 유입되는 에어로졸이 동등하게 취급될 수 있도록 맞춰줘야 등속샘플링(isokinetic sampling)이 가능하다. 등속샘플링을 해야만 주유동에서의 에어로졸의 농도 및 크기분포가 샘플링되는 에어로졸의 농도 및 크기분포와 일치한다. 비등속샘플링(anisokinetic sampling)은 등속샘플링 조건이 성립되지 않는 경우이며 주유동에 포함된 에어로졸 일부가 샘플유입구로 유입되지 않을 수가 있다. 비등속샘플링은 초과등속샘플링(superisokinetic sampling)과 아등속샘플링(subisokinetic sampling)으로 분류된다. 다음 그림은 등속샘플링 조건을 나타낸 것이다.

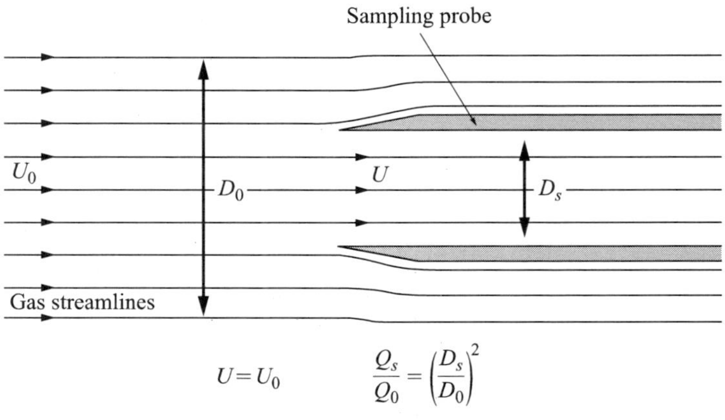

» 그림 11.2 등속샘플링의 조건

비등속샘플링이 발생할 수 있는 경우로는 첫째, 유동계의 정렬불량(misalignment)을 들 수 있다. 다음 그림처럼 주유동과 샘플유입구가 정렬되어 있지 않을 경우에는 주유동에 포함된 에어로졸 일부는 샘플유입구로 유입되지 않을 수 있다.

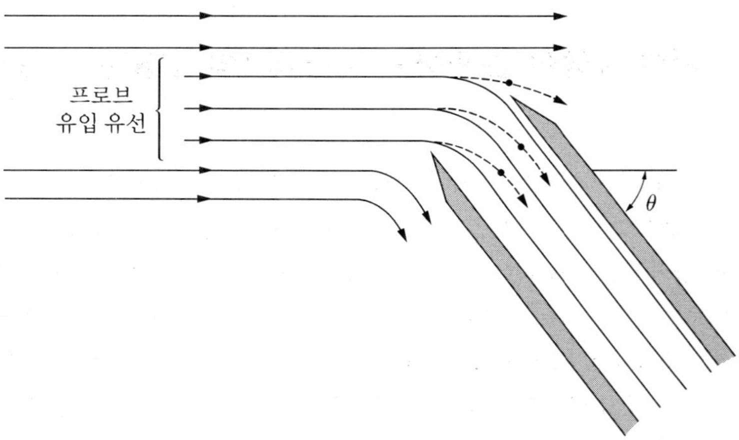

» 그림 11.3 유동의 정렬불량에 의한 비등속샘플링

이 때 농도는 과소평가되며 그 값은 스토크스수(Stk)에 따라 아래와 같이 나타낼 수 있다.

$Stk > 6$인 경우에는

$$\frac{C}{C_0} = \cos\theta, \qquad 단,\ 0° < \theta < 90°$$

$0.01 < Stk < 6$인 경우에는

$$\frac{C}{C_0} = 1 + (\cos\theta - 1)\left[1 - \frac{1}{1 + 0.55(Stk')\exp(0.25Stk')}\right]$$

$$Stk' = Stk\exp(0.022\theta)$$

$Stk < 0.01$인 경우에는 입자의 관성을 무시할 수 있으므로

$$C = C_0$$

이다. 여기에서, C는 프로브에서의 농도이며 C_0는 자유유동(free stream)에서의 농도이다.

둘째, 초과등속샘플링(superisokinetic sampling)이라 하여 샘플유입구 내의 속도(U)가 주유동의 속도(U_0)보다 빠른 경우이다. ($U > U_0$)

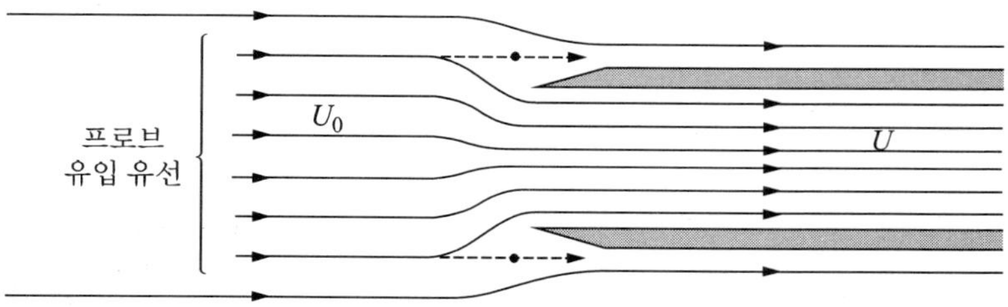

≫ **그림 11.4 초과등속샘플링(superisokinetic sampling)**

이 경우에는 실제 농도보다 낮게 과소평가한다.

마지막으로 아등속샘플링(subisokinetic sampling)이라 하여 샘플유입구 내의 속도(U)는 주유동의 속도(U_0)보다 느린 경우이다. ($U < U_0$)

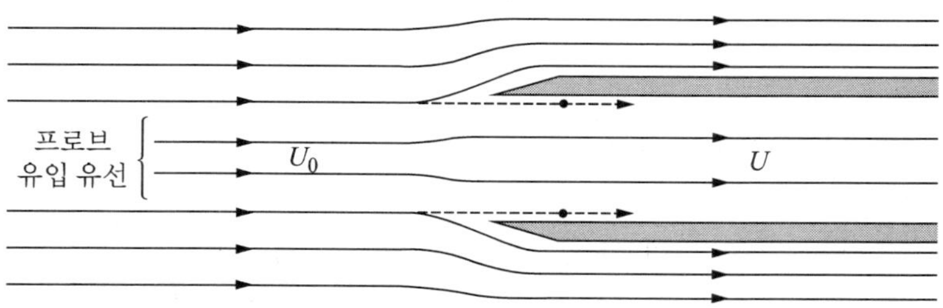

≫ **그림 11.5 아등속샘플링(subisokinetic sampling)**

이 경우에는 농도를 과대평가한다.

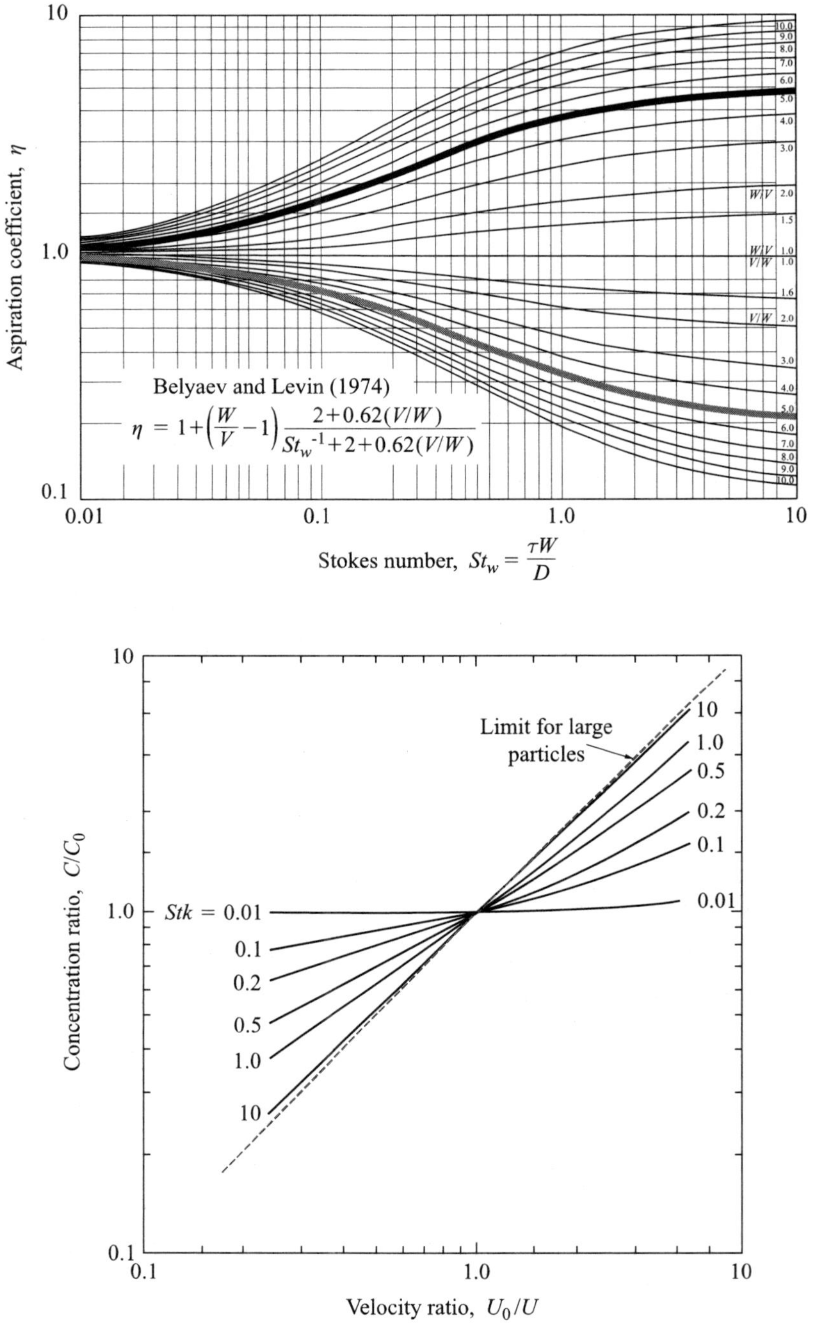

» 그림 11.6 스토크스수(Stokes number)에 따른 흡입효율과 속도비 및 농도비의 관계

초과등속샘플링과 아등속샘플링이면서 프로브 정렬도 불량한 경우에는 다음과 같은 속도 및 농도 관계식을 따른다.

$$\frac{C}{C_0} = \frac{U_0}{U}\cos\theta, \qquad \text{단, } 0° \le \theta \le 90° \text{ 그리고 } Stk > 6$$

만약 Stk가 0.01보다 작고 $2 < U_0/U < 5$인 유동이라면 비등속샘플링은 무시될 수 있어 C는 C_0와 비슷하게 된다. 이는 그림 11.6에 잘 나타나 있다.

11.3 정체 공기로부터의 샘플링

정체 공기(still air)로부터 입자를 샘플링할 때 외부 공기 유동이 없어 앞에서 설명한 등속샘플링(isokinetic sampling) 개념을 사용할 수가 없다. 정체 공기로부터의 샘플링 시 주로 입자의 중력과 관성력에 기인하여 샘플링 오차가 발생한다. 샘플링 프로브의 입구가 위로 향해 있고 샘플링 흡입속도가 낮을 때 중력에 의한 입자의 낙하속도로 인해 실제 샘플링하고자 하는 공기의 농도보다 과다하게 측정될 수 있다. 샘플링 프로브의 입구가 아래로 향해 있을 경우 반대로 실제 샘플링하고자 하는 공기의 농도보다 적게 측정되며 샘플링 프로브의 입구 방향을 중력과 수직하게 놓을 경우 이에 대한 측정 오차를 줄일 수 있다.

Davies(1968)는 샘플링 프로브의 방향성과 위치에 무관하게 정체 공기로부터의 샘플링 오차를 최소화하기위한 기준을 제시하였다. 100% 입자 샘플링을 위해 중력침강속도와 관성에 대한 두 가지 조건을 만족해야 한다. 중력에 의한 입자의 중력침강속도(particle settling velocity)가 증가하여 발생하는 침전 현상 효과를 무시할 수 있는 조건은 다음과 같다. U는 프로브 샘플링 속도이고, V_{TS}는 입자 중력침강속도라고 할 때, 아래 식과 같은 조건을 만족하면 샘플링 오차를 최소화할 수 있는 것이다.

$$U \ge 25\,V_{TS}$$

샘플링 프로브의 크기는 아래 식으로부터 최대 크기를 정의할 수 있다. 수평 프로브에 대하여 최소 크기도 아래 식으로 주어진다.

$$4.05\,Q^{1/3} d_a^{2/3} \le D_s \le 680\left(\frac{Q^{0.5}}{d_a}\right)$$

또한 입자의 관성에 의한 샘플링 손실을 무시할 수 있는 기준은 다음과 같다.

$$D_s \geq 10\left(\frac{Q\tau}{4\pi}\right)^{1/3}$$

다음 그림은 Davies조건에 기준을 둔 공기역학적 직경 1～100 μm 크기의 입자에 대한 정체 공기로부터 샘플링 시 측정 오차를 없애는 샘플링 유량에 따른 허용 가능 샘플링 프로브의 최대 및 최소 직경을 나타낸 것이다(Hinds, 1982).

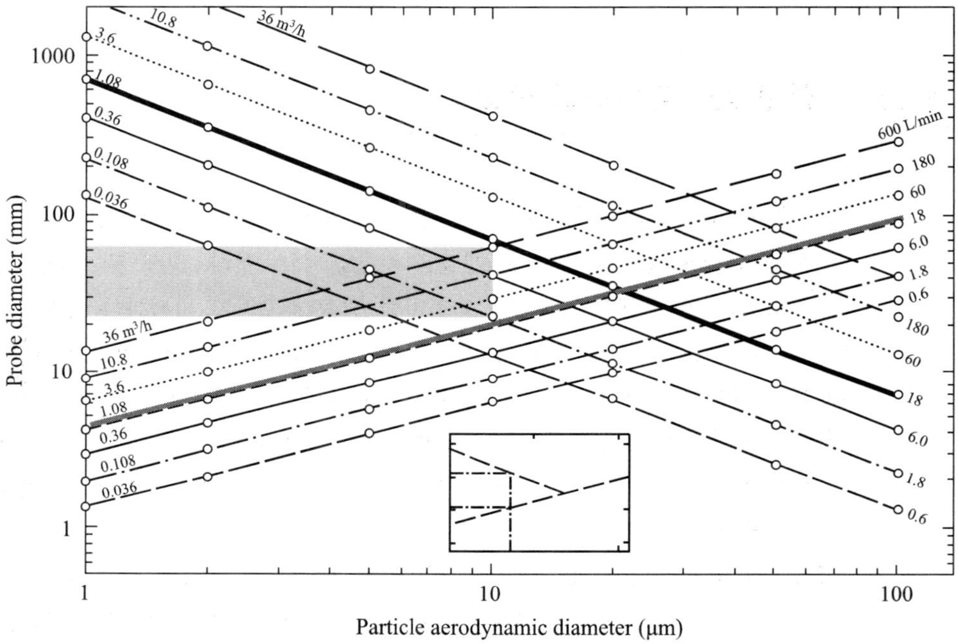

≫ 그림 11.7 공기역학적 직경 및 샘플링 유량에 따른 프로브의 최대·최소 직경

1. Agarwal & Liu 조건

Agarwal & Liu(1980)은 Davies 기준 조건보다 상대적으로 그 범위가 완화된 것으로, 단순하면서 튜브의 입구 속도 또는 샘플 유량에 오차가 생기지 않는 샘플링 기준 조건을 마련하였다. 샘플링 프로브가 위로 향할 때 샘플링 프로브 주위의 유동과 입자 궤적운동을 Navier-Stokes 방정식과 입자 운동 방정식을 해석하여 실험을 통해 검증한 Agarwal & Liu 조건은 위로 향하는 샘플링 프로브에서 만족하며 90% 보다 큰 정확성을 가진 샘플링을 하기 위해 아래의 조건을 만족해야 한다.

$$D_s \geq 20\tau^2 g$$

Agarwal & Liu 기준은 $E=90\%$ 선의 아래쪽에 샘플링 조건이 설정될 경우이며 위의 식에서처럼 샘플 유동 속도와는 무관하다. 이와 같은 입자 샘플링 효율에 대한 Davies와 Agarwal & Liu 기준 조건은 샘플링 프로브의 효율적인 유입 조건에만 적용되며, 입자가 프로브 안에 유입된 후에 측정기까지 수송되는 과정에서 생기는 유입 손실보다 더 커질 수도 있다.

이 기준의 장점은 ① 상대적으로 단순하고, 입구 유입 속도에 무관하다. ② Davies 조건보다 덜 제한적이다. ③ 공력직경 100 μm 이하 입자의 샘플링에 대해서도 제한조건이 없다.

11.4 이송 손실(Transport Losses)

입자가 샘플러 유입구로 효율적으로 들어가도 유입구와 포집장치 또는 측정기기 사이에서의 관로 및 배관 부품에 의해 손실될 수 있다. 이 때 어떤 이송 메커니즘이 나타날까? 중력에 의해 입자가 아래로 침전되어 손실될 수도 있고(settling loss), 직선이 아닌 곡선 유동을 일으키는 곡관을 설치했을 때 입자가 곡관 내부를 회전하면서 운동할 때 곡관 내벽으로 충돌하여 생기는 손실도 있을 수 있다(bend loss). 그밖에 확산에 의해 손실되거나(diffusion loss), 정전기 부착에 의해 손실될 수도 있다(electrostatic depositions). 온도가 높은 시스템에서는 열영동 부착(thermophoretic depositions)에 의한 손실이 있을 수 있다. 이중에서 대표적인 손실 메커니즘인 침전 손실과 곡관 손실에 대한 관련 식을 아래에 제시하였다.

(1) 침전 손실(Settling Loss)

$$\text{Settling loss} = \frac{2}{\pi}\left[2k_1k_2 - k_1^{1/3}k_2 + \arcsin\left(k_1^{1/3}\right)\right]$$

$$k_1 = \left(\frac{3LV_{TS}}{4D_sU}\right)\cos\theta \qquad k_2 = \left(1-k_1^{2/3}\right)^{1/2}$$

(2) 곡관 손실(Bend Loss)

층류 유동 : Bend loss $= (Stk)\phi$

난류 유동 : Bend loss $= 1 - \exp[-2.88(Stk)\phi]$

이송 손실을 줄이기 위해서는 아래와 같은 방법들이 사용된다.

1. 가능한 이송 경로를 짧게 하고 곡관보다는 직관을 사용한다.
2. 배관 전체적으로 동일한 직경의 튜브를 사용한다.
3. 응집을 줄이고, 온도를 낮추며 응축을 방지하기 위하여 깨끗한 공기를 사용하여 에어로졸 유동을 희석한다.

11.5 질량농도 측정

1. 중량법

직접 질량을 측정하는 방법이다. 이때, 필터를 사용하여 질량농도를 측정하는데 고려되어야 할 사항들로는 필터 무게, 샘플링 유량, 샘플링 시간, 필터 크기, 필터상의 질량, 온도, 습도 등이 있다. 중량법은 직관적이며 정확하여 널리 사용되는 방법이다. 보통

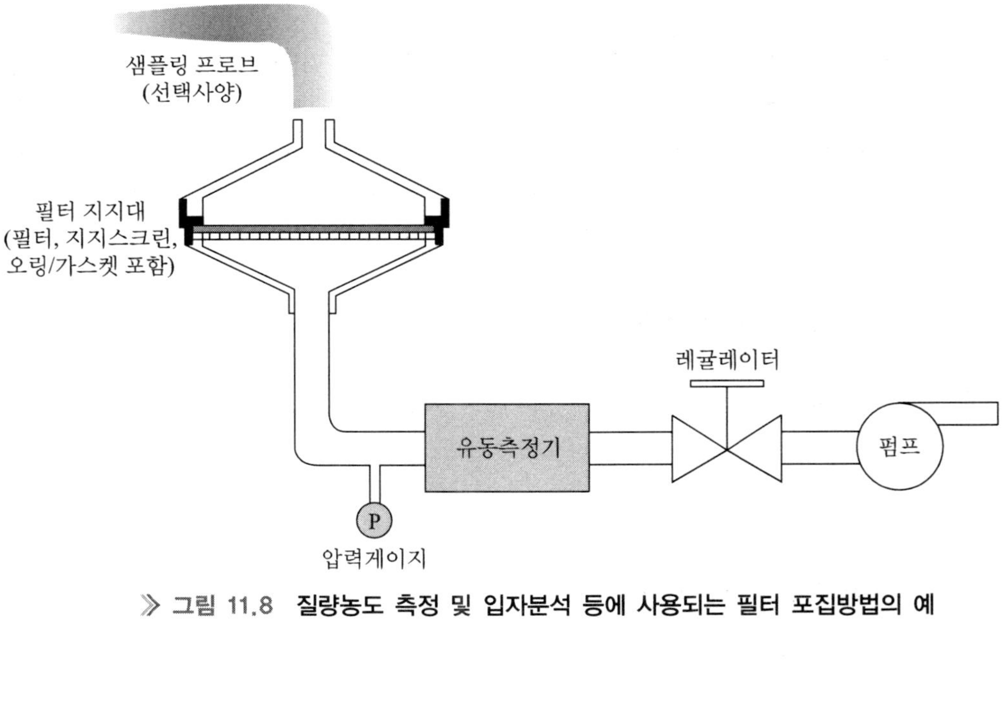

》 그림 11.8 질량농도 측정 및 입자분석 등에 사용되는 필터 포집방법의 예

0.1 μg까지의 민감도로 측정 가능한 전자저울이 사용된다. 10 μg이 일반적인 민감도의 실용적 한계치이다. 정전기 하전에 의한 영향이 있을 수 있다. 농도 표준 시험에서 보통 샘플 체적은 아래 식으로 주어진다.

$$\text{Sample volume} = 10S / C_m'$$

입자농도 측정에는 필터가 사용되는데, 각종 필터에 대한 장단점 및 적용분야에 대해 간략하게 다음 표에 정리하였다.

표 11.1 입자 측정에 사용되는 필터

필터 타입	적용 분야	장점	한계
섬유 필터	▪ 공기질 샘플링	▪ 하이볼 샘플링에서 압손 작음 ▪ 저비용 ▪ 입자 로딩 용량 높음	▪ 1 μm 이하 입자 포집효율 낮음 ▪ 필터 깊이 전체에 걸쳐 입자 포집이 일어남
셀룰로오스 필터	▪ 제한적이고 정성적인 공기질 샘플링 분야에 사용됨	▪ 저가 ▪ 입자 추출 편리	▪ 습기에 매우 민감 ▪ 사용 온도 범위가 제한적 ▪ 입자 포집효율 낮음
보로실리케이트 유리섬유	▪ 공기질 샘플링 광범위 분야에 사용됨 ▪ 유기 결합제 없이 사용됨	▪ 500℃까지 사용가능 ▪ 어느 정도 화학적 내성을 지님	▪ 섬유의 알칼리성으로 인해 인위적 황산염 생성됨 ▪ 수증기 흡착 발생하여 반드시 적절한 방식으로 평형을 맞춰야 함
테플론 코팅 유리섬유	▪ 공기질 샘플링에 광범위하게 적용됨 - 배기 분석, 중량법 분석, 바이오, 돌연변이 분석 등	▪ 수분 흡착 작음 ▪ 화학변형 왜곡 최소	▪ 인위적 질산염 생성
쿼츠 필터	▪ 입자상 물질 화학 분석용 공기 샘플링 ▪ 이온크로마토그래피 ▪ 카본 분석 ▪ PAH 분석	▪ 수분 흡착 작음 ▪ 800℃까지 안정적 ▪ 미량 오염물질량 적음 ▪ 샘플링 이전에 미량 유기물 제거를 위해 가열할 수 있음 ▪ 인위적 생성물 형성이 작음	▪ 잘 부서짐 ▪ 인위적 질산염 생성이 관찰됨

(1) 개인노출 샘플링(Personal Sampling)

직업 위생 노출 평가 분야에서 작업자들의 호흡 공간 내에서의 농도 측정을 위해 주로 사용된다. 호흡 공간은 대략 작업자의 입에서 30 cm 반경 이내의 공간을 의미한다. 장비는 가볍고, 주로 배터리로 구동되는 펌프가 사용되며, 그림 11.9처럼 플라스틱 필터 홀더가 사용된다.

» 그림 11.9 개인노출 샘플링용 필터 홀더

(2) 하이볼륨 샘플링(High-Volume Sampling)

주로 대기 중 PM_{10} 또는 $PM_{2.5}$를 측정하기 위해 사용된다. 유입구는 전 방향으로 흡입되도록 설계되어 있으며 보통 10 μm 이상의 입자들을 차단한다. 최근에는 양분형포집기(dichotomous sampler)가 PM_{10} 또는 $PM_{2.5}$ 포집을 위해 사용되는데 이는 가상 임팩터의 일종이다.

(3) 굴뚝 샘플링(Stack Sampling)

굴뚝 샘플링은 고정오염원에서의 입자 측정을 위해 사용된다. 미국 EPA의 method 5 또는 17이 사용되는데 EPA method 5에 대한 굴뚝 샘플링 시스템을 아래 그림에 제시하였다. 등속샘플링장치가 구비되어 있으며, 유입구는 응축방지를 위해 가열되는 것을 확인할 수 있다. 가열 이후에는 다시 냉각되어 응축성 기체를 제거한다.

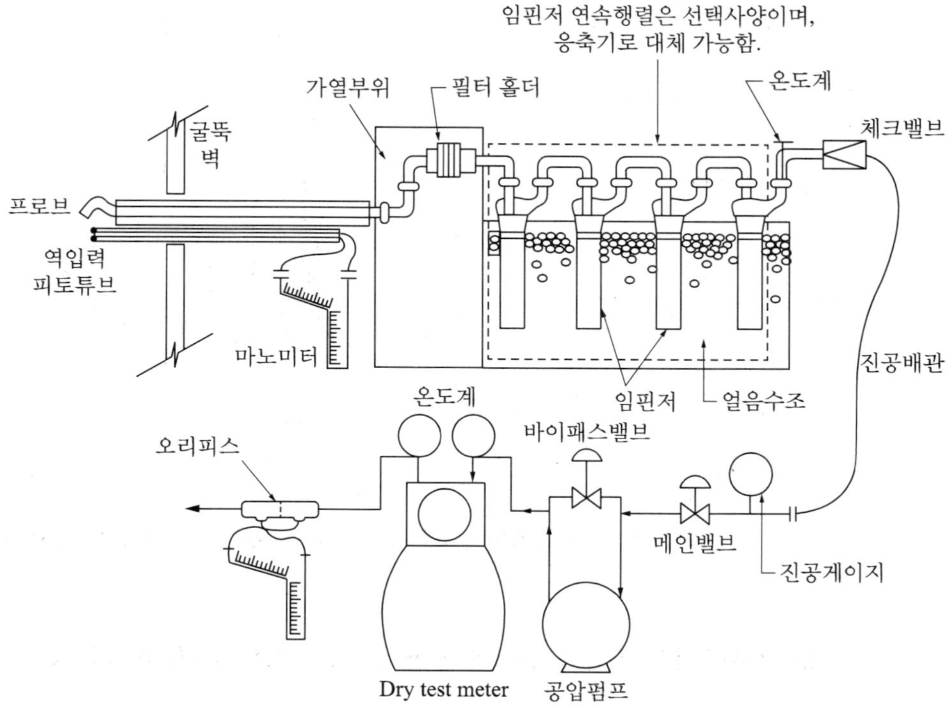

≫ 그림 11.10 굴뚝 샘플링 시스템(미국 EPA method 5)

2. 직접표출장치(Direct-Reading Instruments)

(1) 수정진동자저울(Quartz Crystal Microbalance)

정전기 침전 또는 충돌에 의해 피에조 전자 수정진동자에 에어로졸입자들을 직접 포집하여 무게를 측정하는 장치이다. 수정진동자가 공진주파수로 진동하는데, 수정판에 부착된 질량에 비례하여 감소하는 현상을 이용한다. 약 5～10 Hz 범위의 공진주파수가 적용된다. 상용 피에조저울은 보통 1 Hz 변화가 0.005 μg에 해당하고, 0.05～5 mg/m^3 농도에서 대략 15% 정확도를 나타낸다. 최근에는 직접표출 캐스케이드 임팩터(direct-reading cascade impactor)도 상용화되어 보급되고 있다.

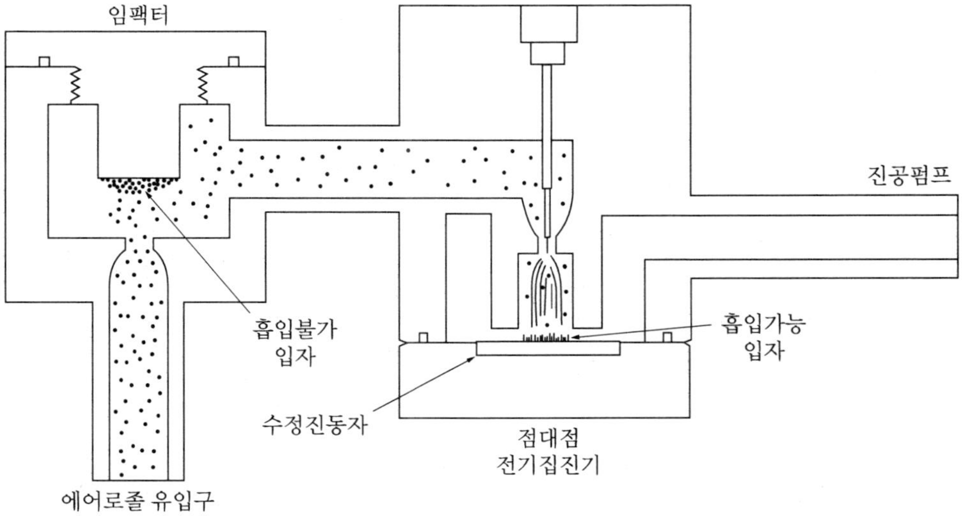

≫ **그림 11.11 수정진동자저울(Quartz Crystal Microbalance)의 장치 개략도**

(2) 경사진동식 저울(Tapered Element Oscillating Microbalance, TEOM)

경사진 진동유리관의 끝에 부착된 필터를 통하여 공기가 흡입된다. 이때 필터지지대의 진동주기가 변화하는데, 이것은 입자상 물질의 질량과 관련되어 있고, 이 진동주기를 읽어 질량농도를 표출하는 기기이다. 주로 30~300 μg/m^{3}의 범위에서 사용된다. 유량 범위는 대략 0.5~5 L/min이고, 진동요소는 동공의 경사진 유리 줄기로 대략적 길이는 100~150 mm이다. 마찬가지로 질량이 축적되면 공진주파수는 줄어든다. 초기 주파수가 f_i이고 최종 주파수가 f_f일 때 아래 주어진 식과 같이 축적된 질량을 구할 수 있다. 이때 K_0는 비례상수로 각 요소마다 결정되는 보정계수이다. 10분에서 24시간 연속측정이 가능하다.

$$\Delta m = K_0\left(\frac{1}{f_f^2} - \frac{1}{f_i^2}\right)$$

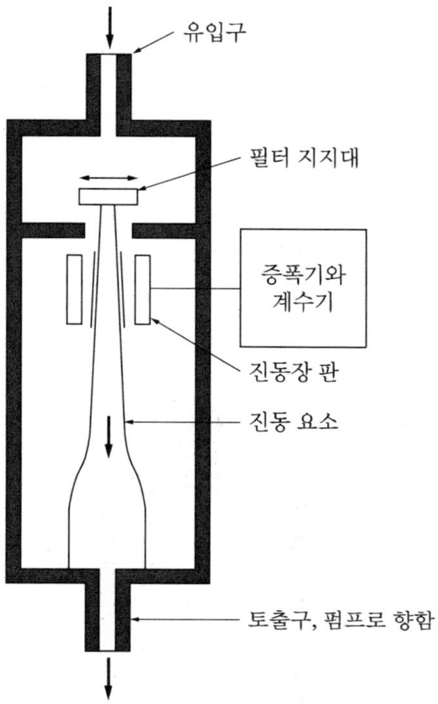

≫ 그림 11.12 경사진동식 저울(TEOM)의 장치 개략도

(3) 베타게이지법(Beta Gauge)

일정한 시간간격동안에 입자상 물질을 포집하는데, 포집 전 후에 포집된 입자로부터의 베타선 방사량을 검출한다. 포집 전 후의 베타선 방사량의 변화량은 입자상 물질의 질량과 비례하는데, 이를 질량농도로 환산하고 그 값을 기기 전면에 표출하는 것이다. 이 방식은 10 μm 이상의 입자에 대해서는 사용할 수 없는데, 그 이유는 입자에 조사된 베타선 방사선을 입자가 모두 흡수해버려서 투과된 빛을 측정할 수 없기 때문이다. 아래에 베타게이지법(베타선 흡수법)에 사용되는 Beer-Lambert 법칙과 베타게이지법의 개략적인 도식을 제시하였다.

베타선 흡수법(Beta Ray Attenuation)

$I = I_o \times \exp(-\mu\delta)$ Beer-Lambert low

I_o : Blank 여과지에 투과된 베타선의 세기(초기 베타선의 세기)

I : 여과지에 포집된 분진을 투과한 후의 베타선의 세기

δ : 단위면적당 포집된 분진의 질량(mg/cm^2)

μ : 분진에 의한 베타선 질량 흡수 감쇠계수(cm^2/mg)

분진 질량농도 $M_c(\mu g/m^3) = \{S/(Q \times \Delta t\} \times \{\ln(I_o/I)/\mu\}$

S : Sampling area(cm^2)

Q : Sampling 유량(L/min)

Δt : Sampling time(min)

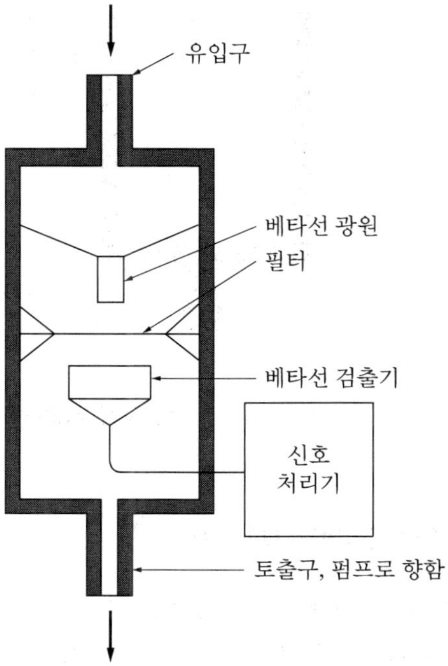

그림 11.13 베타게이지법의 개략도

3. 전기 이동도를 이용한 에어로졸 측정

전기적인 입자특성을 이용하여 에어로졸을 측정하는 대표적인 기기가 차분이동도분석기(Differential Mobility Analyzer, DMA)이다. 이극성확산하전기, 즉 방사성중화기 및 응축핵계수기와 함께 사용되어 입자크기분포를 측정할 수 있는 기기이다.

응축핵계수기(condensation particle counter)는 에어로졸 입자를 물 또는 알코올 증기로 포화시킨 후 냉각시킴으로써 단열팽창에 의한 응축성장시켜 검출기에 검출되도록 설계된 기기로, 입자 수농도를 측정하는데 사용된다.

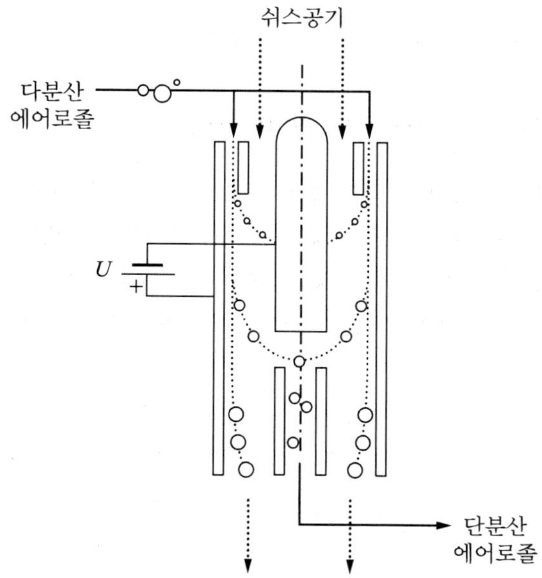

» 그림 11.14 차분이동도분석기(DMA)의 장치 개략도

4. 비행시간을 이용한 에어로졸 측정(Time-of-Flight Instrument)

입자들이 일렬로 지나가는 경로에 일정한 간격으로 유지되는 두 위치에 참조 신호를 발생시킬 수 있는 레이저를 조사시켜 해당 거리의 통과시간을 측정함으로써 입자의 수량 및 크기분포를 실시간으로 해상도 높게 측정할 수 있는 기법이다.

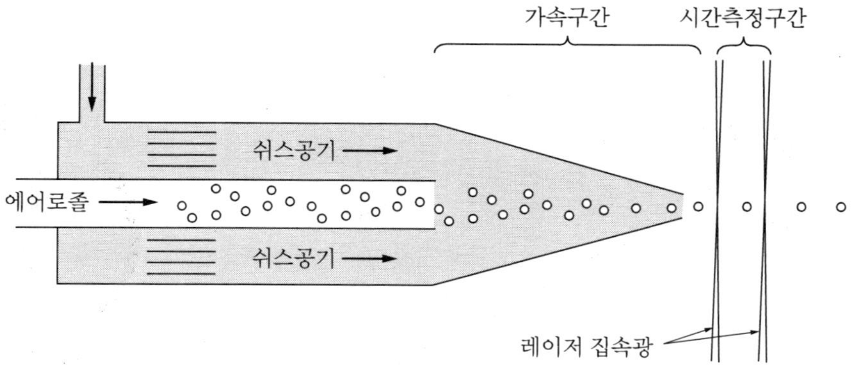

» 그림 11.15 비행시간을 이용하여 크기분포를 측정하는 장비의 원리 및 개략도

5. 광학입자계수기(Optical Particle Counter, OPC)

(1) 네펠로미터(Nephelometer)방식

측정기로 유입되는 모든 입자의 광산란량을 측정하여 총부유입자의 농도를 결정하는 방식을 이용하는 광학입자계수기이다. 유사한 광산란 측정장비로는 광혼탁도측정기(opacimeter)가 있고, 주로 차량 배기 중 입자상 물질 측정에 사용되며, 총부유먼지에 의해 소멸되는 빛의 양을 측정하여 미세먼지 농도를 산출하는 방식을 채용한다.

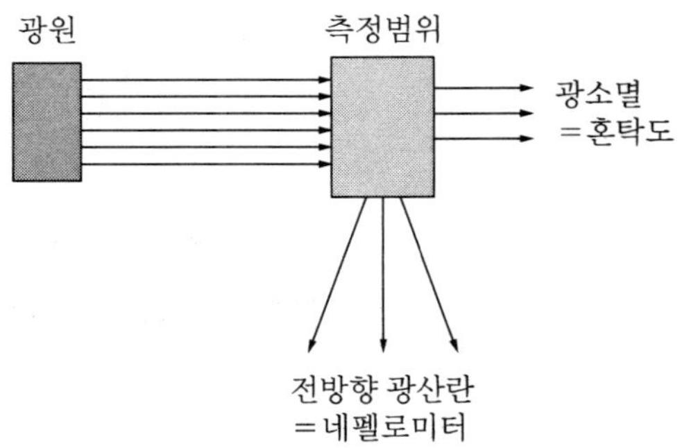

≫ 그림 11.16 네펠로미터의 원리 및 개략도

(2) 스펙트로미터(Spectrometer)방식

유입되는 미세먼지를 정렬시켜 측정챔버에 개별입자가 유입되도록 하여 개별 미세먼지의 광산란 특성을 측정함으로써, 개별 입자의 크기로 환산하여 전체 입자의 크기분포를 획득하는 방식이다.

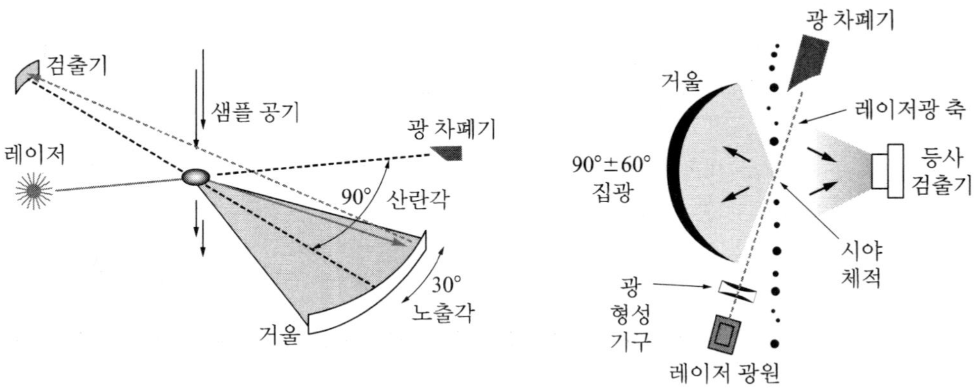

≫ 그림 11.17 스펙트로미터방식 입자측정기의 원리 및 장치 개략도

위 두 방식 모두 광산란 방식의 간이형 미세먼지 센서에 적용되고 있으며 이에 대한 규제 및 인증 제도가 시행 또는 준비 중에 있으며 앞으로 많은 연구가 필요한 분야이다.

6. 임핀저(Impinger)

물이나 알코올 용액 속에서 제트를 분사시킨다. 1 μm보다 큰 입자들은 관성 충돌 메커니즘에 의해 포집되어 액체에 부유하는 현탁액 상태가 된다. 입자가 1 μm보다 작다면 포집효율이 급속히 떨어진다.

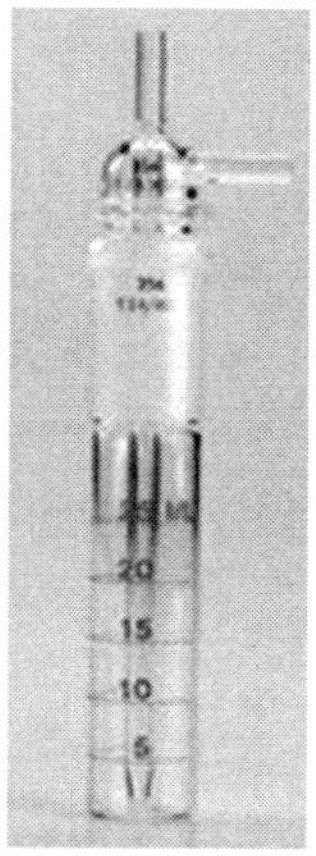

≫ 그림 11.18 임핀저의 실제 예

7. 샘플링펌프(Sampling Pump)

개인용 샘플링펌프는 작업자 노출평가에 사용되며, 대기 중 입자상 물질을 포집한다. 경량이며 휴대가 가능하도록 설계되어 있고, 배터리로 전원을 공급하는 구조이다. 작업자의 허리춤에 착용할 수 있도록 고안되어 있고, 보통 1~4 lpm의 유량에 대하여 8시간 연속작동 가능하다.

참고문헌

AGARWAL, J. K., & LIU, B. Y. (1980). A criterion for accurate aerosol sampling in calm air. American Industrial Hygiene Association Journal, 41(3), 191-197.

Davies, C. (1968). The entry of aerosols into sampling tubes and heads. Journal of Physics D: Applied Physics, 1(7), 921.

Hinds, W. C. (1999). Aerosol technology: properties, behavior, and measurement of airborne particles. John Wiley & Sons.

Kulkarni, P., Baron, P. A., & Willeke, K. (2011). Aerosol measurement: principles, techniques, and applications. John Wiley & Sons.

http://jsec.com.sg/advanced_search_result.php?keywords=filter+holder

https://www.epa.gov/emc/method-5-particulate-matter-pm

http://www.skcinc.com/prod/225-36-1.asp

CHAPTER

12

대기 에어로졸 및 광학적 성질

■ 저자 : **정창훈**(경인여자대학교 보건의료관리과)

12.1 대기 에어로졸(Atmospheric Aerosol)의 중요성

대기 에어로졸은 대기 중에 부유하는 고체 또는 액체상의 작은 입자로 황산염·질산염·황사입자·검댕·해염입자를 말한다. 크기는 0.001 ~ 100 μm 정도로 매우 작아 눈으로는 보기 힘든 미세먼지이다. 에어로졸은 그 자체로 햇빛을 산란시키거나 흡수해 기온을 내릴 뿐만 아니라 에어로졸은 구름을 만드는 응결핵으로도 작용한다. 수증기가 많은 대기 중에 수증기와 친화력이 높은 에어로졸이 존재하면 에어로졸을 중심으로 수증기가 모인다. 모인 수증기는 응결돼 구름이 된다. 대기 중에 구름이 많아지면 구름에 의한 산란이나 반사가 일어나는 양이 많아지고 일부 에너지는 구름에 흡수된다. 결국 구름이 적을 때에 비해 결과적으로 지표로 도달하는 태양 에너지의 양이 줄어든다. 에어로졸이 직접 태양 에너지의 유입을 차단시키는 효과를 '직접 효과'라고 한다. 이에 반해 에어로졸이 구름의 응결핵으로 작용해 구름을 만들어 태양 에너지의 산란 또는 반사를 일으키거나 태양 에너지를 차단하는 효과를 '간접 효과'라고 한다. 에어로졸이 구름이라는 개체를 이용해 태양 에너지의 유입을 차단하기 때문이다.

크기가 다양한 만큼 에어로졸의 발생 기원도 여러 가지다. 우선 자연적인 원인에 의해 생성되는 에어로졸이 있다. 바람에 의해 지표에서 올라간 토양 입자는 바람 속 흙먼지로 바뀌어 에어로졸의 일부가 된다. 에어로졸은 해안에서도 생성된다. 해면의 물보라에서 형성된 포말이 건조돼 해염입자가 생긴다. 해염입자는 주로 해안지역에서 큰 영향을 미치는 에어로졸이다. 또한 에어로졸은 인간 활동에 의해 방출된 오염 입자로 인위적으로 발생한다. 자동차가 움직일 때 배출되는 배기가스나 공장이 가동될 때 굴뚝에서 나오는 연기 등에도 포함된다. 물질을 태울 때 생기는 까만 검댕도 에어로졸이다. 이외에도 대기 중에 존재하는 미량의 가스가 광화학 반응을 거쳐 에어로졸을 생성하기도 한다.

최근 대기 에어로졸은 크게 지구온난화와 관련된 원인물질로서 관심을 받고 있다. 또한 지역적으로 대기오염의 주원인으로 지목됨에 따라 이에 대한 건강영향 등이 이슈화 되고 있다. 우리나라의 경우 최근 문제되고 있는 초미세먼지(지름이 2.5 μm 이하인 에어로졸)의 고농도 사례와 관련하여 기원 및 해결방안을 두고 많은 논의가 진행되고 있다.

12.2 대기 에어로졸의 기원과 영향

1. 대기 에어로졸의 기원

에어로졸의 기원은 인간 활동에 의한 인위적인(anthropogenic) 과정과 자연적인(natural) 현상을 통한 과정으로 나눌 수 있다. 자연적이거나 인위적인 과정에서도 직접적으로 대기 중으로 방출되는 대기 중 분진을 1차 에어로졸(primary aerosol)이라 지칭하며, 그 예로 산불 및 화산활동에 의한 다양한 분진, 바다 해염, 사막에서 모래 등 자연적인 원인에 의한 것들과 자동차 및 소각에 발생하는 매연 그리고 산업지역에서 발생되는 다양한 분진 등의 인위적인 활동에 근거하는 것이 있다.

직접적으로 오염원에서 방출되는 분진이외에 대기 중 화학적인 반응에 의해 새롭게 생성되는 분진들을 2차 에어로졸(secondary aerosol)이라 부른다.

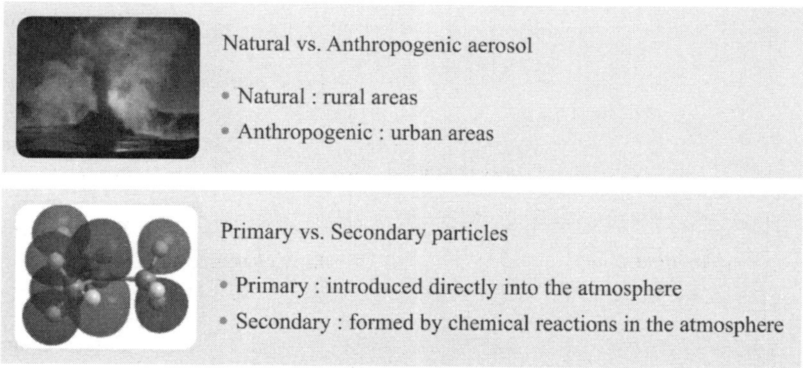

» 그림 12.1 대기 에어로졸의 기원

미세먼지($PM_{2.5}$)의 구성 성분은 SO_4^{2-}, NO_3^-, NH_4^+, 탄소성분 등이며, 입자 크기가 작고 상대적으로 표면적이 커서 용이하게 각종 중금속과 유해 오염물질들을 흡착할 수 있다. 이들 중 SO_4^{2-}, NO_3^-, NH_4^+ 등과 같은 이온성분은 대부분 가스에서 입자로 전환되는 것으로 알려져 있다. 다음으로는 탄소성분이 차지하고 있으며, 약 10%에서 많게는 40% 이상까지도 차지하는 것으로 알려져 있다.

탄소성분은 유기탄소(Organic Carbon)와 원소탄소(Elemental Carbon)로 나눌 수 있으며, OC는 화석연료의 연소 등에 의해 공기 중으로 직접적으로 배출되는 일차오염물질이기도 하고, 대기 중에서 화학반응에 의해 입자상으로 생성되는 이차오염물질이기도 하다. 반면에 EC 성분은 주로 연소과정에서 발생하는 일차오염물질로 알려져 있다. 대기 중의 OC와 EC는 같은 오염원으로부터 배출되므로 EC의 농도는 탄소성분의 기원을 해석하는 중요한 인자로 활용되고 있다. OC 중 특히 2차 유기탄소성분을 SOC (Secondary Organic Carbon)라고 부르며, 계절별로는 대도시 지역에서 여름철이 겨울철 SOC보다 높아지는데 이는 여름철 활발한 광화학반응에 의한 것으로 해석되고 있다. OC는 주로 생물 기원 유기탄소의 광화학반응에 의하여 생성되는 것으로 알려져 있으며 OC는 여러 종류의 유기물들의 혼합되어 있는 형태로 PAH(Polycyclic Aromatic Hydrocarbons) 등을 포함하여 인체에 유해한 영향을 미친다.

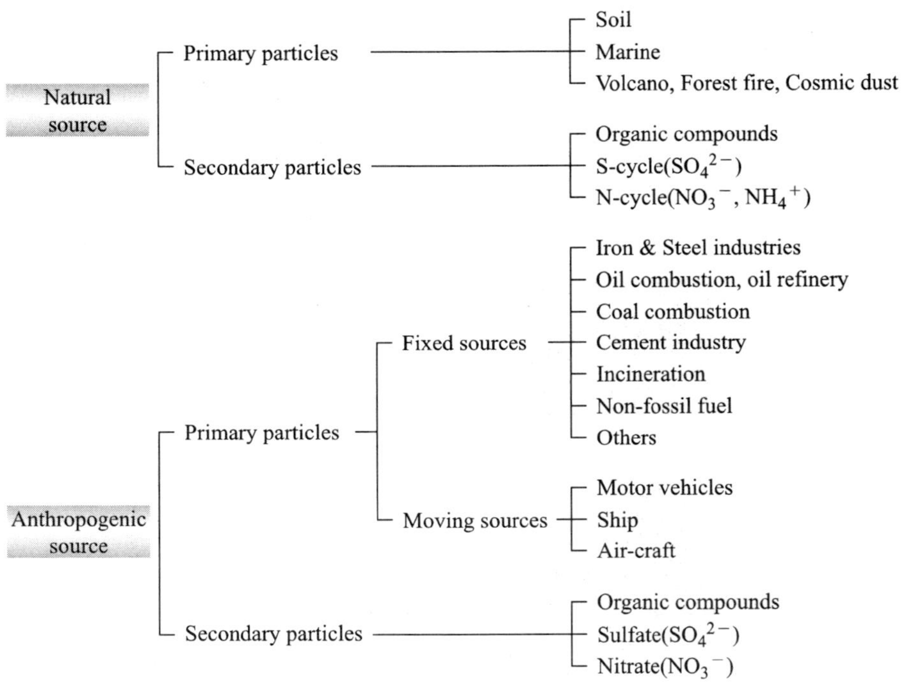

≫ 그림 12.2 **대기 에어로졸의 기원 및 조성**

2. 대기 에어로졸의 영향

대기 에어로졸은 크게 대기환경에 미치는 영향과 기후에 미치는 영향으로 구분할 수 있고, 대기환경에 미치는 영향은 다시 시정 등 자연환경에 미치는 영향과 인간의 건강에 미치는 영향으로 구분할 수 있다.

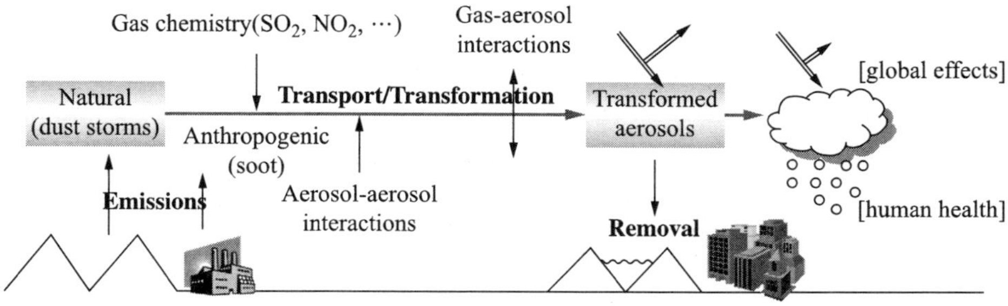

≫ 그림 12.3 대기 에어로졸의 거동과 영향

(1) 에어로졸과 시정악화

대기 에어로졸은 시정을 저감시킨다. 에어로졸의 농도가 높아지면 에어로졸 입자에 의한 빛의 산란의 영향으로 시정이 감소하게 된다. 또한 에어로졸의 농도가 높은 상태에서 습도가 높아지면 시정은 더 악화된다. 특히 입자의 크기가 큰 에어로졸에 비하여 0.5 μm 주변의 작은 입자는 빛의 산란 효과가 가장 커서 시정감소의 원인이 된다.

≫ 그림 12.4 에어로졸에 의한 시정감쇄

(2) 에어로졸과 기후변화

대기 에어로졸이 기후에 미치는 영향은 크게 직접적 효과와 간접적 효과로 구분할 수 있다. 직접적 효과는 인위적 요인에 의해 증가한 대기 에어로졸이 태양복사의 산란과 흡수에 직접적으로 얼마나 영향을 미치는지를 정량화하여 표현한다.

에어로졸은 대기 중에서 가시영역뿐만 아니라 적외영역에서의 복사에 대해서 산란과 흡수를 한다. 대기 중 에어로졸 입자의 크기, 회절지수 및 분포에 따라 복사수지에 있어 가열 및 냉각을 유발할 수 있다. 대기 중에 존재하는 입자상 물질 중 검댕은 Black Carbon(BC) 또는 Elemental Carbon(EC)은 탄소 입자의 덩어리로서 태양으로부터 지구에 도달하는 햇빛을 흡수하는 성질을 가지며, 대기 중에 존재하는 BC의 양을 측정하는 것은 전 지구적인 대기복사수지 산정에 큰 영향을 끼친다. 블랙카본에 의한 빛이 흡수되면 지구 반사도(albedo)를 낮추고, 대기의 태양복사 흡수를 증가시킨다(Haywood and Shine, 1997).

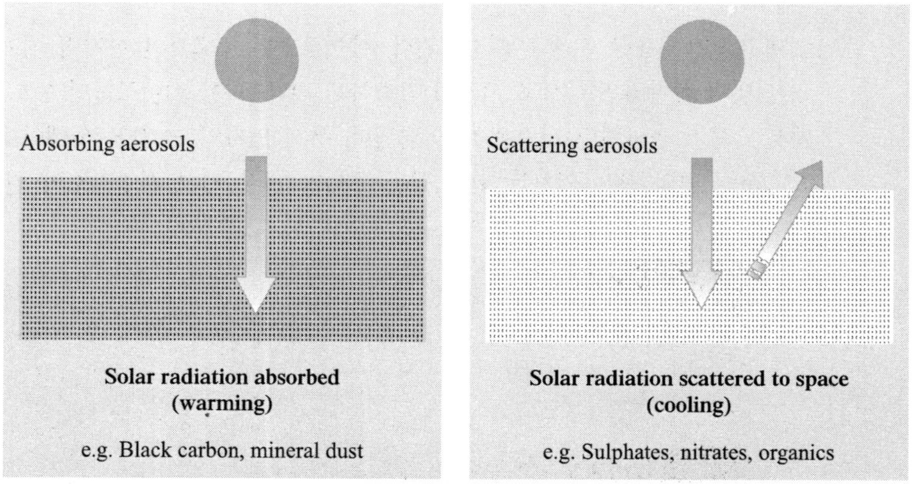

≫ 그림 12.5 에어로졸의 산란만 흡수에 의한 직접적 영향(direct effect)

또한 에어로졸은 구름응결핵이나 빙정핵으로써 작용하여 구름생성 과정에 참여하고 구름은 대기 중의 복사과정과 강하게 상호작용하기 때문에 지구의 반사도(albedo)를 결정하는데 중요하다. 이와 같은 에어로졸의 간접적 효과는 에어로졸 중의 일부가 구름응결핵으로 작용하여 간접적으로 구름의 미세물리적, 역학적, 복사적 성질의 변화에 얼마나 영향을 미치는지를 파악하는 것으로 이들 구름-에어로졸의 상호작용은 구름-에어로졸-기후, 혹은 구름-에어로졸-강수 등 복잡한 대기 상호작용과 관련되어 있기 때문에 IPCC 보고서에서 기술한 바와 같이 큰 불확실성을 가지고 있다.

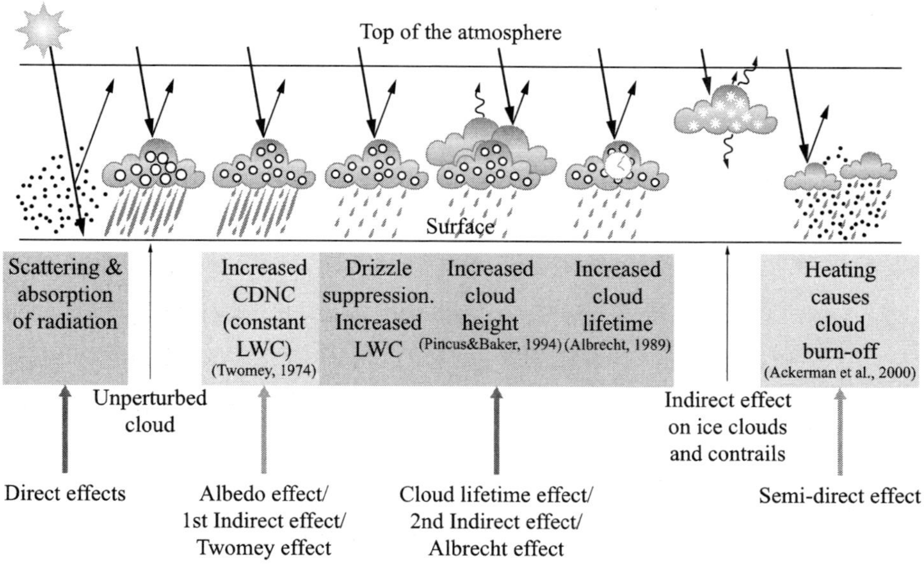

≫ **그림 12.6 에어로졸의 간접적 효과**(IPCC, 2007)

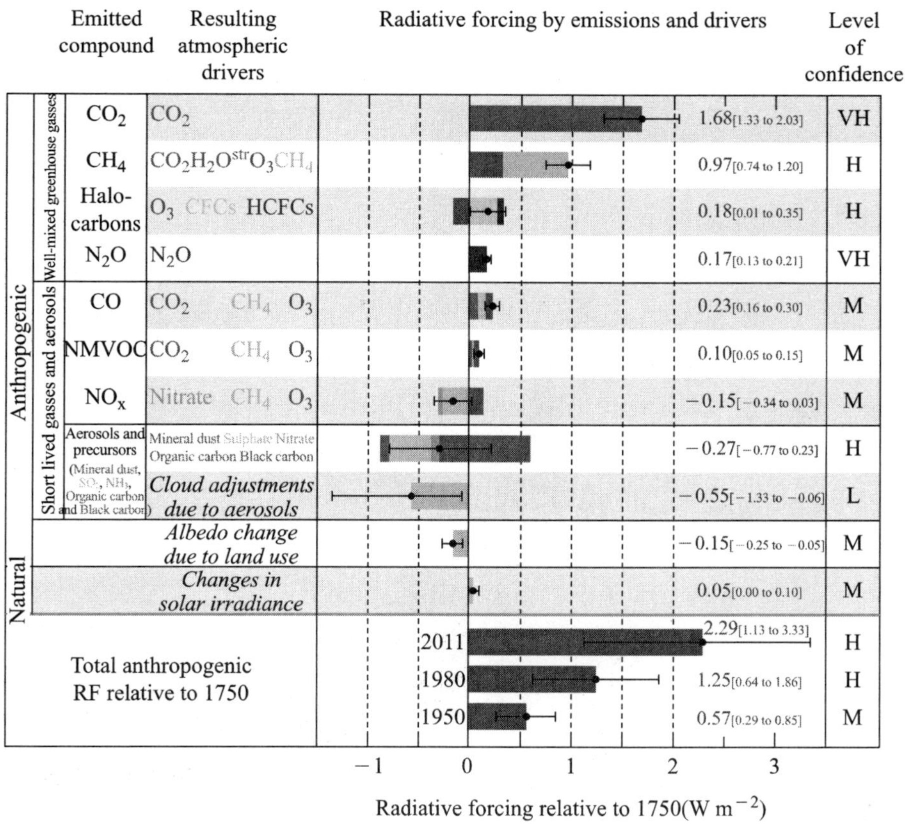

≫ **그림 12.7 에어로졸의 복사강제력**(IPCC, 2007)

(3) 에어로졸과 건강

미세먼지가 우리 몸속으로 들어오면 면역을 담당하는 세포가 먼지를 제거하여 우리 몸을 지키도록 작용하게 되는데, 이때 부작용인 염증반응이 나타난다. 기도, 폐, 심혈관, 뇌 등 우리 몸의 각 기관에서 이러한 염증반응이 발생하면 천식, 호흡기, 심혈관계 질환 등이 유발될 수 있다. 특히 노인, 유아, 임산부나 심장 질환, 순환기 질환자들은 미세먼지로 인한 영향을 일반인보다 더 많이 받을 수 있다. 세계보건기구(WHO)는 2014년 한 해에 미세먼지로 인해 기대수명보다 일찍 사망하는 사람이 700만 명에 이른다고 발표했다. 세계보건기구 산하 국제암연구소(IARC)는 미세먼지를 인간에게 암을 일으키는 것으로 확인된 1군(Group 1) 발암물질로 2013년 10월 분류했다(미세먼지, 2016, 환경부).

표 12.1 국제암연구소에 따른 발암물질 분류

구분	주요 내용	예시
1군(Group 1)	인간에서 발암성이 있는 것으로 확인된 물질	석면, 벤젠, 미세먼지
2A군(Group 2A)	인간에서 발암성이 있을 가능성이 높은 물질	DDT, 무기납화합물
2B군(Group 2B)	인간에서 발암성이 있을 가능성이 있는 물질	가솔린, 코발트
3군(Group 3)	발암성이 불확실하여 인간에서 발암성이 있는지 분류하는 것이 가능하지 않은 물질	페놀, 톨루엔
4군(Group 4)	인간에서 발암성이 없을 가능성이 높은 물질	카프로락담

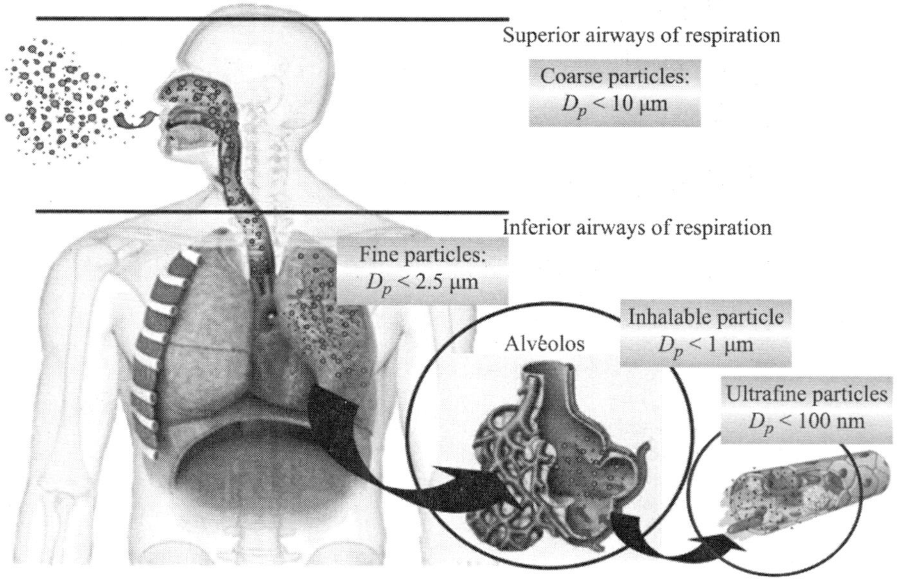

》 그림 12.8 에어로졸의 영향

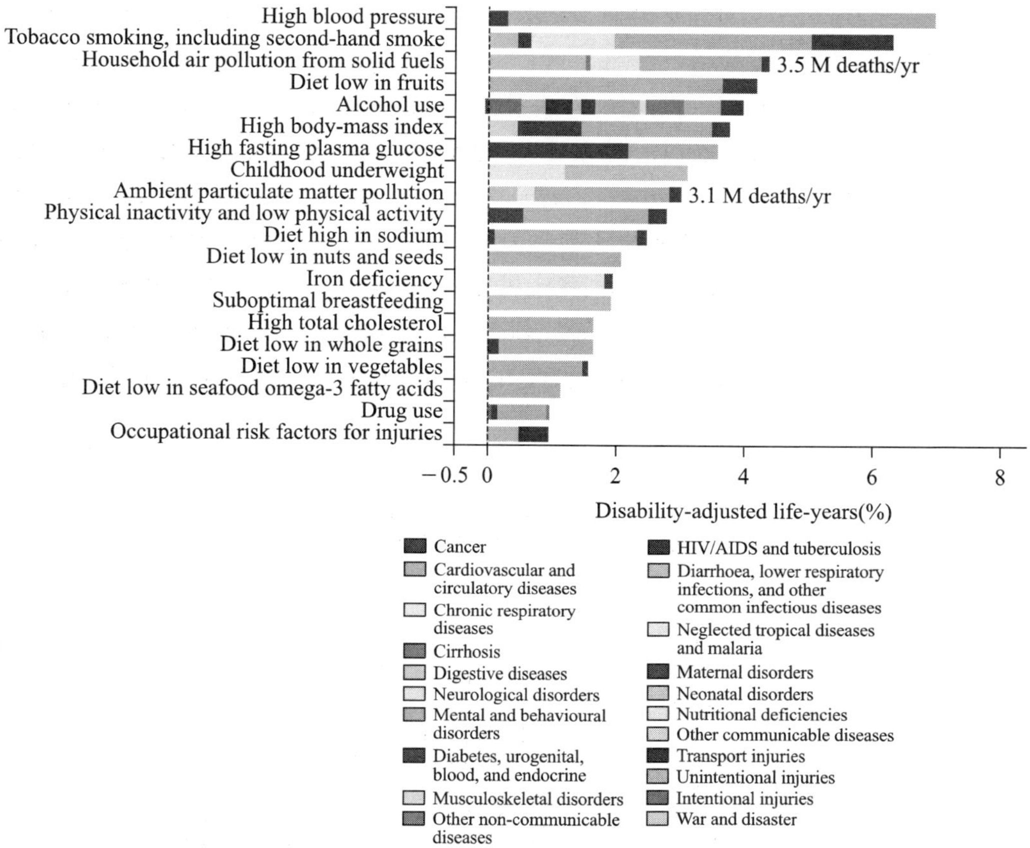

≫ 그림 12.9 각 위험 요소별 사망률 비교(Lim et al., 2012)

12.3 대기 에어로졸의 물리 화학적 특성

1. 대기 에어로졸의 크기분포

대기 에어로졸은 기원 및 조성 등의 특징에 따라 크게 세 가지 모드를 가지고 있다. 핵모드(nuclei mode, Aitken mode)는 주로 자동차 배기가스 또는 휘발성 유기화합물(Volatile Organic Compounds, VOC), 황산, 수증기, 암모니아 가스 등의 균일 및 불균일 응핵 과정(nucleation processes) 및 이에 의한 성장 과정을 통해 생성된다(Seinfeld and Pandis, 2006). 축적모드에 존재하는 대부분의 입자들은 연소 오염원들로부터 배출되는 1

차 입자들과 화학반응과 기체에서 입자로의 변환 과정에 의해 생성된 2차 입자(SO_4^{2-}, NO_3^-, NH_4^+, 2차 유기입자)로 이루어져 있다. 축적모드는 생성 과정의 차이에 따라 응결모드와 액적모드로 구분한다. 응결모드(condensation mode)는 보통 0.2～0.3 μm의 입경에서 피크를 보이며 기체상 전구물질(VOC, SO_2, NO_2 등)과 OH•과 같은 산화제와의 균일기상반응에 이은 응결 과정 또는 핵모드에 존재하는 입자들의 물리적 확산 과정(coagulation)을 통해 생성된다(Willeke and Baron, 1993). 그러나 액적모드(droplet mode)는 보통 약 0.7 μm의 입자 크기에서 피크를 보이며 주로 불균일 수용액상의 반응을 통해 생성된다(Seinfeld and Pandis, 2006). 조대모드에 분포하는 입자들은 보통 기계적 처리 과정들에 의해 생성되며 흙먼지, 해염입자, 꽃가루, 타이어 마모 입자 등이 여기에 해당한다(박승식, 유근혜, 2018).

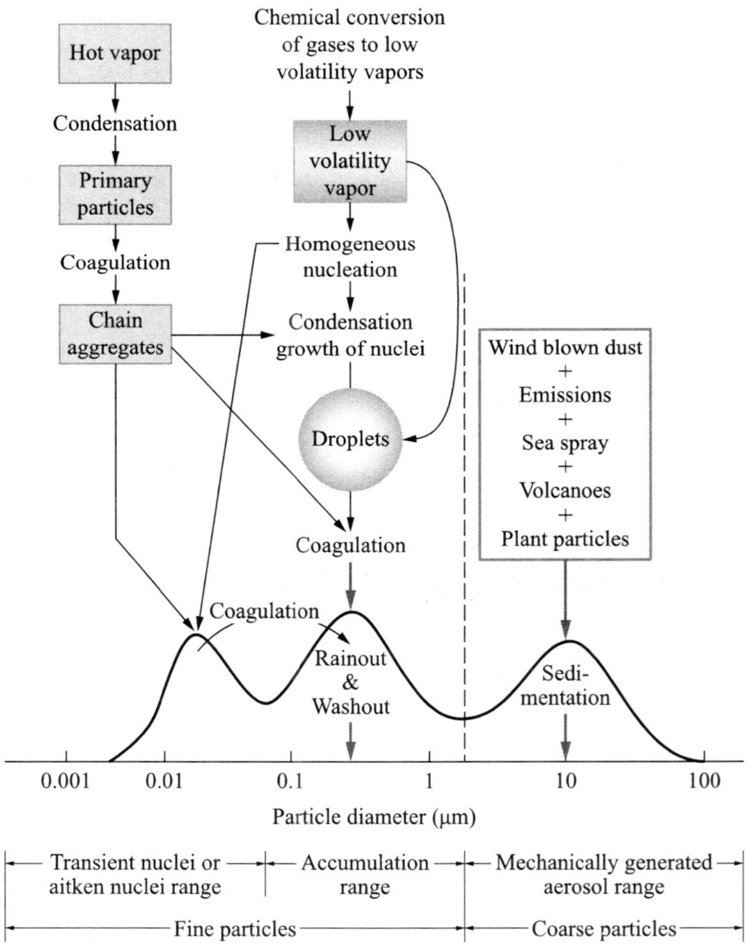

≫ 그림 12.10 대기 에어로졸의 크기분포(Whitby et al., 1976)

표 12.2 대기 에어로졸의 기원 및 전 지구적 배출 예측량(Hinds, 1999)

Source	Amount, Tg/yr [10^6 metric tons/yr]	
	Range	Best estimate
Natural		
Soil dust	1000~3000	1500
Sea salt	1000~10000	1300
Botanical debris	26~80	50
Volcanic dust	4~10000	30
Forest fires	3~150	20
Gas-to-particle conversion	100~260	180
Photochemical	40~200	60
Total for natural sources	2200~24000	3100
Anthropogenic		
Direct emissions	50~160	120
Gas-to-particle conversion	260~460	330
Photochemical	5~25	10
Total for anthropogenic sources	320~640	460

2. 대기 에어로졸의 조성

에어로졸의 화학 조성은 크게 이온, 탄소(OC, EC), 토양, 중금속 등 기원 입자로 구분할 수 있다. NH_3, H_2SO_4, HNO_3 등 전구 가스 물질이 있는 대기환경에서는 대기화학반응을 통해 질산염(NH_4NO_3), 황산염[$(NH_4)_2SO_4$] 등의 조성을 갖는 에어로졸을 생성한다. 주요 에어로졸의 분류 및 발생원은 다음과 같다.

① Ions(SO_4^{2-}, NH_4^+, NO_3^-), 그 외(Na^+, K^+, Mg^{2+}, Ca^{2+}), OC(Organic Carbon), EC(Elemental Carbon), etc(중금속 등)

② OC(Organic Carbon) : 화석연료 또는 biomass burning에서 배출, 일차적 또는 이차적 오염원

③ EC(Elemental Carbon) : 숯, 검댕 등 탄소 배출원에서 일차적 배출

④ Soil : Mg^{2+}, Ca^{2+} 등 토양기원(황사 등)

⑤ Ammonium, Sulfate, Nitrate : 인위적 도시 배출원

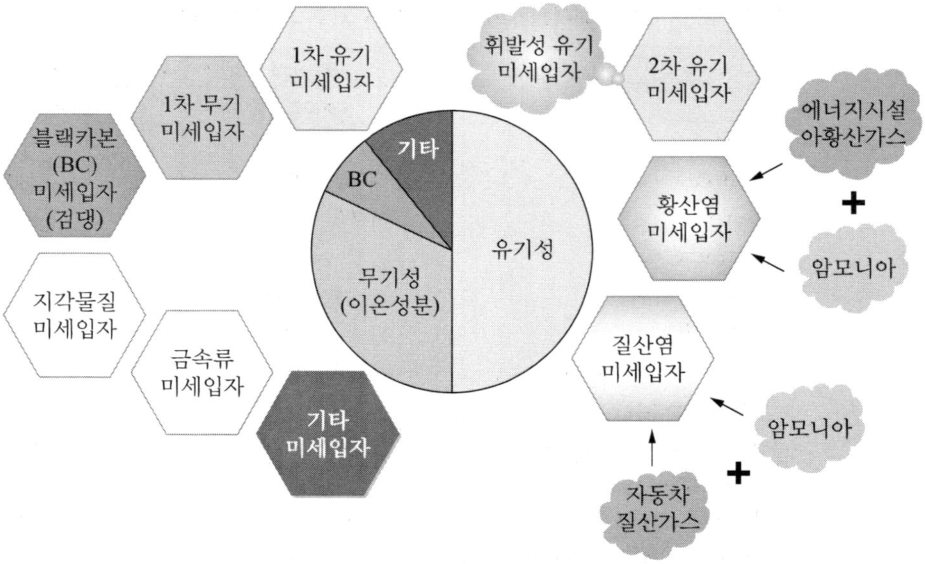

≫ **그림 12.11 미세먼지의 일반적인 화학 구성**

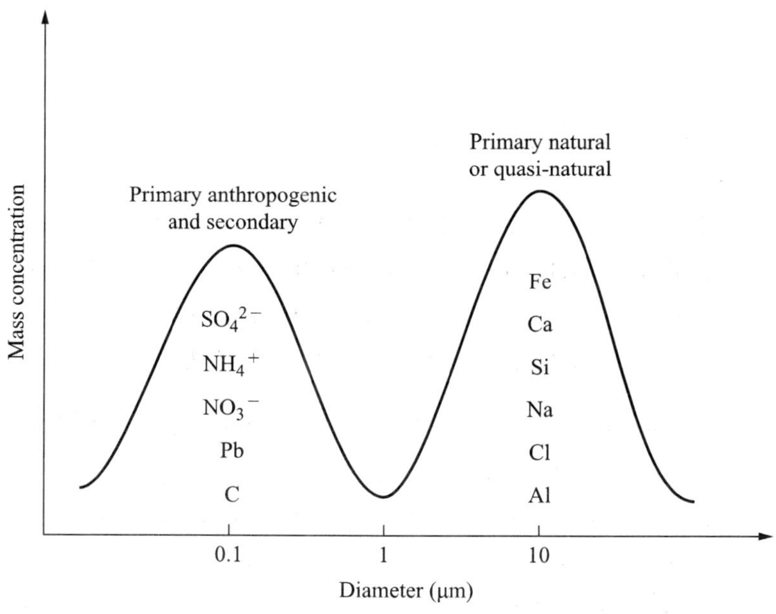

≫ **그림 12.12 크기에 따른 에어로졸의 주요 조성**(Seinfeld and Pandis, 2006)

12.4 대기 에어로졸의 광학적 특성

에어로졸의 광학적 특성은 많은 대기 현상들과 관련이 있다. 대기 중 에어로졸은 태양빛을 흡수, 산란, 반사시키거나 구름의 생성 등에 영향을 끼쳐 지구 온난화나 냉각화에 기여해 온실가스와 더불어 기후변화에 영향을 미친다. 또한 에어로졸의 산란에 의한 시정의 감소를 들 수 있다. 대기 중 에어로졸은 태양 또는 지구복사의 가시영역뿐만 아니라 적외선영역의 복사도 산란(scattering) 또는 흡수(absorption)하며 에어로졸의 크기 모양 및 조성에 따라, 소산(extinction)되는 에너지의 양이 달라지기 때문에 지구복사 평형에 직간접적으로 영향을 미친다.

1. 입자의 굴절률

모든 매질은 굴절계수(m)라는 특성을 가지고 있으며, 매질에서의 빛의 속도(V_p)와 진공에서 일어나는 빛의 속도(c)에 대한 비율로 표현된다.

$$m = \frac{c}{V_p} \tag{12-1}$$

$$c \cong 3 \times 10^{10} \text{ cm/s} \tag{12-2}$$

입자의 산란은 입자 크기(d)와 빛의 파장(λ) 비에 영향을 받으며, 이 무차원계수는 크기 변수 p라고 한다.

$$p = \frac{\pi \times d}{\lambda} \tag{12-3}$$

여기서, $p \ll 1$인 입자들은 Rayleigh 산란, $a \cong 1$ 입자들은 Mie 산란을 나타낸다.

굴절률은 파장과 물질에 따라 다른 값을 보이며, 다음과 같이 표현된다.

$$m = n + ik \tag{12-4}$$

여기서, n은 굴절률의 실수부, k는 굴절률의 허수부를 나타낸다.

에어로졸의 조성별 굴절률은 다음 표와 같다.

표 12.3 589 nm 파장대에서의 주요 에어로졸의 굴절률(Seinfeld and Pandis, 2006)

Substance	$m=n+ik$	
	n	k
Water	1.333	0
Water(ice)	1.309	
NaCl	1.544	0
H_2SO_4	1.426[a]	0
NH_4HSO_4	1.473[b]	0
$(NH_4)_2SO_4$	1.521[b]	0
SiO_2	1.55	0 ($\lambda=550$ nm)
Carbon[c]	1.95	−0.79 ($\lambda=550$ nm)
Mineral dust[d]	1.56	−0.006 ($\lambda=550$ nm)

[a] Stelson (1990), assuming a 97% pure (by mass) mixture of H_2SO_4 with H_2O.
[b] Weast (1987).
[c] Bond and Bergstrom (2006) report a narrow range of refractive indices of light-absorbing carbon. The value in the table represents the upper limit.
[d] Tegen et al. (1996).

2. 입자 산란 및 흡수

대기에 존재하는 입자들과 가스들이 입사되는 빛과 복사에 영향을 주며, 이들은 산란(scattering)과 흡수(absorption) 메커니즘에 기인한다.

산란은 대기의 입자들 또는 큰 가스 분자들과의 상호작용에 의해서 복사가 원래 경로로부터 방향을 바꿀 때 발생한다. 어느 정도의 산란이 일어나느냐는 복사선의 파장과 입자 또는 가스의 풍부한 정도, 그리고 방사선의 대기에서의 이동 거리를 포함한 여러 요인에 따라 달라진다.

(1) 레일리(Rayleigh) 산란

대기권 상층부에서 지배적으로 일어나는 산란 메커니즘으로 입자의 크기가 파장에 비해 매우 작은 경우 발생한다. 이때, 에너지의 짧은 파장대역이 긴 파장대역보다 훨씬 더 많이 산란된다.

(2) 미(Mie) 산란 : 입자 크기가 복사선의 파장과 같은 크기일 때 발생

레일리 산란보다는 더 긴 파장에 영향을 미친다. Mie 산란은 빛의 파장과 입자의 반경이 유사할 경우 발생하며, 강도는 파장의 의존성이 떨어진다.

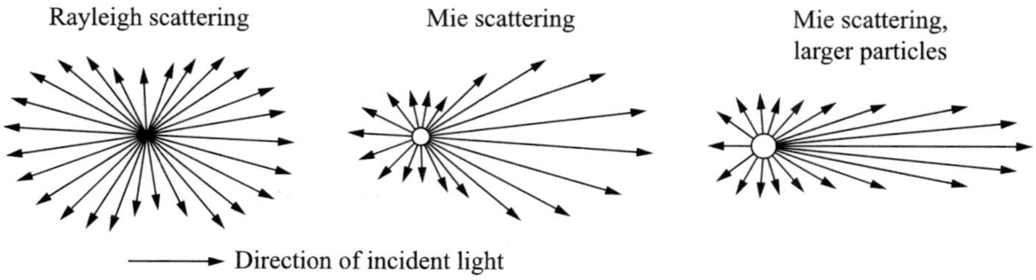

≫ **그림 12.13 에어로졸에 의한 빛의 산란**

(3) 흡수(Absorption) : 다양한 파장에서 에너지를 흡수

흡수는 빛이 대기라는 매질을 통과하는 동안 대기 중에 존재하는 물질에 의해 흡수되어 감쇠되는 현상을 의미한다. 대기 중 흡수체는 파장에 따라 다르며, 380～780 nm인 가시광선의 가장 큰 흡수원은 BC이다.

(4) 비어(Beer)의 법칙

광소산계수(b_{ext}, extinction coefficient)는 기본적으로 Beer-Lambert Law를 적용하여 계산이 가능하며, 산란계수(b_{scat}, scattering coefficient)와 흡수계수(σ_{abs}, absorption coefficient)의 합으로 표현될 수 있다.

$$\frac{I}{I_0} = \exp(-b_{ext} z) \tag{12-5}$$

여기서,

$$b_{ext} = b_{scat} + b_{abs} \tag{12-6}$$

z는 광경로에 대한 길이, I는 광경로 통과 후 강도, I_0는 광경로 통과 이전 빛의 강도를 의미한다.

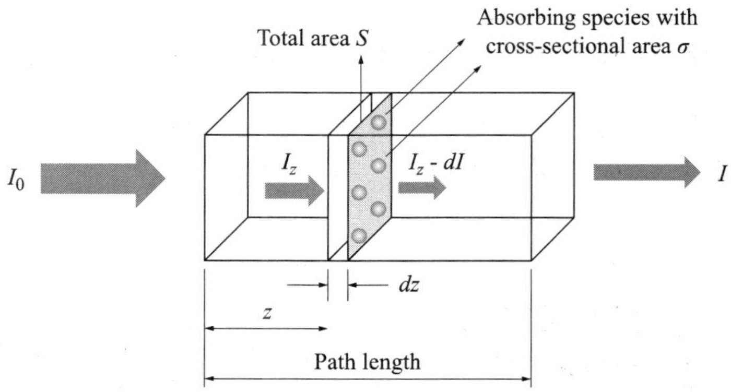

≫ 그림 12.14 비어(Beer)의 법칙

(5) 에어로졸 단일입자 소산효율(Aerosol Extinction Efficiency)

단일입자 소산효율(single particle extinction efficiency, Q_{ext})은 입자의 크기모수(size parameter, p)에 따라 Rayleigh 영역($Q_{ext(Ray)}$)과 기하영역($Q_{ext(gm)}$)으로 구분한다.

$$Q_e = \frac{\text{Radiant power scattered and absorbed by a particle}}{\text{Radiant power geometrically incident on a particle}} \qquad (12\text{-}7)$$

각 영역에서의 단일입자 소산계수는 다음의 두 가지 형태의 간략화된 형태를 갖는다(Bohren and Huffman, 1983; Seinfeld and Pandis, 2006).

$$Q_{ext(Ray)} = 4pIm(\gamma) + \frac{8}{3}p^4 Re(\gamma^2), \qquad \gamma = \frac{m^2-1}{m^2+2},$$

$$\text{for } p \ll 1 \text{ : Rayleigh region} \qquad (12\text{-}8)$$

$$Q_{ext(gm)} = 2(1+p^{-2/3}), \qquad \text{for } p \gg 1 \text{ : geometric region} \qquad (12\text{-}9)$$

여기서, $p(=\pi d_p/\lambda)$는 입자의 직경(d_p)를 파장(λ)으로 나눈 크기 모수이며, γ는 굴절률(m)에 관련된 복소수이다.

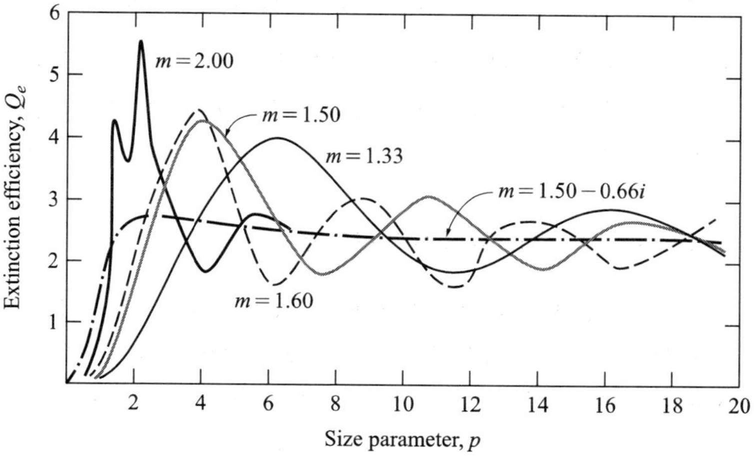

» 그림 12.15 입경과 굴절률에 따른 단일입자 소산효율(Hinds, 1999)

여기서, 단분산 입자에 대하여 에어로졸 광 소산계수는 단일입자 소산효율과 입자의 직경, 개수의 함수로 다음과 같이 표현될 수 있다.

$$b_{ext} = N\frac{\pi d^2}{4}Q_e \tag{12-10}$$

다분산 입자에 대하여 에어로졸 소산계수는 다음과 같이 표현될 수 있다.

$$b_{ext} = \sum_i N_i \frac{\pi d_i^2}{4}(Q_e)_i \tag{12-11}$$

3. 대기 에어로졸의 광학 관련 변수

(1) 시정(Visibility)

대기 중에 체류하는 입자상 오염물질은 시정(visibility)을 악화시키는 데 시정 악화의 정도는 대기 중에 입자상 오염물질의 양의 대소에 상관성을 가지고 있다. 시정에 영향을 미치는 인자들은 시정거리를 계산하는 Koschmeider(1924) 식으로 나타낼 수 있다.

$$V_R = 3.912/b_{ext} = b_{scat} + b_{abs} = b_{sg} + b_{ag} + b_{sp} + b_{ap} \tag{12-12}$$

여기서, b_{ext}는 소멸계수이고, b_{sg}와 b_{ag}는 각각 기체산란 및 흡수계수를 의미하며, b_{sp}와 b_{ap}는 각각 입자산란 및 흡수계수를 나타낸다. b_{sg}는 일반적으로 Rayleight 산란계수인 $0.120\times10^{-4}\,m^{-1}$이 사용되고, b_{ag}는 Hodkinson(1966) 이론에 따라 NO_2가스의 농도로부터 $3.3[NO_2]\,ppm\times10^{-4}$으로 계산된다. 이때 $b_{sp}(=0.018)$ 입자의 입경분포와 밀접한 관련이 있어 상대습도에 따라 민감하게 변화하며, b_{ap}는 입자 내 원소탄소성분과 밀접한 관련이 있다(국립환경연구원, 1994; 한진석 등, 1996; 백남준 등, 1994b).

(2) Aerosol Optical Depth(AOD)

에어로졸 광학깊이(Aerosol Optical Depth, AOD)는 태양복사가 대기 상한에서 지표까지 도달하는 동안 대기 중의 여러 성분에 의해 감쇄되는 효과를 나타내는 척도이다. AOD는 에어로졸과 복사강제력의 산정에 있어 중요한 변수이다.

$$\mathrm{AOD}(\lambda)=\int_0^{z=\top} b_{ext}(\lambda)dz \tag{12-13}$$

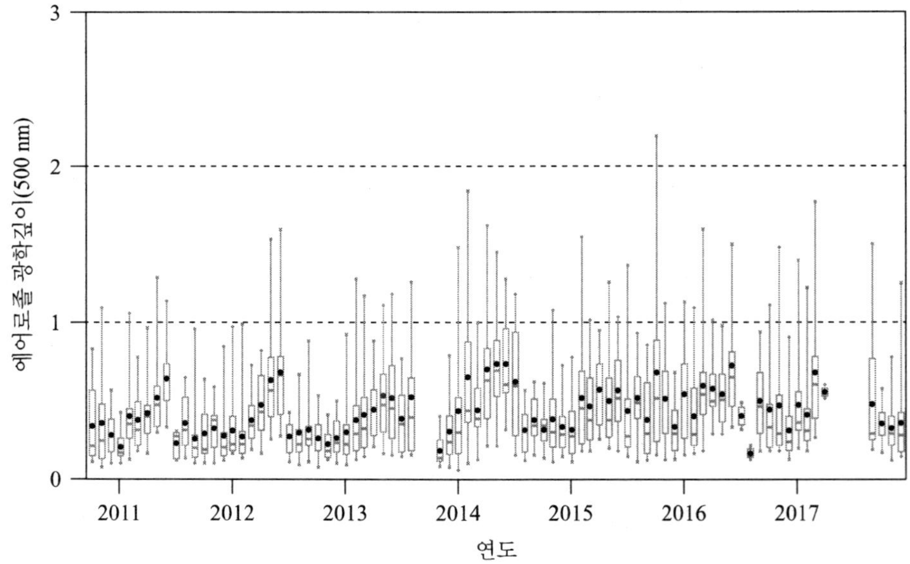

》 그림 12.16 안면도 지역 에어로졸 광학깊이(AOD)의 변동[그래프 양끝(최댓값, 최솟값), 상자 양끝(25%, 75%값), 상자 가운데 실선(중간값), 검은색 점(평균값)]
(기상청 기후정보포털, www.climate.go.kr)

(3) Mass Extinction Efficiency(MEE)

에어로졸의 광학적 특성을 나타내는 지표로서 mass extinction efficiency는 단위질량당 extinction coefficient로 정의된다. Mass extinction efficiency는 기본적으로 주어진 직경과 파장, 그리고 굴절률의 함수로 표현된다. 일반적으로 필터기반의 분석을 통하여 구하여진 조성별 농도로부터 aerosol extinction coefficient(b_{ext})를 계산하는 과정은 입자의 조성농도에 대표적인 mass extinction efficiency를 곱하는 식으로 표현된다.

$$b_{ext} = \sum_i b_{ext,i} = \sum_i (\mathrm{MEE}_i \times C_i) \tag{12-14}$$

여기서, MEE_i 및 C_i는 각각 i 조성에 대한 mass extinction efficiency와 농도를 의미한다.

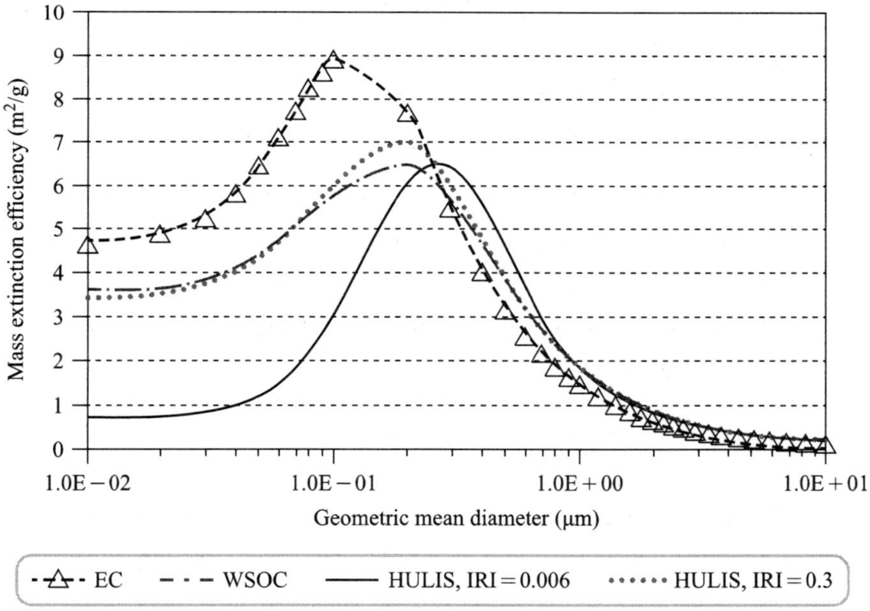

그림 12.17 에어로졸 입경에 따른 질량소산효율(mass extinction efficiency)

(4) 옹스트롬 지수(Ångström Exponent)

대기 중 에어로졸에 의한 광학적 특성을 파악하기 위한 여러 parameter 중 옹스트롬 지수(Ångström exponent)가 널리 사용되고 있다.

대기 에어로졸의 소산계수(b_{ext})는 파장의 지수함수로 표현이 가능하다.

$$b_{ext} = C\lambda^{-\alpha} \qquad (12\text{-}15)$$

여기서, C : 산란양

α : 옹스트롬 지수(Ångström exponent)

Ångström exponent는 다음과 같이 정의된다.

$$\alpha = -\frac{\log(b_{ext1}/b_{ext2})}{\log(\lambda_1/\lambda_2)} \qquad (12\text{-}16)$$

여기서, b_{ext}는 입자의 소산계수(Seinfeld and Pandis, 1998), λ는 유입되는 빛의 파장, α는 Ångström exponent이다.

대기 중 에어로졸은 크기가 넓은 구간에 걸쳐 분포하는 다분산 분포(polydipersed size distribution)를 가지고 있기 때문에 이러한 다분산 분포가 입자의 광학적 특성에 미치는 영향을 파악하는 것은 매우 중요하다(O'Neill et al., 2001a; 2001b; Bergstrom et al., 2007; Yang et al., 2009). 이러한 다분산 분포 중 널리 사용되는 분포는 크게 입자의 크기분포를 지수 형태의 power-law로 가정하는 Junge size distribution과 대수 정규분포로 가정하는 log-normal size distribution을 들 수 있다(Cachorro and Frutos, 1994, 1995). 이중 Junge size distribution은 대기 중 입자의 크기분포를 정확히 모사하지 못하는 단점을 갖는 반면 표현과 계산이 단순한 장점을 가지고 있다(Junge, 1955).

Junge size distribution은 그림에서 볼 수 있듯이 수식으로 볼 때 다음과 같이 표현할 수 있다(Junge, 1955).

$$dN/d\log d_p = C d_p^{-\nu} \qquad (12\text{-}17)$$

여기서, ν는 Junge parameter, C는 크기분포 상수, N은 에어로졸의 개수 크기분포, d_p는 입자의 직경, $n(d_p)$는 에어로졸 크기분포를 나타낸다.

Junge 크기분포에 의하면 비흡습성 입자의 경우 $\alpha > 1$인 조건에 있어 $\nu = \alpha + 2$인 관계식을 보이는 것으로 알려져 있다(Tomasi et al., 1983).

개수 분포의 기울기에 따라 Ångström exponent(α)가 변화하게 되며, 이는 미세입자와 큰 입자는 서로 연관된다는 뜻으로도 가능하다. 대체적으로 α는 에어로졸 입자의 크기가 작을수록 커지며, 매우 큰 에어로졸, 바람에 의한 먼지 또는 해염입자의 경우 0에 가깝게 나타난다. α가 큰 값을 나타낼수록 파장별로 산란 정도의 차이가 크게 나타나며, α가 0에 가까운 작은 값을 가질 경우 다른 파장에서 비슷한 산란 정도를 나타낸다.

일반적으로 α값이 2 이상인 경우는 크기가 작은 미세입자를 의미하고 α값이 1 이하인 경우에는 황사나 해염입자와 같은 조대입자를 의미하는 지표로 많이 이용된다 (Schuster et al., 2006).

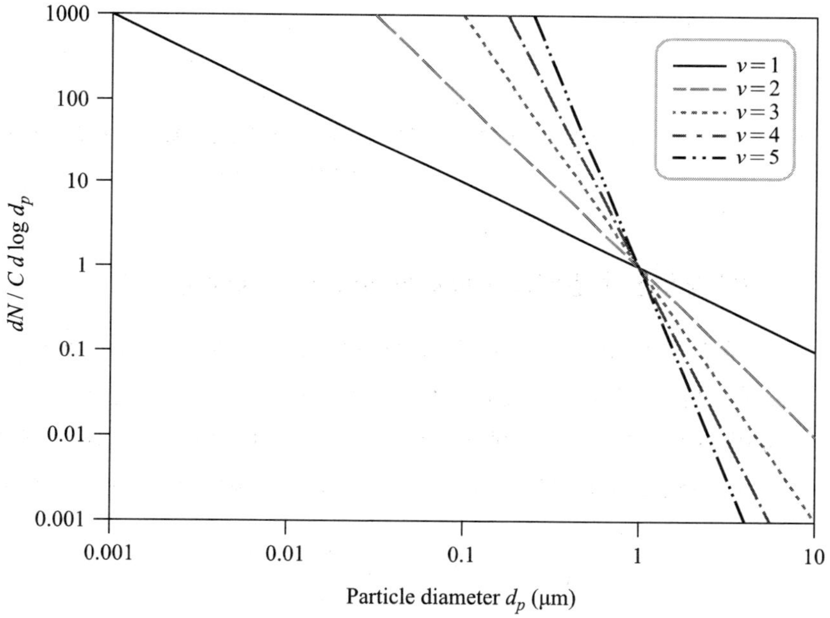

≫ **그림 12.18 Junge 크기분포**

에어로졸 광흡수성 에어로졸의 크기와 관련된 변수로서 Absorption Ångström Exponent(AAE)이 있다.

$$b_{abs} = a\lambda^{-\mathrm{AAE}} \tag{12-18}$$

b_{abs}는 흡수계수(absorption coefficient)이고, a는 파장과 독립적인 상수이다.

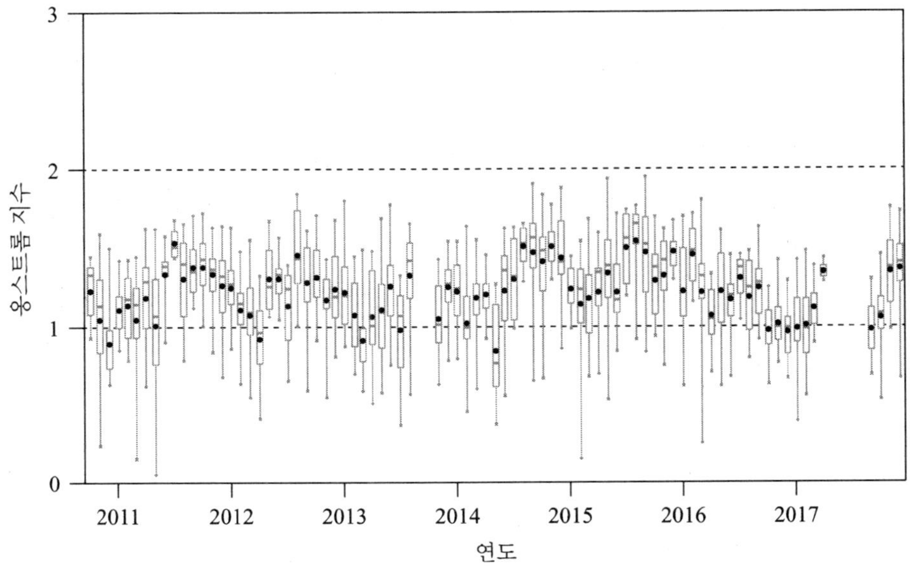

≫ **그림 12.19 안면도 지역 에어로졸 옹스트롬 지수의 변동**(기상청 기후정보포털, www.climate.go.kr)

(5) 단일산란 알베도(Single Scattering Albedo, SSA)

에어로졸의 흡수 특성을 나타내는 파라미터로 에어로졸 소산계수와 산란계수의 비로 표현된다. 여기서, 소산계수는 흡수계수와 산란계수의 합이다. 따라서, 단일산란 알베도 값이 1에 가까워질수록 에어로졸의 조성 특성이 산란에 의하여 큰 영향을 받는다는 것이고, 작아질수록 빛을 흡수하는 에어로졸의 영향을 받는다는 의미가 있다.

$$\mathrm{SSA} = \frac{b_{scat}}{b_{scat} + b_{abs}} = \frac{b_{scat}}{b_{ext}} = 1 - \frac{b_{abs}}{b_{ext}} \tag{12-19}$$

(6) 에어로졸 복사강제력(Aerosol Radiative Forcing, ARF)

복사강제력이란 지구가 흡수하는 일사량과 그 중 다시 우주로 방출되는 에너지의 차이로, 보통 대류권과 성층권의 경계인 대류권계면에서 단위면적당 와트 단위를 이용해서 정량화한다. 통상 지구가 흡수하는 에너지가 더 커서 지구의 온도가 올라갈 때는 양의 강제력(positive forcing)이라고 하고, 반대의 경우는 음의 강제력(negative forcing)이라고 한다. 에어로졸 복사강제력이란 에어로졸에 의한 복사강제력을 의미한다. 에어로졸에 의한 직접적인 복사강제력은 태양복사인 단파 및 장파 복사의 산란과 흡수로 인해 지구복사수지의 변화를 일으키며, 간접적인 복사강제력은 에어로졸 일부가 구름 응결핵으로 작용하여 구름 물리미세과정과 복사적 성질을 변화시켜 복사수지에 영향을 준다(Ramanathan et al., 2005).

4. 대기 에어로졸의 광학적 측정

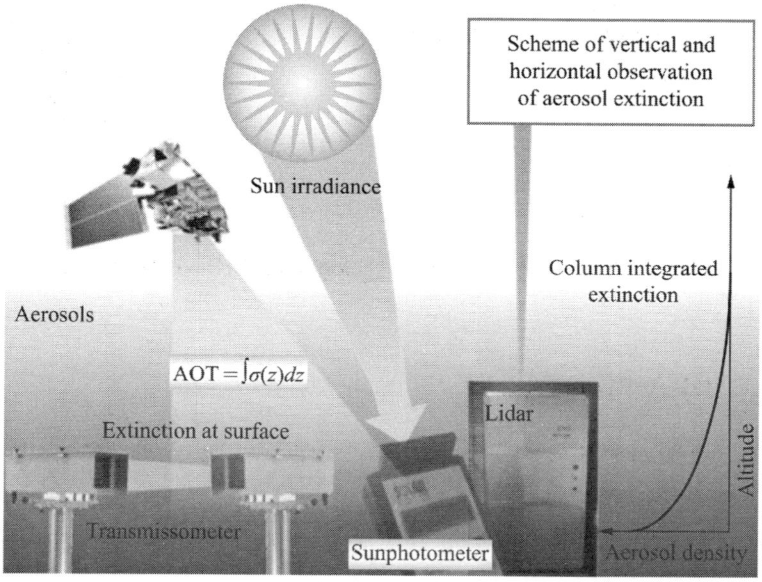

≫ 그림 12.20 대기 에어로졸의 광학적 두께 측정 개요

(1) Nephelometer

에어로졸에 의한 빛의 산란정도를 상시 측정하는 장비로 가시거리에 영향을 미치는 미세먼지의 입자 산란계수를 빛이 매개체를 통과하면서 감쇄되는 정도인 소산계수(extinction coefficient)는 기체 분자에 의한 흡수/산란과 에어로졸에 의한 흡수/산란으로 구성되어 있다. 에어로졸은 대기 중에서 가시영역뿐만 아니라 적외영역에서의 복사에 대해서 산란과 흡수를 한다.

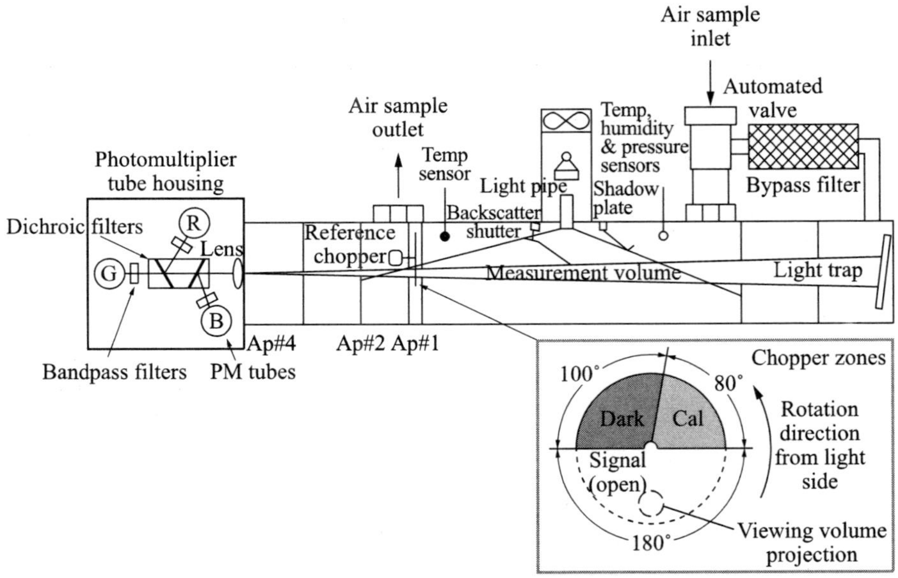

≫ 그림 12.21 Nephelometer의 구성(국립기상과학원, 2017)

(2) Aethalometer

석영 섬유 필터에 채집된 에어로졸 시료를 투과된 광학적 감쇠량을 측정하여 필터에 침적된 BC농도를 산출한다.

샘플링 전 필터를 통과한 빛의 강도를 I_0, 샘플링을 통해 필터에 침적된 에어로졸을 투과한 빛의 강도를 I라고 하면, 광학 감쇠도 ATN는 다음과 같은 표현이 가능하다.

$$\mathrm{ATN} = 100 \times \ln(I_0/I) \tag{12-20}$$

동일 광원과 검출기를 이용하여 에어로졸이 침적된 이 필터를 통과하는 광학적 전달을 관측하게 된다면, 강도는 다음과 같이 표현될 수 있다.

$$I = I_0(\lambda) \times \exp[-A(\lambda)] \tag{12-21}$$

여기서, 흡광도 $A(\lambda)$는 다음과 같이 표현된다.

$$A(\lambda) = k(1/\lambda) \times \mathrm{BC}, \quad \mathrm{ATN/BC} = 100 \times k(1/\lambda) \tag{12-22}$$

따라서, 광학 감쇄에 의해 주어지는 I와 I_0의 대수적 비인 ATN은 블랙 카본의 중량에 비례하며, 블랙카본은 $1/\lambda$ 함수에 따라 가중되는 광학 성분과 검출기의 파장 변화에 영향을 받게 된다.

(3) Lidar

가시광선이나 적외선의 레이저 광선을 대기 중으로 발사하여 황사, 미세먼지, 연무, 화산재 등의 에어로졸에 의해 되돌아오는 신호를 분석하여 황사, 미세먼지, 연무, 화산재 등의 고도별 분포 산출하는 장비이다.

다파장 편광라이다 시스템(Multi-wavelength Polarization Lidar for Atmospheric Research, MPoLAR)은 지상에서 레이저를 발사하여 대류권의 에어로졸, 특히 황사 및 불규칙한 형상을 갖고 있는 미세입자의 분포를 측정하기 위해, 편광신호와 파장별 후방산란신호를 획득하여 비편광도와 후방산란비를 측정함으로서 대기 중 비구형 에어로졸 분포와 크기분포를 관측할 수 있다.

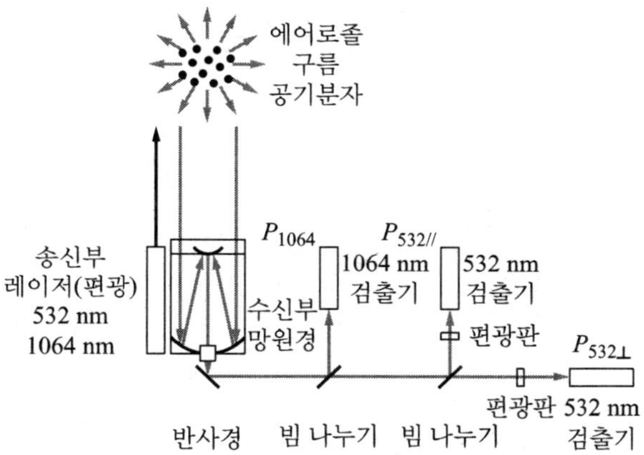

≫ **그림 12.22 다파장 편광라이다(모델: MPoLAR 2000) 개요**
(기상청, 2016, 에어로졸 관측업무 매뉴얼)

(4) Sun Photometer

태양의 위치를 자동 추적하며, 9개의 필터를 이용하여 태양의 직달일사와 확산일사를 이용하여 스펙트럼 투과를 측정하여 에어로졸 광학깊이를 계산한다. 측정원리는 가시광선영역 근처의 파장대에 대해 직달일사(direct sun irradiance)와 산란일사(diffuse sky irradiance) 값을 측정한다(기상청, 2016, 에어로졸 관측업무 매뉴얼). 지상관측기기를 이용한 에어로졸 감시는 다른 방법에 비해 그 정확도가 높은 것으로 알려져 있으며 시간적인 분해능이 높은 장점이 있으나 에어로졸의 공간 분포 파악에 어려움이 있다. 이러한 한계를 극복하고자 네트워크를 구성하여 세계 각지의 다양한 관측소에서 동시관측을 수행하고 있으며 대표적인 국제 관측 네트워크로 AErosol RObotic NETwork(AERONET)을 들 수 있다. AERONET은 미항공우주국(NASA)에서 운영하고 있는 태양복사측정기

(sun/sky radiometer)의 관측 네트워크로 전 세계에 500개 이상의 관측소에서 동일한 기기를 이용하여 에어로졸의 광학특성을 산출하고 있다.

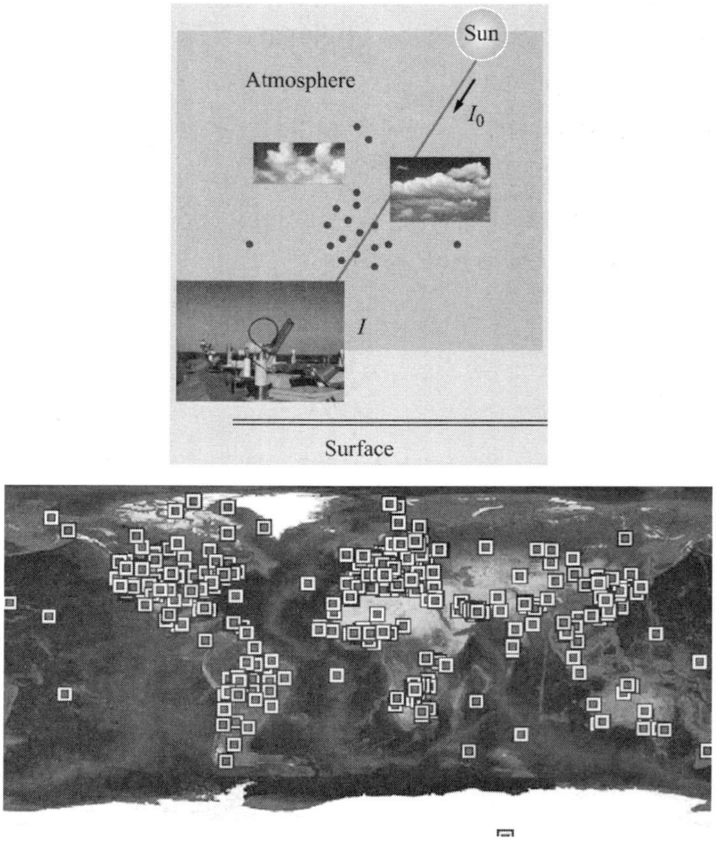

》 그림 12.23 Sun photometer 및 AERONET 측정망 분포(http://aeronet.gsfc.nasa.gov)

(5) 인공위성(Satellite)

에어로졸의 공간 분포를 분석하기 위해서는 GOCI, MODIS, CALIOP 등의 인공위성 탑재 센서를 통한 관측 자료를 이용한다.

GOCI는 정지궤도 위성인 Communication, Ocean, and Meteorological Satellite(COMS)에 탑재된 센서로 ocean-color를 모니터링하기 위한 목적으로 제작되었으나 AOD, FMF(Fine Mode Fraction), SSA와 같은 에어로졸 광학특성값들을 산출한다.[1)]

1) 정지궤도 위성의 특성 상, 한반도 및 동아시아 지역의 에어로졸의 공간 분포를 극궤도 위성에 비해 보다 빈번하게 관측할 수 있다는 장점이 있지만 인공위성의 고도가 매우 높아 해상도가 상대적으로 낮은 단점이 있다. 현재, GOCI는

MODIS는 극궤도 위성인 Terra와 Aqua에 탑재된 센서로 0.4 μm에서 14.4 μm까지 총 36개 채널에서의 복사량을 관측하며 대기, 해양, 육지에 관련된 다양한 정보를 제공한다. MODIS에서 제공하는 AOP는 AOD, FMF, 옹스트롬 지수, 입자의 유효반경, 비대칭변수(asymmetry factor) 등이며 Terra MODIS는 지역시간 오전 10시 30분경, Aqua MODIS는 오후 1시 30분경에 자료를 산출한다. 특히, Aqua는 Aura, CALIPSO (Cloud-Aerosol Lidar and Infrared Pathfinder Satellite Observations), CloudSat 등과 같은 궤도를 가지고 거의 동시에 동일한 지점을 관측하기 때문에 대기의 종합적인 분석에 유용하게 활용된다.

CALIOP은 인공위성 탑재 라이다로 CALIPSO 위성의 탑재 센서이다. 지상 라이다와 마찬가지로 레이저를 발사하여 후방산란 된 빛을 관측함으로써 대기 중 에어로졸이나 구름의 연직 분포를 파악한다. 532 nm의 수평 및 수직 성분과 1064 nm에서의 후방산란 강도를 측정하여 에어로졸의 종류를 총 6가지로 분류하고 에어로졸 소산계수와 편광소멸도 등의 연직 분포를 산출한다(국립환경과학원, 2013).

MODIS - MODerate resolution Imaging Spectroradiometer

Measures total column aerosol
AOD - Aerosol Optical Depth

VIIRS - Visible Infrared Imaging Radiometer Suite

AOD
Particle type

MISR - Multi-angle Imaging SpectroRadiometer

AOD
Particle type

OMI - Ozone Monitoring Instrument
AOD
Aerosol index
Aerosol abroption optical depth

해양에서 AOD, FMF, SSA를 산출하고 육지에서 AOD를 산출하며 00 UTC(오전 9시)부터 07 UTC(오후 4시)까지 1시간 간격으로 하루 8회 관측 자료를 생산한다.

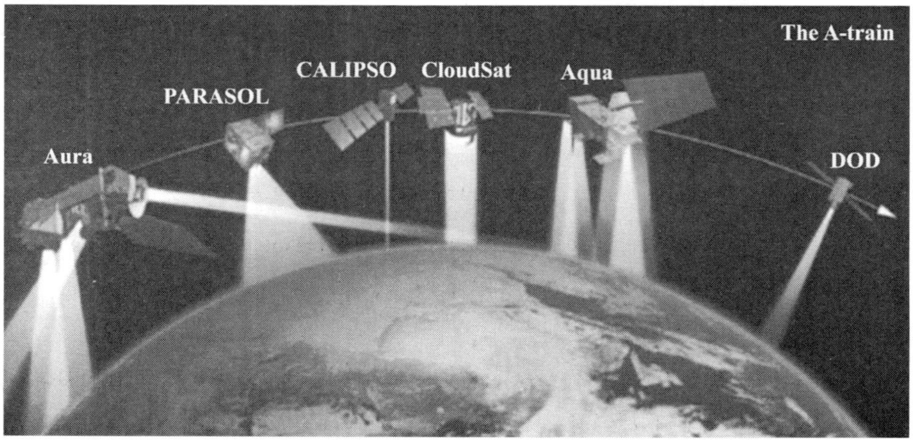

≫ 그림 12.24 위성에 의한 대기 에어로졸 산출과 NASA의 A-train
(https://www.nasa.gov/missions)

참고문헌

국립환경과학원 (2013). 원격측정기술 기반연구를 위한 동북아 지역 에어로졸 광학특성연구

국립환경과학원 (2015). 대기오염집중측정소 운영지침

기상청 (2016). 에어로졸 관측업무 매뉴얼

박승식, 유근혜 (2018). 대기 정체와 수용성 에어로졸 입자의 질량크기분포의 관계, 대기환경학회지, 34(3)

Bergstrom, R. W., P. Pilewskie, P. B. Russell, J. Redemann, T. C. Bond, P. K. Quinn, and B. Sierau (2007). Spectral absorption properties of atmospheric aerosols, *Atmospheric Chemistry and Physics*, 7, 5937-5943.

Bohren, C. F. and D. R. Huffman (1983). Absorption and Scattering of Light by Small Particles, John Wiley and Sons Inc., New York, USA.

Cachorro, V. E. and A. M. De Frutos (1994). Retrieval of atmospheric aerosol characteristics from visible extinction data at Valladolid, *Atmospheric Environment*, 28, 963-971.

Hinds, W. C. (1999). Aerosol technology: Properties, behavior, and measurement of airborne particles, John Wiley & Sons, New York.

IPCC(Intergovernmental Panel on Climate Change) (2007). Changes in Atmospheric Constituents and in Radiative forcing, in Climate Change 2007, Cambridge University Press, New York, Cambridge University Press.

Junge, C. E. (1955). The size distribution and aging of natural aerosols as determined from electrical and optical measurements in the atmosphere, *Journal of Meteorology*, 12, 13-25.

Lim, S. S., T. Vos, A. D. Flaxman, G. Danaei, K. Shibuya, H. Adair-Rohani, M. A. AlMazroa, M. Amann, H. R. Anderson, K. G. Andrews (2013). A comparative risk assessment of burden of disease and injury attributable to 67 risk factors and risk factor clusters in 21 regions, 1990–2010: a systematic analysis for the Global Burden of Disease Study 2010. The lancet 380(9859): 2224-2260.

O'Neill, N. T., T. F. Eck, B. N. Holben, A. Smirnov and O. Dubovik (2001a). Bimodal size distribution influences on the variation of Ångström derivatives in spectral and optical depth space, *Applied Optics*, 40, 2368-2375.

O'Neill, N. T., T. F. Eck, A. Smirnov, B. N. Holben, and S. Thulasiraman (2001b). Spectral discrimination of coarse and fine mode optical depth, *Journal of Geophysical Research*, 108. 459, doi:10.1029/2002JD002975.

Ramanathan, V., Chung, C., Kim, D., Bettge, T., Buja, L., Kiehl, J. T., Washington, W. M., Fu, Q., and Sikka, D. R., 2005, Atmospheric brown clouds: Impacts on South Asian climate and hy drological cycle. PNAS, 102(15), 5326-5333.

Schuster, G. L., O. Dubovik, and B. N. Holben (2006). Ångström exponent and bimodal aerosol size distributions, *Journal of Geophysical Research*, 111, D07207, doi:101029/2005JD006328.

Seinfeld, J. H. and Pandis, S. N. (2006). Atmospheric chemistry and physics; from air pollution to climate change. John Wiley & Sons, NJ, USA.

Tomasi, C., E. Caroli, and V. Vitale (1983). Study of the relationship between Ångström's wavelength exponent and Junge particle size distribution exponent, *Journal of Climate and Applied Meteorology*, 22, 1707-1716.

Whitby, K. T., Kittelson, D. B., Cantrell, B. K., Barsic, N. J., and Bolan, D. F. (1976). Aerosol size distributions and concentrations measured during the General Motors proving grounds sulfate study. In WASHINGTON D.C., U.S.A., AMERICAN CHEM. SOC. (2, 1976 ed., Vol. 16). American Chemical Society.

Yang, M., S. G. Howell, J. Zhuang, and B. J. Huebert (2009). Attribution of aerosol light absorption to black carbon, brown carbon, and dust in China – interpretations of atmospheric measurements during EAST-AIRE, *Atmospheric Chemistry and Physics*, 9, 2035-2050.

CHAPTER

13

바이오에어로졸

(Bioaerosols)

■ 저자 : **정재희**(세종대학교 기계공학과)

13.1 요약

일반적으로 에어로졸은 공기 또는 가스 상에 부유하고 있는 고체 및 액체 입자로 정의된다. 바이오에어로졸은 공기 중에 부유하고 있는 바이러스, 박테리아, 곰팡이와 같은 미생물을 포함한, 다양한 생명체로부터 기인한 부유물질을 일컫는 용어로서, "생물학적 발생 기원을 갖는 에어로졸"로 정의된다. 이러한 바이오에어로졸의 생물학적 특징은 다른 에어로졸과 구분되는 독특한 특성으로 인간과 동식물, 그리고 다양한 환경에 영향을 준다. 바이오에어로졸의 측정에는 일반적인 에어로졸 측정과 달리 생물학적 특징을 정확히 분석하기 위한 시료 포집 및 분석 방법이 필요하다. 본 장에서는 이러한 바이오에어로졸의 전반적인 내용과 포집방법에 대해 기술한다.

13.2 바이오에어로졸

바이오에어로졸은 공기 중에 부유하고 있는 미생물 또는 생물체로부터 유래된 입자상 부유물질로서 정의된다(Burge, 1995). 미국 산업위생전문가협회(ACGIH)에서는 바이오에어로졸과 살아있는 미생물로부터 유래된 휘발성유기화합물(VOCs)을 "생물학적으로 유래된 부유 오염물"로 기술하고 있다(ACGIH Bioaerosols, 1999). 바이오에어로졸은 일반적인 미생물들과 이들의 부스러기, 내재독성물질, 그리고 다양한 형태의 생명활동으로 야기된 대사 및 부산 물질 등을 포함한다. 바이오에어로졸은 실내/외를 막론하고 생명활동이 존재하는 한 (또는 있었던) 거의 모든 곳에 존재하고 있다. 인간을 포함한 동식물과 토양, 물, 거의 모든 곳이 바이오에어로졸의 발생원이 된다. 이러한 발생원의 대상은 자연계에서 상당히 흔하게 찾을 수 있다. 바이오에어로졸은 생물학적 물질이 생성되는 과정에서 발생되거나 바람, 물, 공기 등, 외부 물리적인 에너지 요인으로 인해 입자상 물질로 분리되어 나오는 과정에 의해 생성된다. 때로는 생명체의 생명활동에 의해 자연스럽게 (또는 의도적으로) 발생이 되기도 한다(Lighthart and Mohr, 1994).

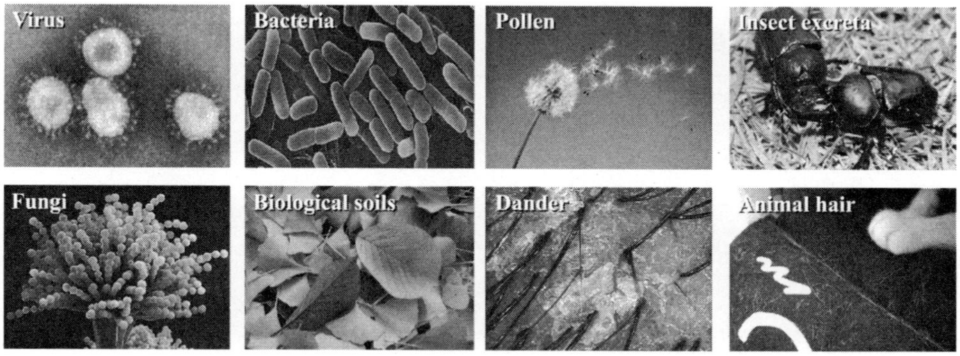

≫ 그림 13.1 바이오에어로졸의 종류(Types of bioaerosols)

13.3 바이오에어로졸의 특징

공기 중의 바이오에어로졸은 일반적인 에어로졸의 크기, 밀도, 형상, 전기적 특징 등과 같은 물리적 성질이 비슷한 경우, 공기 내 유사한 입자 거동을 갖는다(Hinds, 1999). 따라서, 바이오에어로졸 역시 중력, 전기력, 충돌과 확산 등에 의해 시간에 따른 물리적 변화 양상을 갖는데, 일반적으로 이러한 변화들은 에어로졸 입자의 공기역학적 입경과 주위 환경 조건에 의해 좌우된다. 바이오에어로졸은 약 10 nm부터 100 μm 이상의 단일입자 크기 범위를 갖는다. 그러나, 바이오에어로졸은 자연계에서 발생되는 단계 및 성장 과정에서 종종 응집체 형태나 액적 내 유기물질들의 클러스터(cluster) 형태를 이루고 있으며, 다른 에어로졸에 붙어 있는 형태로 존재하기도 한다. 표 13.1에 일반적인 실외 바이오에어로졸의 크기와 농도에 대한 정보를 표시하였다.

표 13.1 자연 상태의 바이오에어로졸 크기와 농도
(Particle size and natural background concentration of bioaerosols)

Type of bioaerosols	Size (μm)	Concentration (number/m^3)
Viruses	0.02～0.3	-
Bacteria	0.3～10	0.5～1,000
Fungal spores	0.5～30	0～10,000
Pollen	10～100	0～1,000

Data primarily from Jacobson and Morris(1976)

13.4 바이오에어로졸의 영향

바이오에어로졸은 인간 사회와 자연계를 포함해 건강과 경제, 환경에 큰 영향을 주고 있다. 특히, 바이오에어로졸이 보건학적으로 미치는 건강에 대한 영향은 바이오에어로졸에 대한 대중의 관심을 불러일으키는 가장 큰 요인이다. 바이오에어로졸은 짧은 기간 동안 주위 기류에 따라 빠르게 확산될 수 있으며, 장기간 공기 중에 체류할 수 있다. 이러한 특성으로 인해 인체의 피부와 호흡기는 바이오에어로졸의 노출에 더욱 취약해 질 수 있다. 대부분의 바이오에어로졸은 정상적인 환경 안에서 해로운 요인이 되진 않으나, 바이오에어로졸의 장기적 노출은 다양한 만성건강영향 및 환경성 질환과 연관되어 있다. 바이오에어로졸은 알레르기(allergy)와 같은 가벼운 증상부터, 공기감염에 의한 사망까지 다양한 건강 위해성을 갖는다. 대표적인 건강위해성으로, (1) 감염질환, (2) 천식과 같은 민감 반응, (3) 독성 반응 및 박테리아(i.e., endotoxins) 또는 곰팡이 내(i.e., mycotoxins) 독성물질에 의한 자극 등이 있다. 그러나, 아직 모든 종류의 바이오에어로졸에 대한 노출 - 반응 관계(dose-response relationship) 및 반응 발현(threshold value)에 대한 정보는 매우 부족한 상황이다. 바이오에어로졸은 농작물과 가축과 관련된 경제 산업에도 큰 영향을 끼친다. 바이오에어로졸에 의한 역사적인 피해 사례로서, 흑사병(Bubonic plague, 1346), 아일랜드 기근(Irish Potato Famine, 1847), 인플루엔자 확산(1918) 등이 있다. 최근 병원성 바이오에어로졸을 이용한 생화학테러나 COVID-19 팬데믹과 같은 공기를 매체로 한 질병 확산 등도 바이오에어로졸에 대한 주요 이슈이다. 바이오에어로졸로 인한 질병 및 병충해의 확산은 국가 보건비 증가 및 막대한 경제적 손실을 끼칠 뿐 아니라, 국민 불안을 가중시키고 여가 활동을 위축시킬 수 있으므로 이에 대한 정부 및 개인의 대응 노력이 필요하다.

≫ 그림 13.2 바이오에어로졸 관련 주요 보건학적 이슈
(Recent health issues related to bioaerosols)

13.5 대표적인 바이오에어로졸

공기 중 박테리아와 곰팡이 포자는 가장 흔하게 접할 수 있는 바이오에어로졸이며, 공기 중 바이러스의 경우, 공기감염 전파로 인해 많은 사회적 관심을 받아왔다. 본 장에서는 대표적인 미생물로서, 박테리아, 곰팡이, 바이러스에 대해 간략하게 기술한다.

1. 박테리아

박테리아는 단일세포로 이루어진 원핵생물로서, 가장 간단한 형태의 살아있는 생명체로 알려져 있다. 박테리아는 세포막을 가지고 있으나, 이러한 막에 둘러싸인 세포소기관들이나 핵을 갖고 있지는 않다. 이러한 핵의 부재는 다른 미생물과 원핵생물을 구별 지을 수 있는 가장 큰 특징이다. 원핵생물의 DNA는 세포내 단일의 원형 분자 가닥 형태로 존재한다. 박테리아는 원핵생물의 가장 흔한 형태로서, 일반적으로 0.3 ~ 10 μm 크기를 가지며, 대기 중에 약 0.5 ~ 1000개/m^{3}의 자연 배경 농도를 갖는 것으로 알려져 있다. 수화(hydration) 정도에 따라 박테리아의 밀도는 1 ~ 1.5 g/cm^{3}을 갖는다. 단일 박테리아는 구형 또는 막대기 형태를 갖으며, 이들은 서로 간에 응집체(cluster) 또는 체인(chain) 형태로 존재한다. 박테리아는 단세포 생물이며, 간단한 세포분열에 의해 번식한다. 특히, 어떤 박테리아 종은 오랜 시간 동안 가혹한 조건에서 살아남기 위해 휴면 상태의 구조, 즉 내생 포자(endospore)를 형성하기도 한다. 박테리아는 그람 염색(Gram-stain reaction)의 유무, 세포의 모양, 호기 및 혐기, 포자 생성 유무 등에 따라 나눠질 수 있다. 예를 들어, 그람 염색은 박테리아의 세포 외막(cell envelope)의 형태 및 화학적 구조에 따라 그람 양성균(Gram-positive)과 그람 음성균(Gram-negative)으로 나눌 수 있다. 이와 별도로, 질병을 야기할 수 있는 미생물을 병원균(pathogen)으로 분류하기도 한다. 잘 알려진 병원성 박테리아로서 *Mycobacterium tuberculosis*(결핵균), *Legionella pneumophila*(폐렴균), *Bacillus anthracis*(탄저균), *Yersinia pestis*(페 페스트균) 등이 있으며, 이들을 억제하기 위한 항생제 물질은 박테리아의 세포벽, 세포질 막에 영향을 주거나, 단백질 합성 등을 방해하는 역할을 한다. 이와 별개로, 건강한 사람에게는 해롭지 않으나, 면역계가 취약한 사람들에게 질병을 일으킬 수 있는 미생물을 기회 감염균(opportunistic pathogen)으로 분류하기도 한다.

박테리아는 수질과 토양에 광범위하게 존재할 뿐만 아니라, 동물과 식물, 실내외 인공 구조물 표면 등에도 존재한다. 비와 바람과 같은 자연적인 외란(disturbance)은 공기 중으로 박테리아를 부유시키는 등 실외 바이오에어로졸 형성에 중요한 역할을 한다. 때로는, 사람들이 거주하고 있는 주택, 빌딩 등의 실외기나 공조기, 환기 통로 등에 적정한 습도가 유지되는 경우, 박테리아 증식으로 인해 높은 농도의 박테리아 군집체(colony)가 형성되기도 하며, 이들이 기계적인 진동 및 주위 기류에 의해 공기 중으로 박테리아가 부유됨으로서 실내로 유입되기도 한다. 인간 역시, 표면과 내부에 다양한 종류의 박테리아가 존재하고 있으며, 인간의 물리적 활동 및 대사 작용에 의해 박테리아 바이오에어로졸이 발생한다(e.g., 장내균은 대표적인 화장실 내 바이오에어로졸이다).

2. 곰팡이

곰팡이는 실내외 환경 어느 곳에서도 쉽게 발견되는 진핵생물(eukaryotic organisms)로서, 키틴과 글루칸으로 이루어진 단단한 세포벽과 함께, 균사를 형성할 수 있는 단세포(e.g., yeast) 또는 다세포 생물이다. 곰팡이 군집체(fungal colony)는 이러한 균사체로 이루어진 덩어리 형태를 일컫는다. 실내에서 가장 빈번하게 발생하는 곰팡이로서, *Penicillium*, *Aspergillus*, *Cladosporium* 등이 있다. 곰팡이의 다른 표현으로서 “Mold”와 “Mildew”가 있는데, 이는 보통 곰팡이의 종류와 관계없이 물체 표면에 육안으로 확인 가능한 곰팡이 군집을 일컫는데 사용된다. 곰팡이 군집이 관찰된다는 것은 잠재적으로 곰팡이가 생성하는 곰팡이 포자, 독성 대사 부산물, 생물학적 휘발성유기화합물질(microbial VOCs)에 노출될 가능성이 있다는 것을 의미한다. 대부분의 곰팡이는 공기 중으로 포자를 부유시켜 번식할 수 있도록 진화함에 따라, 포자는 공기 중에 장기간 부유가능하고 다양한 환경에도 적응할 수 있는 구조적 특징을 갖고 있다. 일반적인 포자의 크기는 0.5～30 μm이다. 곰팡이 바이오에어로졸에 의한 인체 노출은 곰팡이 종류에 따라, 히스토플라스마증(histoplasmosis)과 같은 감염 질환 및 아스페르길루스증(aspergillosis)과 같은 기회 감염 질환을 일으킬 뿐만 아니라, 천식과 같은 알레르기 질환을 일으킬 수 있다.

(1→3)-베타글루칸(β-D-glucans)은 다양한 고분자의 분자량과 분지화도(degree of branching)를 갖는 글루칸 중합체이다. 이러한 베타글루칸은 대부분 곰팡이로부터 발생되며, 몇몇 박테리아와 식물에서도 발생된다. 최근 연구결과에 따르면, 공기 중 (1→3)-베타글루칸이 곰팡이 바이오에어로졸에 의해 야기되는 염증 반응 및 기관지 증상에 대한 중요한 역할을 한다고 알려져 있음에 따라, (1→3)-베타글루칸이 곰팡이 바이오에어로졸에 대한 새로운 바이오 마커(marker)로서 다양한 연구가 이루어지고 있다.

3. 바이러스

바이러스는 캡시드(capsid)라 불리는 단백질 캡슐 안에 DNA 또는 RNA와 같은 핵산을 포함한, 가장 단순한 미생물 형태를 가지고 있다. 일반적으로 자가 증식(self-sustaining)이 되지 않기 때문에 "살아있는" 상태라고 보기 어려워 생물체 범주에 넣지는 않지만, 숙주 안에서 번식하며 생명 활동을 하는 양상을 보이기 때문에 통상적으로 바이러스를 미생물로 간주하는 편이다. 바이러스가 숙주의 세포에 침입하는 과정을 일반적으로 감염이라고 일컫고, 바이러스에 의해 감염된 세포를 숙주(host)라고 지칭한다. 대부분의 바이러스는 숙주에 기생하는 형태를 가지며, 숙주 밖에서는 생명 활동을 할 수 없다. 바이러스는 일반적으로 특정한 하나의 숙주에 감염되지만, 일부 바이러스들은 여러 숙주에 감염될 수 있다. 바이러스 역시 다양한 환경에서 발견되며, 크기는 0.02～0.3 μm으로 박테리아와 곰팡이보다 작다. 그러나, 바이러스는 일반적으로 단일입자 형태로 존재하지 않고, 비말(droplet) 또는 일부 먼지 등에 붙어 존재함으로, 보다 넓은 크기 범위의 에어로졸에서 발견될 수 있다. 바이러스 바이오에어로졸은 주요 공기감염의 원인으로, 인플루엔자, 홍역, 수두, 바이러스성 기관지 질환 등이 이에 해당된다. 바이러스에 의해 감염된 사람은 기침, 재채기와 같은 생리 작용 및 대화하는 도중에 공기 중으로 바이러스가 분출되는 등, 제2차 바이러스 바이오에어로졸의 발생원이 될 수 있다. 그러나, 이러한 바이러스가 감염을 일으키기 위해서는 먼저 인간 면역 방어 체계를 극복해야 할 뿐만 아니라, 활동 가능한 숙주 세포에 도달해야 가능하다.

13.6 바이오에어로졸 포집과 측정

실내 및 실외 환경에서의 바이오에어로졸 농도는 배양 기준 10～1000 CFU/m^{3}으로 매우 다양하며, 바람과 날씨, 지역별 생성 원인에 크게 영향을 받는다. 바이오에어로졸 샘플링의 주요 목적은 바이오에어로졸의 존재 유무 및 이를 정량화하는데 있으며, 실내 공기질 관리 및 바이오에어로졸 제어 장비의 성능 평가를 위해 사용된다. 이 과정을 통해 특정 미생물의 농도 및 총 미생물의 개체 수농도를 측정할 수 있다. 바이오에어로졸 샘플링 과정에서는 물리적 입자 포집효율뿐 아니라 생물학적 포집효율까지 고려해야 한다. 포집 시스템 내에서의 바이오에어로졸의 물리적 포집효율은 일반적인 비생물학적 에어로졸 입자와 유사할 수 있지만, 포집방법에 따라 바이오에어로졸의 생물학적 포집효율(또는, 생물학적 특성유지효율)은 크게 달라질 수 있다. 포집 목적에 따라, 포집된 바이오에어로졸의 생존성, 활동성, 또는 기타 생물학적 특성을 그대로 보존하여 분석 시스템에 전달할 필요가 있다. 부유 미생물의 생존성은 조도, 온도, 습도, 가스상 환경조건뿐 아니라, 포집 과정 중에 발생하는 주위 기류에 의한 전단력 및 기계적 응력에도 영향을 받을 수 있다. 또한, 바이오에어로졸 샘플링 및 분석 과정에서는 목적에 따라 타 미생물 및 화학물질에 의한 오염 및 간섭을 줄이기 위한, 멸균 및 무균 처리와 같은 추가적인 주의가 필요할 수 있다.

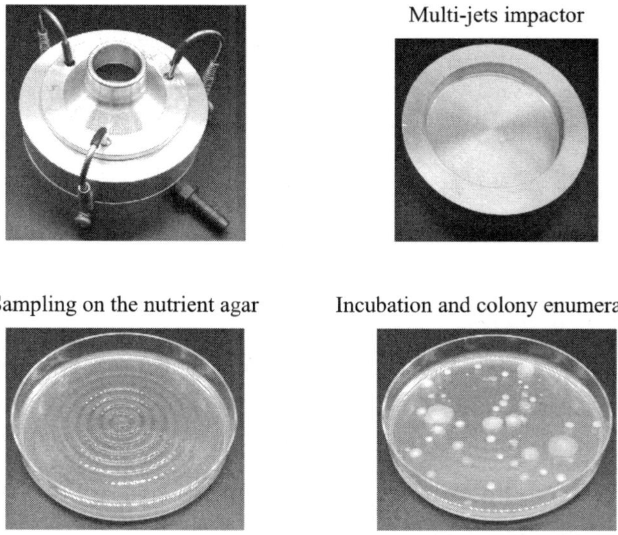

》 그림 13.3 Andersen 1단 임팩터를 이용한 바이오에어로졸 포집 및 분석 (Andersen 1-stage impactor for the bioaerosol sampling)

대기 및 실내 공기질 관리 측면에서 에어로졸 측정의 경우, 미세먼지 및 초미세먼지는 질량농도 기준으로 관리하고 있는 반면, 바이오에어로졸의 경우에는 박테리아 및 곰팡이의 배양 가능한 군집체 농도, 즉 콜로니 개수농도를 기준으로 관리하고 있다. (의료기관, 산후조리원, 노인요양시설, 어린이집 및 실내 어린이놀이시설의 실내공간 내 총부유세균 농도는 800 CFU/m^3 이하, 총부유곰팡이 농도는 500 CFU/m^3 이하로 각각 유지, 권고함[환경부 실내공기질 관리법 2021.6.11.]) 바이오에어로졸의 농도는 일반 미세먼지에 비해 매우 낮기 때문에 기존 필터 포집기술을 이용하는 경우, 보다 큰 포집 공기 유량 및 긴 포집시간을 요구하거나 별도의 시료 농축기술이 필요하다. 하지만, 바이오에어로졸의 배양 콜로니 농도를 측정하기 위한 용도 하에서는, 이러한 필터 포집기술 대신 미생물 고체 배양 배지(culture agar)를 이용한 에어로졸 관성 충돌법(inertial impactor)이 널리 사용된다.

에어로졸 관성 충돌법의 경우, 바이오에어로졸은 고체 배지, 접착성 물질이 코팅된 현미경 슬라이드글라스, 테이프 스트립 등으로 이루어진 충돌 포집판 표면에 포집할 수 있다. 관성 충돌법을 이용한 샘플러로서, 1단 및 다단 임팩터(cascade impactor)와 다중 홀(multi-jet) 또는 슬릿(slit) 임팩터가 있다. 일반적인 관성 임팩터의 분리 입경(cutoff diameter)은 약 0.6∼8 μm이다. 입자의 충돌 및 주위 기류에 의한 전단력은 세포의 생존력을 약화시킬 수 있다. 다중 홀 임팩터는 약 100∼500개의 홀에서 제트류가 생성되어, 기류 내 입자를 배양 충돌판에 충돌시킨다. 슬릿 임팩터의 경우, 슬릿 타입의 노즐 하단에 위치한 배양 충돌판을 천천히 회전시킴으로 시간에 따른 바이오에어로졸 농도 정보를 확인할 수 있다. 또한, 다중 홀 임팩터와 달리 슬릿 임팩터는 입자를 여러 곳으로 분산시켜 포집함으로서 입자가 한 곳으로 쏠리는 현상을 방지할 수 있다. 꽃가루와 같이 배양이 불가능한 바이오에어로졸의 경우, 현미경 검사 및 계수를 위해 접착성분으로 코팅된 유리 슬라이드나 투명 테이프 위에 직접 포집하기도 한다. 에어로졸 관성 충돌법의 다른 예로서, 원심력을 이용하여 입자를 둘러싼 주위 기류로부터 입자를 관성 분리할 수 있다. 대표적인 예로, 배지 - 스트립(agar-strip) 임팩터와 사이클론(cyclone) 샘플러가 있다.

액체 임핀저(liquid impinger)는 관성 충돌법과 비슷한 입자 포집 원리를 갖지만 고체 배양 충돌판 대신, 물, 완충식염수, 액체 배지 등의 액상 표면에 입자를 포집한다. 가장 보편적으로 사용되는 임핀저로서, 유리로 만든 AGI-30과 AGI-4가 있다. 액체 포집방법은 바이오에어로졸 포집 과정에서의 물리적, 생물학적 시료 손상을 방지할 수 있는 큰 장점을 가지고 있다. 또한, 추가적인 시료 농축기술을 이용함으로서, 배양 콜로니 농도 분석뿐만 아니라, 다양한 분자생물학적, 화학적 분석에 용이할 수 있다. 시료 포집 과정에서 생물학적 시료 손상의 우려가 없는 경우, 필터 포집법은 가장 보편적으로 사용되는 바이오에어로졸 샘플링 방법이다. 포집된 입자는 필터에서 입자를 추출한 후, 광학 현미경이나 배양 콜로니 계수 검사를 통해 분석할 수 있다. 특히, 바이오에어로졸의 분자생물학적 진단 및 분석을 위해서는 이러한 액상 포집방법이 보편적이며, 공기 중 바이오에어로졸을 고농축으로 액상 포집하기 위한 방법으로 액상 사이클론(wet-cyclone)기술과 액상 전기집진(wet-ESP)기술 등이 연구되고 있다(Heo et al., 2021; Hong et al., 2021; Kim et al., 2021).

일반 에어로졸로부터 바이오에어로졸을 실시간으로 측정하기 위한 다양한 방법이 제시되어 왔다(Jung et al., 2012). 크게 (1) 단일입자 라만 분광법(Maquelin et al., 2000; Choi et al., 2020), (2) 단일입자 질량 분석법(van Wuijckhuijse et al., 2005), (3) 형광 분광법(Hill et al., 1995)으로 나뉠 수 있다. 이외에도 특정 단백질이나 생물학적 구성요소에 결합 가능한 표지를 이용한 수정 진동자 미세저울(quartz crystal microbalance)이나, 전기적 신호를 측정하는 방법이 있다. 특히, 자가 형광(autofluorescence)을 이용한 실시간 바이오에어로졸 측정방법은 미생물 내 생명활동에 필요로 하는 대사물질로부터 얻어지는 광신호를 이용하는 방법으로, 별도의 표지 과정없이 측정이 가능함으로서 공기 중의 생명성을 갖는 바이오에어로졸의 실시간 농도 변화를 추적하는데 용이하다. 분자생물학적 방법과 비교하여 정밀한 측정은 어렵지만, 연속 모니터링 시스템으로서의 적용 가능성과, 상기 분자생물학적 방법의 사용 시점을 제공할 수 있다는 점에서 필요성이 높아지고 있다. 그러나, 공기 중에 해당 대사물질과 유사한 광학적 특징을 갖는 입자로 인한 간섭 효과 및 바이오에어로졸의 종류에 대한 정보 제공에 어려움이 있으므로, 이를 극복하기 위한 다양한 시도가 이루어지고 있다.

참고문헌

Burge, H. A. (1995) Bioaerosols. Indoor Air Research Series, Center for Indoor Air Research. Lewis Publishers, CRC Press, Boca Raton, Florida, USA.

ACGIH Bioaerosols (1999) Bioaerosols Assessment and Control. American Conference of Governmental Industrial Hygienists, Cincinnati, Ohio, USA.

Lighthart, B. and Mohr, A. J. (1994) Atmospheric Microbial Aerosols. Chapman & Hall, New York, USA.

Hinds, W. C. (1999) Aerosol Technology: Properties, Behavior, and Measurement of Airborne Particles, John Wiley & Sons, New York, USA.

Jacobson, A. R. and Morris, S. C. (1976) "The Primary Air Pollutants-Viable Particles, Their Occurrence, Sources, and Effects," in Stern, A. C. (Ed.), Air Pollution, 3rd ed., Academic Press, New York, USA.

Heo, K. J., Ko, H. S., Jeong, S. B., Kim, S. B., Jung, J. H. (2021) Enriched aerosol-to-hydrosol transfer for rapid and continuous monitoring of bioaerosols.Nano Letters, 21(2), 1017-1024.

Hong, S., Kim, M.-W., Jang, J. (2021) Physical collection and viability of airborne bacteria collected under electrostatic field with different sampling media and protocols towards rapid detection. Scientific Reports, 11, 14598.

Kim, H. R., An, S., Hwang, J. (2021) High air flow-rate electrostatic sampler for the rapid monitoring of airborne coronavirus and influenza viruses. Journal of Hazardous Materials, 412, 125219.

Jung, J. H., Lee, J. E., Bae, G-. N. (2012) Real-time fluorescence measurement of airborne bacterial particles using an aerosol fluorescence sensor with dual ultraviolet- and visible-fluorescence channels. Environmental Engineering Science, 29(10), 987-993.

Maquelin, K., van Vreeswijk, T., Endtz, H. P., Smith, B., Bennett, R., Bruining, H. a., Puppels, G. J. (2000) Raman spectroscopic method for identification of clinically relevant microorganisms growing on solid culture medium. Analytical Chemistry, 72, 12-19.

Choi, J, Lee, J., Jung, J. H. (2021) Fullyintegrated optofluidic SERS platform for real-time and continuous characterization of airborne microorganisms. Biosensors and Bioelectronics, 169, 112611.

van Wuijckhuijse, A. L., Stowers, M. A., Kleefsman, W. A., van Baar, B. L. M., Kientz, C.

E., Marijnissen, J. C. M. (2005) c, 36, 677-687.

Hill, S. C., Pinnick, R. G., Nachman, P., Chen, G., Chang, R. K., Mayo, M. W., Fernandez, G. L. (1995) Aerosol-fluorescence spectrum analyzer: Real-time measurement of emission-spectra of airborne biological particles. Applied Optics, 34, 7149-7155.

CHAPTER

14

나노입자 제조 원리 및 응용

■ 저자 : **이동근**(부산대학교 기계공학부)

14장에서는 기상법, 액상법, 그리고 이를 결합한 에어로졸법 등의 일반적인 나노입자의 제조 원리를 각각 다루고, 입자의 주요 특성인 크기, 크기분포, 그리고 형상의 제어방법을 설명한다. 특히 다양한 촉매입자로 기상공정으로 단일성분 또는 이성분계로 제조할 경우 그 제조 원리를 이해하기 위해 에어로졸 공학 이론의 활용방법을 서술한다. 이렇게 제조된 나노입자의 소자화를 위해 이어지는 부착공정을 이해하기 위해 부착층의 다공성도와 같은 미세구조의 특성을 결정하는 부착 이론과 해석방법, 공정변수의 영향을 이어서 설명한다. 마지막으로 최근 기술적으로 중요해지는 분무 공정에 대해 이론적인 리뷰와 활용방법에 대해 배우고자 한다.

14.1 나노입자 및 박막 제조법의 개요

나노입자 또는 나노필름을 제조하는 방법은 보통 입자가 생성되는 매질의 물리적 상태에 따라 액상법(liquid-phase method)과 기상법(vapor- or gas-phase method)으로 구분된다. 대표적인 액상 공정으로 솔 - 젤법(sol-gel method)과 그 변형을 들 수 있고 기상법으로는 물리적 증기 침강법(Physical Vapor Precipitation, PVP)과 화학적인 과정을 거치는 화학적 증기 침강법(Chemical Vapor Precipitation, CVP)을 들 수 있다.

먼저 기상법을 이용한 입자 생성 공정을 그림 14.1에 제시하였다. 제조할 입자의 원료물질인 전구체(precursor)는 표준조건에서 고상 - 액상 - 기상 그리고 원소 - 화합물 등 다양한 물질을 사용할 수 있다. 전기로, 레이저, 아크, 화염, 고에너지 이온 등 모든 에너지원을 이용하여 증발시켜 기상의 포화증기(saturated vapor)로 변환한 다음, 열교환이나 단열팽창 등을 거쳐 냉각되면 열역학적으로 불안정한 과포화(supersaturation) 상태에 도달한다. 이때, 과포화도가 높은 경우 오염원이 없을 경우에도 균질핵생성(homogeneous nucleation)을 통해 액상 또는 고상의 핵이 생성된다. 만약 냉각이 불충분하여 과포화도가 임계점 이하로 낮을 경우에는 균질핵생성은 발생하지 않고 상당기간 불안정상태로 존재할 수 있다. 이 경우 고체 housing 벽면이나 입자와 같이 다른 상이 존재하면 그 표면으로 과포화된 증기가 포화에 이를 때까지 응축이 발생한다. 이 과정을 PVP법이라 한다. CVP법은 냉각 대신 화학반응을 통해 과포화상태를 유도한다는 것을 제외하면 PVP 과정과 원칙적으로 동일하다.

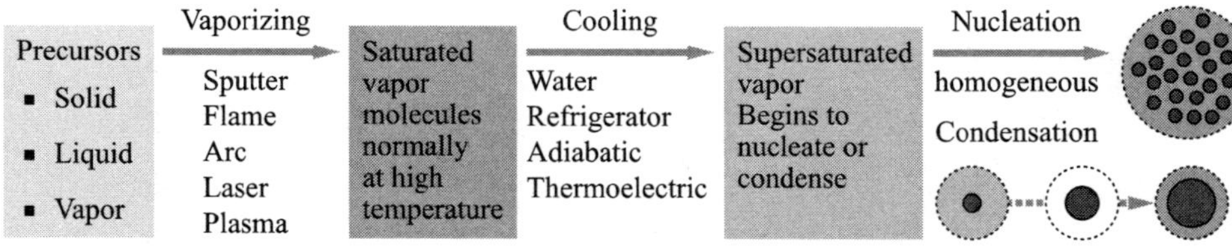

≫ 그림 14.1 기상법을 이용한 입자 생성 공정의 개요

액상법을 이용한 입자 생성의 원리는 그림 14.2의 천일염 제조원리를 떠올리면 이해하기 쉽다. 해수를 염전으로 끌어들인 후 바람과 햇빛으로 증발시키면 해수의 농도가 점차 증가하여 과포화상태에 이르러 결국 천일염 핵이 생기고 동시에 핵 표면 석출을 통해 굵은 천일염 입자를 만들게 된다. 여기서는 과포화증기가 아닌 과포화 용액에서 고체 핵이 생성되며, 기 존재하는 입자 표면으로 증기 분자의 응축이 아닌 과다 용해된 소금 분자의 석출을 통해 입자가 성장하는 등 물리 상태가 다를 뿐 원칙적으로 동일함을 알 수 있다.

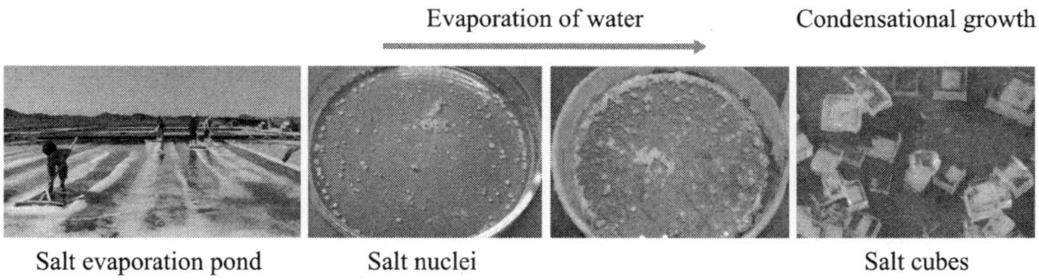

≫ 그림 14.2 염전에서 천일염 제조원리의 개요

기상법의 CVP에서와 유사하게 액상법에서도 솔-젤 반응과 같이 화학반응을 통해 과포화상태를 유도할 수 있다. 그림 14.3에 솔-젤법을 이용한 입자 생성 및 표면 코팅 방법에 대한 개략도를 나타내었다. pH가 조절된 초순수에 원료를 녹인 수용액을 수십 시간정도 교반하면 원료의 가수분해반응에 의해 물에 녹지 않는 금속산화물과 같은 생성물로 변환한다. 이때 반응 전후의 용해도 차이로 인해 높은 수준의 과포화상태가 유지되어 균질핵생성을 통해 작은 고체 핵이 생성된다. 이를 솔(sol)이라 하고 더 시간이 지나면 솔 입자간의 결합으로 집합체 구조가 만들어지고 이를 젤(gel)이라 한다.

솔 상태의 콜로이드(colloid) 용액에 이온계 또는 비이온계의 다양한 계면활성제를 종류와 양을 선택적으로 조절하여 혼합하면 그림 14.3처럼 특정 크기와 모양으로 솔 입자간 부분 응집을 유도할 수 있고, 이후 소결을 통해 크기가 일정한 구형, 봉, 평판, 셀 모양의 나노입자를 제조할 수 있다.

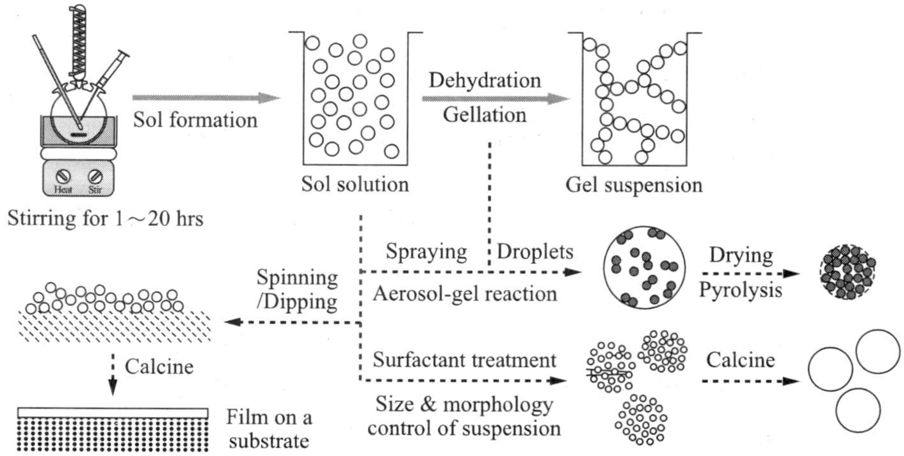

≫ 그림 14.3 액상법을 이용한 입자 생성 공정의 개요

액상법과 기상법은 서로 제조 원리상 유사성을 가지고 있지만, 제조 공정상 서로 상반되는 장단점을 가진다. 표 14.1에 두 방법의 예들과 장단점을 비교하여 나타내었다. 기상법의 경우, 단일 공정으로 고순도의 나노입자를 연속적으로 제조할 수 있고 대량생산에 유리하여 산업체에서 많이 사용된다. 그러나 보통 제조된 나노입자의 크기와 크기분포의 정밀한 제어가 어렵고 입자 표면에 기능성을 부여하기 쉽지 않은 한계를 가진다. 동시에 고농도로 입자를 제조할 경우 입자간의 결합으로 비정형의 집합체(aggregates) 입자 형태가 종종 유도된다. 반대로 액상법은 10 nm~10 μm의 넓은 범위에서 우수한 크기 균일도로 입자 크기 조절과 표면의 기능성 부여가 용이한 큰 장점을

표 14.1 대표적 나노입자 및 박막 제조 공정의 분류 및 장단점

	액상법의 예	기상법의 예
나노입자 제조	Sol-gel reaction Microemulsion-assisted method Using templates and self-assembly	PVP CVP; Catalytic epitaxial growth Spray pyrolysis, Flame Aerosol method
나노박막 제조	Spin-coating or dipping Using templates and self-assembly	PVD CVD Aerosol-phase deposition
장점	Excellent size-monodispersity Easy size control of nanoparticles Easy functionalize nanoparticles	Single and continuous step process High production Less contamination
단점	Essentially multi-step processes Low production Possible contamination	Often polydisperse in size Difficult size control of nanoparticles Hard to functionalize the surfaces

가진다. 또한 입자간 충돌을 방지하기 위해 극성/비극성(polar/non-polar)의 계면활성제를 이용하여 구형 입자의 제조에 유리하다. 그러나, 기본적으로 여러 단계의 공정이 순차적으로 이루어져야 해서 대량화하기 쉽지 않은 단점을 가진다.

표 14.1에서 나노박막의 제조법도 추가하여 나타내었다. 박막의 두께가 1~100 nm로 아주 얇을 경우에는 반도체공정에서 이용되는 CVD(Chemical Vapor Deposition), 그리고 ALD(Atomic Layer Deposition)을 포함하는 PVD(Physical Vapor Deposition) 등의 기상공정을 많이 사용한다. 이러한 기상공정은 모재의 표면에서 기상 원료물질의 화학흡착(chemisorption) 또는 물리흡착(physisorption)을 바탕으로 분자수준의 부착층을 형성하여 고밀도의 균일한 박막 제조가 가능한 장점을 가진다. 박막의 균질도와 밀도 등 품질과 박막의 성장률은 서로 경합관계에 있기 때문에 고품질 박막의 경우 낮은 성장률과 높은 공정비용 등의 문제가 있다. 또한 공정 중에 나노입자가 PVP를 통해 생성되어 부착되면, 박막의 균질도와 품질을 저해하기 때문에 공정 최적화를 통해 기상 중 입자 생성을 최소화하여야 한다. 그림 14.1에서 응축성장이 일어나는 입자 표면을 모재면으로 바꾸어 생각하면 이해가 쉽다. 즉, 화학과정이건 물리과정이건 과포화상태를 낮게 유지하는 것이 필요하다.

반면 100 nm~10 μm급의 후막(thick film)을 제조하기 위해서는, 나노입자를 먼저 생성시킨 후 모재에 부착 및 소결을 순차적으로 하여 높은 성장률로 후막을 제조하는 방법이 기상과 액상 모두에서 널리 사용된다. 예를 들면, 그림 14.3에서처럼 솔-젤법으로 수 나노미터의 솔 입자를 부유시킨 콜로이드 용액을 준비하여 고속 회전판에 소량 주입하면, 원심력에 의해 표면에 입자들이 그림처럼 적층된다. 이후 솔벤트의 건조와 부착층의 소결(calcination)을 통해 후막을 제조한다. 당초 콜로이드 용액을 희석 또는 농축하여 1회 주입 시 생성되는 막의 두께 조절이 가능하다. 또한, 매회 다른 성분의 콜로이드 용액을 주입하여 같은 공정을 거치면 다양한 조성의 다층 박막을 제조하는 것도 가능하다.

이러한 액상 후막 제조 공정에서 솔 입자를 PSL(PolyStyrene Latex) 입자로 대체하면, 크기가 균일하고 계면활성제 처리가 된 PSL 입자의 자기조립(self-assembly) 특성을 이용하여 잘 정렬된 부착층을 만들 수도 있다. 이렇게 생성된 규칙구조를 주형으로 사용하여 PSL 입자 사이의 기공에 솔-젤 반응 등을 거쳐 대상(target) 입자로 채운 후 건조와 연소 및 소결을 통해 PSL 입자를 제거한다. 결과적으로 규칙적인 패턴을 가지는 다공질 부착면을 최종 만들어 다양한 분야에서 활용하였다. 이를 표 14.1의 주형법(template)으로 분류하는데 다양한 조합의 주형 입자와 대상 입자가 원칙적으로 적용될 수 있어서 많은 변형 공정이 제안되었다.

14.2 과포화상태와 핵생성에 대한 이론 소개

전절에서 살펴본 바와 같이 기상법과 액상법은 원칙적으로 유사한 점이 많으면서도 실제 응용 시 상이함을 종종 느낀다. 14.2절에서는 기상 및 액상에서 과포화도를 이론적으로 정의하고, 이를 조절하기 위한 주요 공정변수들을 살펴본다. 이어서 과포화도의 크기에 따라 핵생성률과 응축률을 계산하는 수식을 다루고자 한다.

기상에서 증기의 농도는 그 증기의 분압(partial pressure, P_i)으로 나타내고, 기상으로 존재할 수 있는 최대 농도를 그 증기의 포화증기압(saturation vapor pressure, P_{sat})이라 한다. 그림 14.4의 수증기와 에틸렌글리콜(Ethylene Glycol, EG)의 경우처럼, 포화증기압 P_{sat}은 온도에 아주 민감하게 변화한다. 기상 중 증기의 포화정도는 P_i/P_{sat}의 비로 나타내고 1보다 작을 경우는 불포화상태라 하고, 1보다 클 경우 과포화상태이며 그 비가 과포화도가 된다. 수증기의 경우 자연 증발을 통해서는 과포화상태에 이를 수 없기에 같은 정의를 상대습도로 사용한다.

그림에서 액체에 따라 비등점이 다른 것처럼 그 종류에 따라 포화증기압 자체의 크기와 온도 민감도 모두 크게 다르다. 또한 포화증기압이 높으면 증발이 잘 일어나므로 휘발도를 비교하는 데에도 사용할 수 있다. 예를 들면, 상온에서 에틸렌글리콜은 물에 비해 100배 이상 낮은 포화증기압을 가져 거의 증발하지 않을 것을 예상할 수 있다.

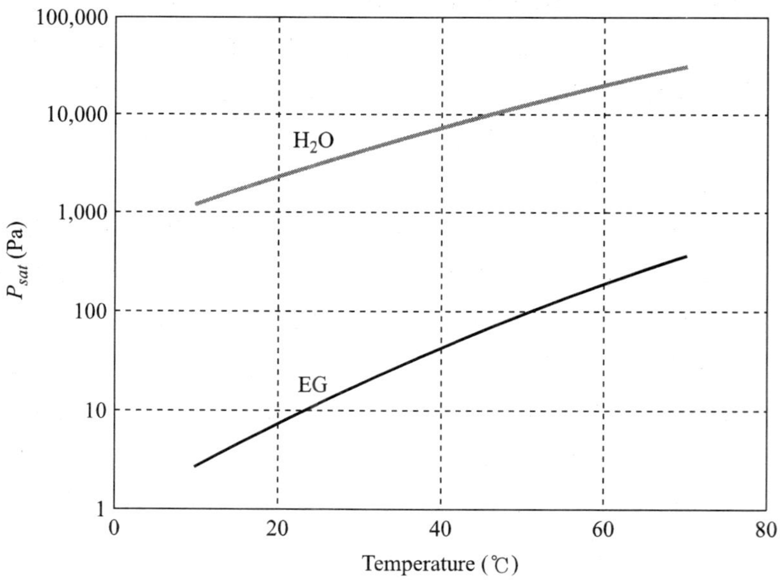

≫ 그림 14.4 수증기와 에틸렌글리콜의 포화증기압 선도

40℃의 EG 포화증기를 20℃로 냉각하면, P_{sat}은 43에서 19 Pa로 감소하는데 급랭할 경우 실제 분압은 유지되므로 과포화도는 43/19=2.3이 된다. 반면에 수증기의 경우는 같은 조건에서 1.7 정도의 과포화도를 나타낸다. 미국 NIST chemistry webbook을 참고하면 거의 모든 액체와 증기의 열물성 데이터를 얻을 수 있으므로 실제 계산에 적용하길 바란다.

액상법의 경우는 흔히 물에 용질(solute)이 용해된 상태로부터 시작하므로 액상에서 용질의 농도(C_i)가 기상에서의 분압에 대응된다. 용질을 녹여서 올릴 수 있는 농도의 상한을 용해도(solubility)라 하며 기상에서의 포화증기압과 같은 한계조건을 나타낸다. 기상에서와 유사하게 용질의 포화도 또는 과포화도는 용질의 농도/용해도의 비로 나타내며 용해를 통해서는 1이 상한이 된다.

그림 14.5에 암모니아 기체(NH_3), 금속염[$Al(NO_3)_3$], 무기염(NaCl)의 용해도를 물 100 mL에 녹을 수 있는 용질의 질량의 단위(g/100 mL H_2O)로 온도에 따라 나타내었다. 그 종류에 따라 확연히 다른 온도 의존성을 나타냄을 알 수 있다. 기상에서 과포화 상태를 유도하기 위해 가열/포화 후 냉각을 했던 것과는 달리, 소금의 경우에는 온도에 따라 용해도가 거의 변화하지 않으므로 온도를 조절해서 과포화도를 증가시킬 수 없다. 반면, 암모니아는 가열하면 수중 용해도가 급감하여 과포화도가 증가한다. 다만 이 경우는 고체로 석출이 되지 않고 기체 암모니아로 증발하게 된다. 고체 입자를 남길 수 있는 금속염의 경우는 가열보다는 냉각을 하여야 하나 용해도 감소 정도가 크지 않아서

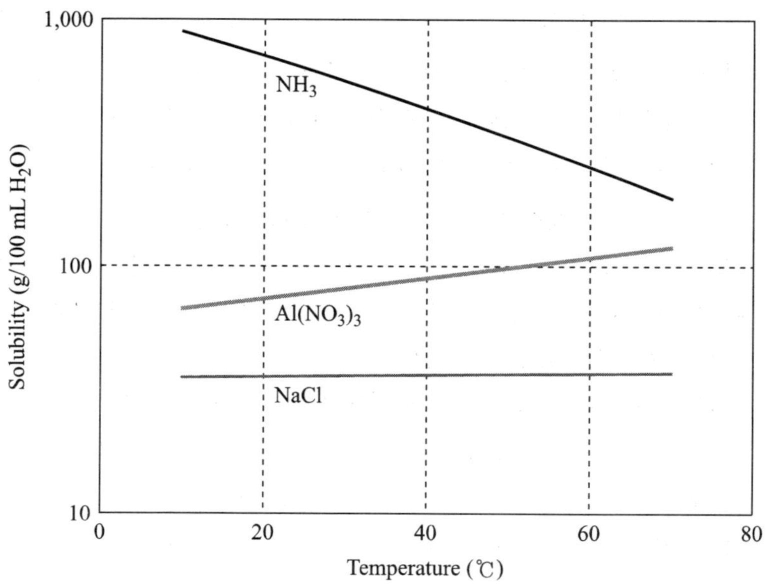

≫ 그림 14.5 암모니아, 알루미늄염, 소금의 용해도 선도

소금과 유사하게 다른 방법을 사용하게 된다. 즉, 용해도는 유지하면서 반대로 물의 증발을 통해 농도 자체를 용해도 위로 올려 과포화를 유도한다.

다음으로 과포화도(supersaturation ratio, S)가 주어질 때 핵생성률을 계산하기 위한 기존 균질핵생성(classical homogeneous nucleation) 이론을 소개한다. 예를 들어 과포화상태의 수증기에서 반경 R의 물액적이 핵으로 생성되는 경우를 고려하자. 핵생성 전후의 상태를 1과 2라고 할 때, 상태 2는 물액적과 완화된 과포화증기로 이루어진다. 모든 상태변화는 두 상태 사이의 Gibbs 에너지의 변화로 설명한다. 상태 1에서는 과포화증기만 존재하므로 증기 자체의 Gibbs 에너지로 상태를 규명하는 데 비해, 상태 2에서는 과포화증기 자체의 에너지와 물액적 표면의 표면장력(γ)의 합으로 상태를 규명한다. 상태 2와 상태 1의 전체 Gibbs 에너지 차이를 ΔG_T라 할 때 식 (14-1)로 표현된다.

$$\Delta G_T(R) = -\frac{4}{3}\pi R^3 \Delta G_b + 4\pi R^2 \gamma \tag{14-1}$$

여기에서 $\Delta G_b = G_v - G_l$은 단위부피당 두 상태 사이의 bulk 자유에너지 차이를 나타내고 근사적으로 과포화증기에서 핵생성이 될 경우 다음 식으로 과포화도 S의 함수로 나타낸다.

$$\Delta G_b \approx R_g T \rho_l \ln(S) \tag{14-2}$$

즉 과포화가 되어 $S > 1$이 되면 ΔG_b는 양수가 되며 식 (14-1)의 우변 첫 항은 항상 음수가 된다. 반면, 두 번째 항은 항상 양수이므로 ΔG_T는 반경 R에 따라 그림 14.6과 같은 특징을 나타낸다. 그림에서 ΔG_T를 나타내는 중간 곡선을 살펴보면, $R < R^*$의 영역에서는 반경 R이 증가할수록 ΔG_T가 증가하고, $R > R^*$의 영역에서는 반대로 ΔG_T가 감소하는 것을 알 수 있다. 이는 임계 반경 R^*보다 큰 액적이 만약 생성된다면 그것은 계속 성장하는 것이 자발적인(spontaneous; 열역학적으로 가능한) 반응이 되고, 반대로 R^*보다 작은 액적은 생성되더라도 재증발하여 없어지게 될 것임을 의미한다. 다시 말하면, 충분한 시간이 주어질 때 핵생성에 의해 제조 가능한 물액적의 최소 반경은 R^*임을 유추할 수 있다.

그림 14.6의 ΔG_T 에너지 곡선에서 곡선의 기울기 $d(\Delta G_T)/dR$가 0이 되는 지점의 반경 R이 임계 반경 R^*가 되고(실제 Kelvin 반경이 됨) 그때의 최댓값을 ΔG^*라 할 때, ΔG^*는 일종의 에너지장벽과 같은 느낌을 준다. 실제 식 (14-1)을 미분하여 두 값을 구하면 식 (14-3)이 된다.

$$R^* = 2\gamma / \Delta G_b;$$

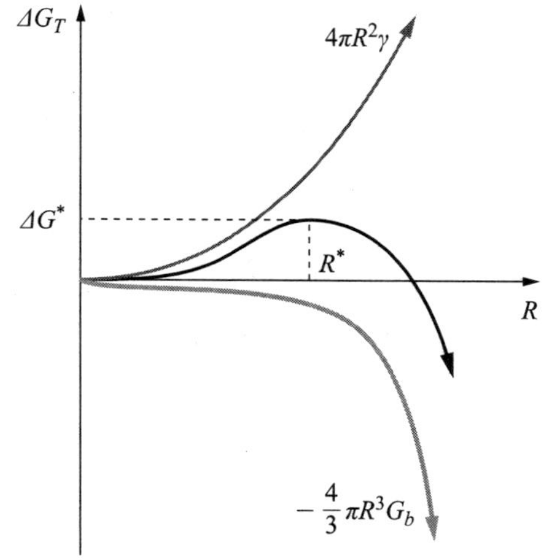

≫ **그림 14.6 핵생성 시 에너지변화의 개념도**

$$\Delta G^* = \Delta G_T(R^*) = 16\pi\gamma^3/(3\Delta G_b^2) = 16\pi\gamma^3/[3(R_g T\rho_l \ln S)^2] \quad (14\text{-}3)$$

표면장력(액적 표면에서 기 - 액 경계에너지)이 크면 핵생성을 방해하는 에너지 장벽이 커서 새로운 표면을 생성하기 어려움을 의미하고, 반대로 과포화도가 높으면 식 (14-2)에 의해 ΔG_b가 커져서 에너지장벽이 낮아짐을 뜻한다.

실제 고전 균질핵생성이론에 따르면 단위부피당의 핵생성률 J[#/cc s]는 다음 식과 같이 에너지 장벽의 지수함수로 표현된다. 이 지수항은 1보다 작은 양수로서 장벽의 크기 ΔG^*가 크면 급속도로 작아지며, 반대로 ΔG^*가 0으로 접근하면 지수항은 1로 근사된다. 즉, 지수항을 일종의 핵생성 확률을 나타낸다고 볼 수도 있다. 장벽이 없는 무한대의 과포화도의 경우($\Delta G^* = 0$)에는 자발적인 핵생성이 발생하는 데에 비해 보다 실제적인 제한된 과포화도 조건일 때에는 조건부 핵생성만이 가능하다고 보아도 된다. 실용적인 관점에서 핵생성의 발생 유무를 판단하는 게 필요한데, 이때 특성 과포화도(critical supersaturation) S_c를 $J = 1\ \text{cm}^{-3}\text{s}^{-1}$일 때의 과포화도로 정의하여 핵생성 발생을 판단한다.

$$J = J_0 \exp(-\Delta G^*/R_g T) \quad (14\text{-}4)$$

수식들을 참조하면 ΔG^*와 J 모두 표면장력과 과포화도에 아주 민감하게 반응한다. Seinfeld(1986)의 계산을 예로 들면, 표면장력 $\gamma = 72.75$ dyne/cm, 단분자 부피와 질량 $v_1 = 2.99\times10^{-23}$ cm^3/molecules, $m_1 = 2.99\times10^{-23}$ g/molecules, 증기 분자의 수농도 $N_1 = (17.525$ torr/kT), $S = 2$일 때 $J = 4\times10^{-54}$ #/cm^{3}s, $S = 3$일 때 $J = 3.7\times10^{-6}$

#/cm^{3}s, $S=4$일 때 $J=3.4\times10^6$ #/cm^{3}s로서 그 변화 폭이 극단적으로 크기 때문에 계산에 주의하여야 한다.

지금까지 과포화된 증기로부터 액상 내지 고상의 핵을 생성하는 균질핵생성을 다루었다. 그런데 오염 입자, 고체 벽면 등과 같이 다른 상이 과포화증기에 접하고 있을 때에는 식 (14-4)보다 훨씬 완화된 과포화상태에서도 입자 표면 또는 고체벽면에서 핵생성이 일어난다. 이를 불균질핵생성(heterogeneous nucleation)이라 하고 식 (14-4)에서 장벽 ΔG^*를 다음 식과 같이 수정하여 사용하면 된다.

$$\Delta G_{het}^* = f\Delta G^* = \frac{(2+\cos\theta)(1-\cos\theta)^2}{4}\Delta G^* \tag{14-5}$$

보정계수 f는 오염원 표면에서 새롭게 생성될 핵과의 친화도의 함수이며, 핵이 표면에서 이루는 접촉각(contact angle) θ로 나타내었다. 식 (14-5)의 분수항을 검토하면 θ가 0에서 180°까지 증가할 때 그 분수항은 0에서 1로 증가한다. 즉, 표면의 친화도가 높아질수록 불균질핵생성이 쉬워지고 극단적인 소수성 오염원이 있을 경우에는 그 영향이 최소화되어 균질핵생성과 다르지 않게 된다. 정리하면, 실제 과포화도 S가 특성 값 S_c보다 크면 균질핵생성을, 반대로 작으면 불균질핵생성을 가정하여 핵생성률을 계산하면 된다.

동일한 수식을 과포화액에서 고체 핵이 석출되는 액상 핵생성에도 사용할 수 있다. 단, 식 (14-2)에서 액적의 밀도 ρ_l을 고체 핵의 밀도 ρ_s로 바꾸고, 식 (14-3)에서 표면장력 γ를 액체 - 고체 경계에너지(interfacial energy) γ_{s-l}로 바꾸면 사용하면 된다. 용질의 과포화도 S는 전술한대로 용해도 대비 실제 용질의 농도로 사용할 때, 그림 14.6의 R^*가 유사하게 유도된다. 이때 핵의 반경 R이 R^*보다 작을 때에는 기상에서의 재증발처럼 다시 용해되어 없어지는 것을 의미하는 데 실제 이것은 Ostwald ripening으로 잘 알려져 있다. 사실 핵생성이론은 앞의 두 경우 외에도 고체에서의 결정화(crystallization), 결정의 상변화(phase change), 금속의 표면 환원, 반도체 증착 등 실로 다양한 현상에 사용되어 그 범용성은 주목할 필요가 있다.

14.3 기상법과 액상법의 공정변수와 입자의 크기 및 형상 제어 방법

본 절에서는 액상법 중 기초가 되는 솔 - 젤법을 중심으로 공정상 특징과 발생입자의 특성 제어 방법에 대해 알아보고, 기상법으로 입자 제조 시 입자간 집합체화를 액상법과 비교하여 설명하겠다.

1. 솔 – 젤법의 기초와 공정변수, 그리고 입자 특성 제어법

첫째, 전통적인 유리입자 제조공정으로 사용되어 온 솔 - 젤법은 다음의 2단계 화학 반응으로 나타낸다. 아래 세 식이 있는데 식 (14-6)의 Sol 반응은 공통으로 거친 후 Gel 반응이 경로 ① 또는 ②를 공정 조건에 따라 선택적으로 따른다고 보면 되겠다.

$$\text{Sol 반응 : Si-OR + HOH} \xrightarrow[hydrolysis]{} \text{Si-OH + R-OH} \tag{14-6}$$

$$\text{Gel 반응① : Si-OH + Si-OH} \xrightarrow[water\ condensation]{} \text{Si-O-Si + HOH} \tag{14-7}$$

$$\text{Gel 반응② : Si-OH + Si-OR} \xrightarrow[alcohol\ condensation]{} \text{Si-O-Si + R-OH} \tag{14-8}$$

위 식에서 R은 CH_3-, C_2H_5- 등의 알킬기(alkyl group)를 나타내기에, R-OH는 알코올이 된다. 전구체 Si-OR에서 Si는 4개의 결합을 가질 수 있으므로 실제는 $Si(OR)_4$를 나타내며, R이 에틸(ethyl)이면 Tetra-Ethyl-Oxo-Silicate(TEOS)가 된다. 이때 Si-OR은 물(HOH)와 가수분해반응을 거쳐 Si-OH가 되어 2가지 Gel 반응 중 하나를 통해 Si-O-Si의 결합을 계속 이어 결국 젤(gel)화 됨을 짐작할 수 있다.

식 (14-7)과 (14-8)은 두 반응경로를 나타내는데 Gel 반응①에는 Sol 반응의 생성물 간의 화학반응을, 그리고 Gel 반응②에는 Sol 반응의 생성물(products)과 반응물(reactants, R_1) 간의 화학반응을 나타낸다. 여기서 화학반응 동력학(kinetics)을 참조하면 그 반응률은 반응물농도에 반응차수(reaction order, n)의 지수만큼 비례한다($d[R_1]/dt \propto [R_1]^n$). 따라서 Gel 반응①은 식 (14-6)의 Sol 반응이 활발히 일어나서 Si-OH의 농도가 높을 경우에 주로 발생하게 되며, Sol 반응이 상대적으로 느릴 경우에는 Gel 반응②가 주요 경로가 된다.

위 경우에 대한 실례로서, 그림 14.7에 에탄올 30 mL, 물 40 mL, HCl 10 mL, TEOS 2 mL를 혼합 후 40℃에서 교반을 계속하면서 4시간 간격으로 용액 내부에 생성된 입자를 TEM으로 관찰한 사진을 순차적으로 나타내었다. 반응 초기(16시간 후)에는 경계가 확실치 않은 입자상 물질에서 점차 뚜렷한 핵이 관찰되고 그들간의 연결이 진행되어, 32시간 후에는 강한 집합체(agglomerate)를 형성하는 것을 볼 수 있다. 기상반응에 비해 훨씬 반응이 오래 걸리는 것에 주목하라.

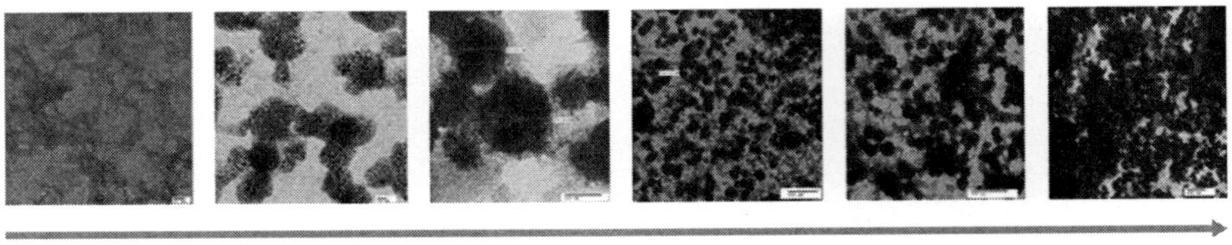

≫ 그림 14.7 솔 – 젤 반응 시 반응 시간별 입자의 형상 변화

솔 - 젤 반응률은 전구체의 농도와 온도 외에도 용액의 pH와 추가한 용해성 염의 농도 등에 의해 최종 생성된 입자의 크기와 형상이 크게 달라질 정도로 영향을 받는다. 예를 들어, 반응액에 염(NaCl)을 투여할 경우 전체 반응 자체가 촉진하여 4시간부터 그림 14.7의 첫 사진과 유사한 입자를 관찰할 수 있다. 현상적으로 많은 관찰 결과를 종합하면, 용액의 pH가 낮을수록(강산이 될수록) 그리고 용해성 염(NaCl)이 투여될수록 솔 반응과 Gel 반응①이 빨라져서, 용해도가 높은 Si-OR 분자가 용해도가 낮은 유리 SiO_2로 빠른 변환을 통해 과포화도가 아주 높게 되는 것으로 추정된다. 따라서 균질핵생성이 활발하게 용액 전 지역에서 무작위적으로 발생할 것이다. 반대로 강염기조건(높은 pH)에서는 솔반응률이 낮아 핵생성이 제한되고 완화된 과포화조건에서 14.2절에서 설명한 기 발생된 입자의 표면에서 불균질핵생성, 즉 응축성장을 통해 구형의 입자로 성장할 것으로 생각된다. 이상과 같이 일반적인 솔 - 젤 반응의 생성물인 입자 구조와 크기와 pH의 관계를 그림 14.8에서 정리하였다.

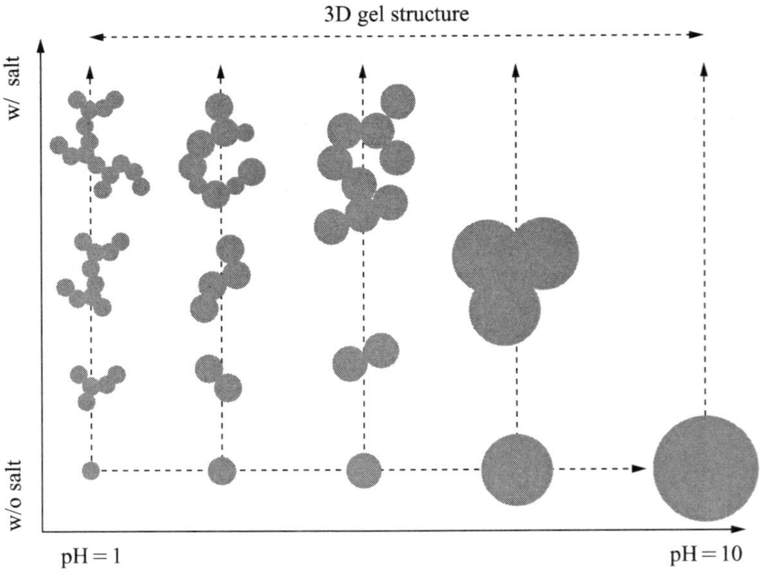

≫ 그림 14.8 공정조건에 의한 입자의 크기, 형상 변화 개념도

이상과 같이 시간이 충분히 주어진다면 생성된 입자는 전체 용액에 걸쳐 서로 결합된 집합체의 형상을 띤다. 앞에서 박막 제조공정을 떠올려 보면 다공질 표면이 필요한 분야에서는 오히려 유리한 면이 있지만, 3차원적인 치밀화 조직이 목적일 때는 입자간 집합체화의 제어뿐 아니라 제조 당시 입자의 크기 및 구조 제어가 필요하다. 이를 위해 계면활성제를 이용하는 연구가 활발히 진행되었다. 계면활성제를 임계농도 이상 투여하면 그림 14.9와 같이 구형, 실린더형, 평판형 등 특정 모양과 크기의 구조로 계면활성제 분자들이 자기조립되는 현상을 기초로 액상법의 장점을 구현해왔다. 또한 PSL과 같이 유기성의 입자에 친수성 머리와 소수성 꼬리를 가지는 계면활성제가 흡착되면 입자의 수중 분산도가 현저히 향상되고 입자간의 집합체화를 방지함과 동시에 더 나아가 입자 자체의 자기조립도 유도할 수 있다.

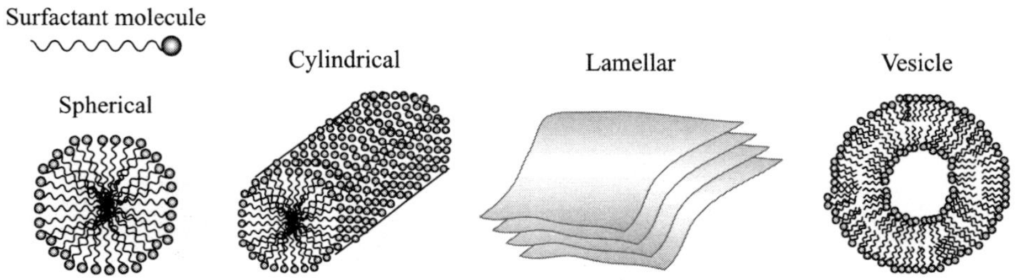

≫ **그림 14.9 Surfactant 거대분자의 구조와 자기조립을 통해 구조화된 다양한 형상의 Micelle**

계면활성제는 일종의 오염원이기에 고순도 입자 제조를 위해서 최종 가열로 분해해야 하는데, 가열할 수 없는 환경에서는 계면활성제 없이 용액 내부에서 입자의 응집으로 인한 집합체화를 이해해야 한다. Hunter(1987)의 'Foundations of Colloid Science'를 참고하면 액상에 부유하는 콜로이드 입자의 표면대전 현상을 이해할 수 있다. 간략히 소개하면 다음과 같다. 금속/금속산화물 입자는 물속에서 표면에 hydroxyl기를 띠며, 다음의 두 식에 의해 수소이온의 농도가 높은 강산에서는 식 (14-9)에 의해 항상 양으로 대전되고, 강염기 조건에서는 식 (14-10)에 의해 음으로 대전된다.

$$\text{M-OH} + \text{H}^+ \underset{K_p}{\longleftrightarrow} \text{M-OH}_2{}^+ \tag{14-9}$$

$$\text{M-OH} \underset{K_d}{\longleftrightarrow} \text{M-O}^- + \text{H}^+ \tag{14-10}$$

위 식에서 K_p와 K_d는 각각 수소이온의 결합(protonation)과 탈락(deprotonation) 반응

의 평형상수를 나타내고, 두 값은 물질의 특성인 표면대전이 0이 되는 pH 즉 PZC(Point of Zero Charge)와 $\log(K_p/K_d)=\mathrm{PZC}$의 관계를 가진다. 주어진 pH에서 두 값을 적절히 가정하면, 표면에서 양과 음의 하전 밀도(surface charge density)를 계산할 수 있다. 하전이 많이 쌓일수록 표면은 전위를 띠고, 그 표면전위는 엄밀히 말하면 제타전위(zeta potential)보다 약간 높다.

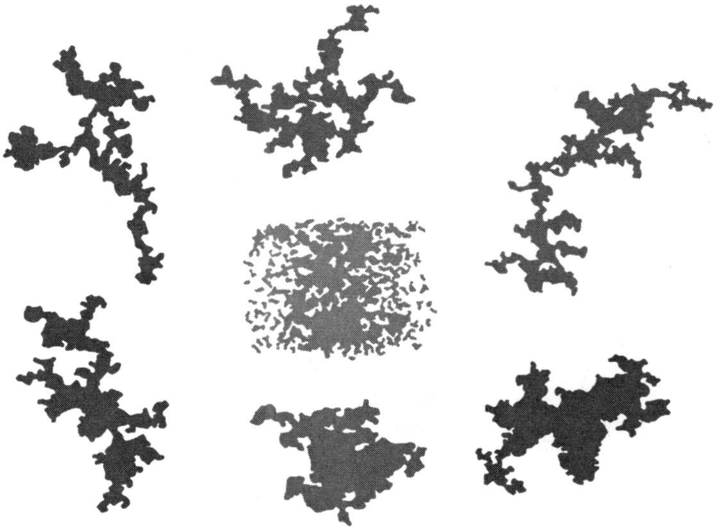

≫ **그림 14.10 pH의 변화를 통한 Sol 입자의 RLCA-DLCA 변환에 의한 프랙탈 구조 제어**

DLVO 이론에 따르면, 표면전위에 의해 대전된 두 입자는 전기적인 끌림/밀침 에너지와 van der Waals 끌림 에너지의 벡터 합(E_{tot}) 의해 서로 밀치면서 안정적으로 부유하거나 결합하게 된다. 반경 r의 두 입자간의 중심거리 x라 할 때 부유안정도 $W=2r\int_0^{\infty}\exp\left(\frac{E_{tot}}{kT}\right)\frac{dx}{(2r+x)^2}$를 정의하면, E_{tot}이 양의 밀침에너지일 때 $W\gg 1$이 되고, 입자간 응집률은 비대전입자의 응집률보다 $1/W$배 만큼 낮아진다. 이를 응용하면, 주요 공정변수인 pH를 조절하여 입자간 유효응집률을 낮추거나 높이는 것이 가능하며 그림 14.10과 같이 입자의 구조 제어도 가능하다.

2. 기상법의 주요 공정변수와 입자의 크기 및 형상 제어법

대표적인 PVP 방법으로 증발-응축(evaporation & condensation) 공정을 들 수 있다. 14.2절에서 설명한대로 과포화증기로부터 입자 핵(nuclei)이 발생된 후 입자간 충돌로 인해 응집(coagulation; 10장 참조)하고 성장하는 것으로 알려져 있다. 그림 14.11의 개념도에서 입자가 성장할 때 입자간의 충돌(collision)과 병합(coalescence)의 경합에 의해 최종 입자의 형상이 결정되는 것을 나타내었다. 입자 핵은 성장의 기본입자(monomer)로서 수농도가 높고 온도가 낮을 경우 입자간의 병합은 거의 일어나지 않으면서 충돌의 흔적을 그대로 보이는 비정형의 준 프랙탈 집합체 형상을 띤다. 반대로 온도가 높아 기본입자가 액체처럼 거동하는 경우에는 병합률이 극단적으로 높아서 매 충돌 시 구형을 유지하게 된다.

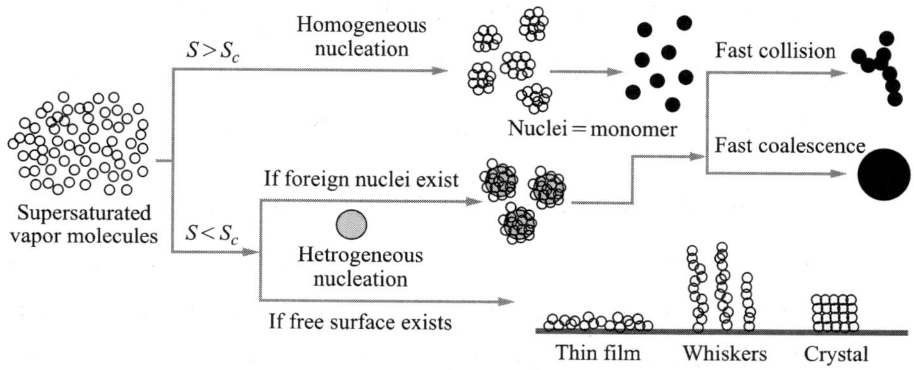

≫ 그림 14.11 기상 중 균질 및 불균질 핵생성을 통한 입자 생성과 성장에 대한 개념도

입자간의 충돌률을 나타내는 특성충돌시간(characteristic collision time, τ_C or τ_F)은 그 입자의 크기에 따라 연속체영역(continuum regime)과 자유분자영역(free molecular regime)에서 다음 식과 같이 서로 다르게 표현된다.

$$\tau_C = 3\mu/(4kTN_0), \qquad \tau_F = 1 \Bigg/ \left[\left(\frac{3\phi}{4\pi} \right)^{\frac{1}{6}} \left(\frac{6kT}{\rho_p} \right)^{\frac{1}{2}} N_0^{\frac{5}{6}} \right] \qquad (14\text{-}11)$$

식에서 μ는 기체의 점도, ρ_p는 입자의 밀도, ϕ는 입자의 전체 부피분율(volume fraction)이다. 특성충돌시간은 단일 크기의 입자간 응집으로 인해 전체 수농도가 최초 N_0에서 $N_0/2$로 감소할 때까지 걸리는 시간을 나타낸다. 표준상태의 자유분자영역에서 10 nm 입자가 $N_0 = 10^8$ #/cc로 공기에 존재할 때 τ_F는 28.7 s이며 동일한 수농도의 200 nm 입자의 경우에는 $\tau_C = 33.5$ s가 구해진다. 다시 말하면, 대부분의 경우(고출력 디젤 배기 입자의 $N_0 \sim 10^8$ #/cc를 제외하면 $N_0 < 10^7$ #/cc) 잔류시간이 수 초 미만이므로 입자간의 응집효과는 무시할 수 있고, 입자가 생성되는 반응지역에서만 전술한 입자의 응집효과를 고려하여야 한다.

유사하게 입자간의 병합의 특성시간(characteristic coalescence time, τ_f)을 비교할 필요가 있다. 두 구형 입자가 충돌로 덤벨과 같은 집합체를 구성하면, 표면에너지를 최소화하는 방향으로 변형을 통해 최종 하나의 큰 구형 입자가 되는 것을 병합이라 한다. 이때 병합률은 비구형 입자의 표면적(A) 변화율로 나타내고, 이는 최종 구형 입자의 표면적 A_s와 실제 표면적 A의 차이에 비례하는 식으로 모델링 한다(식 (14-12) 참조).

$$\frac{dA}{dt} = \frac{1}{\tau_f}(A - A_s) \tag{14-12}$$

식에서 τ_f는 실제 과다 표면적($A - A_s$)을 63% 낮추는데 걸리는 시간을 의미하며, silica와 같이 점성유동소결(viscous flow sintering)을 따르는 경우 $\tau_f = 6.5\times10^{-15} d_p \exp\left(\frac{83,000}{T}\right)$의 식, 또는 titania와 같이 결정성 세라믹 입자는 결정립계 확산(grain boundary diffusion)으로 병합이 진행되며 $\tau_f = 7.4\times10^{8}\, T d_p^4 \exp\left(\frac{31,000}{T}\right)$의 식을 사용하여 병합률을 근사할 수 있다. 물론 액체의 경우 τ_f는 거의 0 s로 근사할 수 있다.

기상에서 입자의 형상과 크기를 직접 조절하는 방법으로 CO_2 레이저 처리법, 단극대전법(unipolar charging) 등이, 또는 공정변수를 통해 간접 조절하는 방법 등이 1990년 이후 발표되었다. CO_2 레이저 처리법은 작은 집합체가 존재하는 입자 발생 초기에 레이저를 조사하여 작은 구형 입자로 변환하면, 충돌 단면적(collision cross-section)을 크게 줄여 성장이 제한된 구형 입자를 고농도로 제조하는 방법이다. 이는 식 (14-11)에 비해 식 (14-12)의 특성병합시간은 온도에 훨씬 민감하므로 레이저로 입자병합만을 촉진하고자 제안된 방법이다. 레이저로 고에너지를 부가할 수 있기에 이를 확대 적용하여 결정성 제어, 구형의 탄소 onion형 입자와 core-shell 이성분계 입자도 성공적으로 검증하였다. 식 (14-11)의 특성충돌시간은 입자간 영향이 없는 순수 브라운 응집을 나타내는데, 코로나 기반의 단극대전을 가하여 동일 극성으로 대전된 입자들은 서로 쿨롱 반발에 의해 충돌을 회피하여 집합체화를 피하거나, 반대로 다른 극성으로 대전시켜 이성분계 입자의 조성과 형상제어를 꾀한 사례도 있다. 이는 그림 14.10의 pH 조절을 통해 콜로이드 입자간 표면전위의 증가와 응집률을 감소를 유도한 결과와 원칙적으로 동일하다. 단, 기상에서 단극대전의 경우에 20 nm 이하 나노입자는 대전효율이 낮아서 입자가 10^8 #/cc 이상 고농도로 존재하는 입자 발생지역에서만 효과를 볼 수 있음을 기억해야 한다.

1990년대 후반 ETH의 Pratsinis 교수 그룹, 서울대의 최만수 교수 그룹 등을 중심으로 다양한 버너 디자인을 이용하여 단일성분 입자의 형상 제어 외에도 이성분계 입자를 연속으로 대량 제조한 결과를 활발히 보고하였다. 또 다른 접근법으로 그림 14.12의 기상법의 응용사례를 소개하고자 한다. 확산화염버너의 중심으로 Pt(acac)$_2$ 전구체 증기를 분사하고 주위에 아세틸렌 확산화염을 형성하면, 화염 내부에서 Pt 전구체의 열분해를 통해 5～20 nm 직경의 Pt 나노입자를 핵생성/응집을 통해 만들어진다. 동시에 확산화염의 산소농도를 낮추어 탄소 집합체를 생성시키면 두 종류 입자 간에 충돌 응집으로 PEMFC용 이성분계 Pt/C 촉매입자를 그림처럼 성공적으로 제조할 수 있다. 주목할 핵심 아이디어는 Pt 전구체의 열분해 또는 핵생성 위치가 탄소 집합체 생성지점과 달라야만 탄소 집합체 표면에 Pt 코팅이 가능하며, 핵생성 후 부착까지의 시간을 조절하면 Pt 입자의 크기 조절이 가능하다는 것이다. 전기화학회에 발표된 대부분의 경우는 액상법 기반의 연구이기에, 단일 연속공정의 장점과 Pt-Ru/C 등의 다성분계로 확대 적용이 가능하여 크게 주목 받았다.

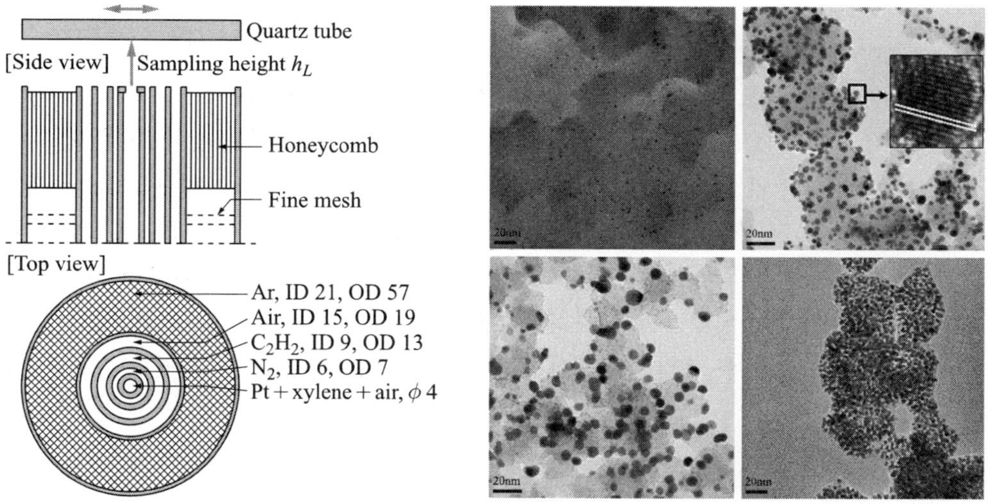

≫ **그림 14.12 화염 에어로졸 공정을 이용한 Pt/C 촉매의 Pt 크기 및 분산도 제어; Bar = 20 nm**

더불어 Pt 입자의 크기분포를 이미지 분석을 통해 구한 결과, 그 직경의 기하표준편차(geometric standard deviation) σ_g가 1.40으로 자유분자영역에서 자기보존크기분포(Self-Preserving Size Distribution, SPSD)의 기하표준편차 1.46에 가깝다. 에어로졸 입자는 충분히 긴 시간 동안 응집될 때 SPSD를 나타내므로 Pt는 먼저 고온의 화염 속에서 생성, 충돌 및 병합을 통해 성장한 뒤에 탄소 집합체와 충돌하여 부착되었음을 의미한다.

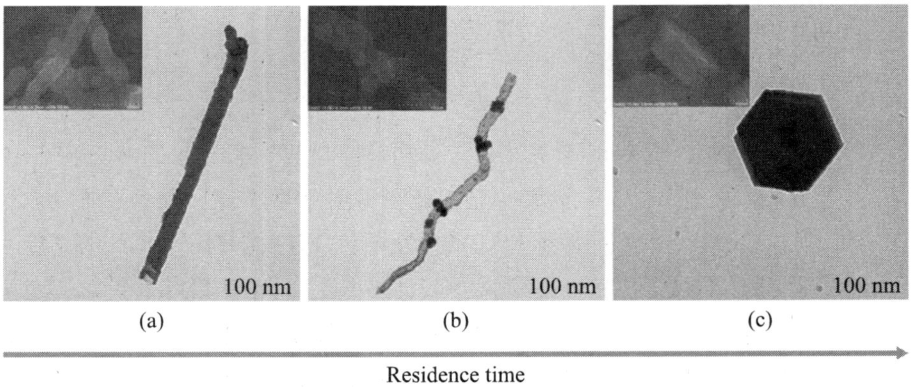

≫ 그림 14.13 증발응축법에서 잔류시간과 과포화도 제어를 이용한 다양한 Zn 나노결정 생성

기상공정의 마지막 예로서 열유동제어를 통해 다양한 비구형 Zn 나노결정입자를 제조하여 수소생산용 열화학 물분해(thermochemical hydrolysis)에 적용한 연구가 있다. Zn 펠렛을 일정 온도로 가열하고 증발률을 일정하게 유지하면서 튜브로 전송할 때, 냉각 지점을 달리하여 과포화도를 적절히 조절하면 그림 14.13과 같이 Zn 나노와이어, 싹이 튼 나노와이어, 나노결정 등 다양한 구조의 나노입자 생성이 가능하였다. 또한 그 형상에 따라 다른 특성의 수증기 반응 메커니즘으로 수소변환율도 달라진다. 기존 CNT나 반도체 나노와이어 입자의 경우 통상적으로 이종의 촉매가 필요한데 비해, 이 연구에서는 핵 입자 자체를 자기 촉매로 하고 과포화도 완화만을 통해서도 1차원 구조가 쉽게 생성되었던 점은 주목할 만하다. 이상의 예외에도 각종 에너지, 환경, 반도체, 운송 등의 매우 다양한 분야에 모재, 촉매 소재로서 많은 변형 연구가 진행되고 있다.

14.4 에어로졸 방법

액상법과 기상법 각각의 장점만을 취할 목적으로 에어로졸 공정이 도입되었다고 한다. 다양한 액상법으로 나노입자가 분산된 콜로이드 용액을 준비하고 미세 액적으로 분무하는 것이 핵심이다. 미세 액적이 공기 중으로 분무된 후 용매를 증발시키면 용질이 구형 입자의 형상으로 남게 되고 이를 분무건조법(spray drying)이라 한다. 고온에서 열분해되는 용질을 녹인 액적이라면, 분무 - 건조 - 열분해를 거쳐 다양한 화합물 입자를 제조할 수 있는데 이 방법은 분무열분해법(spray pyrolysis)이라 부른다. 솔 - 젤 반응 중인 용액의 액적으로 분무했다면 이후 건조와 가열 공정을 거쳐 나노입자를 제조할 수 있고, 에어로졸 - 젤(aerosol-gel)법이라 한다.

그림 14.14에 분무건조법 및 열분해법의 개념적인 원리를 나타내었다. 먼저 질산염, 탄산염 등과 같이 물에 잘 녹는 금속염[예, 그림에서 MNO_3는 다양한 금속양이온 M^+와 질산기(NO_3^-)의 화합물임]을 적정 농도로 수용액을 준비하여 분무하면, 보통 1~5 μm 직경의 액적이 만들어진다. 이후 액적이 증발함에 따라 액적의 표면 근처에서 용질의 농도(concentration)가 높아지고, 결과적으로 농도의 구배(gradient)가 생긴다. 이때 용질은 액적의 표면에서 중심으로 확산(diffusion)하여 농도 구배를 완화시킨다. 즉 용매의 증발과 용질의 확산의 경합이 분무건조법에서 입자 형상을 결정하는 핵심 변수가 된다(아래 설명 참조).

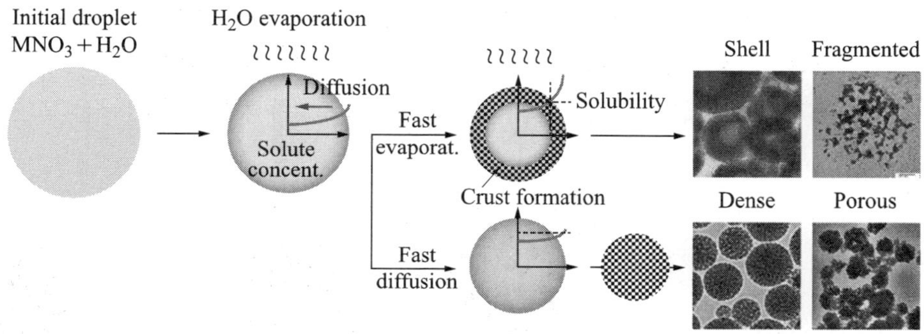

≫ **그림 14.14 분무건조법/열분해법의 개념적인 원리와 조건별 다양한 입자 형상 사례**

증발이 빠를 경우에는, 그림 14.14처럼 농도 구배가 점차 커져서 표면 근처의 농도가 용해도 이상이 되면 용질이 석출되어 표면에 껍질(crust)을 형성한다. 이후 증발이 서서히 발생하면 속이 빈 셀(shell)형 입자를, 증발이 폭발적으로 발생하면 셀이 깨어진 모양을 띠기도 한다(그림 14.14의 우측 TEM 사진 참조). 액적 주변의 습도를 높여 증발률을 낮추면 상대적으로 용질의 확산이 빨라지는데, 이 때는 액적 내부의 전 지역에서 농도가 거의 균일하게 증가하여 결국 용해도를 넘어선다. 그림 14.14의 아래 TEM 사진처럼 액적내부의 균질핵생성에 의해 많은 입자핵이 석출된 후 서로 밀집(dense)되게 뭉친 구조를 나타낸다.

위 내용은 기본적으로 저온 증발을 이용하는 분무건조법의 원리인데 애초에 투여한 금속염 입자가 건조 후 제조된다. 이후 전기로를 이용하여 가열하면 $M\text{-}NO_3 \xrightarrow[decomposition]{} M\text{-}O + NO_x$의 열분해과정을 거쳐 금속 산화물 나노입자가 만들어진다. 전송가스로 공기를 사용하지 않고 Ar이나 N_2가스에 10% 미만의 H_2나 CO의 환원성 가스를 혼합하거나 용매에 알코올을 10% 섞어 사용하면, 금속 나노입자로 환원시킬 수도 있다. 이러한 분무열분해법에 용해도가 유사한 이종의 금속염을 혼합하여 사용하면 이성분계 균질혼합 나노입자를 제조할 수도 있고, 또는 용해도가 다른 두 종류의 금속염에 적용하여 core-shell 구조를 제조하기도 한다.

에어로졸 - 젤법은 솔 - 젤 반응 중인 용액을 분무하는 것을 제외하면 분무열분해법과 원칙적으로 동일하다. 솔 - 젤 반응 시간을 달리하면서 분무하면, 액적 내의 입자의 상태(크기, 형상, 수)가 다른 채로 마이크로미터의 액적 내부로만 집합체화를 제한할 수 있다. 동시에 증발로 액적이 작아지면서, 표면장력의 압착으로 강하게 뭉쳐진 구형 집합체 입자가 제조된다. 솔 - 젤 용액에 금속염을 녹이거나 이종(foreign) 입자를 부유하는 등 오랜 기간 수많은 변형 공정이 시도되었다. 그림 14.15에 이종금속염 수용액을 분무 후 수소의 환원분위기에서 균질 혼합된 Ni-Al 이종금속 복합체입자를 제조하고, 이어 탄화수소 가스를 주입하여 Ni 촉매입자표면에서 CVD로 CNT를 성게 모양 성장으로 성장시키는 방법을 나타내었다. 촉매표면에서 탄화수소 분자의 정렬로 1차원 CNT가 성장하는 것은 그림 14.11의 whiskers 형성과 유사하다.

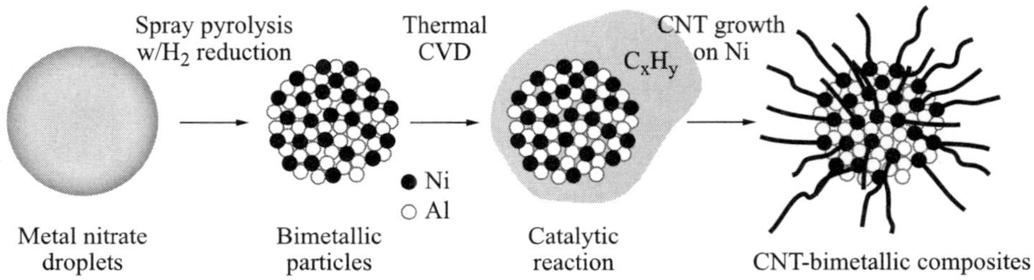

≫ 그림 14.15 이종금속염 수용액의 분무열분해와 CVD의 결합을 통해 성게 형상의 CNT–이종금속 집합체 나노입자의 제조 사례

이상과 같이 전구체의 농도, 종류, 액적 크기, 가스 분위기 및 온도 등 다양한 변수가 있기에 원하는 목적에 맞추어 사전 시험을 통해 공정 최적화는 어렵지 않을 것으로 생각한다. 단, 대부분 랩스케일에서 기초연구로서 진행되고, 액적의 수농도의 관점에서 보면 10^4 ~ 10^6 #/cc 정도에 그치고 유량이 10 lpm대에 머물러, 산업체 활용을 위해서는 생산성의 이슈를 해결해야 한다. 이에 다음 절에서는 가능한 분무기술을 다루고자 한다.

14.5 다양한 분무기술과 특성

세계의 많은 에어로졸 전문가들은 2~5 lpm의 저유량으로 동작하는 랩스케일 아토마이저(TSI, atomizer)를 전통적으로 사용하여 1~5 μm의 액적을 발생시켜 관련 연구를 수행하여 왔다. 시중의 초음파 가습기에 있는 진동자를 이용해도 10~50 lpm의 전송가스로 10 μm대의 액적을 만들 수 있다.

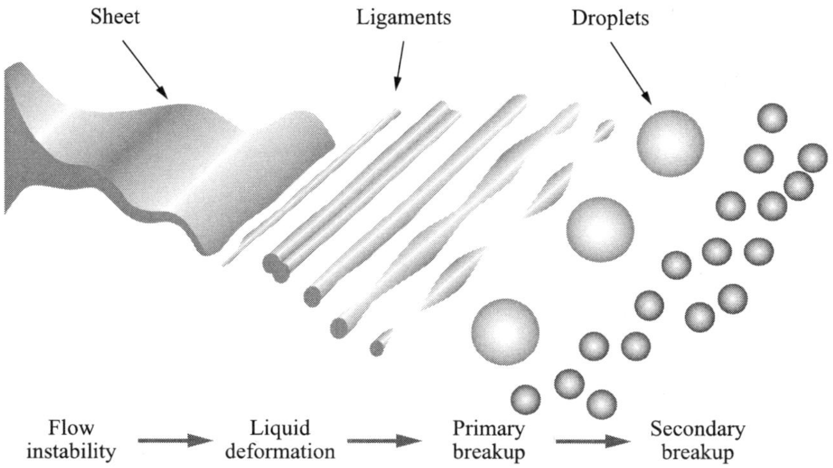

≫ 그림 14.16 분무 중에 발생되는 액체의 형상 변화와 무화 현상 개념도

거의 모든 무화기의 분무 원리는 유체역학적으로 동일하다. 그림 14.16에 액체 유동은 속도가 빨라지거나 자유표면을 가지는 경우에 자체적인 유동 불안정성에 기인하여 변형을 한다. 이어 곡률효과(Young's equation)로 내부 압력이 서로 다르게 발달하여 그림처럼 인대(ligament) 모양으로 떨어진다. 이후 다시 변형과 분리(separation)를 거쳐 표면장력에 의해 수 mm 정도의 구형 액적이 만들어진다. 여기에 마찰, 충격 등의 외력이 임계 이상 주어지면 이차분열(breakup)로 10 μm대의 미세액적이 생성된다.

실례로 커먼레일 디젤엔진의 연료분사노즐을 들 수 있다. 대표적인 1유체 고압분무 원리를 이용한 것으로서, 1000 bar의 고압으로 단구 노즐을 통해 경유를 고속 분사하면 주변 가스와의 속도 차이에 기인하는 유동 마찰로 미세액적이 분열되어 생성된다. 또 다른 예로서, 2유체 고압가스 노즐로 용융금속을 분무하여 20~100 μm의 금속 파우더를 제조한다. 대표적인 분말야금(powder metallurgy) 및 최근 금속 3D 프린팅의 핵심 소재로서 10 μm 미만의 미세 금속 파우더의 수요가 급증하고 있는데, 현재 국내 기술로는 산업계 스케일로 제조가 쉽지 않다고 한다. 그림 14.16의 조대(coarse) 액적에 초음속 가스 제트를 가해 충격 모멘텀을 2차 분열에 사용하는데, 경유, 물 등의 일반 솔벤트에 비해 10배 이상 높은 표면장력을 가지는 용융금속의 경우 모멘텀 교환만으로는 더 작게 제조하기 어렵기 때문이다.

이상 분열과정을 참고하여 주요 공정변수로서 액체의 변형을 유발하는 외부 에너지(예, 가스의 충격 운동에너지, $\rho_g V^2/2$; V는 상대속도)와 그 변형에 저항하는 액체의 표면장력(γ)을 들 수 있다. 조대 액적의 직경(d_p)으로 표면장력을 나누어 단위를 맞춘 다음 두 변수를 무차원하면 다음의 We 수로 정의된다. 사전 연구에 따르면, We 수가 증가함에 따라 진동(vibrational)분열, 백(bag)분열, 시트(sheet)분열을 거쳐 파국적(catastrophic) 분열 메커니즘에 의해 점차 작은 금속액적을 만들 수 있다.

$$We \equiv \frac{\rho_g V^2/2}{\gamma/d_p} \tag{14-13}$$

요약하면 2유체 노즐의 경우 We 수를 증가시켜야 액적크기를 줄일 수 있고, We 수의 정의에 의해 가스제트의 속도를 초음속으로 최대한 길게 유지하도록 노즐 설계와 적절한 가스 분사압 선택이 중요하다. 즉, 노즐 출구 다음, 가스의 이상적(isentropic)인 팽창을 유도해야 하는데 많은 경우 그림 14.17의 하단 유동장 모사 그림과 같이 가스의 과도 또는 부족 팽창(over/under-expansion)으로 경사충격파(oblique shock waves)가 형성되고, 결과적으로 초음속 가스의 운동에너지 소산(dissipation)을 피할 수 없게 된다. 이에 초음속 노즐 설계에 대한 관심이 커지고 있다.

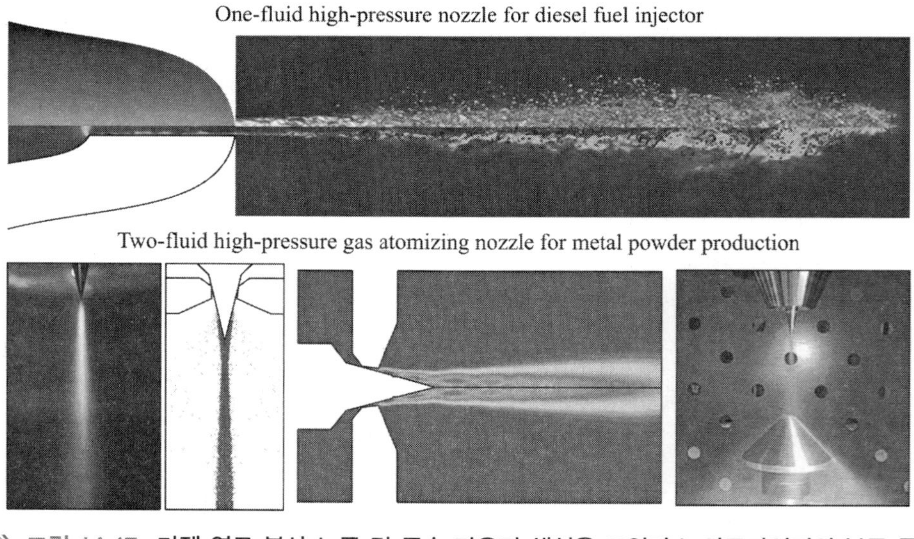

≫ 그림 14.17 디젤 연료 분사 노즐 및 금속 파우더 생성용 고압가스 아토마이저의 분무 특성에 대한 실험적, 수치해석적인 연구 결과

마지막 관심을 가져야 할 분무법으로 정전분무(electrostatic spraying)법을 소개한다. 금속 미세바늘(needle) 내부로 주사기(syringe)를 통해 이온성 전해질 수용액을 서서히 주입하면 특정 전압과 유량 조건에서 그림 14.18처럼 taylor cone jet 모드로 초미세 액적을 분무하는 원리이다. 상술하면, 금속 바늘과 타겟판을 두 전극으로 직류 고전압을 가하면, 수용액의 한 이온은 바늘 벽면으로 그리고 반대 극성의 이온은 타겟판을 향해 전기적으로 끌린다. 그림에서 이러한 양이온의 전기영동(electrophoresis)력을 구동력으로 수용액의 첨단이 형성되며, 그 첨단 끝에서 주기적인 액막의 변형과 그 결과로서 양이온을 포함하는 미세액적이 생성된다. 다음 대전된 액적이 전기장 하에 이동하면서 액적은 증발로 인해 점차 작아진다. 액체의 경우, 액적이 저장할 수 있는 최대하전수 $[Z_{l,\max} = \dfrac{\sqrt{2\pi\gamma d_p^3}}{K_E e}$ $(K_E = 1/(4\pi\epsilon_0)$, γ는 표면장력)]는 정해지고 액적의 크기(d_p) 감소에 따라 더 이상 이온을 저장하지 못하여 분열되는 현상을 이용한 것이다.

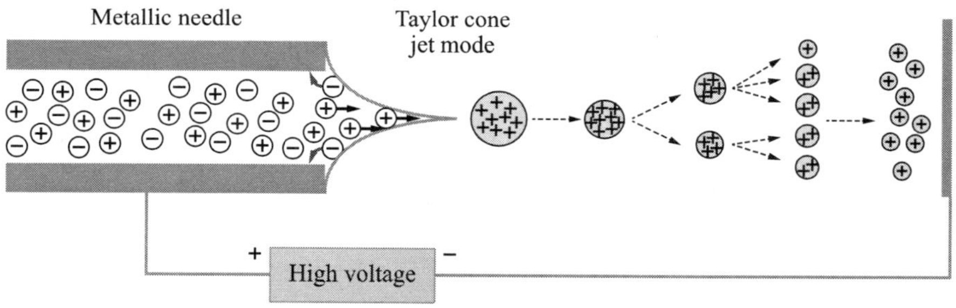

≫ **그림 14.18 정전분무 원리의 개념도; 미세액적의 분열은 확대하여 표시함**

미세액적은 이론적으로 하나의 이온을 포함할 때까지 분열을 거듭하여 크기가 균일한 초미세액적을 대전된 채로 생성할 수 있기 때문에 다양한 학문 분야에서 널리 활용되고 있다. 단, 전하의 존재와 이동이 가능해야 하기 때문에 극성용매에 주로 사용되며, 크기 균일도의 측면에서는 분명한 장점을 가지지만 낮은 유량에서만 동작하여 생산성의 이슈가 있다. 통상적인 정전분무 니들은 100 μm 또는 이상의 직경을 가지고 1 μL/min의 유량과 수 kV의 고전압으로 동작한다. 이때 생성된 초미세액적의 직경은 2~4 μm를 어렵지 않게 얻을 수 있어 니들의 직경을 수 μm 이하로 줄이거나 니들 끝단의 모양을 변형하여 더 높은 유량으로 안정적인 정전분무를 가능케 하는 시도가 최근까지도 이루어지고 있다.

CHAPTER

15

공기청정기 원리 및 응용

■ 저자 : **노광철**(에어랩 대표)

15.1 개요

국내 대기 미세먼지 농도가 높고 이로 인해 건축물 내의 환경위생에 대한 관심이 높아짐에 따라 일반가정, 학교, 어린이집, 사무실 등에서는 공기 중 오염물을 제거하는 간단하고 사용이 용이한 장치의 요구가 증대되고 있다. 일반 빌딩에서는 건물 전체의 열부하와 환경부하를 담당하는 공기조화기가 있어 공기청정이 이루어지는 경우가 많지만, 실별 또는 실내 국소적으로 오염발생이 있는 경우 독립적인 공기청정기를 설치하여 부분적으로 공기오염을 방지하고 있다.

미국 공조냉동 공학회(ASHRAE; American Society of Heating, Refrigerating and Air conditioning Engineers)에서는 "건물 내부의 공기조화를 위한 환기와 재순환 공기의 정화를 위한 장치" 중 하나로서 실내용 공기청정기를 규정하고 있으며 주로 일반가정, 사무실 등에 설치하여 공기 중에 부유하는 분진을 포집 또는 이와 병행하여 가스제거를 위하여 사용되는 송풍기 내장의 장치라고 규정하고 있다.

실내용 공기청정기의 경우, 1970년대 이후 에너지 위기 대처를 위한 건물에서의 에너지 절약과 실내 환경의 개선이 강조되면서 점차 발전되어 왔다. 과거에는 인체로부터 방출되거나 흡연을 포함한 실내 연소된 오염물질만을 제어하는 방법에만 초점이 맞추어져 있었지만, 현재는 건물의 내부에서 발생되거나 외부에서 유입되는 각종 오염물질을 제거하는 방향으로 제품 성능이 향상되고 있다.

공기청정기는 일반적으로 30분 정도 작동 시 0.3～1.0 μm 크기의 미세먼지를 약 80% 이상 떨어뜨릴 수 있는 성능을 갖는 제품을 말한다. 최근 출시되는 공기청정기는 단순한 먼지제거 기능에 그치지 않고 살균 기능을 갖추어 세균, 진균, 바이러스 등을 제거할 수 있다. 공기청정기는 까다로운 설계구조를 하고 있을 것 같지만 의외로 단순한 구조를 가지고 있다. 작게는 2단계에서부터 많게는 5단계 이상의 필터 구성을 통해 실내 공기를 흡입하여 깨끗한 공기로 만드는 과정을 거치는데, 단순한 공기 정화 과정에 그치지 않고 보다 더 쾌적한 공기를 발생시키기도 한다. 공기청정기로 판매되는 제품은 기계식(필터식)과 전기집진식, 복합식 등으로 구별된다.

15.2 공기청정기 종류

1. 필터식

필터식은 가장 보편적인 방식의 공기청정기다. 실내 공기를 기계식 필터를 이용해 먼지나 불순물을 걸러서 정화하는 방식이다. 필터식은 보통 3단계 필터를 채용한다. 1단계는 큰 먼지를 걸러주는 프리필터, 2단계는 미세먼지를 걸러주는 헤파필터(실제는 고성능 정전필터), 3단계는 냄새를 제거해주는 활성탄 필터로 구성되어 있다. 그러나 필터식이라고 해도 위에 나열한 필터를 모두 사용하는 것은 아니고 제품마다 다를 수 있다. 그 중에서도 헤파필터(정전필터)는 가장 중요한 것으로, 이는 공기청정기의 주기능인 미세먼지(0.3～1.0 μm)를 걸러주는 역할을 하기 때문이다.

필터식을 채용하는 공기청정기의 장점은 미세먼지나 불순물을 깨끗하게 걸러준다는데 있다. 그러나 필터를 주기적으로 교체해주어야 한다. 프리필터의 경우 1～2개월에 한 번씩 진공청소기는 세척수를 이용하여 세정을 해 주어야 하고 헤파필터와 활성화필터는 통상적으로 1년에 한 번 정도 교체가 필요하다. 교체 시기가 지날 경우, 포집된 세균이 번식 및 배출되므로 꾸준한 관리가 필요한 방식이다.

2. 전기집진식

전기집진식(ElectroStatic Precipitator, ESP)은 고체나 액체의 미립자가 공기 중에서 하전하고 있음을 이용하여 강한 전기장을 작용시켜 전기적으로 흡인·침전시키는 장치로서 1935년 캘리포니아 대학의 페니(G. W. Penny) 박사가 개량하여 실내용 공기청정기로 개발하였으며 인체에 유해한 오존의 발생을 미량으로 억제하기 위해 코트렐 방식의 음극방전을 양극방전으로 하고, 다시 그 방전전극을 직경 0.15 mm 이하의 가는 선을 사용하여 실용화된 것이다. 전기가 인가되지 않은 상태에서 하전 된 섬유를 이용하는 기계식 정전필터와는 구분된다.

전기집진식은 먼지를 함유한 기체를 코로나 방전이 발생하는 전극 사이를 통과시켜 기체 중의 부유하고 있는 입자에 전하를 주어, 그 입자가 전기장에 의해 집진전극으로 이동하는 현상을 이용하는 것이다. 이 장치에서는 당연히 먼지의 전기저항이 집진효율에 영향을 미친다. 주로 공기청정기용으로는 2단식 집진장치(two-stage precipitator)가 사용되고 있다.

3. 복합식(하이브리드 방식)

최근 개발된 실내용 공기청정기에 대부분 사용되고 있는 복합식은 입자상과 가스상 오염물질을 동시에 제거하기 위한 기능을 모두 포함하고 있다. 이 방식은 일반적으로 집진필터와 탈취필터, 항균필터 등으로 구성된다. 집진필터는 필터식 정전필터 또는 전기집진식 등이 주로 채용된다. 탈취필터는 공기 중의 냄새를 제거하기 위한 목적으로 활성탄과 활성 알루미나를 많이 사용한다. 활성탄에는 특수가공이나 첨착을 통하여 탈취효율의 향상과 장수명화를 꾀하기도 한다. 항균필터는 필터표면에 항균가공을 하거나 UV램프, 광촉매 등을 이용하여 곰팡이나 세균이 번식할 수 없도록 한다.

광촉매에 자외선을 쪼이게 함으로써 산화반응을 촉진시켜 악취를 산화, 분해하는 UV/광촉매 장치와 플라즈마 방전에 의해 냄새를 제거하는 장치를 사용하는 것도 있다. 그리고 그 효용성이 확실하게 입증되지는 않았지만, 인체 세포내로 음이온을 공급해줌으로써 신진대사를 원활하게 해준다는 이유로 음이온 발생기가 사용되기도 한다. 그러나, 이온을 발생시킬 수 있는 기술이나 장치들은 동시에 오존도 배출될 수 있기 때문에 주의를 요한다.

15.3 공기청정기 성능평가

1. 개요

실내용 공기청정기는 아래와 같은 3가지 기능을 보유하고 있으며 각 기능에 맞게 평가하는 것이 가능하다.

① 청정공기 공급 (청정화능력)
② 오염물질 제거 (오염물질제거능력)
③ 공기순환 능력 (공기순환효율)

공기청정기의 토출 공기는 공기청정기 내부에 설치된 필터에 의해 입자상 및 가스상 오염물질을 성능에 따라 제거한 후 실내로 공급된다. 이와 같이 공기청정기가 공급하는 청정한 공기량을 청정화능력(Clean Air Delivery Rate, CADR)이라고 한다. 청정화능력은 필터효율과 풍량의 함수로 정의할 수 있으며 필터효율이 높을수록 풍량이 클수록 높은 값을 나타낸다.

공기청정기로 유입되는 공기는 입자상 및 가스상 오염물질을 함유하고 있다. 이러한 공기들이 공기청정기로 유입되면 다양한 필터에 의해 오염물질 제거가 가능하다. 그러나, 입자상 물질은 입경이 클수록 중력에 의해 바닥으로 침강하려는 성향이 있기 때문에 공기청정기를 이용하여 오염물질을 제거하는 능력은 감소하게 된다. 실내공간에서 공기청정기를 사용하더라도 바닥에 먼지들이 존재하는 이유가 여기에 있다. 따라서 공기청정기 오염물질 제거능력은 청정화능력과 연관성은 있으나 다른 성능지표로 평가하는 것이 타당하다.

공기청정기는 공기 흡입구와 토출구가 있고 이를 통해 일정 공간에서 공기를 순환시키는 작용을 한다. 실내 공간에서 오염물질을 함유한 공기가 공기청정기로 유입되어야만 오염물질을 제거하고 청정한 공기를 공급할 수 있기 때문에 공기청정기의 공기순환능력은 매우 중요하다고 볼 수 있다. 공기순환능력은 흡입구와 토출구의 위치에 따라 변할 수 있고 일정 공간에서 공기청정기의 설치 위치에 따라 달라질 수 있다. 흡입구와 토출구의 위치가 너무 가까이 있다면 유동 단락(short circuit) 현상이 발생하여 토출된 청정공기가 흡입구로 유입될 수 있기 때문에 오염물질이 함유된 공기를 효과적으로 유인하기가 어려워 성능이 떨어지게 된다. 또한 흡입구가 벽면에 위치한 경우 청정화능력은 유사할 수 있지만 오염물질을 함유한 공기가 공기청정기 내부로 유입되기 어렵기 때문에 오염물질 제거능력은 떨어지게 된다. 따라서 공기청정기의 공기순환효율은 매우 중요한 인자이다.

2. 청정화능력(Clean Air Delivery Rate, m^3/h)

실내 공간에서 공기청정기의 청정화능력(CADR)은 다음 식 (15-1)에 의해 유도될 수 있다.

$$V\frac{dC}{dt} = \epsilon \times \{(1-\eta)\times C \times Q_{ac} - C \times Q_{ac}\} \tag{15-1}$$

$$\frac{dC}{C} = \epsilon \times \frac{1}{V} \times Q_{ac} \times (-\eta)\, dt$$

$$\ln\left(\frac{C}{C_0}\right) = -\frac{\epsilon\,\eta\,Q_{ac}}{V} \times t$$

$$\frac{C}{C_0} = \exp\left(-\frac{\mathrm{CADR}}{V} \times t\right)$$

$$\because\ \mathrm{CADR} = \epsilon \times \eta \times Q_{ac} \tag{15-2}$$

여기서, C : 오염물질 농도(#/m³)　　C_0 : 오염물질 초기농도(#/m³)
ϵ : 공기순환효율(0 ~ 1)　　V : 실체적(m³)
Q_{ac} : 풍량(m³/h)　　η : 필터효율(0 ~ 1)
t : 시간(hour)　　CADR : 청정화능력(m³/h)

식 (15-1)에서 보는 바와 같이 공기청정기 청정화능력은 공기순환효율, 풍량, 필터효율의 함수이다. 이들은 설계 변수로서 적정한 공기청정기의 설계에 활용될 수 있다. 청정화능력은 입자상 물질과 가스상 물질에 대해 모두 적용이 가능하다.

3. 청정화능력 시험방법

청정화능력을 시험하는 방법은 IEC 표준, AHAM AC-1, JIS C 9615, KS C 9314, 한국공기청정협회 표준(SPS-KACA 002-132:2018) 등이 있다. 대부분의 표준은 미국 AHAM 표준을 기본으로 하여 국가별로 조금씩 상이하게 발전되어 왔다. 아래 시험방법은 한국공기청정협회 표준을 기준으로 작성되었다.

(1) 시험장치 구성

① **시험챔버** : 예상되는 청정화능력에 따라 크기가 다른 챔버에서 수행하며 챔버 크기는 8 m³, 30 m³, 50 m³, 180 m³으로 4 종류가 있다.
② **챔버 기밀도** : 시험챔버의 기밀도는 입자 크기가 0.3 μm인 입자에 대해 20분 경과후의 입자농도가 초기농도의 80% 이상 확보되는 것이어야 한다.
③ **입자발생장치** : 입자발생장치는 염화칼륨(KCl) 수용액을 분무시켜 초당 107개 이상의 입자를 발생시킬 수 있어야 한다.
④ **입자계수기** : 입자계수기로는 KS B 6336에 규정된 광산란식 자동입자계수기 또는 이와 동등 이상의 성능을 갖는 입자계수기를 사용한다. 단, 입자계수기는 0.3 ~ 3 μm의 입자 크기범위에서 적어도 4개 이상의 입자 크기분류 채널을 가져야 한다.
⑤ **샘플링 위치** : 별다른 규정이 없는 한 시험챔버 중앙 바닥 위 120 cm의 1개의 지점으로 한다.

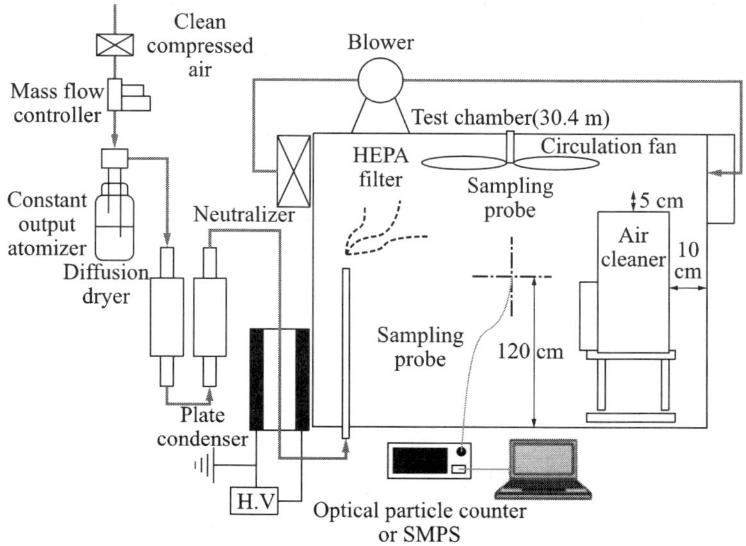

≫ 그림 15.1 청정화능력 시험 계략도(한국기계연구원)

(2) 자연감소율 측정

시험챔버 내 0.3 μm 입자 크기의 배경농도가 3×10^5개/m^3 이하가 되도록 유지한다. 이후 교반기로 충분히 교반을 시키면서 입자농도가 $1\times10^8\sim3\times10^8$개/$m^3$에 도달될 때까지 시험챔버 내로 입자를 공급한다.

직경 0.3 μm인 입자가 포함된 입자 크기 채널의 입자농도가 시험입자농도에 도달하면 입자의 발생을 중지시키고 교반 팬의 운전도 중지한다.

교반 팬의 회전이 멈춘 것을 확인하고 2분 후부터 입자농도 측정을 시작하고 이 시점을 $t=0$으로 한다. 이때의 입자농도를 초기 입자농도로 한다. 초기 입자농도 측정 후 1분 간격으로 10개 이상의 측정 데이터를 획득할 때까지 시험을 진행하고 기록한 후 시험을 종료한다.

(3) 운전감소율 측정

시험챔버 내 0.3 μm 입자 크기의 배경농도가 3×10^5개/m^3 이하가 되도록 유지한다. 이후 교반기로 충분히 교반을 시키면서 입자농도가 $1\times10^8\sim3\times10^8$개/$m^3$에 도달될 때까지 시험챔버 내로 입자를 공급한다.

교반 팬의 회전이 멈춘 것을 확인하고 시험체를 정격 풍량으로 운전시킨다. 운전시작 2분 후 입자농도 측정을 시작하고 이 시점을 $t=0$으로 한다. 이때의 입자농도를 초기 입자농도로 한다. 초기 입자농도 측정 후 1분 간격으로 10개 이상의 측정 데이터를 획득할 때까지 시험을 진행하고 기록한 후 시험을 종료한다.

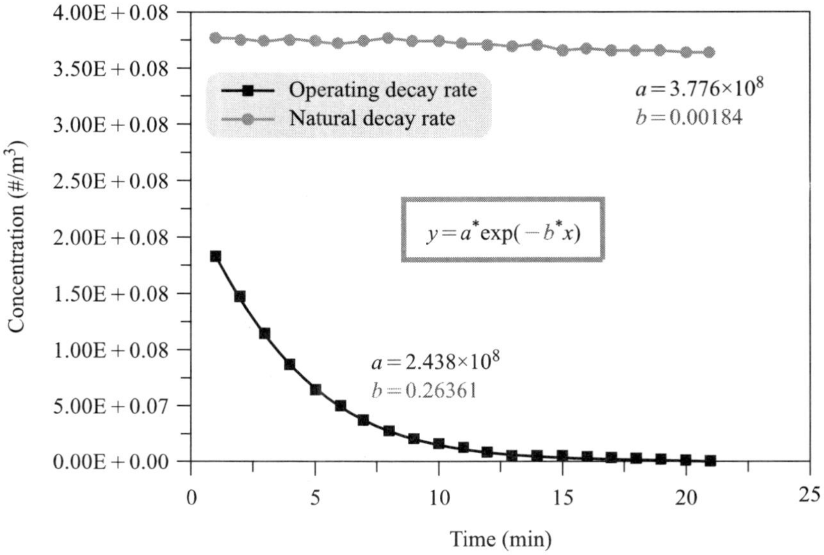

≫ **그림 15.2 자연감소율과 운전감소율 측정**

(4) 청정화능력 산출

입자에 대한 공기청정기 청정화능력은 다음의 공식으로 산출한다.

$$P = V(k_o - k_n) = \frac{V}{Nt}\left(\ln\frac{C_{i2}}{C_{t2}} - \ln\frac{C_{i1}}{C_{t1}}\right) \quad (15\text{-}3)$$

여기서, P : 청정화능력(m^3/h)

V : 시험챔버 체적(m^3)

k_o : 운전감소율(h^{-1})

k_n : 자연감소율(h^{-1})

t : 운전감소 시의 측정시간(h)

C_{i1} : 자연감소 시 측정개시점 $t=0$에서의 입자농도(개/m^3)

C_{i2} : 운전감소 시 측정개시점 $t=0$에서의 입자농도(개/m^3)

C_{t1} : 자연감소 시 측정시간 t분에서의 입자농도(개/m^3)

C_{t2} : 운전감소 시 측정시간 t분에서의 입자농도(개/m^3)

N : 시험체 대수

그림 15.3은 30 m^3와 50 m^3 시험챔버에서 측정된 실제 청정화능력(experimental CADR)과 명시 청정화능력(stated CADR)을 보여준다. 그림에서 x축은 명시 청정화능력(필터효율×풍량)을 나타내는데 실제 청정화능력과 0.8～0.9배의 차이를 보인다. 이 비율은 공기순환효율을 의미하며 챔버 크기가 커질수록 값이 감소하는 것을 볼 수 있다.

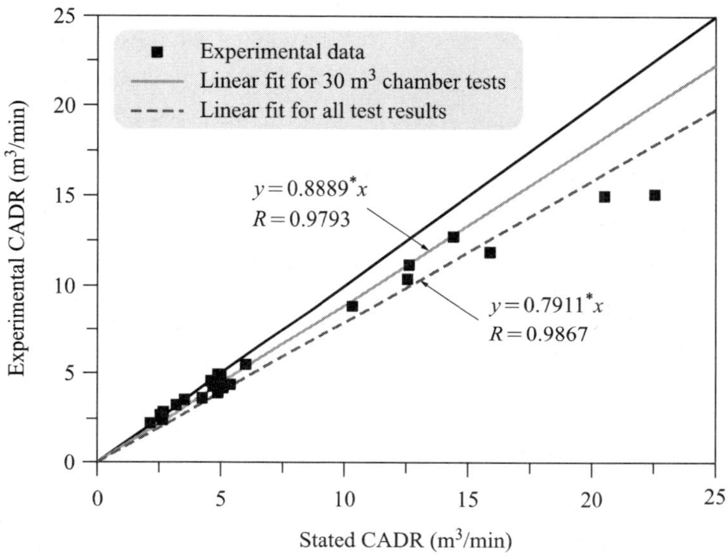

≫ 그림 15.3 명시 청정화능력 VS 실제 청정화능력

15.4 입자청정횟수(또는 공기청정횟수)

1. 환기횟수

환기는 대기의 신선한 공기(산소)를 실내로 공급하는 목적과 실내 오염물질을 대기로 보내는 역할을 한다. 일반적으로 실내 공간에서의 오염물질은 건축물 자체에서 발생하는 것과 사람의 수에 따라 발생하는 것이 대부분이다. 따라서 건물 내에서의 환기량(m^3/h)은 실내 공간의 크기와 재실률에 따라 요구되는 양이 달라지기 때문에 환기의 정도를 표시할 때는 일반적으로 실내체적에 대한 환기량의 상대적인 비를 이용한다. 이를

환기횟수(air exchange rate)라고 하며 환기량에 의하여 실내 체적만큼의 공기가 단위 시간당 치환되는 회수를 의미한다. 이는 환기량을 실내체적으로 나눈 값으로 시간의 역수의 차원을 갖는다. 보통 회/시간 또는 ACH(Air Change rate per Hour)로 표시한다.

$$\mathrm{ACH} = \frac{Q}{V} \qquad (15\text{-}4)$$

여기서, V는 실내체적(m^3)이고, Q는 환기량(m^3/h)이다.

건물 내에서의 환기량은 외기도입량(outdoor air flow rate)과 재순환공기량(recirculation air flow rate)의 합으로 표현된다. 실내에서 발생하는 오염물질의 희석을 위해서는 외기도입량을 고려한 환기횟수를 정의하는 것이 필요하다. 이를 명목 환기횟수(nominal air exchange rate)라고 하고 환기량 중 외기도입량에 의한 공기교환율을 의미하며 외기도입의 정도와 실내 발생 가스상 물질을 제거하는 정도를 나타낼 때 사용된다.

공동주택에서는 시간당 0.5회의 환기횟수를 의무화하여 최근에 건설된 공동주택에는 환기장치들이 설치되어 있다. 재실률이 높은 공간에서는 인당 환기량을 기준으로 채택하고 있으며 인당 약 30 m^3/h을 기준으로 설계한다.

2. 유효성(Effectiveness)과 입자청정횟수(또는 공기청정횟수)

공기청정기의 유효성은 공기청정기의 실사용 효과를 나타낸다. 공기청정기를 사용하지 않았을 때의 실내 농도 대비 공기청정기를 사용하였을 때의 실내 농도비로서 다음과 같이 구할 수 있다.

$$E = \frac{C_{no\,ac} - C_{ac}}{C_{no\,ac}} = 1 - \frac{C_{ac}}{C_{no\,ac}} \qquad (15\text{-}5)$$

공기청정기의 유효성을 구하기 위하여 침기(infiltration)와 침착(deposition)을 고려한 단순한 질량 보존 방정식을 이용할 수 있다.

$$\frac{dC_i}{dt} = \frac{S}{V} + \frac{k_v}{V}PC_o - \frac{(k_v + k_d + k_{ac})}{V}C_i \qquad (15\text{-}6)$$

$$\frac{dC_i}{dt} = \frac{S}{V} + \Lambda_v PC_o - (\Lambda_v + \Lambda_d + \Lambda_{ac})C_i$$

여기서, C_i : 실내 농도(#/m^3) C_o : 실외 농도(#/m^3)

S : 실내 발생량(#/h) V : 실체적(m^3)

P : 침투율(−) Λ_v : 침기율(1/h)

Λ_d : 침착 제거율(1/h) Λ_{ac} : 공기청정기 제거율(1/h)

실내 공간에서 농도에 대한 시간 변화가 없다면($dC_i/dt=0$),

$$C_i = \frac{S/V + \Lambda_v P C_o}{(\Lambda_v + \Lambda_d + \Lambda_{ac})} \tag{15-7}$$

$$C_{no\,ac} = \frac{S + V\Lambda_v P C_o}{V(\Lambda_v + \Lambda_d)} \tag{15-8}$$

$$C_{ac} = \frac{S + V\Lambda_v P C_o}{V(\Lambda_v + \Lambda_d + \Lambda_{ac})} = \frac{S + V\Lambda_v P C_o}{V(\Lambda_v + \Lambda_d) + \mathrm{CADR}} \tag{15-9}$$

$$\therefore\ E = \frac{C_{no\,ac} - C_{ac}}{C_{no\,ac}} = \frac{\mathrm{CADR}}{V(\Lambda_v + \Lambda_d) + \mathrm{CADR}} = \frac{\mathrm{CADR}/V(\Lambda_v + \Lambda_d)}{1 + \mathrm{CADR}/V(\Lambda_v + \Lambda_d)} \tag{15-10}$$

앞서 설명한 바와 같이 환기횟수는 환기량을 실체적으로 나누어 실내 발생 가스를 제어하는 지표로 사용된다. 이와 유사하게 입자청정횟수(또는 공기청정횟수)는 청정화능력(CADR)을 실체적으로 나눈 값이다. 이 지표는 실내 공간에서 적정 입자청정횟수가 정해지면 그에 맞는 청정화능력을 갖는 공기청정기를 결정하는데 사용할 수 있다.

그림 15.4는 입자청정횟수에 따른 공기청정기 유효성을 보여준다. 그림에서 입자감소비(removal ratio)는 입자청정횟수(CADR/ V)를 침기율과 입자 침착률로 나눈 값이다. 침기율(Λ_v)은 공간의 기밀도, 유출입률 등에 따라 달질 수 있지만 대체로 약 1 h^{-1}이고, 입자($PM_{1.0}$)의 침착률은 약 0.05 h^{-1}이다. 입자 침착률(Λ_d)이 다른 제거요소에 비해 매우 작다면, 실내에서 입자감소비는 입자청정횟수를 침기율로 나눈 값이 된다.

공기청정기 유효성에 대해 AHAM에서 권장하는 값은 0.8이고 이때 입자감소비는 4의 값을 갖는다. 즉, 침기율에 비해 4배 청정화능력을 갖는 공기청정기를 권장한다는 의미이다. 여기에서 침기율은 환기횟수로 대체가 될 수 있으며 권장 입자청정횟수는 환기횟수의 4배가 된다.

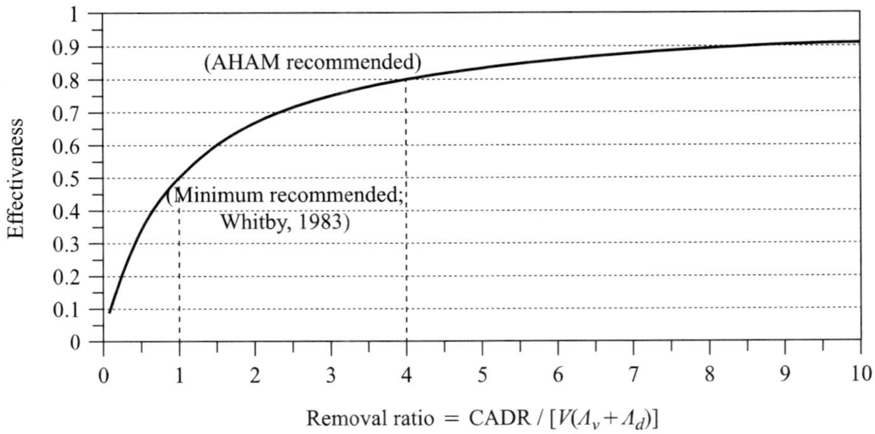

≫ 그림 15.4 입자청정횟수에 따른 공기청정기 유효성

(Nazaroff, W.M.: Effectiveness of air cleaning technologies. Healthy Buildings 2000)

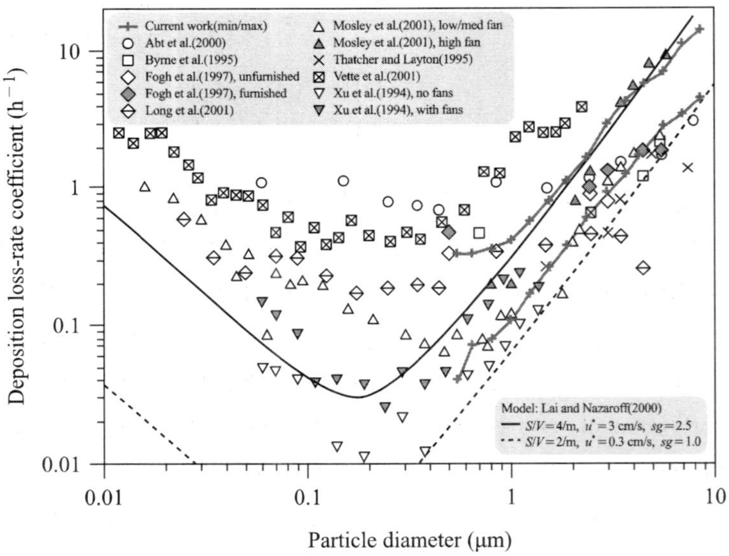

≫ 그림 15.5 입자 침착률(Thatcher et al., Particlesin the indoor environment, 2002)

표 15.1 청정화능력 대비 입경별 침착률

실체적 (m^3)	CADR (m^3/min)	0.3 μm 침착률 (m^3/min)	3.0 μm 침착률 (m^3/min)
30	1.52	0.025	0.5
50	2.53	0.042	0.83
100	5.06	0.083	1.67
침착률 / 전체 제거율	-	1.6%	25%

표 15.1은 공기청정기의 청정화능력 대비 입경별 침착률을 보여준다. 입경이 커질수록 바닥으로 침강하는 속도가 증가하기 때문에 침착률 또한 증가하게 되고 일정한 공간에서 공기청정기에 의해 제거하는 입자량은 감소하게 된다. 따라서 제거하려는 입자의 크기에 따라 적절한 입자청정횟수를 제시해야 한다. 그림 15.5와 표 15.1에서 보는 바와 같이 서브마이크론 입자들은 침착률이 작기 때문에 대부분 공기청정기에 제거될 수 있지만 세균과 진균이 대상이 되는 1 μm 이상의 입자들은 입자 침착률이 증가하기 때문에 공기청정기에 제거되는 효과는 감소할 수 있다. 반대로 세균, 진균과 같이 침착률이 큰 입자를 제거하기 위해서는 공기청정기의 청정화능력이 커져야만 한다.

15.5 실내 공간 응용

1. 질량 보존 방정식

그림 15.6은 실내 입자농도에 영향을 미치는 모델링 된 과정을 보여준다. 환기시스템, 공기청정기, 침기, 입자침착, 입자생성, 환기효율 및 공기순환효율이 표시되어 있다. 입자에 대한 질량 보존 방정식은 다음과 같이 표현할 수 있다. 편의상 입경에 대한 표현 d_p(μm)는 아래 식들에서 생략한다.

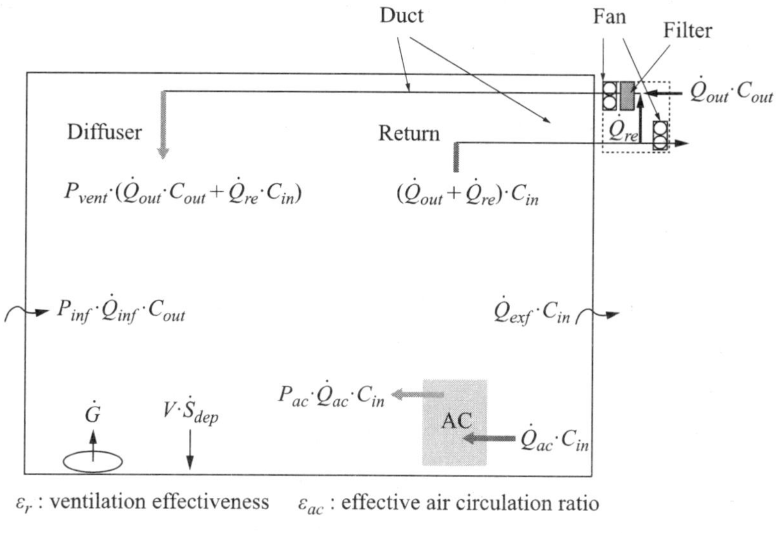

》 그림 15.6 환기장치와 공기청정기가 설치된 실내에서 질량 보존 방정식 개념도

$$V\frac{dC_{in}}{dt} = \epsilon_r\left[P_{vent}\cdot(\dot{Q}_{out}\cdot C_{out}+\dot{Q}_{re}\cdot C_{in})-(\dot{Q}_{out}+\dot{Q}_{re})\cdot C_{in}\right] + \epsilon_{ac}\left[P_{ac}\cdot\dot{Q}_{ac}\cdot C_{in}-\dot{Q}_{ac}\cdot C_{in}\right]+P_{inf}\cdot\dot{Q}_{inf}\cdot C_{out} - \dot{Q}_{exf}\cdot C_{in}-V\cdot\dot{S}_{dep}\cdot C_{in}+\dot{G} \tag{15-11}$$

여기서, C_{in}은 실내 입자농도(#/m^3), C_{out}은 실외 입자농도(#/m^3), Q_{out}은 실외 공기 유량(m^3/h), Q_{re}는 재순환유량(m^3/h), Q_{ac}는 공기청정기 풍량(m^3/h), Q_{inf}는 침기량(m^3/h), Q_{exf}는 누기량(m^3/h), P_{vent}는 환기 필터의 침투효율(−), P_{ac}는 공기청정기 입자 통과율(−), P_{inf}는 침기에 의한 입자 통과율(−), V는 방의 부피(m^3), S_{dep}는 실내 입자 침착 속도, G는 공간 내 입자 발생률(#/h), t는 시간(h), ϵ_r은 환기효율(−), ϵ_{ac}는 공기청정기의 공기순환효율(−)이다. 침기량과 배기량에는 차이가 있으나 일반적으로 동일한 것으로 가정한다. 이는 환기시스템의 유입량과 유출량에도 동일하게 적용된다.

식 (15-11)에서 우변의 첫 번째, 두 번째 항을 실내 입자농도 C_{in}으로 묶어서 정리하면 아래 식 (15-12)와 같다.

$$V\frac{dC_{in}}{dt} = -\epsilon_r\cdot\left[\left(1-P_{vent}\frac{C_{out}}{C_{in}}\right)\cdot\dot{Q}_{out}+(1-P_{vent})\cdot\dot{Q}_{re}\right]\cdot C_{in} -\epsilon_{ac}\cdot(1-P_{ac})\cdot\dot{Q}_{ac}\cdot C_{in}+P_{inf}\cdot\dot{Q}_{inf}\cdot C_{out}+\dot{Q}_{exf}\cdot C_{in} - V\cdot\dot{S}_{dep}\cdot C_{in}+\dot{G} \tag{15-12}$$

여기에서 환기장치와 공기청정기의 청정화능력이 유도될 수 있고 이는 각각 식 (15-13)과 (15-14)와 같다.

$$\mathrm{CADR}_{vent} = \epsilon_r\cdot\left[\left(1-P_{vent}\frac{C_{out}}{C_{in}}\right)\cdot\dot{Q}_{out}+(1-P_{vent})\cdot\dot{Q}_{re}\right] \tag{15-13}$$

$$\mathrm{CADR}_{ac} = \epsilon_{ac}\cdot(1-P_{ac})\cdot\dot{Q}_{ac} \tag{15-14}$$

환기장치의 청정화능력은 환기풍량, 재순환풍량, 필터효율, 환기효율 그리고 실내외 농도비가 주요변수가 된다. 따라서 환기장치의 청정화능력은 외부 입자농도의 영향을 받게 되고 필터효율이 낮은 경우에는 필터효율과 실내외 농도비에 따라 (−)값을 가질 수 있다. 음의 청정화능력은 장치의 사용이 실내를 오염시킬 수 있다는 것을 의미한다. 환기장치의 공기흐름 구조는 일반 빌딩에서 사용하는 공기조화장치(air handling unit)와 동일하기 때문에 식 (15-13)은 공기조화장치에도 동일하게 적용할 있다.

공기청정기의 청정화능력은 식 (15-2)와 같이 공기순환효율, 필터효율, 풍량의 함수로 정의된다. 공기청정기는 실내에 설치되기 때문에 어떠한 경우에도 청정화능력이 (−) 값을 갖지는 않는다.

만약 환기장치가 공기청정기가 동시에 가동되는 경우, 식 (15-13)과 식 (15-14)에 있는 환기효율과 공기순환효율은 공기흐름에 따라 바뀔 수 있다. 식에 나온 바와 같이 독립적인 변수로서 존재한다기보다는 서로 종속관계가 될 수 있다. 이는 환기장치의 급배기구의 배치와 공기청정기의 배치에 따라 전체 청정화능력이 영향을 받을 수 있음을 의미한다.

아래의 식 (15-15)는 식 (15-12)를 단순화시켜 표현한 것이다.

$$V\frac{dC_{in}}{dt} = -\left[\mathrm{CADR}_{vent} + \mathrm{CADR}_{ac} + \dot{Q}_{exf} + V \cdot \dot{S}_{dep}\right] \cdot C_{in} + P_{inf} \cdot \dot{Q}_{inf} \cdot C_{out} + \dot{G} \tag{15-15}$$

아래 식 (15-16)은 식 (15-11)과 식 (15-15)의 해를 나타낸다. 실제 입자농도 변화는 입경의 크기별로 달라질 수 있기 때문에 입경(d_p) 변수를 삽입한 것이다.

$$\begin{aligned} C_{in}(d_p, t) = {} & C_{in}(d_p, 0) \cdot \exp\left[-\frac{1}{V}\left\{\mathrm{CADR}_{vent}(d_p) + \mathrm{CADR}_{ac}(d_p) + \dot{Q}_{exf} + V \cdot \dot{S}_{dep}(d_p)\right\} \cdot t\right] \\ & + \left[1 - \exp\left[-\frac{1}{V}\left\{\mathrm{CADR}_{vent}(d_p) + \mathrm{CADR}_{ac}(d_p) + \dot{Q}_{exf} + V \cdot \dot{S}_{dep}(d_p)\right\} \cdot t\right]\right] \times \\ & \frac{\dot{P}_{\infty}(d_p) \cdot \dot{Q}_{\infty} \cdot C_{out}(d_p) + \dot{G}(d_p)}{\mathrm{CADR}_{vent}(d_p) + \mathrm{CADR}_{ac}(d_p) + \dot{Q}_{exf} + V \cdot \dot{S}_{dep}(d_p)} \end{aligned} \tag{15-16}$$

2. 에너지효율(Energy Efficiency)

공기정화장치의 에너지효율은 청정화능력을 장치의 운전에 따른 소비전력과 외기 도입에 따른 엔탈피 증감분을 고려한 것이다. 공기청정기의 에너지효율(η_{ac})은 청정화능력을 팬 소비전력으로 나누면 되고, 환기장치나 공기조화장치의 에너지효율(η_{vent}) 경우에는 청정화능력을 팬 소비전력과 엔탈피 증감분의 합으로 나누어주면 된다.

$$\eta_{ac} = \frac{\mathrm{CADR}_{ac}}{W_e} \tag{15-17}$$

$$\eta_{vent} = \frac{\text{CADR}_{vent}}{W_e + W_a} = \frac{\text{CADR}_{vent}}{W_e + \dot{Q}_{out}\,\rho|i_1 - i_{set}|/(3.6 \times \text{COP})} \tag{15-18}$$

여기서, W_e는 소비전력이고, W_a는 엔탈피 차이에 의한 열부하이다. ρ는 공기 밀도 (kg/m^3), i_1은 환기장치 또는 공기조화기 입구에서의 엔탈피(kJ/kg), i_{set}은 실내 설정 엔탈피(kJ/kg), COP(Coefficient of Performance)는 냉방, 난방에 대한 하트펌프 성능을 의미한다. 단순하게 난방시 COP는 1, 냉방시 COP는 4로 선정할 수 있다. 3.6은 환산 계수이다.

공기청정기와 환기장치(또는 공기조화장치)의 청정화능력이 같다는 가정을 하더라도 에너지효율은 공기청정기가 환기장치(또는 공기조화장치)보다 높을 수밖에 없다. 일반적으로 환기장치나 공기조화장치는 덕트를 통해 실내외 공기를 공급, 배출하기 때문에 덕트 압력손실에 의해 팬 소비전력 증가를 필요로 한다. 또한 공기의 냉난방 처리를 위한 비용을 수반해야 하기 때문에 추가비용이 들 수밖에 없다. 따라서 환기를 목적으로 외부에서 유입되어야 하는 공기량을 제외하고는 공기청정기를 사용해서 실내 오염물질을 제거하는 것이 에너지효율 측면에서 좋을 것이다. 이러한 경향은 가습기에서도 동일하게 나타난다. 가습을 환기장치나 공기조화장치에서 하면 가습에 따른 비용이 많이 들 수 있지만 실내에서 증발가습을 한다면 그만큼 에너지 비용을 줄일 수 있다. 실제 이러한 기술이 클린룸에서 에너지절감을 위한 기술로서 운용되고 있다.

실내 공간에서 공기정화장치(공기청정기, 환기장치, 공기조화장치 등)을 사용하는 경우 총 청정화능력은 개별적인 청정화능력의 합과 같다. 위 식들에서 보듯이 모든 장치들의 청정화능력이 독립적이기 때문에 선형의 합으로 표현하면 된다. 이는 에너지효율에도 동일하게 적용된다. 다만, 공기 흐름에 따른 환기효율이나 공기순환효율이 변할 수 있기 때문에 이에 대한 고려가 필요하다. 이전의 실험결과들에 의하면 동시 운전에 따른 환기효율과 공기순환효율의 변화는 ±10%를 초과하지 않는 것으로 나타났다.

15.6 공기정화장치 실증 사례

1. 주택 실증

주택 내부에서의 입자농도는 건축년도, 기밀도, 외부 풍속, 계절, 층고 등에 따라 달라질 수 있다. 그리고 주택에서 요리와 같은 연소활동을 하지 않는다면, $PM_{2.5}$의 대부분은 대기로부터 유입된다고 볼 수 있다. 표 15.2는 아파트에서 공기정화장치를 가동하지 않았을 때 측정된 실내외 농도비(In-Out Ratio, IOR) 등을 보여준다. PM_{10}과 $PM_{2.5}$ 실내외 농도비는 각각 0.69와 0.65의 값을 갖는 것으로 나타났다.

표 15.2 아파트 실내외 농도비(Based on LEE et al., 2016a; AE)

N	Home type	Age(yr)	Floor	Area(m^2)	IOR (PM_{10})	IOR ($PM_{2.5}$)
1	Low-rise	20+	1	90	0.68	0.55
2	High-rise	4	25	84	0.49	0.48
3	High-rise	7	18	60	0.86	0.81
4	High-rise	13	19	85	0.52	0.5
5	High-rise	13	4	121	0.49	0.64
6	High-rise	4	25	84	0.53	0.48
7	High-rise	15	2	60	0.56	0.57
8	High-rise	21	5	75	0.71	0.61
9	High-rise	26	8	117	0.78	0.82
10	High-rise	26	15	85	0.67	0.69
11	High-rise	17	1	50	0.89	0.81
12	High-rise	17	6	50	0.86	0.84
13	Low-rise	20+	3	100	1	0.91
14	High-rise	2	14	85	0.79	0.77
15	High-rise	38	9	87	0.92	0.79
16	High-rise	2	11	51	0.21	0.34
	평균			80.25	0.00	0.65

주택에서 공기정화장치를 사용한다면, 위에 제시된 실내외 농도비보다 낮은 값을 나타내야 공기정화장치가 효과가 있다고 생각할 수 있다. 공기정화장치를 가동하는 조건에서 $PM_{2.5}$에 대한 실내외 농도비가 0.65보다 높다면 입자상 물질에 대한 공기정화장치의 사용 효과는 없다고 볼 수 있다.

표 15.3은 공기청정기를 풍량이 다르게 가동하였을 때 공기청정기 효능(effectiveness)과 에너지 효능(effectiveness/power) 실증 결과를 보여준다. 효능은 공기정화장치를 가동하지 않는 조건에서의 실내외 농도비($PM_{2.5}$ IOR = 0.65)에서 공기청정기를 가동하는 조건에서의 실내외 농도비를 뺀 값이다. 즉, 공기청정기를 가동하였을 때, 공기청정기의 효능을 판단할 수 있는 추정값이다. 에너지 효능은 앞서 설명된 에너지효율과 유사한 개념으로 효능을 소비전력으로 나눈 값이다.

실험 시 측정입자는 대기 농도가 높은 날 대기진을 활용하였으며, 입자 측정위치는 거실 중앙이었다. 앞서 설명한 바와 같이 아파트의 기밀도, 높이, 외부 풍속 등 다양한 영향으로 효능을 정확하게 측정하기는 어렵지만 $PM_{2.5}$ 제거에 대한 평균 효능은 0.41로 나타났다. 공기청정기를 사용하면 실내외 농도비를 25% 이하 수준으로 맞출 수 있다.

표 15.3 공기청정기의 효능(effectiveness)과 에너지 효능 측정 사례(2019)

Apartment	Electric power (W)	CADR (m^3/h)	Non-operating IOR	Operating IOR	Effectiveness	Effectiveness /power (/kW)
A	29	420	0.65	0.39	0.26	8.97
B	21	330	0.65	0.39	0.26	12.38
C	29	420	0.65	0.16	0.49	-
D	17	280	0.65	0.22	0.43	25.29
E	17	280	0.65	0.2	0.45	26.47
F	17	280	0.65	0.3	0.35	-
G	21	330	0.65	0.24	0.41	19.52
H	21	330	0.65	0.13	0.52	24.8
I	29	420	0.65	0.17	0.48	16.55
Ave.	22.33		0.65	0.24	0.41	19.14

표 15.4는 주택에 설치된 환기장치를 가동하였을 때 환기장치 효능(effectiveness)과 에너지 효능(effectiveness/power) 실증 결과를 보여준다. 여기서 에너지 효능은 엔탈피 요소를 고려하지 않고 운전 소비전력만을 고려한 값이다. 표 15.3과 동일한 아파트에서 수행한 실험 결과이고 실험하는 방법도 유사하다. 다만, 현장에서 측정을 진행하였기 때문에 풍량은 각 방으로 연결된 덕트의 디퓨저에서 후드풍량계를 이용해서 측정하였고 필터효율은 외기농도와 디퓨저 농도를 측정하여 산출하였다.

환기장치의 효능은 −0.29∼0.26 범위로 다양하게 나타났고 필터효율이 낮거나 필터가 없는 환기장치에서는 (−)의 효능을 보였다. C 가구에서는 필터가 없는 3종 환기방식(배기팬만 있는 환기방식)이 설치된 가구로서 외기 유입구에 필터가 설치되어 있지 않아서 대기진이 그대로 유입되었다. E 가구는 필터효율이 낮아서 (−) 효능을 보인 것으로 판단되고 필터효율이 $PM_{2.5}$ 기준 35% 정도는 되어야 효능(또는 청정화능력)이 0 될 것으로 예측되었다.

표에서 마지막 열은 풍량과 필터효율, 실내외 농도비를 통해 산출된 예상 청정화능력이다. 공기청정기와 마찬가지로 풍량과 필터효율이 청정화능력에 영향을 미치는 지배적 변수라는 것을 확인할 수 있다.

표 15.4 환기장치의 효능(effectiveness)과 에너지 효능 측정 사례(2019)

Apartment	Electric power (W)	Filtration efficiency(%)		Supply (m^3/h)	Exhaust (m^3/h)	Effectiveness	Effectiveness /power (/kW)	Estimated CADR (m^3/h)
		0.3 um	$PM_{2.5}$					
A	207	42.99	52.11	79	50	0.11	0.53	7.74
B	60	53.45	69.84	80	-	0.06	1	1.8
C	-	-	-	-	39	−0.29	-	−16.8
D	140	45.84	40.97	167	142	0.04	0.29	22.26
E	40	28.85	30.22	7	35	−0.04	−1	−0.54
F	-	36.93	39.47	66	90	0.03	-	1.56
G	45	31.33	42.9	-	-	0.03	0.67	-
H	100	82.19	92.22	138	167	0.2	2	80.16
I	112	80.95	88.96	120	163	0.26	2.32	67.9
Ave.	100.57	53.33	59.75			0.04	0.83	

공기청정기와 환기장치의 성능 비교해 보면, 공기청정기의 효능이 환기장치에 비해 약 10배 이상 높은 것으로 나타났고 에너지 효능은 20배 이상 높은 것으로 나타났다. 환기장치는 미세먼지를 제거하려는 목적보다 산소를 공급하고 실내 가스상 오염농도를 감소시키려는 목적으로 사용되기 때문에 상대적으로 낮은 효율의 필터와 풍량에 기인하여 청정화능력이 낮은 편이고 긴 덕트 구조를 갖기 때문에 소비전력은 많이 들기 때문이다. 만약 표 15.4에서 에너지 효능에 엔탈피 요소를 추가한다면 환기장치의 에너지 효능은 매우 낮은 값으로 나타났을 것이다.

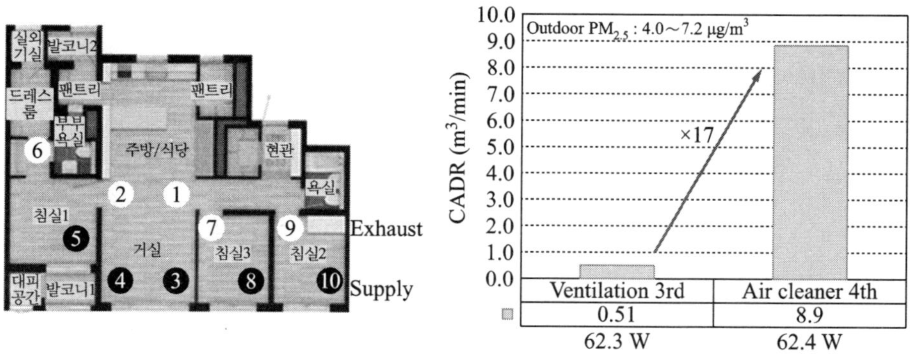

그림 15.7 환기장치와 공기청정기 에너지효율 비교(한국기계연구원, 한방우)

그림 15.7은 국내 한 아파트에서 환기장치와 공기정화장치를 최대 풍량으로 가동했을 때 에너지효율을 비교한 결과이다. 두 장치의 운전 소비전력은 약 62 W로 유사하였

으며 이때의 청정화능력은 17배 정도 차이가 났다. 이러한 결과는 입자를 제거하는 장치로서 환기장치에 비해 공기청정기가 매우 효과적이라는 것을 보여준다.

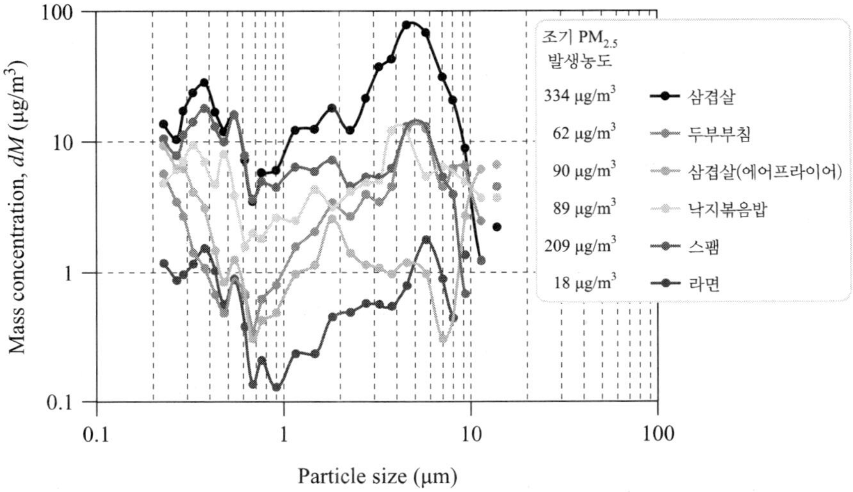

≫ **그림 15.8 요리별 미세먼지 발생 특성**(한국기계연구원, 한방우)

그림 15.8은 주택에서 요리별 미세먼지 발생 특성을 보여준다. 구이>볶음>부침>탕 순으로 발생량이 많은 것으로 조사되었다. 서브마이크론 입자에서 유증기에 의한 응축이 1.0 μm 이상에서는 오일미스트의 생성이 지배적인 것으로 판단된다.

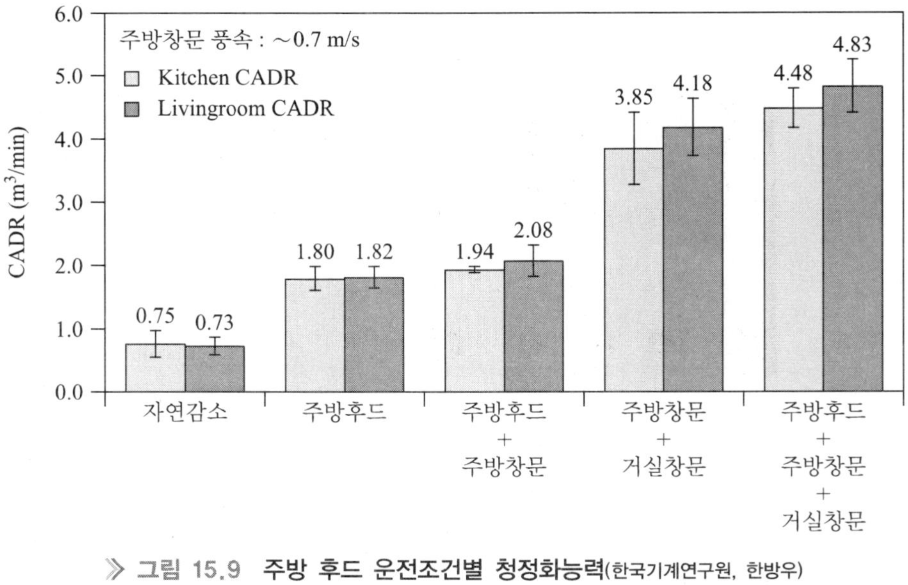

≫ **그림 15.9 주방 후드 운전조건별 청정화능력**(한국기계연구원, 한방우)

그림 15.9는 주방 후드 운전 및 창문의 개폐에 따른 미세먼지 청정화능력 실증 결과를 보여준다. 요리 시 주방 후드만을 가동했을 때에 비해 창문을 개방하여 맞통풍을 형성하는 것이 요리 미세먼지를 제거하는데 가장 효과적인 것을 알 수 있다.

2. 학교 실증

그림 15.10은 초등학교 교실에서 공기청정기 사용에 따른 미세먼지 감소 효과를 보여주고 있다. 학교는 청정화능력 13 m^3/min(=780 m^3/h) 이상의 공기청정기만 사용하도록 규정하고 있기 때문에 이 범주 안에 있는 공기청정기를 사용한 결과이다. $PM_{2.5}$는 공기청정기를 운전하지 않았음에도 불구하고 대기 농도에 비해 실내 농도가 20~40% 정도 낮은 것을 확인할 수 있다. 교실 내부 $PM_{2.5}$는 주로 대기로 유입된 것이기 때문에 교실 기밀도의 정도에 따라 실내외 농도비가 달라질 수 있지만 요리나 실험과 같은 연소활동을 하지 않는다면 교실 내부 $PM_{2.5}$가 실외부터 큰 경우는 없다. 공기청정기를 운전하지 않았을 때 PM_{10} 농도는 외부 농도와 유사하거나 높은 것을 확인할 수 있고 이로부터 PM_{10}의 주요 발생원은 교실 내부에 있다는 것을 의미한다. 즉, 학생 수나 학생들의 활동, 청소상태 등에 따라 발생량이 달라질 수 있지만 외기로부터 유입되기는 힘들다는 것이다. 2.5 μm보다 큰 입자들은 침착속도가 크기 때문에 창문을 열어서 외기를 도입시키는 경우를 제외하고 외부 유입은 어려울 것이다.

그림에서 보는 바와 같이 공기청정기를 사용함에 따라 $PM_{2.5}$와 PM_{10} 모두 농도가 급격히 감소하는 것을 확인할 수 있다. 공기청정기를 1대 사용하면 55~65%, 2대 사용하면 70~80% 정도 감소시킬 수 있다. 또 많은 양의 데이터를 활용하여 학교 미세먼지 농도와 적정 공기청정기 용량을 분석한 결과에 의하면, 청정화능력이 20 m^3/min (=1,200 m^3/h) 이상인 경우 외부 농도가 나쁨 상태임에도 불구하도 실내 $PM_{2.5}$는 10 μg/m^3 이하로 유지할 수 있다는 것이 확인되었다.

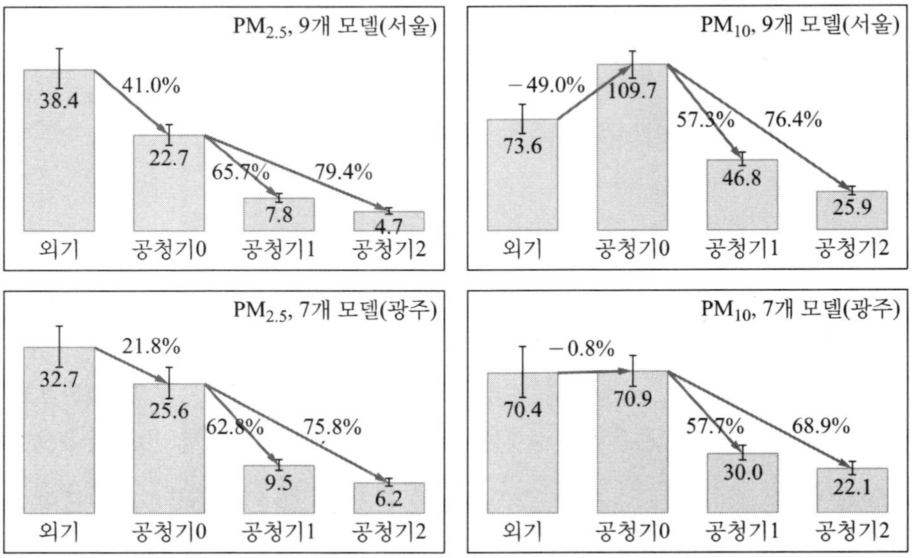

≫ **그림 15.10 초등학교 교실에서 공기청정기 사용에 따른 미세먼지 감소**

그림 15.11은 초등학교 교실에서 공기정화장치 운전에 따른 미세먼지 감소 사례이다. 공기정화장치를 사용하면 외기 농도에 비해 미세먼지는 감소하는 것을 확인할 수 있다. 다만, 환기장치에 비해 공기청정기의 미세먼지 감소 효과가 큰 것을 확인할 수 있다. 공기청정기와 환기장치를 동시에 운전하였을 때 $PM_{2.5}$는 증가하는 것을 볼 수 있는데 이는 환기장치의 필터효율이 낮아 대기 먼지가 실내로 유입되었기 때문으로 생각된다. 다른 연구결과에 의하면 2019년 이전에 학교에 설치된 환기장치들의 청정화능력은 대체로 낮거나 (−)값을 보이는 것으로 나타났는데 이러한 원인은 낮은 필터효율과 풍량에 기인한 것으로 분석되었다.

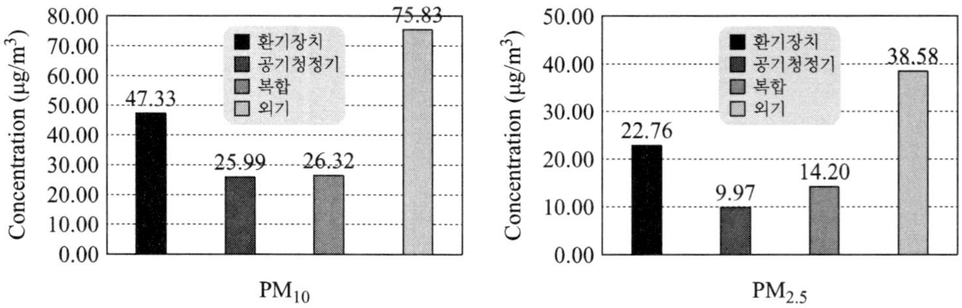

≫ **그림 15.11 초등학교 교실에서 공기정화장치 운전에 따른 미세먼지 감소 사례**

표 15.5는 식 (15-19)를 이용하여 환기효율 0.85, 실내외 농도비를 0.65로 가정하고 필터효율과 풍량에 따라 계산된 예상 평균 청정화능력을 보여준다. 앞서 설명한 바와 같이 20평 교실의 적정 청정화능력이 780 m^3/h라고 한다면, 환기장치의 필터는 MERV 15 이상, 풍량은 1,000 CMH 이상을 되어야만 한다.

$$\mathrm{CADR}_{vent} = \epsilon_r \cdot \left[\left(1 - P_{vent} \frac{C_{out}}{C_{in}} \right) \cdot \dot{Q}_{out} \right] \tag{15-19}$$

표 15.5 학교용 환기장치의 적정 필터 성능과 풍량

Filtration grade	Particle range (0.3~1.0 um)	Airflow rate (CMH)	Estimated CADR (CMH)
MERV14	75~84%	800	471
		1000	588
		1200	706
MERV15	85~94%	800	575
		1000	719
		1200	863
MERV16	95%	800	628
		1000	785
		1200	942

참고문헌

K.C. Noh, S.J Yook. Evaluation of Clean Air Delivery Rates and Operating Cost Effectiveness for Room Air Cleaner and Ventilation System in a Small Lecture Room, Energy and Buildings 119 (2016) 111-118.

J.A. Siegel. Primary and secondary consequences of indoor air cleaners, Indoor air 26(1) (2015) 88-96.

K.C. Noh, M.D. Oh. Variation of clean air delivery rate and effective air cleaning ratio of room air cleaning devices, Building and Environment 84 (2015) 44-49.

K.C. Noh, J. Hwang. The effect of ventilation rate and filter performance on indoor particle concentration and fan power consumption in a residential housing unit, Indoor Built Environment 19(4) (2010) 444-452.

W. Cho, D. Song, S. Hwang, S. Yun. Energy-efficient ventilation with air-cleaning mode and demand control in a multi-residential building, Energy and Buildings 90 (2015) 6-14.

A. Jurelionis, L. Gagytė, T. Prasauskas, D. Čiužas, E. Krugly, L. Šeduikyte, D. Martuzevičius. The impact of the air distribution method in ventilated rooms on the aerosol particle dispersion and removal: The experimental approach, Energy and Buildings 86 (2015) 305-313.

A. Fischer, E. Ljungström, L.H. Engman, S. Langer. Ventilation strategies and indoor particulate matter in a classroom, Indoor Air 25 (2015) 168-175.

A.K. Persily. Field measurement of ventilation rates, Indoor Air 26(1) (2015) 97-111.

L.Wallace. Effectiveness of home air cleaners in reducing indoor levels of particles, Health Canada Contract #4500172935: Final Report, Canada, 2008.

Sultan ZM, Nilsson GJ, Magee RJ. Removal of ultrafine particles in indoor air: Performance of various portable air cleaning device technologies, HVAC&R Research 17 (2011) 513-25.

R.J. Shaughnessy, R.G. Sextro. What Is an Effective Portable Air Cleaning Device? A Review, Journal of Occupational and Environment Hygiene 3 (2006) 169-181.

A. Novoselac, J.A. Siegel. Impact of placement of potable air cleaning devices in multizone residential environment, Building and Environment 44 (2009) 2348-2356.

Zuraimi MS, Nisson GJ, Magee RJ. Removing indoor air particles using portable air cleaners: Implications for residential infection transmission, Building and Environment 46 (2011)

2512-2519.

H.J. Kim, B. Han, Y.J. Kim, Y.H. Yoon, T. Oda. Efficient test method for evaluation gas removal performance of room air cleaning devices using FTIR measurement and CADR calculation, Building and Environment 47 (2012) 385-393.

W.J. Fisk, D. Faulkner, O. Palonen, O. Seppanen. Performance and costs of particle air filtration technologies, Indoor Air 12 (2002) 223-234.

H.J. Kim, B. Han, Y.J. Kim, C.S. Jeong, S.W. Lee. A simple and efficient method for evaluating air-cleaning performance against airborne allergen particles, Building and Environment 60 (2013) 272-279.

F.J. Offermann, R.G. Sextro, W.J. Fisk, D.T. Grimsrud, W.W. Nazaroff, A.V. Nero, K.L. Revzan, J. Yater, Control of respirable particles in indoor air with portable air cleaners, Atmospheric Environment 19 (11) (1985) 1761-1771.

G. Cao, H. Awbu, R. Yao, Y. Fan, K. Siren, R. Kosonen, J. Zhang. A review of the performance of different ventilation and airflow distribution systems in buildings, Building and Environment 73 (2014) 171-186.

T.L. Thatcher, A.C. Lai, R. Moreno-Jackson, R.G. Sextro, W.W. Nazaroff. Effects of room furnishings and air speed on particle deposition rates indoors, Atmospheric Environment 36 (2002) 1811e9.

W.J.Fisk, D.Faulkner, D.Sullivan, F.Bauman. Air change effectiveness and pollutant removal efficiency during adverse mixing conditions, Indoor Air 7 (1997) 55-63.

M. Zaatari, A. Novoselac, J. Siegel. The relationships between filter pressure drop, indoor air quality, and energy consumption in rooftop HVAC units, Building and Environment 73 (2014) 151-161.

ASHRAE, Method of testing general ventilation air-cleaning devices for removal efficiency by particle size (ANSI/ASHRAE standard 52.2), ASHRAE, 2007.

C. Chen, B. Zhao. Review of relationship between indoor and outdoor particles: I/O ratio, infiltration factor and penetration factor, Atmospheric Environment 45 (2011) 275-288.

한방우, 노광철. 학교용 공기청정기 미세먼지 제거 실증, 한국공기청정협회, 2019.

노광철, 한방우. 학교 공기정화장치의 효율적 설치 및 운영을 위한 컨설팅 방안 및 업무 가이드라인 개발 연구 - 공기정화장치 현황조사, 교육부, 2019.

한방우, 노광철. 주택 실환경미세먼지 통합 관리 기술 및 실환경평가 인증규격 개발, 미세먼지사업단, 2020.

CHAPTER

16

에어로졸 노출 및 독성

■ 저자 : **변정훈**(영남대학교 기계공학부)

16.1 소개

에어로졸(aerosol) 또는 부유 입자상 물질(Particulate Matter; PM)은 공기 중에 부유된 단분산 또는 다분산의 고체 및 액적 혼합물이다. 에어로졸은 부유된 고체 또는 액체와 이를 감싸고 있는 기체로 구성되어 있는 이상계(biphasic systems)이다. 에어로졸은 수, 크기, 형태, 표면적, 화학적 조성, 용해도 등에 따라 매우 다양하게 나타난다.[1] 또 에어로졸은 대기 중의 바이러스, 박테리아, 화분립, 포자, 죽은 세포 등 생물학적인 입자들도 포함하며, 이것들을 바이오에어로졸(bioaerosols)이라고도 불린다. 에어로졸은 다음과 같이 분류할 수 있다.

- **일차 에어로졸** : 형성된 즉시 대기로 방출된 입자들
- **이차 에어로졸** : 황산화물, 질소산화물 및 휘발성 유기화합물과 같은 기체 배출물의 이종 광화학반응에 의해 응축된 입자들(기체 - 입자 변환)

또한 그것들의 기원에 따라 에어로졸은 다음과 같이 분류할 수 있다.

- **자연 기원 에어로졸** : 토양 먼지(미네랄 에어로졸), 해염, 화산 분진, 생물 기원 잔해 등
- **인공 기원 에어로졸(anthropogenic)** : 산업 먼지, 매연, 숯 등

자연 또는 인공 기원 에어로졸은 일차 또는 이차 에어로졸로 분류될 수도 있다. 그러나, 에어로졸은 위와 같은 분류 이외에도 대기 순환, 침강, 침전, 구름 생성, 혼합, 광화학 반응, 가변적 배출 등의 여러 요인에 따라 복잡하고 다양하게 나타날 수 있다.

1. 물리적 특성

PM은 10 nm보다 작은 것부터 100 um까지 다양한 입자 크기를 보인다. 대부분의 입자상 물질들이 구형이 아니기 때문에, 그 불규칙한 크기들은 스토크스 직경(D_p), 공기역학적 직경(D_a)과 같은 등가 직경으로 정의한다. 작은 입자의 경우, D_p가 주로 사용되는데, 이는 입자의 속도가 주변 유체의 속도와 달라질 때, 동일한 공기 역학적 항력 또는 저항을 가지는 구형 입자의 직경으로 정의된다. 따라서, D_p는 확산과 브라운 운동에 밀접한 관계를 가지며, 밀도와는 독립적인 관계를 갖는다. 광 산란 분석법 또는 전기적 이동도 분석법을 기반으로 한 크기 분석에 사용된다.

큰 입자의 경우, D_a가 주로 사용되며 불규칙한 입자의 D_a는 이 불규칙한 입자와 같

은 중력침강속도 또는 종단속도를 가지는 밀도 1 g·cm^{-3}(물의 밀도)의 구형 입자의 직경으로 정의된다. D_a는 다단식 임팩터, 사이클론, 세광기를 기반으로 한 크기 분석에 사용된다. 이는 입자의 여과법, 대기 침적 비율, 호흡기 침적, 대기 체류 시간을 특정하는 데에 중요한 입자 특성이다.

D_a와 D_p의 관계식은 아래와 같이 나타낼 수 있다.

$$D_a = D_p\left(\frac{\rho C_p}{C_a}\right)^{\frac{1}{2}}$$

이 때, ρ는 입자의 밀도, C_p와 C_a는 각각 D_p와 D_a의 Cunningham 미끄럼보정계수를 의미한다.[2]

현재 PM을 크기에 따라 분류하는 각기 다른 규정들이 존재한다.

(1) PM 분포 모드(PM Distribution Modes)

이 방식의 분류는 실험적으로 감지할 수 있는 크기분포 빈도와 PM의 주요 생성 메커니즘을 기반으로 한다. 이 분류는 Whitby(1978)의 연구에서 처음 소개되었는데, 미국의 여러 지역에서 1000개 이상의 크기분포를 측정한 후 세 가지 모드로 제시하였다. 그러나 최근 연구에는 이를 네 가지 모드로 제시하고 있다(그림 16.1).

① **응축 핵 모드**(Condensation nuclei mode)(< 10 nm) : 응축(입자핵 주변에 증기 또는 기체 분자가 응결되는 것) 또는 응집(2개 이상의 입자가 결합하여 하나를 형성하는 것)에 의한 추가 성장을 할 수 있는 핵으로써 새롭게 형성된 입자.

② **과도기적 핵 또는 Aitken 핵 모드**(Transient nuclei or Aitken nuclei mode)(10~100 nm) : 핵생성 작용과 활발한 응축 및 응집 작용에 의한 중간 크기의 입자.

③ **축적 모드**(Accumulation mode)(100 nm~1 μm) : Aitken 핵의 응축 및 응집 작용에 의해 형성된 큰 입자. 상대적으로 안정적인 크기를 가진다.

④ **조대 입자 모드**(Coarse particle mode)(1~3 μm) : 재비산, 암석 및 미네랄의 기계적 파괴(자연적 또는 인공적 모두), 해염의 분무, 화산 배출 및 유기물 파편에 의해 형성된 큰 입자.

빈도 분포를 고려하지 않고 크기만을 고려한 입자는 초미세 입자(ultrafine particle), 미세 입자(fine particle) 및 조대 입자(coarse particle)로 분류할 수 있다. 100 nm(0.1 μm) 이하의 직경을 갖는 입자는 초미세 입자라고 불리며, 응축 핵 모드와 대부분의 Aitken 핵 모드를 포함한다. 초미세 입자는 연소 소스에서 직접 배출된 입자나, 배출 직후 휘발물에서부터 응축되어 만들어진 입자로 구성된다. 미세 입자는 3 nm에서 1 μm

의 크기를 가지며 응축 핵 모드, Aitken 핵 모드 그리고 축적 핵 모드를 포함한다. 조대 입자는 3 μm보다 큰 가진다. 다만, 이러한 경계값들은 형식적인 것이고 겹치는 부분이 많다는 것에 유의해야 한다.

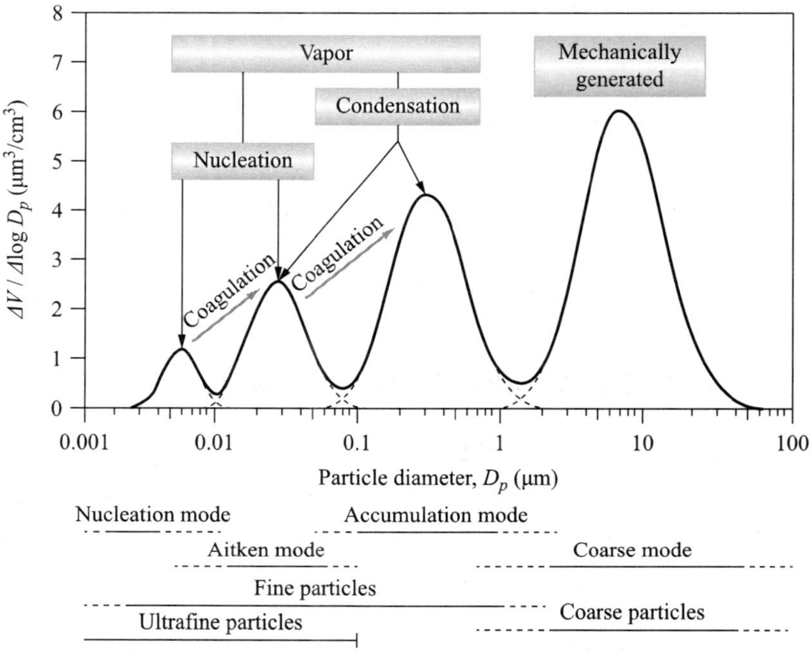

≫ **그림 16.1** **PM의 이상적인 형태의 크기분포.[2] 대기 중 PM의 4가지 모드의 주요 형성 및 성장 메커니즘을 나타낸다.**

(2) 직업상 위생 크기 또는 복약량 크기 (Occupational Health Sizes or Dosimetric Sizes)

호흡계는 흡입된 PM의 주요 표적이다. 호흡기관 영역에 침적되는 양을 결정하는 가장 중요한 PM의 특성은 입자 크기이다. 이 분류법은 입자가 호흡계의 다양한 영역에 침투할 수 있는 능력에 따라 분류한다(그림 16.2a). PM은 아래와 같은 세 가지의 군으로 분류될 수 있다.

① **흡입성 입자**(Inhalable particles) : 이 입자들은 호흡기관에 침투하여 주로 기도에 존재한다[외흉부 영역(extrathoracic region)].

② **흉부 입자**(Thoracic particles) : 이 입자들은 후두를 통과하여 기관지 영역에 도달하고 부분적으로 폐의 기체 교환 영역에 도달한다.

③ **호흡성 입자**(Respirable particles) : 이 입자들은 쉽게 기체 교환이 일어나는 폐의 폐포 영역에 도달한다.

미국 정부기관 산업안전 위생담당자 회의(The American Conference of Governmental Industrial Hygienists; ACGIH)는 직업상 노출 제한도를 정하는 데 있어 이 규정을 따른다.

(3) 크기 선택적 샘플링(Size-Selective Sampling)

이 방법은 PM 샘플러의 상위 50%의 절단점과 침투곡선을 기반으로 한다. 따라서 $PM_{2.5}$는 2.5 μm의 D_a를 가지는 입자에 대해 50%의 포집효율과 그에 따라 지정된 침투곡선을 가지는 샘플러에 의해 포집된 모든 입자를 의미한다. 그러나, 이 샘플러 또한 침투곡선에 의존하여 일부 $D_a > 2.5$ μm의 입자를 포집한다. 그러므로, 같은 50%의 절단점을 갖지만 침투곡선이 다른 두 개의 샘플러는 다른 부분의 PM을 포집한다는 점을 유의해야 한다.

크기 선택적 샘플링 방법은 일반적으로 공기질의 기준을 정의하는데 사용된다. $PM_{2.5}$와 PM_{10}은 주로 규제 목적을 위한 표준 크기로 사용되어 왔으며, $PM_{2.5}$는 미세입자 및 호흡성 입자의 지표로, 그리고 PM_{10}은 흉부 입자의 지표로 사용되었다. 여기서 고려되어야 할 부분은 $PM_{2.5}$와 미세 입자가 동일한 의미는 아니라는 점인데, 이는 $PM_{2.5}$의 샘플링 과정에서 2.5 μm 이상의 조대 입자들도 다수 포함되게 되며 2.5 μm 이하의 모든 입자가 모이는 것도 아니기 때문이다. 마찬가지로, PM_{10}과 흉부 입자도 같은 의미가 아님을 유의해야 한다.

2. 화학적 조성

PM은 크기, 모양, 구조 및 화학적 조성을 결정할 수 있는 여러 과정에 의해 생성된다. PM의 성분은 아래에 표현된 인위적 및 자연적 원천으로부터 파생된다.

① 연소 과정(차량 배출, 음식 조리, 바이오매스 연소, 산업적 소각, 화재)
② 교통 관련 마모 과정(타이어 마모 잔해, 도로 및 자동차 잔해)
③ 비포장도로와 토양 침식으로부터의 먼지
④ 바다에서부터 비산된 액적
⑤ 생물학적 물질

초미세 PM 및 미세 PM은 주로 불완전 연소 과정에서 생성된다. 전자 현미경 분석에 의하면, 이것들은 직경 20～40 nm의 일차 회전 타원체 입자의 응집체 형태를 보인다. 이 입자들은 연소 과정에서 생성되는 원소 탄소(Elemental Carbon; EC)에 의해 형성된 핵을 가지며, 이는 무기 이온(질산염, 황산염, 수소, 암모늄 등), 금속, 유기화합물과 같은 다양한 성분에 대한 응축 핵으로 작용한다.[1]

조대 PM은 주로 재료의 기계적 분해에 의해 생성되며, 결정 구조에서 파생된 경우 규칙적인 형태를 보이고 표면의 마찰에 의해 형성되는 경우 불규칙한 형태를 보이는 것과 같이 다양한 형태의 입자를 포함한다. 조대 입자는 지각 성분(SiO_2, Al_2O_3, Fe_2O_3, MgO, CaO, TiO_2), 자동차 브레이크 및 타이어 파편으로부터 나온 금속(Pb, Zn, Ni, Cu, Fe, Cr, Cd)[3] 그리고 엔도톡신, 박테리아, 곰팡이 포자, 화분과 같은 생물학적 물질[1,4]들로 이루어져 있다.

입자의 물리 - 화학적 특성은 아래 요인들에 따라 넓은 범위의 시간적 및 공간적 가변성을 보여준다.

① **배출원 및 배출률** : PM의 시간 및 공간 배출률, 활동 수준, 위치
② **기상학** : PM의 수송, 분산 및 수직 혼합, 대기의 함수율, 풍속
③ **화학** : 기체 - 입자 변환, 1차 PM의 변환

16.2 입자 침적 메커니즘

피부를 제외하면, 폐는 대기 중 PM과 직접 접촉하는 유일한 기관이다. 인간은 분당 6～12의 공기를 흡입하는데, 이때 폐는 PM에 지속적으로 노출된다.[5]

국제 방사선 방호위원회(International Commission on Radiation Protection; ICRP)는 1994년에 인간의 호흡기관을 세 영역으로 나눠, 입자 - 크기 - 의존적 PM 섭취 모델을 발표했다.

- **외흉부/코 – 입 – 인두 – 후두 영역**(Extrathoracic/Naso–oro–pharyngeal–laryngeal region) : 비강, 코인두, 입인두, 인두와 후두
- **전도성 존/기관지 영역**(Conducting zone/Tracheobronchial region) : 기관, 주기관지, 엽기관지, 구기관지, 세기관지 및 종말세기관지
- **호흡성 존/폐 영역/폐포 영역**(Respiratory zone/pulmonary zone/alveolar region) : 호흡세기관지, 폐포관 및 폐포

그림 16.2b에서와 같이, 조대 입자는 비강 영역에 침적 확률이 더 높고, 초미세 입자는 폐포 영역에 침적 확률이 더 높다.[6] 그러나, 조대 입자는 질량 기반 입자 흡수율에

있어서 초미세 입자를 간단히 압도할 수 있는 그 큰 질량 때문에 폐포 영역에서 또한 상당한 침적효율을 가진다. 동일한 밀도를 가정하면, x μm의 조대입자 하나의 질량은 x nm의 초미세 입자 하나의 10^6배보다 더 크다. 게다가, 초미세 입자는 보통 차원 분열 도형의 형태로 인해 낮은 밀도를 갖는다. 따라서, 초미세 입자가 호흡기관 영역에 침적되는 입자 수 및 비율이 우세함에도, 조대 입자가 침적되는 질량이 더 많다.

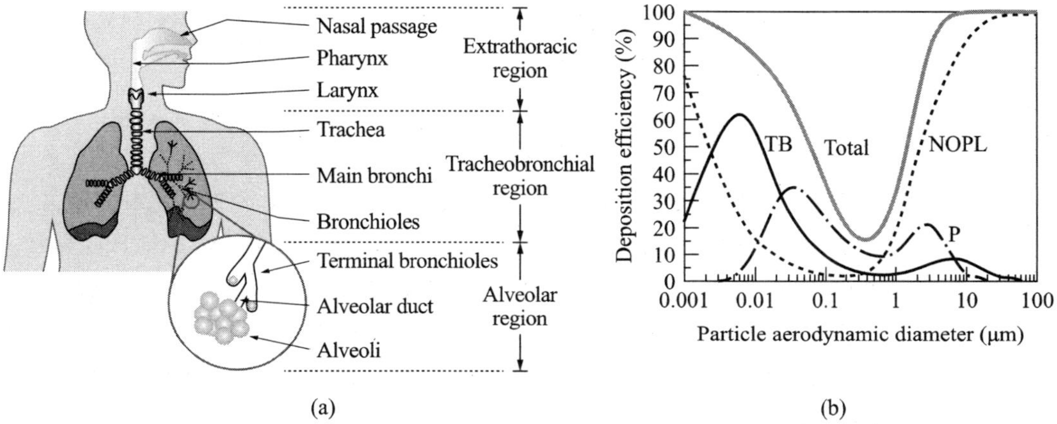

≫ **그림 16.2 (a) PM 증착 또는 복약량 측정에 기반한 3개의 영역을 갖는 호흡계, (b) 각기 다른 호흡기 영역에서의 PM 침착효율.**[6] NOPL : head region(naso-or-opharyngeal-laryngeal), TB : tracheobronchial region, P : pulmonary region.

1. 입자 침적 메커니즘

폐에 입자 침적은 충돌, 침강, 차단, 확산 및 정전기적 인력에 의해 발생한다(그림 16.3a).

① **관성 충돌**(Inertial impaction) : 기류가 기도 안의 굴곡점이나 분기점에서 급격하게 방향을 변경하는 경우 발생한다. 기도 벽에 가까운 입자는 그 관성 때문에 기류를 따라가지 않고 원래 방향을 따라간다. 관성 충돌에 의한 침적은 높은 굴곡 각을 갖는 외흉부 영역에서 표면 가까이에 있는 높은 속도의 큰 입자(>5 μm)에게 발생한다.

② **중력침강**(Sedimentation or gravitational settling) : 입자가 기류를 벗어나 종단속도에서 입자에 작용하는 중력의 결과로 기도 표면에 도달할 때 발생한다. 침

강에 의한 침적은 폐포와 같이 수평적인 표면을 지닌 좁은 통로를 큰 입자가 통과할 때 발생한다.

③ **차단**(Interception) : 입자가 기도 벽과 물리적으로 접촉하여 기도를 따라 늘어서는 유체에 붙을 때 발생한다. 이 과정은 구형 입자보다 섬유와 같은 길쭉한 입자에 더 중요한 역할을 한다.

④ **확산**(Diffusional deposition) : 작은 입자(< 0.5 μm)는 작은 질량을 갖기 때문에, 기류 안에서 작은 운동량을 갖는다. 따라서 침강과 충돌은 무시해도 될 만큼 중요도가 적어지는 반면, 브라운 운동이 주요한 역할을 하며 작은 입자의 침적을 야기시킨다. 이를 확산 침적이라고 한다. 확산 침적은 기도가 좁아지고 체류 시간이 길어짐에 따라 증가한다.

⑤ **정전기적 인력**(Electrostatic attraction) : 정전기적으로 하전된 입자는 상호 반발에 의해 밀려나거나 또는 반대 극성으로 하전된 표면으로 끌려간다. 하전된 PM은 또한 유도전하에 의해 중성 표면에 끌릴 수 있다. 갓 생성된 입자는 형성 과정에서 전하를 얻거나 대기로부터 축적시킬 수 있다. 또한 기도 표면은 반데르발스(van der Waals)의 힘에 의해 표면 매우 가까이(< 2 μm)에 PM을 끌어당길 수도 있다.

2. 입자 세정

호흡기관에서 침적된 PM이 장기간 체류할 경우, 폐에 직접적인 악영향을 미칠 수 있다. 폐에서의 세정 속도와 메커니즘은 침적 부위에 따라 다양하다. 폐에서의 세정이 가지는 두 가지 주요 메커니즘은 아래와 같다.

① **점액섬모청소**(Mucociliary clearance; MCC) : 폐에 의한 자가 세정의 주요 메커니즘이다(그림 16.3b). 기도 통로의 내강 표면이 섬모 세포, 무섬모 분비 세포(배상 세포, 장액 세포, 클라라 세포) 및 기저 세포로 구성된 호흡상피를 따라 늘어서있다. 분비 세포는 점액을 분비하고 그 동안에 모든 상피 세포의 50% 이상을 차지하는 섬모 세포는 동기화된 방식으로 점액과 점액에 잡힌 PM을 인두로 이동시키는 섬모(세포당 200~300개)를 가지고 있다. 후단 비인두 부위 및 기관지 부위에 침적된 불용성 PM은 MCC에 의해 인후 또는 인두 쪽으로 옮겨져 삼켜지거나 기침으로 나간다. MCC는 나이가 들수록, 만성 흡연자일수록 쇠해지며 잠자는 동안에도 약해진다.

② **대식 세포 및 이동에 의한 식균 작용**(Phagocytosis by macrophages and migration) : 폐 또는 폐포 영역은 확산을 통해 기체 교환이 일어나는 모세 혈관에 싸여있는 폐포로 구성된다. 성인의 폐포 면적은 ~75 m^2 정도이다. 폐포 벽은 유형 I의 폐포 세포(구조 세포), 유형 II의 폐포 세포(계면 활성제 분비 세포) 및 폐포 대식 세포(먼지 세포)로 구성된다. 섬모 세포가 없고 MCC가 없다. 이러한 폐에서의 세정은 폐포 대식 세포(alveolar macrophages; AM)에 의해 수행되며, 이 세포는 침적된 PM을 잡아먹은 후 점액 섬모의 증감 수단으로 기도 영역에 동원된다. AM의 보충 및 PM의 후속 식균 작용이 비교적 빠르지만, 대식 세포의 점액 섬모 증감 수단으로의 동원은 느리다. 따라서 인간의 폐포 세정의 반감기는 ~1년 정도이다.[7] AM은 폐에서 더 오래 머무를수록 유독해지는 초미세 입자와 섬유형 입자의 식균 작용과 세정에는 덜 효율적이다.[8] 침적된 PM의 양이 매우 큰 경우, 대식 세포의 식균 작용 및 이동 효율이 심각하게 저하되어 폐 염증, 간질 섬유증 및 폐암이 발생한다.[9]

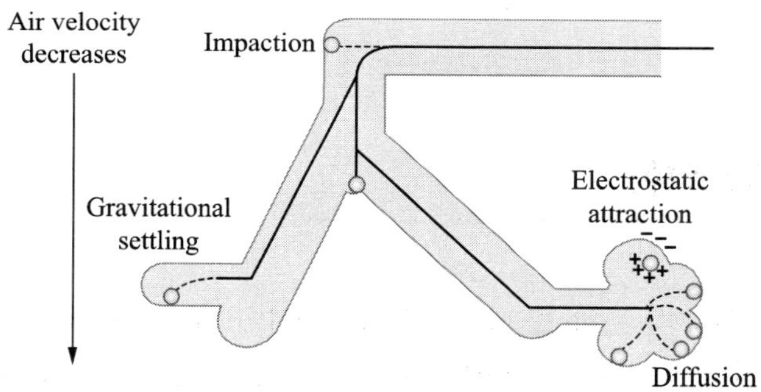

(a)

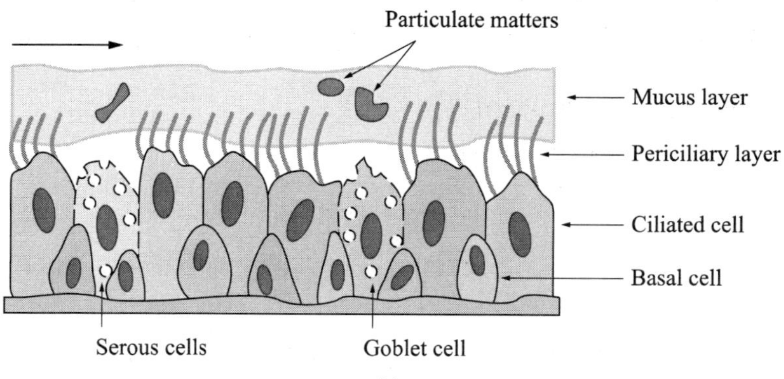

(b)

≫ 그림 16.3 (a) PM 입자 침적의 5가지 메커니즘에 대한 개략적인 표현, (b) 기도와 그 구성 세포의 점액 섬모 조직.

적절한 표면 특성을 가진 일부 초미세 입자는 혈액 순환 또는 기관과 기관지 사이의 림프계 또는 후각 신경으로의 상피 전이에 의해 폐에서 세정을 할 수 있다.[8,10]

폐에서의 세정 작용은 또한 입자의 아래와 같은 특성들로 인해 영향을 받을 수 있다.

① **용해**(Dissolution) : 앞서 다룬 것과 같이, AM은 대식 세포보다 긴 섬유형 입자의 식균 작용에는 덜 효율적이다. 그러나, 폐의 유체에 용해되어 더 짧은 섬유 형태의 입자로 분해된 경우는 상대적으로 쉽게 대식 세포에 의해 잡아먹힌다. 따라서, 생분해성 섬유형 입자는 비발암 물질로 분류되는 반면, 석면과 같은 생분해성이 아닌 섬유형 입자는 발암 물질로 분류된다. 일부 용해성 입자는 점막 내층액에 용해될 수 있다.[10]

② **표면 특성**(Surface property) : 따로따로 분리된 초미세 입자는 AM에 의한 식균 작용을 피할 수도 있다. 그러나, 표면 반응성에 의한 응집 현상으로 인해 일부 초미세 입자는 AM에 의해 쉽게 잡아먹힐 만큼 충분히 큰 입자를 형성하게 된다.[8]

16.3 건강 영향

수많은 역학 조사 및 임상 연구에서 PM의 대기 농도와 호흡기 및 심혈관 질환의 발병과 악화뿐만 아니라 이에 취약한 인구의 사망률 증가 사이에 일관된 정상관관계가 보고되고 있다. 2016년에 WHO는 주변 환경의 PM이 약 420만 명의 조기 사망의 원인이라고 추정했다.[11] 인체의 건강에 미치는 PM의 악영향은 아래와 같이 나눌 수 있다.

- 호흡계에서의 국소효과
- 심혈관계에서의 전신효과

1. 호흡계

단기간 및 장기간의 PM 노출은 아래와 같은 여러 호흡기 질환과의 양의 연관성을 보여준다.

① 실내 PM으로 인한 기침, 호흡 곤란, 천명, 감기 및 목 막힘.[12]

② PM_{10} 증가로 인한 기침, 가래, 천명, 목 염증, 천식 및 알레르기성 비염 증가.[13]

③ PM_{10} 증가로 인한 천식이 있는 어린이로의 기관지염 유행.[14]
④ $PM_{2.5}$ 증가로 인한 소아의 폐 성장 감소 및 장기간의 폐 기능 결핍.[15]
⑤ 진폐증, 석면폐증, 직업상 노출에 의한 규폐증.[16,17]
⑥ PM_{10} 증가로 인한 천식 환자 및 만성 폐쇄성 폐 질환(Chronic Obstructive Pulmonary Disease; COPD) 환자의 기도 질환의 악화.[18]
⑦ 폐암 사망률 증가.[19]

2. 심혈관계

PM 노출은 여러 연구에서 심혈관계 질환(심근 경색, 부정맥, 혈압 상승, 동맥 경화)의 증가와 연관되어 있다고 보고되었다.[19-23] 초미세 입자 또는 $PM_{2.5}$가 폐의 모세 내피 세포를 직접 통과하여 대순환으로 들어가, 심장 및 간과 같은 조직 기관으로 전이될 수 있다.[24] 이 전이는 손상된 폐의 상피 세포에 의해 촉진되며, 이는 폐의 이상 작용과 심혈관 질환 사이의 상관관계를 설명할 수 있는 근거가 된다.[25]

3. 신장학계

$PM_{2.5}$에 장기간 노출되면 특발성막성신증의 위험이 증가하고 신장의 기능이 빠르게 감퇴한다.[26] 막성신증은 분비성 포스폴리파아제 A2 수용체(secretory phospholipase A2 receptor; PLA2R)에 대한 순환 자가 항체의 형성 및 사구체 기저막에서의 면역 복합체의 침착을 특징으로 하는 자가 면역 질환이다. PM 노출은 폐에서 PLA2R의 구조를 변화시키고 AM에 의한 PLA2R에 대한 자가 항체의 생성을 활성화 시킬 수 있다.[27]

4. 신경계

폐포에 침착된 $PM_{2.5}$는 자율 신경계(Autonomic Nervous System, ANS) 반사를 활성화시키며, 이것은 ANS불균형을 유발한다.[26,28] 초미세 입자는 중추 신경계의 후구에 도달하기 위해 후각 신경 축색 돌기를 따라 전이하거나, 코 점막에서부터 혈액 순환으로 상피 장벽을 통과할 수 있으며, 이것은 결국 직접 염증을 일으키는 원인이 될 수 있다. 초미세 입자는 대순환 과정에서 전-염증성 매개체의 생성을 통해 직/간접적으로 혈액-뇌 장벽 시스템을 손상시켜 신경 독성을 일으킬 수 있다.[29]

2016년에 WHO는 세계 인구의 91%가 WHO 공기질 지침 수준을 충족하지 못하는 곳에 살고 있는 것으로 추정했다.[30] 인체의 건강을 지키기 위해, WHO는 $PM_{2.5}$ 및 PM_{10}에 대한 24시간 및 연간 평균 농도 임계값을 나타내는 지침을 제공한다. PM_{10}의 경우 단기적인 지침값(24시간 평균)은 50 $\mu g\ m^{-3}$이며 $PM_{2.5}$의 경우 25 $\mu g\ m^{-3}$이다. PM_{10}에 대한 장기 지침값(연간 평균)은 20 $\mu g\ m^{-3}$이고 $PM_{2.5}$는 10 $\mu g\ m^{-3}$이다.[31]

16.4 PM 독성 : 메커니즘

PM과 건강 영향 사이의 인과관계 및 기계론적 관계에 대한 연구는 그 자체로 매우 복잡한 PM이 특정 건강 영향의 발병 및 악화에 기여할 수 있는 유전적, 생물학적, 환경적 및 생활 양식 요인들 중 단 하나의 요인이기 때문에 간단하지 않다. 전 지구적 모델링, 역학 조사, 현장 연구와 세포 연구, 동역학 분석, 화학 분석의 복합적인 연구가 필요시 된다.[32]

PM 독성에 대한 연구는 완전히 다른 생물학적 결과를 가져올 수 있는 매우 동적이고 일시적이며 극도로 차별화된 구조 및 화학 성분으로 인해 특히 어렵다. 따라서 PM의 조성과 농도에 대한 사전 연구는 환경 및 인체 노출을 시험관 내 또는 생체 내 평가와 상관시키는 데 매우 중요한 역할을 한다.[33]

다양한 세포주, 공동 배양 시스템 및 3차원 세포 배양을 포함한 시험관 내 모델을 세포 수준에서 PM 노출에 의해 활성화된 메커니즘 및 분자 수준의 경로를 이해하는 데 사용하며, 아래와 같은 예를 들 수 있다.[33]

- A549 세포(A549 cells) : 인간 선암 세포 폐포 상피 세포
- BEAS-2B 세포(BEAS-2B cells) : 인간 정상 기관지 상피 세포
- RAW 264.7 세포(RAW 264.7 cells) : 쥐 백혈병 단핵구 대식 세포
- MonoMac6 세포(MonoMac6 cells) : 인간 단핵구 대식 세포
- HFL-1 세포(HFL-1 cells) : 인간 태아 폐 섬유아 세포
- MRC-5 세포(MRC-5 cells) : 인간 폐 섬유아 세포
- HepG2 세포(HepG2 cells) : 인간 간세포 암종 세포
- Hepa1c1c7 세포(Hepa1c1c7 cells) : 쥐 간암 세포

시험관 내 분석과 함께 c57BL/6 쥐와 같은 생체 내 모델을 사용하여, PM 노출과 관련된 전신 결과를 연구한다. PM 독성의 메커니즘 중 일부를 아래에 소개한다.

1. 염증

역학 조사에 따르면 PM 흡입은 COPD, 천식, 기관지염 및 국소빈혈성 심장 질환, 부정맥, 울혈성 심부전증, 뇌졸중과 같은 심혈관 질환을 포함하는 염증 관련 장애와 밀접하게 관련되어 있다.[34] 염증과 관련이 있는 산화 스트레스는 PM 유발 심혈관 및 폐 건강에 영향을 미치는 주요 메커니즘이다. 염증은 반응성 활성 산소, 종양 괴사 인자 알파(Tumor Necrosis Factor alpha; TNF-α), 인터킨(interleukins; IL-1β, IL-6, IL-8), 과립구/대식세포집락자극인자(granulocyte/macrophage colony-stimulating factor; GM-CSF), 사이토카인 인터페론 감마(cytokines interferon gamma; IFNγ), AM에 의한 혈소판 활성화 인자 및 염증 세포를 염증 부위에 보충하기 위한 폐의 상피 세포와 같은 전염증성 매개체의 방출을 특징으로 하는 반응이다. IL-8은 호중구, 호염기성 세포 및 대식 세포와 같은 면역 세포의 모집을 즉각적으로 유도하는 반면, IL-6은 골수 의존성 B 세포 및 흉선 의존성 T 세포 인 림프구의 최종 성숙을 유도한다. T 림프구는 세포 - 매개 면역을 제공하는 반면 B 림프구는 항체(면역 글로불린 항체)를 합성하여 체액 면역을 생성한다. T 림프구의 두 가지 주요 부분집합이 있는데, CD4+(helper T cells)와 CD8+이다. CD4+ T 림프구는 Th1과 Th2 세포로 더 세분화된다. Th1 세포는 세포 면역을 유도하며, Th1 사이토카인(IFNγ, TNF-α)은 전염증성 반응을 일으킨다. Th2 세포는 체액 면역(항체 생성 조절)을 유도하고, Th2 사이토카인(IL-4, IL-5, IL-9, IL-13)은 면역 글로불린 E(Immunoglobulin E; IgE) 및 호산성 반응을 촉진한다.[35,36] 염증 과정에서 마이토겐 활성화 단백질 키나아제(Mitogen Activated Protein Kinase; MAPK) 및 NF-κB(Nuclear Factor kappa B)와 같은 전염증성 신호 전달 체계가 활성화되고, TNF-α, IL-1와 같은 사이토카인에 의해 상향 조절된다. 시험 관 내 연구에 따르면, PM 및 디젤 배기 입자는 TNF-α, IL-1β, GM-CSF, IL-6 및 IL-8을 비롯한 염증성 사이토카인을 생산하기 위해 대식 세포 및 인간 기도 상피 세포를 활성화시킨 것으로 나타났다.[37,38]

PM에 의해 유발된 국소 염증 및 산화 스트레스는 조직 산화 스트레스 및 염증을 촉진하여 과도한 응고항진성, 혈전증, 내피 기능 장애, 동맥 경화 및 뇌졸중과 같은 심혈관 질환과 관련된 병리학적 과정에 기여할 수 있다.[39,40] 또한 초미세 입자, 가용성 active PM 성분, 염증 매개체(예시 : 사이토카인, 활성화된 면역 세포 또는 혈소판) 또는 혈관 활성 분자(예시 : 히스타민, 엔도텔린)는 폐에서 대순환으로 전이되어 그 효과를 나타낼 수 있다.[40,41] ANS 불균형 및 결과적으로 심혈관 변화를 유도하는 일시적 수용체 전위차(Transient Receptor Potential; TRP) 통로에 의해 매개되는 PM 유도 폐ANS 활성화가 다른 메커니즘으로 작용할 수도 있다.[40]

2. 유전 독성

PM 유발 유전 독성이 DNA 이중 가닥 절단과 산화를 일으키는 반응성 산소 종(Reactive Oxygen Species; ROS)의 생성 결과라고 주장하는 증거가 증가하고 있다. PM은 다양한 메커니즘을 통해 ROS를 발생시킬 수 있다.

① 염증 반응 및 산화 스트레스의 개시 및 자극. (상기 논의됨)

② 펜톤 반응 또는 펜톤과 같은 반응(the Fenton or Fenton like reaction)을 통한 수산화기 형성을 초래하는 PM 관련 전이 금속(Fe, Cr, Co, Cu, Ni, Mn)에 의한 H_2O_2 분해 촉매 작용.[42,43]

$$Fe(II) + HOOH \rightarrow Fe(III) + \bullet OH + OH^-$$

③ 초미세 입자가 직접적으로 일으키는 미토콘드리아 막에 대한 구조적 손상과 내막에서 전자 누출을 유도하는 유기물 함량에 의한 전자 수송 체인에서의 섭동.[44]

④ 다환 방향족 탄화수소(Polycyclic Aromatic Hydrocarbons; PAHs), 니트로 PAHs, 알데히드류, 케톤류, 카르복실산류, 퀴논류와 같은 유기물(불완전 연소에 의해 생성된 PM의 표면에 흡착된 유기 화학 물질)은 ROS 생성을 유도할 수 있다. ROS 형성 외에도, benzo[a]pyrene(BaP) 같은 발암성 PAH는 P450 사이토크롬에 의해 DNA 구아닌과 거대한 첨가생성물을 형성할 수 있는 반응성 에폭 사이드 중간체로 대사 작용 될 수 있다.[45]

3. 세포 사멸

PM 유발 손상이 심각하고 복구 메커니즘을 통해 복구가 불가능한 경우 세포 사멸을 할 수 있다. 세포 사멸은 아래와 같은 세 가지 메커니즘에 의해 발생할 수 있다.

(1) 세포 자연사(Apoptosis)

세포 자연사는 프로그램 된 세포 사멸(Programmed Cell Death; PCD)로 알려져 있으며, 손상된 세포를 효과적으로 제거하여 세포 집단을 유지하기 위한 고도로 규제되는 항상성 및 비분해 메커니즘이다. 세포 자연사는 또한 손상된 세포와 관련이 없는 조직의 개질에도 관련이 된다. 세포 자연사는 수축, 막 수포, 세포 사멸체, 핵 농축 및 핵 분열을 포함하는 세포 형태의 현저한 변화를 특징으로 한다. 카스파제(caspases) 계열로 알려진 시스테인 프로테아제에 의해 매개되며, 아래와 같이 두 가지 주요한 자연사 경로가 있다(그림 16.4).

① **외재적 경로** : 이것은 Fas 수용체, TNF 수용체-1(TNF receptor-1; TNF-R1) 및 TNF-관련 세포 자연사 유도 리간드 수용체(TNF-related apoptosis inducing ligand receptors; TRAIL-R)와 같은 세포 표면상의 사멸 수용체의 활성화에 의해 매개된다. TRAIL-R 수용체는 사망 수용체 4(Death receptor 4; DR4)와 사망 수용체 5(Death receptor 5; DR5), 이 두 가지로 나뉜다. 프로아폽토틱(proapoptotic) 리간드가 이들 수용체와 결합할 때, 그것들은 Fas-Associated Death Domain(FADD), 세포질 FLICE 억제 단백질(cellular FLICE-inhibitory protein; c-FLIP) 및 프로카스파제 8과 10(procaspases 8 and 10)을 결합함으로써 독립적으로 세포사멸 유도 신호 복합체(Death-Inducing Signaling Complex; DISC)를 형성할 수 있다. 프로카스파제는 실행자 카스파제(카스파제 3, 6 및 7)를 절단 및 활성화시켜 세포 자연사를 수행하는 개시제 카스파제 8 및 10을 형성하기 위해 근접 유도된 활성화가 진행된다.[46,47] 이러한 실행자 카스파제는 외재적 경로와 내재적 경로 모두 공통적으로 존재한다.

② **내재적 경로(미토콘드리아 또는 스트레스 경로)** : 미토콘드리아에서 시토크롬 C 및 다른 프로아폽토틱 단백질의 방출로 이어지는 심각한 세포 스트레스(예시 : 돌이킬 수 없는 유전적 손상, 심각한 산화 스트레스, 저산소증, 높은 농도의 cytosolic Ca+)의 세포 내 자극에 의해 이루어진다. 내재적 경로는 두 가지 하위 집합인 프로아폽토틱 BH3-only 단백질(예시 : Bax, Bak, Bad, Bim, PUMA, NOXA)과 항아폽토틱(antiapoptotic) 단백질(예시 : Bcl-2, Bcl- XL, Mcl-1)이 있는 Bcl-2 계열의 단백질에 의해 조절된다. 건강한 세포의 경우 항아폽토틱 구성원이 프로아폽토틱 구성원에 결합하여 이들의 활성화를 막는다.

내재적 경로의 한 예는 심각한 DNA 손상에 의한 p53 활성화이다. p53은 항아폽토틱 Bcl-2 계열(Bcl-XL, Bcl-2, Mcl-1)에 후속적으로 결합하는 프로아폽토틱 BH3-only 단백질 PUMA와 NOXA의 전사 유도를 일으킨다. 이는 항아폽토틱 Bcl-2 단백질과 프로아폽토틱 단백질(Bax, Bak)의 상호작용을 억제한다. 활성화된 Bax와 Bak은 미토콘드리아 막 외부 막 투과성(Membrane Outer Membrane Permeability; MOMP)을 파괴하고 미토콘드리아로부터 세포 기질로의 시토크롬 C를 포함하는 세포 자멸 인자의 방출을 유발시킨다. 세포 기질에서 시토크롬 C는 Apoptosis Protease Activating Factor-1(APAF-1), ATP, 개시제 프로카스파제 9와 결합하여 apoptosome이라는 복합체를 형성한다. 개시제 카스파제 9가 활성화되어 차례로 세포질 기질의 분열을 위해 실행자 카스파제 3, 6 및 7를 활성화시켜 세포 자연사를 유도한다.[47,48]

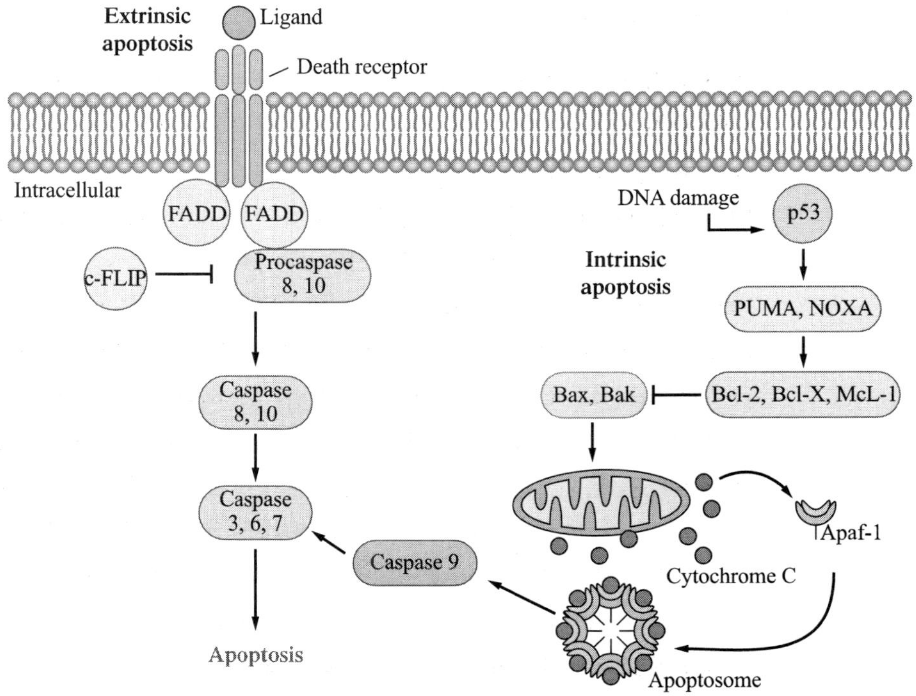

≫ 그림 16.4 세포 자연사에 대한 2가지 경로의 기본 개략도

PM에 대한 노출은 외재적 및 내재적 경로의 활성화에 의해 세포 자연사를 유발할 수 있다.[49,50] PM에 흡착된 PAH로부터 오는 유전 독성 손상으로 인한 p53의 활성화 또한 세포 자연사를 일으킨다.[50,51]

(2) 괴사(Necrosis)

통제되지 않은 괴사는 온도, 삼투압 또는 pH의 급격한 변화와 같은 매우 가혹한 자극으로 조기 및 돌발적인 세포 사멸을 초래하는 수동적이고 조절 불가능한 과정이다.[52] 주요한 특징은 세포막 보전의 급속한 손실로써, 이는 세포질 팽창, 원형질막의 파열 및 세포 붕괴로 이어진다. 최근 연구들은 괴사에서 조절된 경로의 개입을 보여주고 있다.

네크롭토시스(Necroptosis)는 특정 키나아제와 관련이 되고 카스파제에 독립적인 조절 괴사이다. 외재적 세포 자연사와 유사한 방식으로, 세포 표면 사멸 수용체(TNFR-1, TRAIL-R 및 Fas)는 각각의 리간드와 결합 시 네크롭토시스를 유발할 수 있다. 예를 들어, TNRF-1이 결합되면, TNFR-associated death domain(TRADD), FADD, 수용체 상호작용 단백질 키나아제1(Receptor Interacting Protein Kinase 1; RIPK1), TNFR-associated factors 2 또는 5(TRAF 2 또는 5) 및 세포 자연사 단백질 1(cellular Inhibitor of Apoptosis Protein 1; cIAP1)과 2(cIAP2)의 세포 억제제로 구성된 복합체 I라는 막 결합 단백질 복합체의 형성을 유도한다. 복합체 I에서 RIPK1은 세포 기질로 탈유분화 및 방출되어 FADD, TRADD, RIPK3 및 카스파제 8과 결합하여 복합체 II를 형성한다. 활성화된 카스파제 8은 RIPK1과 RIPK3를 절단하고 비활성화시켜 외재적 세포 자연사 경로를 촉진시킨다. 그러나, 카스파제 8이 억제되면, RIPK1과 RIPK3은 활성화된 상태로 남아 결합하여 RIPK1-RIPK3 이형이량(heterodimer) 복합체를 형성하고 그것은 RIPK3를 추가로 활성화시킨다. 이 이형이량 복합체는 necrosome을 형성하는 Mixed Lineage Kinase domain-Like protein(MLKL)을 유발한다. MLKL은 MLKL 저중합체 형성을 유도하는 RIPK3에 의해 활성화되어, 세포 내 물질을 방출시키는 기공 형성제로서 작용하거나 칼슘 또는 나트륨 채널을 파괴시키는 원형질막으로 삽입된다.[53-56] 위 경로는 그림 16.5에 표현되어 있다.

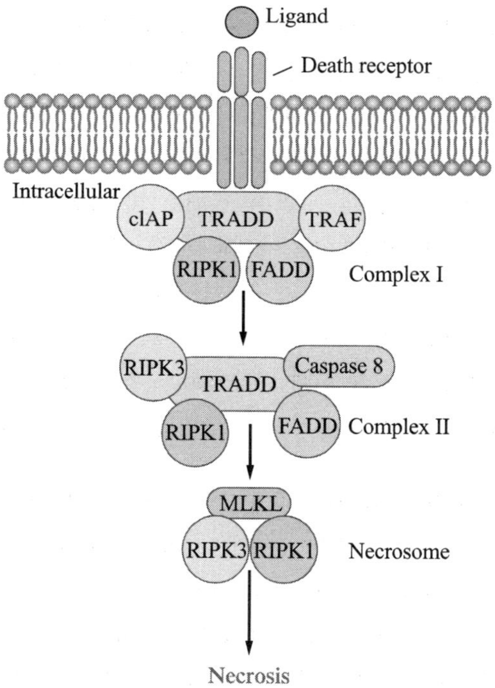

그림 16.5 괴사 경로 및 관련 요인

네크롭토시스 외에도, 다른 조절 괴사들이 연구되었다. 미토콘드리아 투과성 변화(Mitochondrial Permeability Transition; MPT) 의존성 조절 괴사는 내부 미토콘드리아 막의 작은 용질에 대한 투과성을 갑자기 증가시킨다. 파타나토스(Parthanatos)는

poly(ADP-ribose)(PAR) polymerase 1(PARP1) 효소가 과활성화되어 NAD+의 급감을 초래하고 세포 자연사 유발 인자인 mitochondrion-associated 1(AIFM1 또는 AIF1)가 미토콘드리아에서 핵까지 전이되는 조절 괴사이다. 파이롭토시스(Pyroptosis)는 염증성 카스파제 1의 활성화 및 IL-1b와 IL-18의 분비와 관련된 또 다른 조절 괴사이다.[54,57]

괴사는 $PM_{2.5}$와 니트로-PAHs에 의해 유발된 세포 사멸에 일부 기여하는 것으로 나타났다.[51,58] 다량의 나무 연기에 노출되면 인간 대동맥 평활근 세포의 괴사가 발생한다고 기록되었다.[59] 네크롭토시스는 시험관 내 및 생체 내에서 PM 유발 폐 염증 및 점액 과생산의 발병에 관여하는 것으로 밝혀졌다.[60] 세포의 조절 괴사는 또한 다른 형태 및 크기의 PM에 노출된 호중구에서 나타났다.[61]

(3) 자가 포식(Autophagy)

자가 포식은 세포 기질 성분이 리소좀과 융합한 자식포(autophagosomes)라고 불리는 이중 세포막으로 결합된 소포체로 선택적 또는 비선택적으로 분리되어 자가 소화되는 이화 작용 경로이다. 융합된 소포체는 자가리소좀(autolysosome)으로 불리우며, 분리된 성분(예시 : 단백질 응집체, 기능 이상 세포 기관, 리보솜)은 리소좀 산 단백질 분해 효소에 의해 단백질 분해를 겪고, 중요한 부산물(예시 : 아미노산)은 재사용을 위해 세포질로 다시 방출된다. 세포 내 단백질 및 세포 기관 세정과 더불어, 자가 포식은 또한 발달, 항 노화, 미생물 제거, 세포 사멸, 종양 억제 및 항원 전달에 결정적인 역할을 한다.[62]

스트레스[기아, 저산소증, 산화 스트레스, 단백질 응집, 소포체(Endoplasmic Reticulum; ER) 스트레스]에 반응하여 자가 포식 과정은 6개의 주요 단계로 나눌 수 있으며, 매우 복잡한 과정인 자식포의 형성으로 시작된다.[63,64]

① **격리막(Phagophore) 개시** : mammalian Target Of Rapamycin(mTOR) 억제에 반응하여 형성된 Unc-51-Like Kinase 1(ULK1) 복합체[ULK1, 자가 포식 관련 단백질 13(autophagy-related protein 13; Atg13), RB1 유도형 코일형 코일 단백질 1(RB1-inducible coiled-coil protein 1; FIP200) 및 Atg101로 구성됨]는 (2)에 기술된 핵형 복합체를 인산화시킴으로써 격리막 형성을 개시한다.

② **격리막 핵 형성** : 격리막 핵 형성은 ER에서 vacuolar protein sorting 34(Vps34)라고 불리는 III형 포스파티딜이노시톨-3 키나아제(phosphatidylinositol-3 kinases; PI3KC3) 중 하나와 Beclin-1의 결합에 의해 시작된다. 이것은 포스파티딜이노시톨(phosphatidylinositol; PI)로부터 국소 포스파티딜이노시톨-3-인산(phosphatidylinositol-3-phosphate; PI3P) 생산을 활성화시킨다. PI3P는 격리막

신장 및 격리막에 다른 Atg 단백질 결합에 필수적이다.

③ **Atg5–Atg12 결합** : Atg5는 Atg7 와 Atg10의 도움으로 Atg12와 공유 결합된다. 다중 결합의 Atg5-Atg12-Atg16L 복합체를 만들기 위해 Atg5-Atg12 결합체는 Atg16L 이량체와 복합체를 형성한다. 이는 처리된 LC3B-II의 비대칭적 결합을 통해 성장하고 있는 격리막에 곡률을 만들어낸다.

④ **LC3B–II 생성** : 자가 포식을 유도할 때, 미세 소관 결합 단백질 light chain 3(LC3B)은 Atg4에 의해 단백질 분해되어 LC3B-I을 생성한다. LC3B-I은 Atg7에 의해 활성화되고 활성화된 LC3B-I은 Atg3의 도움으로 포스파티딜에탄올아민(PhosphatidylEthanolamine; PE)과 결합하여 LC3B-II를 생성한다. 이 LC3B-II는 세포막의 분지(hemifusion) 및 분해를 위한 선별 화물에서 역할을 한다.

⑤ **분해를 위한 세포질 성분 선택** : 격리막 상의 LC3B-II는 선택적 흡수를 위해 표적(예시 : 단백질 응집체, 미토콘드리아, 골지 막)의 '어댑터' 분자와 상호작용하는 '수용체'와 같은 역할을 한다.

⑥ **리소좀과 결합** : 격리막의 팽창하는 말단은 결합하면서 완전한 자식포를 형성하고, 차례로 리소좀과 결합하여 자가리소좀을 형성한다. 성숙한 자식포의 외막에 국한된 신탁신17(Syntaxin 17; Stx17)은 리소좀과 결합하는 데에 반드시 필요로 하다.

이 경로는 그림 16.6에 나타냈다. Beclin-1을 통한 자가 포식과 세포 자연사 사이의 혼선이 있다. Beclin-1은 세포 자연사를 억제하는 항아폽토틱 Bcl-2 단백질(Bcl-2, Bcl-XL)과 복합체를 형성할 수 있는 BH3-only 단백질이다. 그 자체로, Beclin-1은 프로아폽토틱 단백질로서의 기능은 하지 않으며, 항아폽토틱 Bcl-2 단백질은 Beclin-1과 복합체를 형성하여 항아폽토틱 능력을 잃지 않는다. Beclin-1은 BH3 영역에서 Beclin-1을 인산화시키는 종양 억제 인자인 Death-Associated Protein Kinase(DAPK)의 기질이기도 하다. 따라서, DAPK는 Beclin-1의 복합체를 항아폽토틱 Bcl-2 단백질과 분리시키고, 자가 포식을 촉진시킬 수 있다. 흥미롭게도, 카스파제가 Beclin-1을 쪼개어 자가 포식을 유도하는 능력을 파괴할 수도 있다.[65]

$PM_{2.5}$ 노출은 시험관 내 및 생체 내 분석 모두서 폐 대식 세포가 자가 포식을 유도하는 것으로 나타났다.[66] PM은 또한 ER 스트레스, 미토콘드리아 팽창 및 피부 세포에서의 자가 포식과 관련이 있는 것으로 보고되고 있다.[67] 자가 포식은 $PM_{2.5}$에 의한 각막 상피 세포 손상의 회복 및 악화를 보여주고 있다.[68]

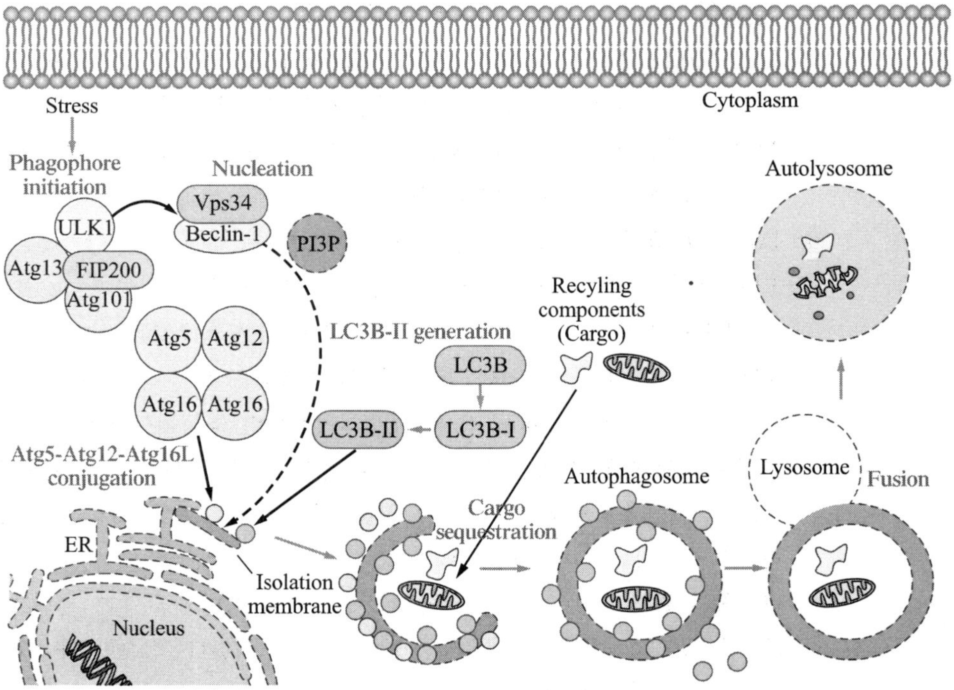

≫ 그림 16.6 자가 포식 경로의 개략적인 표현

16.5 바이오에어로졸

바이오에어로졸 또는 생물학적 에어로졸은 생물권에서 유래한 대기 중 PM의 하위 집합이다. 그것들은 살아있는 유기체와 죽은 유기체(예시 : 바이러스 입자, 조류, 고세균, 박테리아), 분산 단위(예시 : 곰팡이 포자, 고사리 포자 및 식물 화분), 그리고 다양한 파편들 또는 배설물들(예시 : 독소, 식물 파편 및 brochosomes)을 포함한다. 바이오에어로졸은 넓은 크기 범위(0.01～100 μm)를 가진다.

바이오에어로졸은 독자 생존 여부에 따라 아래와 같이 나뉠 수 있다.

- **독자 생존 가능한**(Viable)(증식할 수 있는 잠재력을 지닌 살아있는 유기체) : 예를 들어, 박테리아, 곰팡이, 효모
- **독자 생존 불가능한**(Nonviable)(죽은 유기체 또는 증식할 수 없는 유기체의 일부분) : 예를 들어, 엔도톡신, 죽은 피부 잔해

그 생물학적 특성에 따라, 바이오에어로졸은 또한 아래와 같이 분류될 수 있다.

1. 바이러스(Viruses)

바이러스는 크기가 0.02~0.3 μm인 작고 감염성이 물질이다. 그것들은 기본적으로 단백질 캡슐 안에 있는 핵산 가닥이다. 그것들은 자신이 감염시킬 수 있는 숙주 세포 내에서만 증식할 수 있다. 일반적으로 개별의 형태로 공중에 부유해 있지 않고, 물방울 핵의 일부이거나 다른 부유된 PM에 붙어 있다. 세포 외 단계에서 바이러스는 비리온(virion)이라고 불리는 불활성 입자로 존재한다. 대부분의 바이러스는 보통 대기 조건에서 부유 상태로 몇 주 동안 생존할 수 있다. 사람, 동물 및 식물에 감염되는 많은 질병은 에어로졸에서 발견되는 바이러스에 의해 유발된다.

2. 박테리아(Bacteria)

박테리아는 구형[구균(coccus)] 또는 막대형[간균(bacillus)]의 단일세포 원핵생물로 크기는 0.3~10 μm이다. 부유 박테리아는 개별 세포로 남아 있을 수도 있지만 무리지은 형태로 발견되거나 다른 입자에 부착되어 있을 가능성이 더 크다. 박테리아는 아래와 같이 두 가지로 분류할 수 있다.

① **그람-양성 박테리아**(Gram-positive bacteria) : 이들은 그람 염색법에 사용된 크리스탈 바이올렛 착색제에 염색이 된다. 세포벽은 두꺼운 펩티도글리칸(peptidoglycan)층으로 구성되어 있다. 이러한 박테리아에는 포도상구균(*Staphylococcus*), 연쇄상구균(*Streptococcus*) 및 간균(*Bacillus*)과 같은 많은 병원성 박테리아가 포함된다.

② **그람-음성 박테리아**(Gram-negative bacteria) : 이들은 크리스탈 바이올렛 착색제에 염색이 되지 않는다. 세포벽은 얇은 펩티도글리칸 층과 엔도톡신으로 작용하는 지질 다당류(lipopolysaccharides; LPS)로 구성된 외막을 가지고 있다. 이러한 박테리아에는 슈도모나스균(*Pseudomonas*), 클라미디아(*Chlamydia*) 및 예르시니아(*Yersinia*)와 같은 많은 병원성 박테리아가 포함된다.

그람-음성 박테리아의 LPS는 화학적으로 안정하고 내열성이 있으며 세균이 죽으면 방출된다. 이것은 엔도톡신이라고 불리우며 독성이 있으며 독자 생존 불가능한 바이오에어로졸의 중요한 부분을 차지한다.

3. 곰팡이(Fungi)

이들은 단세포 유기체(예시 : 효모) 또는 다세포 유기체(예시 : 곰팡이, 흰곰팡이, 버섯)로 존재하며, 키틴성 세포벽을 갖는 진핵 생물이다. 곰팡이의 예로는 누룩곰팡이(*Aspergillus*), 칸디다(*Candida*) 및 히스토플라스마(*Histoplasma*)가 있다. 곰팡이 포자 및 균사의 파편은 바이오에어로졸의 중요한 부분이다.

4. 화분(Pollen)

이들은 크기 범위가 10～100 μm이며 수컷의 생식세포를 포함하는 풍매화 식물의 번식 단위이다. 화분의 파편은 30 nm 정도로 작을 수 있다. 화분은 폐포에 침적되기에는 크기가 크지만 상부 호흡기관에 침적되어 알레르기를 일으킬 수 있다. 대부분의 화분은 환경적인 요소에 내성을 지니고 바람에 의해 멀리 떨어진 곳까지 옮겨질 수 있다.

5. 바이오에어로졸과 인체 건강

바이오에어로졸은 살아있는 유기체에 대해 전염성, 알레르기성 또는 독성 효과를 나타낼 수 있다. 독자 생존 가능한 바이오에어로졸만이 전염성을 지닌다.

(1) 전염병(Infectious Diseases)

많은 식물, 동물 및 인간의 병원체가 먼지 입자 또는 물방울 핵에 부착된 상태로 공기를 통해 분산된다. 흡입되면 질병을 전염시킨다. 바이오에어로졸 형태로 질병을 전염시키는 바이러스는 아래와 같다.

① 수두 대상 포진 바이러스 : 수두
② 인플루엔자 바이러스 A : 유행성 독감
③ 중증급성호흡기증후군 코로나 바이러스 : SARS
④ 바리올라(*Variola*) 바이러스 : 천연두

바이오에어로졸 형태로 질병을 전염시키는 박테리아는 아래와 같다.

① 폐렴연쇄구균(*Streptococcus pneumoniae*) : 폐렴
② 레지오넬라 뉴모필라(*Legionella pneumophila*) : 재향군인병(악성 폐렴)

③ 포도상구균(*Staphylococcus aureus*) : 포도상구균 감염증
④ 백일해균(*Bordetella pertussis*) : 백일해
⑤ 결핵균(*Mycobacterium tuberculosis*) : 결핵

바이오에어로졸 형태로 질병을 전염시키는 곰팡이는 아래와 같다.

① 아스페르길루스 푸미가투스(*Aspergillus fumigatus*) : 아스페르길루스증
② 크립토코커스 네오포르만스(*Cryptococcus neoformans*) : 뇌수막염
③ 주폐포자충(*Pneumocystis jirovecii*) : 주폐포자충 폐렴

병원 내 공기 부유 병원체의 확산은 감염을 통제하는 데에 있어서 중요한 건강 문제를 나타낸다. 이러한 병원체를 포함한 바이오에어로졸은 호흡, 재채기, 기침, 말하기 및 움직임에 의해 방출된다.

(2) 알레르기 및 과민 질환(Allergy and Hypersensitivity Diseases)

면역 반응을 자극하는 알레르기 항원에 노출되면 이러한 현상이 나타난다. 호흡기에서 알레르기 항원으로 작용하는 바이오에어로졸의 흡입과 침적은 알레르기 반응을 일으킬 수 있다. 많은 종류의 곰팡이는 천식, 알레르기성 비염, 알레르기 부비동염, 기관지 폐렴, 농부 폐 질환(알레르기성 폐포염) 및 과민성 폐렴과 같은 알레르기를 일으킨다.[69] 알레르기를 유발하는 바이오에어로졸은 세포 조각이나 죽은 세포가 같은 효과를 나타낼 수 있기 때문에, 알레르기 반응을 일으키기 위해 독자 생존이 가능할 필요가 없다. 곰팡이의 세포벽((1-3)-β-D 글루칸)의 성분은 폐의 염증을 일으키는 주요한 역할을 한다고 여겨진다.

(3) 독성 반응(Toxic Reactions)

그람 - 음성 박테리아의 경우, 외부 세포막의 LPS는 엔도톡신으로 작용한다. 일부 사상성 곰팡이는 이차 대사 산물로서 곰팡이 독(mycotoxin)을 생산한다.[70] 일부 박테리아는 외독성 물질(exotoxins)이라고 불리는 이차 대사 산물을 생성할 수 있다. (예시 : *Corynebacterium diphtheria*에 의한 디프테리아 독소, *Bordetella pertussis*에 의한 백일해 독소)[71] 남세균(Cyanobacteria)은 세포 독소(cytotoxins), 피부 독소(dermatotoxins), 신경 독소(neurotoxins) 및 간세포 독소(hepatotoxin)와 같은 다른 유형의 독소들을 생산할 수 있다.[72] 이러한 독소는 바이오에어로졸을 통해 공기 중으로 전파되어 심각한 독성을 야기시킬 수 있다.

사례 연구 1 에어로졸 추적(Tracing Aerosols)

(Poudel, B. K., Park, J. H., Lim, J., & Byeon, J. H.(2017). Direct fluorescent labeling for efficient biological assessment of inhalable particles. Nanotoxicology, 11(8), 953-963.)

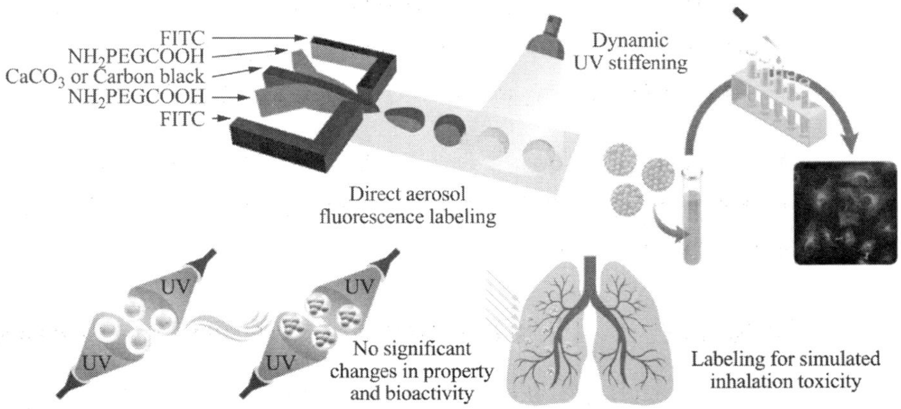

방사성, 자기 또는 광학 추적자로 에어로졸 입자 라벨링(Labelling)은 세포 구획 안에 있는 입자의 위치를 확인하는 데 사용되어 흡입된 입자의 독성 영향을 관련시키는 유용한 증거를 제공한다. 그러나 라벨링은 입자의 내부 또는 외부 표면의 기능을 확인하기 위해 여러 가지 물리화학적 단계를 필요로 하며, 게다가 이러한 단계는 입자의 크기, 표면 전하 및 생체 활성을 변화시켜 독성 영향에 대한 잘못된 해석을 초래할 수 있다. 이 연구에서는 에어로졸 입자의 물리화학적 어떤 배치 전처리 또는 후처리 없이 단일 통과 구성에서 지속적으로 표시된 라벨링 된 에어로졸 입자를 지속적으로 공급하기 위한 효율적인 전략을 도입하려는 목표와 함께 도전적인 문제를 해결한다. 카본 블랙(Carbon Black; CB, 연소에서 발생된 그을음 모사) 또는 탄산칼슘(Calcium Carbonate; CC, 브레이크 마모 파편 모사) 입자가 지속적으로 스파크 방전 또는 버블 버스팅(bubble bursting)을 통하여 각각 생성되었다. 이 미세 입자를 콜리손 분무기의 오리피스에서 형광 이소티오시아네이트 - 플리(에틸렌글리콜)2-아미노에틸 에테르 아세트산 용액과 혼합하여 하이브리드 액적을 제조하였다. 액적이 연속적으로 254 nm 파장의 자외선이 조사되고 있는 확산 건조기를 통과한다. 따라서 액적은 건조기 안에서 용매가 건조되는 동안 동적으로 경화되어 입자에 형광 기능을 갖게 된다. 입자 특성의 유의미한 변화 없이, 라벨링 전후의 입자크기분포, 형태 및 표면 전하가 측정되었다. 처리되지 않은 CB 또는 CC 입자에 비해 생체 활성에 큰 차이를 유발하지 않으면서 라벨링 접근법의 실행 가능성을 확인하기 위해 공초점 현미경을 포함한 시험관 내 분석이 실행되었다.

사례 연구 2 독성 모사(Simulating Toxicity)

(Poudel, B. K., Choi, J., Park, J. H., Doh, K. O., & Byeon, J. H.(2017). In vitro exposure of simulated meat-cooking fumes to assess adverse biological effects. Scientific Reports, 7(1), 10841.)

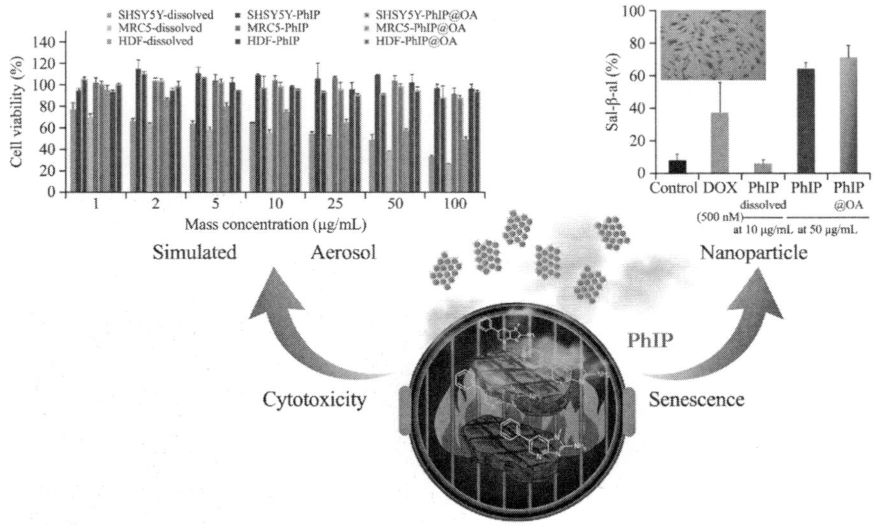

이종고리식 아민 2-아미노-1-메틸-6-페닐이미다졸[4,5-b]피리딘(heterocyclic amine 2-amino-1-methyl-6-phenylimidazo[4,5-b]pyridine; PhIP)은 인간의 발암성 또는 돌연변이성 화합물로서 고려되며, 이것은 고온의 육류 요리에서 크레아티닌과 아미노산의 축합으로부터 생성된다. 고온에서 육류를 조리하는 것은 연기를 생성하며 이 연기는 온도 구배장 안에서 증기 - 입자(또는 액적) 과정을 통하여 에어로졸로 나타낼 수 있다. 에어로졸의 크기분포에는 나노 및 서브 마이크론 크기의 입자가 많이 포함되어 있으며, 이들은 조리 영역 근처의 입자 수송 현상에 의해 폐 및 피부에 직접 쌓일 수 있다. 이 연구에서는, 최초로 육류 요리를 모사하기 위한 연기로서 각각 입자화된 PhIP가 포함된 올레산(OA, 요리용 오일 모사)(PhIP@OA) 입자가 콜리손 분무와 건조 공정을 통하여 지속적으로 생성되었다. 그런 다음 에어로졸 입자는 세포 독성 및 노화 관련 β-갈락토시다아제 분석을 위해 인산완충용액에 분산시켰으며, 이를 디메틸 술폭시드(dimethyl sulfoxide)에 용해된 PhIP와 비교하였다. PhIP와 PhIP@OA는 용해된 PhIP와 비교하여 SHSY5Y, MRC5 및 인간 피부 섬유아세포에서 유의한 세포 독성 효과를 나타내지 않았지만 미립자 PhIP에서 PhIP 분자의 제한된 방출로 인해 야기될 수 있는 조기 노화 활성을 명확하게 유도하였다.

사례 연구 3 독성 저감(Reducing Toxicity)

(Byeon, J. H., Park, J. H., Peters, T. M., & Roberts, J. T.(2015). Reducing the cytotoxicity of inhalable engineered nanoparticles via in situ passivation with biocompatible materials. Journal of Hazardous Materials, 292, 118-125.)

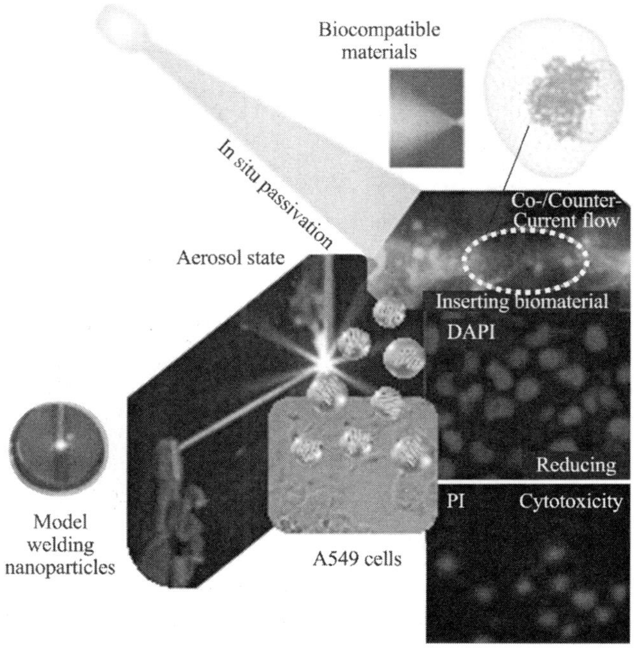

이 연구에서는 전형적인 용접 나노 입자의 세포 독성을 용해성이 있는 생친화성 물질을 이용해 부동화 처리하여 조절하였다. 공동 유동 또는 반대의 유동 형태로 콜리손 분무기에 결합된 스파크 방전 입자 발생기로 구성된 부동화 공정을 사용하여 모델 나노 입자를 키토산과 결합시켰다. 시험된 모델 용접 나노 입자는 흡입되고 A549 세포는 인간 폐 상피 세포 라인이다. A549 세포에서의 시험관 내 세포 독성 측정 결과, 부동화 된 나노 입자는 미처리 된 모델 나노 입자보다 낮은 세포 독성(평균 세포 생존력, 역류에서 65% 이상)을 나타냈다. 게다가, 나노 입자와 키토산 사이의 공동 유동 결합은 나노 입자의 부동화를 유도하였고, 평균 세포 생존력은 모델 용접 나노 입자와 비교하여 80% 이상 증가하였다. 보다 편리한 방법으로 추가 키토산 생성 및 결합 장치가 필요하지 않을 수 있다. 키토산 접착제 및 흑연 페이스트로 용접 막대를 개조하여 다른 부동화 전략을 사용하면 평균 세포 생존력(>58%)이 향상된다. 이 연구에서 제시된 방법은 나노 입자를 흡입하기 전에 생체 적합성 물질로 부동화 처리하는 새로운 플랫폼으로 일반화 할 수 있다.

참고문헌

1. Pope, C.A., 3rd and D.W. Dockery, *Health effects of fine particulate air pollution: lines that connect.* J Air Waste Manag Assoc, 2006. 56(6): p. 709-42.
2. EPA, U.S., *Air Quality Criteria for Particulate Matter (Final Report, 2004)*, W. U.S. Environmental Protection Agency, DC, Editor. 2004.
3. Adachi, K. and Y. Tainosho, *Characterization of heavy metal particles embedded in tire dust.* Environment international, 2004. 30(8): p. 1009-1017.
4. Schwarze, P., et al., *Particulate matter properties and health effects: consistency of epidemiological and toxicological studies.* Human & experimental toxicology, 2006. 25(10): p. 559-579.
5. Ganesan, S., A.T. Comstock, and U.S. Sajjan, *Barrier function of airway tract epithelium.* Tissue barriers, 2013. 1(4): p. e24997.
6. Phalen, R.F., *The particulate air pollution controversy.* Nonlinearity in biology, toxicology, medicine, 2004. 2(4): p. 15401420490900245.
7. Bailey, M., F. Fry, and A. James, *Long-term retention of particles in the human respiratory tract.* Journal of aerosol science, 1985. 16(4): p. 295-305.
8. Karakoti, A., L. Hench, and S. Seal, *The potential toxicity of nanomaterials—the role of surfaces.* Jom, 2006. 58(7): p. 77-82.
9. ILSI, R.S.I., *The relevance of the rat lung response to particle overload for human risk assessment: a workshop consensus report.* Inhalation toxicology, 2000. 12(1-2): p. 1.
10. Oberdörster, G., E. Oberdörster, and J. Oberdörster, *Nanotoxicology: an emerging discipline evolving from studies of ultrafine particles.* Environmental health perspectives, 2005. 113(7): p. 823-839.
11. Anderson, J.O., J.G. Thundiyil, and A. Stolbach, *Clearing the air: a review of the effects of particulate matter air pollution on human health.* Journal of Medical Toxicology, 2012. 8(2): p. 166-175.
12. Kumar, R., et al., *Association of indoor and outdoor air pollutant level with respiratory problems among children in an industrial area of Delhi, India.* Archives of environmental & occupational health, 2007. 62(2): p. 75-80.
13. Miyamoto, T., *Epidemiology of pollution-induced airway disease in Japan.* Allergy, 1997. 52(38 Suppl): p. 30-4; discussion 35-6.

14. Dockery, D.W. and C.A. Pope, *Acute respiratory effects of particulate air pollution.* Annual review of public health, 1994. 15(1): p. 107-132.
15. Brauer, M., et al., *Exposure assessment for estimation of the global burden of disease attributable to outdoor air pollution.* Environmental science & technology, 2012. 46(2): p. 652-660.
16. Mossman, B.T. and A. Churg, *Mechanisms in the pathogenesis of asbestosis and silicosis.* American journal of respiratory and critical care medicine, 1998. 157(5): p. 1666-1680.
17. Cohen, R.A., A. Patel, and F.H. Green. *Lung disease caused by exposure to coal mine and silica dust. in Seminars in respiratory and critical care medicine.* 2008. © Thieme Medical Publishers.
18. Donaldson, K. and W. MacNee, *Potential mechanisms of adverse pulmonary and cardiovascular effects of particulate air pollution (PM_{10}).* Int J Hyg Environ Health, 2001. 203(5-6): p. 411-5.
19. Lepeule, J., et al., *Chronic exposure to fine particles and mortality: an extended follow-up of the Harvard Six Cities study from 1974 to 2009.* Environ Health Perspect, 2012. 120(7): p. 965-70.
20. Seaton, A., et al., *Particulate air pollution and acute health effects.* The lancet, 1995. 345(8943): p. 176-178.
21. Weichenthal, S., et al., *Long-term exposure to fine particulate matter: association with nonaccidental and cardiovascular mortality in the agricultural health study cohort.* Environmental health perspectives, 2014. 122(6): p. 609.
22. Miller, K.A., et al., *Long-term exposure to air pollution and incidence of cardiovascular events in women.* New England Journal of Medicine, 2007. 356(5): p. 447-458.
23. Du, Y., et al., *Air particulate matter and cardiovascular disease: the epidemiological, biomedical and clinical evidence.* Journal of thoracic disease, 2016. 8(1): p. E8.
24. Nemmar, A., et al., *Passage of inhaled particles into the blood circulation in humans.* Circulation, 2002. 105(4): p. 411-414.
25. Shrey, K., et al., *Air pollutants: the key stages in the pathway towards the development of cardiovascular disorders.* Environmental toxicology and pharmacology, 2011. 31(1): p. 1-9.
26. Xu, X., et al., *Environmental pollution and kidney diseases.* Nature Reviews Nephrology, 2018.
27. Pfau, J.C., J.M. Brown, and A. Holian, *Silica-exposed mice generate autoantibodies to apoptotic cells.* Toxicology, 2004. 195(2-3): p. 167-176.
28. Rhoden, C.R., et al., *PM-induced cardiac oxidative stress and dysfunction are mediated by autonomic stimulation.* Biochim Biophys Acta, 2005. 1725(3): p. 305-13.
29. Wang, Y., L. Xiong, and M. Tang, *Toxicity of inhaled particulate matter on the central nervous system: neuroinflammation, neuropsychological effects and neurodegenerative disease.* Journal of Applied Toxicology, 2017. 37(6): p. 644-667.

30. WHO. *Ambient (outdoor) air quality and health.* 2018; Available from: https://www.who.int/news-room/fact-sheets/detail/ambient-(outdoor)-air-quality-and-health.
31. Organization, W.H., *Air quality guidelines: global update 2005: particulate matter, ozone, nitrogen dioxide, and sulfur dioxide.* 2006: World Health Organization.
32. Shiraiwa, M., et al., *Aerosol Health Effects from Molecular to Global Scales.* Environ Sci Technol, 2017. 51(23): p. 13545-13567.
33. Peixoto, M.S., M.F. de Oliveira Galvao, and S.R. Batistuzzo de Medeiros, *Cell death pathways of particulate matter toxicity.* Chemosphere, 2017. 188: p. 32-48.
34. Wu, W., Y. Jin, and C. Carlsten, *Inflammatory health effects of indoor and outdoor particulate matter.* J Allergy Clin Immunol, 2018. 141(3): p. 833-844.
35. Moldoveanu, B., et al., *Inflammatory mechanisms in the lung.* Journal of inflammation research, 2009. 2: p. 1.
36. Robb, C., et al. *Key mechanisms governing resolution of lung inflammation.* in Seminars in immunopathology. 2016. Springer.
37. Alfaro-Moreno, E., et al., *Induction of IL-6 and inhibition of IL-8 secretion in the human airway cell line Calu-3 by urban particulate matter collected with a modified method of PM sampling.* Environmental research, 2009. 109(5): p. 528-535.
38. Mitschik, S., et al., *Effects of particulate matter on cytokine production in vitro: a comparative analysis of published studies.* Inhalation toxicology, 2008. 20(4): p. 399-414.
39. McColl, B.W., N.J. Rothwell, and S.M. Allan, *Systemic inflammatory stimulus potentiates the acute phase and CXC chemokine responses to experimental stroke and exacerbates brain damage via interleukin-1- and neutrophil-dependent mechanisms.* J Neurosci, 2007. 27(16): p. 4403-12.
40. Chin, M.T., *Basic mechanisms for adverse cardiovascular events associated with air pollution.* Heart, 2015. 101(4): p. 253-6.
41. Brook, R.D., et al., *Particulate matter air pollution and cardiovascular disease: an update to the scientific statement from the American Heart Association.* Circulation, 2010. 121(21): p. 2331-2378.
42. Knaapen, A.M., et al., *Soluble metals as wellas the insoluble particle fraction are involved in cellular DNA damage induced by particulate matter.* Mol Cell Biochem, 2002. 234-235(1-2): p. 317-26.
43. Vidrio, E., H. Jung, and C. Anastasio, *Generation of Hydroxyl Radicals from Dissolved Transition Metals in Surrogate Lung Fluid Solutions.* Atmos Environ (1994), 2008. 42(18): p. 4369-4379.
44. Xia, T., M. Kovochich, and A.E. Nel, *Impairment of mitochondrial function by particulate matter (PM) and their toxic components: implications for PM-induced cardiovascular and lung disease.* Front Biosci, 2007. 12(1): p. 1238.
45. Kim, K.-H., et al., *A review of airborne polycyclic aromatic hydrocarbons (PAHs) and their human health effects.* Environment international, 2013. 60: p. 71-80.

46. Ashkenazi, A., *Targeting the extrinsic apoptosis pathway in cancer*. Cytokine & growth factor reviews, 2008. 19(3-4): p. 325-331.
47. Elmore, S., *Apoptosis: a review of programmed cell death*. Toxicologic pathology, 2007. 35(4): p. 495-516.
48. Pistritto, G., et al., *Apoptosis asanticancer mechanism: function and dysfunction of its modulators and targeted therapeutic strategies*. Aging (Albany NY), 2016. 8(4): p. 603.
49. Visalli, G., et al., *Mitochondrial-mediated apoptosis pathway in alveolar epithelial cells exposed to the metals in combustion-generated particulate matter*. Journal of Toxicology and Environmental Health, Part A, 2015. 78(11): p. 697-709.
50. Dagher, Z., et al., *Activation of different pathways of apoptosis by air pollution particulate matter ($PM_{2.5}$) in human epithelial lung cells (L132) in culture*. Toxicology, 2006. 225(1): p. 12-24.
51. Øya, E., et al., *DNA damage and DNA damage response in human bronchial epithelial BEAS-2B cells following exposure to 2-nitrobenzanthrone and 3-nitrobenzanthrone: role in apoptosis*. Mutagenesis, 2011. 26(6): p. 697-708.
52. Golstein, P. and G. Kroemer, *Cell death by necrosis: towards a molecular definition*. Trends in biochemical sciences, 2007. 32(1): p. 37-43.
53. Pan, Y., et al., *Necroptosis: a new link between cell death and inflammation*. Neuroimmunol. Neuroinflamm, 2016. 3: p. 156-160.
54. Wallach, D., et al., *Programmed necrosis in inflammation: Toward identification of the effector molecules*. Science, 2016. 352(6281): p. aaf2154.
55. Feoktistova, M. and M. Leverkus, *Programmed necrosis and necroptosis signalling*. The FEBS journal, 2015. 282(1): p. 19-31.
56. Chan, F.K.-M., N.F. Luz, and K. Moriwaki, *Programmed necrosis in the cross talk of cell death and inflammation*. Annual review of immunology, 2015. 33: p. 79-106.
57. Galluzzi, L., et al. *Molecular mechanisms of regulated necrosis. in Seminars in cell & developmental biology*. 2014. Elsevier.
58. Deng, X., et al., *Airborne fine particulate matter induces multiple cell death pathways in human lung epithelial cells*. Apoptosis, 2014. 19(7): p. 1099-1112.
59. Pan, Y., B. Li, and P. Ran, *Wood smoke condensate had weak proliferation and strong necrotic effects on human airway smooth muscle cells*. Zhonghua jie he he hu xi za zhi = Zhonghua jiehe he huxi zazhi = Chinese journal of tuberculosis and respiratory diseases, 2013. 36(8): p. 581-586.
60. Xu, F., et al., *Necroptosis Contributes to Urban Particulate Matter-Induced Airway Epithelial Injury*. Cellular Physiology and Biochemistry, 2018. 46(2): p. 699-712.
61. Desai, J., et al., *Particles of different sizes and shapes induce neutrophil necroptosis followed by the release of neutrophil extracellular trap-like chromatin*. Scientific reports, 2017. 7(1): p. 15003.
62. Mizushima, N., *Autophagy: process and function*. Genes & development, 2007. 21(22): p.

2861-2873.

63. Glick, D., S. Barth, and K.F. Macleod, *Autophagy: cellular and molecular mechanisms.* The Journal of pathology, 2010. 221(1): p. 3-12.
64. Dikic, I. and Z. Elazar, *Mechanism and medical implications of mammalian autophagy.* Nature Reviews Molecular Cell Biology, 2018: p. 1.
65. Kang, R., et al., *The Beclin 1 network regulates autophagy and apoptosis.* Cell death and differentiation, 2011. 18(4): p. 571.
66. Su, R., et al., *Particulate matter exposure induces the autophagy of macrophages via oxidative stress-mediated PI3K/AKT/mTOR pathway.* Chemosphere, 2017. 167: p. 444-453.
67. Piao, M.J., et al., *Particulate matter 2.5 damages skin cells by inducing oxidative stress, subcellular organelle dysfunction, and apoptosis.* Archives of toxicology, 2018: p. 1-15.
68. Fu, Q., et al., *Airborne particulate matter ($PM_{2.5}$) triggers autophagy in human corneal epithelial cell line.* Environmental pollution, 2017. 227: p. 314-322.
69. Agarwal, R., S. Bansal, and A. Chakrabarti, *Are allergic fungal rhinosinusitis and allergic bronchopulmonary aspergillosis lifelong conditions*? Med Mycol, 2017. 55(1): p. 87-95.
70. da Rocha, M.E.B., et al., *Mycotoxins and their effects on human and animal health.* Food Control, 2014. 36(1): p. 159-165.
71. Fröhlich-Nowoisky, J., et al., *Bioaerosols in the Earth system: Climate, health, and ecosystem interactions.* Atmospheric Research, 2016. 182: p. 346-376.
72. Wiegand, C. and S. Pflugmacher, *Ecotoxicological effects of selected cyanobacterial secondary metabolites a short review.* Toxicology and applied pharmacology, 2005. 203(3): p. 201-218.

APPENDIX

부 록

A.1 번역어 목록

Absorbing sphere : 흡수구
Accommodation coefficient : 수용계수
Aerosol : 에어로졸
Asymptotic : 점근
Capture efficiency : 포집효율
Coagulation : 응집
Condensation : 응축
Condensation nucleus : 응축핵
Condensational growth : 응축성장
Condensed phase : 응축상
Continuum : 연속체
Continuum regime : 연속체영역
Critical : 임계
Deliquescence Relative Humidity(DRH) : 조해점
Diffusion coefficient : 확산계수
Diffusiophoresis : 확산영동
Equilibrium : 평형
Evaporation : 증발
Flux : 플럭스
Free-molecule regime : 자유분자영역
Gradient : 구배
Heterogeneous : 비균질
Homogeneous : 균질
Hygroscopic growth : 흡습성장
Hysteresis : 히스테리시스
Ideal solution : 이상용액
Kinematic coagulation : 역학적 응집
Kinematic viscosity : 동점도
Kinetic theory of gases : 기체분자운동론
Mean free path : 평균자유행로
Mean thermal velocity : 평균 열운동속도
Method of characteristics : 특성곡선법
Mobility : 모빌리티
Molten corium : 노심용융물
Monodisperse : 단분산
Net : 알짜
Nucleation : 핵화
Phoresis : 영동
Polydispersity factor : 다분산도 인자
Primary particle : 기본입자
Rate of dissipation : 소실률
Relative Humidity(RH) : 상대습도
Saturation : 포화
Saturation ratio : 포화비
Self-preserving size distribution : 자기보존크기분포
Sintering : 소결
Slip correction factor : 미끄럼보정계수
Spherical coordinate : 구형 좌표계
Stefan flow : Stefan 흐름
Supersaturation : 과포화
Thermal precipitator : 열침적기
Thermophoresis : 열영동
Transition correction factor : 전이보정인자
Transition regime : 전이영역
Vapor pressure : 증기압
Viscosity : 점도

A.2 Nomenclature

$\bar{c}$: 기체 분자들의 평균 열운동속도
C_c : 미끄럼보정계수
d : 직경
D : 확산계수
d^* : Kelvin 직경
F : 힘
g : 중력가속도
I : 응축성장하는 입자의 부피증가율
J : 증기 분자 플럭스 [$m^{-2}s^{-1}$]
k : 열전도도
k_B : Boltzmann 상수
Kn : Knudsen 수
K_R : Kelvin 비
l : 길이
m : 질량
M : 분자량
n : 몰수 또는 입자크기분포함수
N : 수농도
N_A : 아보가드로 수
p : 압력
p° : 순수한 응축상 물질의 포화증기압
r : 반경 좌표
R : 기체상수
S : 포화비
St : Stokes 수
t : 시간
T : 온도
v : 속도 또는 에어로졸 입자의 부피
V : 기체 부피
x : 액체상 몰분율
y : 기체상 몰분율
α : 수용계수
β : 충돌커널
β_t : 전이보정인자
ϵ_k : 단위질량당 운동에너지 소실률
Γ : 유속 구배
γ_k : 기체와 에어로졸 입자간 열전도도의 비
η_c : 포집효율
λ : 평균자유행로
μ : 점도
ν : 동점도
ρ : 밀도
σ_g : 입자 직경의 기하표준편차
σ_s : 표면장력

아래첨자

0 : 초기값
a : 공기
co : 연속체영역
D : 액적
fm : 자유분자영역
g : 기체
m : 분자
p : 입자
s : 포화 또는 용질
th : 열영동
tr : 전이영역
v : 증기

찾아보기

저자 소개

- 권순박 ㈜나옴 대표이사
- 노광철 에어랩 대표
- 박성훈 순천대학교 환경공학과 교수
- 변정훈 영남대학교 기계공학부 교수
- 신원규 충남대학교 기계공학부 교수
- 우창규 한국기술교육대학교 기계공학부 교수
- 육세진 한양대학교 기계공학부 교수
- 이동근 부산대학교 기계공학부 교수
- 이정훈 한국기술교육대학교 기계공학부 교수
- 이지이 이화여자대학교 환경공학과 교수
- 정재희 세종대학교 기계공학과 교수
- 정창훈 경인여자대학교 보건의료관리과 교수
- 황정호 연세대학교 기계공학부 교수

에어로졸 정가 24,000원

발 행 2023년 3월 10일 초판 1쇄
저 자 권순박 · 노광철 · 박성훈 · 변정훈 · 신원규 · 우창규 · 육세진
이동근 · 이정훈 · 이지이 · 정재희 · 정창훈 · 황정호
발행인 정우용
발행처 도서출판 동화기술
경기도 파주시 광인사길 201(문발동, 파주출판도시)
Tel (031)955-4211~6 donghwapub@nate.com
Fax (031)955-4217 www.donghwapub.co.kr
(등록) 1977년 12월 19일/9-16호

Printed in Korea
ISBN 978-89-425-9438-2